油气管网全生命周期安全保障关键技术

郑贤斌　著

石油工业出版社

内 容 提 要

本书主要围绕油气管网安全保障技术体系的关键科学问题，全面总结了国内外相关科学研究和管理创新成果，系统阐述了油气管网安全保障关键技术理论方法及其工程领域的应用实践。内容包括国内外油气管道发展历程、安全新内涵与外延、安全保障技术理论和方法、系统安全风险防控硬核技术、安全监控与数字化新技术、事故致因分析与综合治理实用技术、安全保障技术创新发展及趋势展望等。

本书可供油气管网运行管理领域相关管理、技术、科研人员使用参考，也可供石油院校相关专业师生阅读。

图书在版编目（CIP）数据

油气管网全生命周期安全保障关键技术／郑贤斌著．
—北京：石油工业出版社，2022.4
ISBN 978-7-5183-5305-7

Ⅰ．①油… Ⅱ．①郑… Ⅲ．①石油管道–安全管理–
中国 Ⅳ．①TE973

中国版本图书馆 CIP 数据核字（2022）第 052507 号

出版发行：石油工业出版社
　　　　　（北京安定门外安华里 2 区 1 号楼　100011）
　　　　　网　　址：www.petropub.com
　　　　　编辑部：(010) 64523757　图书营销中心：(010) 64523633
经　　销：全国新华书店
印　　刷：北京晨旭印刷厂

2022 年 4 月第 1 版　2022 年 4 月第 1 次印刷
787×1092 毫米　开本：1/16　印张：21
字数：540 千字

定价：100.00 元

序

目前，我国油气管道总长度已超过 17 万千米，规模居世界第三，已基本形成"全国一张网"，正在赶超世界先进水平。"安全保障、经济发展"是油气管网的永恒主题。其中，"经济发展"是推动油气管道发展的内在动力，"安全"是经济发展的基本保障。从管道全生命周期的角度来看，油气管道行业的技术包括规划建设、经济运营等各方面的技术。其中，安全保障技术包含管理技术和操作技术两方面内容，始终贯穿全生命周期全过程，是高新技术、传统技术、实用技术等安全保障技术的总称。新科技革命为管道治理主体多元化创造了有利条件，从技术可操作性层面实现了治理方式的多样化，进而不断营造出管网治理理念转变的良好环境。随着新科技革命与技术社会的物理驱动，科技创新已经成为管道管网治理现代化过程中起支撑作用的非制度性因素，为实现管道管网治理体系和治理能力现代化提供全新、全域的解决方案。

世界油气管道事业总体发展趋势是逐步由小口径常压力，向大口径高压力发展，并趋向于口径和压力维持在经济而且安全运行的较佳动态平衡状态。推进油气输送管道安全发展，对更好服务国家战略目标、更好适应能源安全高质量发展、构建能源新发展格局具有重要意义。要在"瞄准目标、突出创新、注重发展、关注趋势、优化组织、深化作用"六个方面，突出理论创新、认识创新、技术创新、管理创新，坚持目标导向、问题导向、过程导向和结果导向，针对当前我国油气管道行业安全生产存在的矛盾和问题，以改革创新发展为主线，坚持有所为有所不为，聚焦能源安全、产业引领、国计民生、公共安全等功能，秉持科学的理念和方法，诠释"安全、问题、危险源、隐患、风险、事故"的内涵和要义，侧重于科技的支撑和保障作用，突出重点和关键环节，把管道企业做强、做优、做大，坚决杜绝重特大安全生产事故的发生，不断增强管道企业竞争力、创新力、控制力、影响力和抗风险能力。

安全保障技术的应用普及和创新发展，需要"人"来学习并掌握应用和创新。"人"是油气管道运营主体中的"人"，也包括油气管道相关的"人"。"人"是油气管道行业产生、发展、提高的最根本、最有活力、最关键的要素。所以，油气管道规划建设、经济运营的全过程，都要遵循"以人为本"的原则，传播安全理念，普及保障技术，优化管理流程，完善规章制度。让管道行业的"人"，以及与管道相关的"人"，都能关心安全、保障安全、消除隐患、防范风险，我们的油气管网安全保障水平就必然得到大幅提高。在当前油气管道，尤其是天然气管道日益普及并影响到千家万户的形势下，全社会的人都与油气管网的安全保障有着或远或近、或多或少、或直接或间接的联系；进入新时代，尤其是在国家安全观得到大力提倡和普遍重视的新形势下，要有新时代油气管道企业的安全价值观，要干安全生产的宏伟事业，要树立安全高质量发展的理念，要掌握应用管道安全基本理论；要推行实施管网"三化一新"（市场化、平台化、科技数字化、管理创新）战略，建立完善科学的管道安全保障技术支撑体系。我国在抗击新冠肺炎疫情中取得的巨大成效之一是增强了全民安全意识、风险意识；移动互联网、人工智能、大数据等高科技手段的应用，也提高了社会治安水平，管道安全的社会环境也正在得到迅速改善，如果在油气管网安全保障等方面也趁势加强宣传力度，推广普及安全理念、安全技术、安全方法在日常生活工作中的应用，让社会广大民众都重视安全、保障安全，那么我国油气管网的安全保障水平也将从根本上得到切实提高。

这些想法，是在阅读郑贤斌博士的这部著作时产生的强烈共鸣。他是安全工程、油气储运、机械设计及理论专业的博士，在中国石油从事管道安全管理15年间，不仅参与了众多管道选线踏勘、施工建设、试运投产、运行维护的QHSE工作，还参与了一些重要事故事件的调查和处理，通过全面总结工作经验和所学所知，提出并阐释了一些新理念、新观点、新方法、新技术和新思维，对我国油气储运事业高质量发展，特别是油气管网安全保障技术体系建设起到抛砖引玉的作用，实属不易，难能可贵。

我相信，本书的出版发行和普及传播，将有利于油气管道行业、乃至全社会安全理念、安全知识的普及，安全意识、保障水平的提高，技术应用、科技创新的发展，社会效益、经济效益的改善，以及国家能源安全、国家管网安全保障能力的提升。

祝愿读者朋友们也能从书中获得知识和启发，提高"洞察风险、消除隐患、有备应急，确保安全"的能力，提高"学习中持续进步，安全中创新发展"的水平，让我们的家庭乃至全国、全社会成为"本质安全"的、"坚韧"的、"创新发展"的幸福安康家园。

程玉峰

欧盟科学院院士

管道工程领域加拿大首席科学家

2022 年 2 月 12 日于加拿大卡尔加里

前　言

　　管道运输作为五大运输方式（铁路运输、公路运输、水路运输、航空运输和管道运输）之一，在油品及天然气运输领域具有明显优势，是将油品和天然气自油气田源源不断地输送至炼化加工企业、消费区油库、储气库（罐）、加油加气站乃至千家万户的最现实、最经济的选择。经过"十一五"至"十三五"期间的迅猛发展，我国已先后建成包括西气东输（一线、二线、三线）、陕京管网、中缅管网、中俄东线、川气东送、中俄原油管道等在内的油气长输管道13万千米，省级管道4.5万千米，各类城镇燃气管道100多万千米，呈现点多、线长、分布范围广等显著特点。同时，由于输送介质具有的高压、易燃、易爆等属性，且多数是埋于地下或潜于海中的隐蔽运行，极易受到第三方损伤、自然与地质灾害等高风险威胁，油气管道自身运行的安全性也不断成为各级政府部门、企业和社会公众关注的焦点和热点，特别是发生在2013年的"11·22"青岛黄岛输油管道爆炸事故、2017年的"7·2"贵州晴隆输气管道燃烧爆炸事故、2018年的"6·10"贵州晴隆天然气管道燃爆事故、2021年的"6·13"十堰燃气爆炸事故等，给人民群众生命和财产安全带来了巨大损失，也不断为行业从业者敲响了警钟。从社会生产生活实际情况看，油气管道需求多、数量大、环境复杂，安全形势也日益复杂严峻，特别是随着时间的推移，部分现役管道已进入高服役年限（亦称"老龄期"），由于管道本身材质的老化、腐蚀、凝管、遭遇自然灾害和误操作等，加之近年来各类建设规划调整和周边社会环境变化，也对管道的正常运行造成了不利影响，管道安全保障问题日益凸显。

　　笔者首先需要对"油气管网全生命周期安全保障关键技术"予以陈述。其中，"关键技术"既不是全部技术，也不是个别技术，而是指在一个系统或一个环节或一个技术领域中起到重要作用的技术，可以是技术点，也可以是对某个领域起到至关重要作用的知识；"安全保障"是在油气管网系统的整个生命周期中，通过对系统的风险分析，制定并执行相应的安全保障策略，从技术、管理、工程和人员等方面提出安全保障要求，确保管网系统的融合性和整体性、完整性和可用性、敏捷性和高效率、安全性和韧性，降低安全风险到可接受的程度。根据国家发展和改革委员会、国家能源局印发的《中长期油气管网规划》（发改基础〔2017〕965号），石油、天然气管道网络（以下简称"油气管网"）是指原油、成品油、天然气输送管道及相关储存设施、港口接卸设施等组成的基础设施网络。简言之，"油气管网"包括油气集输管道、油气长距离输送管道、城市燃气管道、LNG接收站、油气储库，以及与之配套的通信与调控系统等。

"油气管网"的高质量建设和运营，需要一个功能完整、保障有力的管网安全保障体系。体系中："体"表明是有多个单元要素构成的一个整体；"系"表明各个元素保持着相关联系，牵一发而会动全身。油气管网安全保障体系（Pipe Network Safty Insurance System），就是一个能实现"安全""保障"两个目的，彼此间保持着相互联系的一组单元要素组合。管网安全保障体系是保障管网安全所需的组织机构、职责、程序、过程和资源。质量中，安全是关键的要素；安全中，质量是安全的基石；管网中，安全是工作的重点。管网安全保障体系中，最直接的安全是现场安全和人员安全。从根本上说，真正的现场安全，源自每位相关人员自觉积极防范风险、主动及时识别并消除隐患；源自全员全民安全意识的提高、安全知识和安全保障技术的掌握和普及；源自法规制度标准流程的建设、执行和安全运营质量的持续改善。

　　做好管网安全保障体系建设，就要认识和理解管网安全保障体系，遵循和应用管网安全保障体系，检查审核和优化管网安全保障体系。对于管网安全保障体系不要神化也不要矮化，管网安全保障体系既复杂也有规律，用体系化思维把一项项业务合理地分解成简单的容易操作执行和检查监督的单项业务，把复杂的事情简化地做，把简化了的事情优化地做，把体系的事情协调配合地、分清轻重缓急地做，如同驾驶、维护、维修一辆高级轿车。

　　对油气管道行业相关工作人员而言，由于所处地域、场景、项目和阶段的特殊性，以及风险隐患在各种场景中虽有不同却都存在的普遍性，必然有"识别规避风险和隐患、研究使用安全保障技术"的现实需求，以识别和处理当前和未来可能遇到的场景的风险和隐患，实现对自身、资产和设备设施安全的"全生命周期"的保障。"全生命周期"就是瞄准全寿命过程，是生长发育累积消亡的过程，同时也是风险与隐患的发展演变和相关危险因素量变累积的过程。油气管道工程建设与生产运营的"全生命周期"，就是包括设计、采购、施工、投产、运行和废弃等各个阶段。也只有在油气管网的全生命周期里的各个阶段都重视安全保障，才能比较彻底地达到"提质增效"的目的。因此，非常有必要呈现这样一本技术指导书，对油气管道相关从业人员而言，能够了解油气管道安全的基本理论大道通识，掌握油气管道安全风险识别、处理、消除的工具和方法，从而确保油气管道安全保障工作在各岗位、各项目、各阶段、各场景中，都能看得准、抓得住、拿得起、放得下，把油气管道安全保障工作做扎实、做到位、做出彩。

　　由于油气管道在全生命周期各个阶段所涉及的安全保障技术种类丰富、发展迅速，难以全面翔实地进行逐一介绍，只能是选择其中笔者认为比较关键的技术，作些概要的介绍。

　　本书为国家油气管网安全保障技术应用研究的阶段性系统总结，通过对标国际先进管道企业，贯彻"理念引领、方法先行、以人为本、技术求精"的管道安全发展理念，从"道、法、术、器"四个层面（即"理念、价值观、路线、宗旨、战略为'道'；方法论、规律、原理、体系、策略为'法'；方案、技术、想法、政策为'术'；工具、操作、实体为'器'"），围绕油气管网安全保障技术体系的关键科学问题，系统地介绍了油气管道发展全生命周期安全保障技术体系中涉及的重要基本理念、基础理论和主要方法，在全面总结国内外相关科学研究和管理创新成果的基础上，以5个章节的内容，从以下7个方面系统阐述了理论与实践相结合、宏观与微观相结合、确定性与不确定性相结合、科技与管理相结合的油气管网安全保障关键技术，展望了创新发展与人工智能等方面的新理念、新观点、新方法、新技术和新思维在油气管网安全保障中的应用：（1）回顾了世界油气管道发展历程；（2）厚植安全新内涵与外延；（3）梳理了安全保障技术理论和方法，提出了系统安全风险防控技术；（4）研究了管道管网工控安全与数字化新技术；（5）介绍并分析了油气管道典型事故，创立了事故致因和根因分析方法；（6）研究了油气管网系统综合治理实用技术；（7）做了安全保障技术创新发展趋势及展望。参见下图：

本书为油气管道行业实现安全生产治理体系和治理能力现代化提供参考，不仅适用于油气管道相关人员，作为油气管道行业入职培训辅导教材，油气管道管理、科研、工程施工等方面的工作参考指导书，还可作为油气储运工程、石油工程、安全工程、海洋工程、地质工程、结构工程、岩土工程、地下工程等相关专业的高等院校和职业院校的专业性教材，可供本科生、研究生借鉴参考；也可以作为普通民众获取安全理念、安全常识、通用安全技术，并用于学习和掌握过程中的通用方法技巧的实用指导书，以油气管道安全管理的理论、方法、工具、技术体系作为日

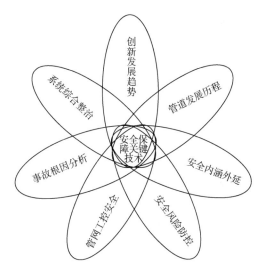

油气管网全生命周期安全保障关键技术之
"七个方面"示意图

常生活工作的安全管理借鉴参考书，乃至家庭教育知识体系中的安全管理、风险管理、应急管理参考书。

读者朋友可以根据阅读需要，采取不同的阅读方式。例如：对于油气管道相关行业的读者可以通览全书，以获得对于油气管道行业概况、安全理念、基本方法、全生命周期各阶段安全保障各类管理和操作等方面的技术工具和学习掌握使用乃至技术创新的方法，等等。而对于普通民众可以直接阅读第一章、第四章、第五章和后记，了解"三大习惯（想清楚、干利索、回头看）""三大支点（动力、方法、控制力）""三大法宝（现场识险、表格点检、究因访

谈）""根因分析""创新问题解决方法TRIZ"等，以及日常生活学习工作中非常实用的理念和方法。

读者在学习和应用过程中，应当及时地、适度地（过少的查阅学习，难以找到必要的技术资料、难以了解把握所需技术中实用的技术要点；过多的查阅浏览学习耽误做事）查阅其中感兴趣的或需用技术的相关文献技术资料（包括图书馆、书店、报刊、专业网站、专业博客、专业公众号等渠道，管道安全保障技术的相关信息资源，可参见本书后记里的"学习资源介绍"），结合应用场景实际情况，请教咨询业内专家和现场有相关实践经验的各类人员，尽量安全稳妥、切实可靠地了解掌握和运用安全保障技术；在遇到复杂困难问题需要创新解决方案时，也要借助工具（例如本书介绍的TRIZ、仪器、标准、规程、制造改装或维修用的工具或设备等）、博学深思、大胆假设、小心求证、精心设计、逐步验证、取得创新成果和知识产权，解决现实问题，提高社会效益和经济效益。

希望能借此书，弥补当前在安全理念传播、安全意识提升、安全保障技术普及方面的一些空白或短板，为普通民众，广大读者，油气管道行业从业者，有志于从事油气管道事业及长期以来关注油气管道安全的人士一些技术层面的参考、日常生活中安全理念、安全意识、学习工作方法等方面的建议，促进先进、实用、全面、系统的安全保障关键技术推广，推动油气管道行业乃至全社会提升安全风险防控和应急能力，增强筑牢油气管道的安全大堤，进而实现油气管道的全民维护、全生命周期安全保障水平的提高，为实现安全、高效、可持续的高质量发展贡献自己的微薄之力。

衷心感谢刘东升、单新煜、李健、吴顺成、来海雷、马剑林、郭刚、刘新、陈涛、郭彬、刘振翼、郭存杰、成素凡、刘泽军、杜世勇、郑兴华、刘忠付、金作良、王武明、虞维超、刘啸奔、祁国栋、汪威、古艳旗、王金友、罗旭、殷志明、朱红卫、付建民、袁超红、郑倩颖、赵峻藤等相关领域的专家、学者和同事，在工作之余，给予的严细审阅和提出的宝贵建议。

衷心感谢石油工业出版社对原创性著作的大力支持，出版过程的仔细推敲、反复打磨，这种敬业、乐业精神值得我终身学习。

衷心感谢卢世红、赵克勤、王宜建、关中原等前辈的勉励和指导，我深受鼓舞和启发！

衷心感谢陈国明、张宏、程五一等恩师的教导和指点！本书引用了大量相关科技专家、学者的科研成果，由于篇幅有限，不能一一列出，在这里再次向他们表示感谢！

由于笔者水平有限，加之时间仓促，书中难免有疏漏甚至错误之处，敬请读者不吝批评指正。如果有任何的意见或建议请发送至 xianbinzheng@ petrochina. com. cn，以便再版时修订，谨致谢忱，不胜感激！

目　　录

第一章 油气管道发展历程与安全保障理念方法

石油和天然气作为现代人类文明的能源基石，百年来一直推动着经济社会不断发展、进步，油气管道作为石油天然气的重要载体，随着油气需求增长，也经历了实体从无到有、管径从窄到宽、距离从短到长、布局从线到网的发展历程，其管理方式也更加细致精准、系统全面。

与世界大多数国家油气管道发展的轨迹类似，我国管道事业发展也经历了由小口径常压力，到大口径高压力，趋于口径和压力维持在经济而且安全运行的较佳动态平衡状态，并向自动化、数字化、智能化延伸的大致趋势，新中国首条油气管道是 1958 年投运的"克—独线"（克拉玛依—独山子炼油厂），经过六十余年的持续发展，已基本建成横跨东西、纵贯南北、连通海外的"全国一张网"，管道建设和运营水平正在逐步赶超世界先进水平，未来将继续朝着大口径、大流量和立体网络化方向发展，统筹规划、加快构建"衔接上下游、沟通东西部、贯通南北方"的油气管网体系，着力构建布局合理、覆盖广泛、外通内畅、安全高效的现代油气管网，形成资源多元、调运灵活和供应稳定的全国能源保障系统。

安全是发展的保障，发展是安全的目的。我国经济社会的发展需要油气资源的支撑，但这个支撑必须是安全的支撑，随着石油天然气进口规模不断扩大，油气管道安全保障问题也备受关注。从管理学角度讲，没有专业化的安全管理就不能实现安全。专业化的安全管理，包括专业化的安全理念、安全方法，以及对于专业性的安全技术、安全工具、安全设备的应用。然而，人们往往忽视甚至缺乏科学的安全管理方法，就会造成隐患的生成发展、事故的发生蔓延。

为使读者对于本章的主要概念及其相互关系有一个比较全面系统的理解，笔者绘制了油气管网安全新内涵与外延逻辑关系图，如图 1-1 所示，其中的概念内容多数都呈现在本章第三节。

对油气管网安全保障技术，人们应站在国家大安全的战略上去窥视和力图实现安全高质量发展，特别需要指出的是，要实现安全不仅仅是生产安全，而应该是图 1-1 中包括的生产安全、经营安全、资源安全、资产安全、数据安全、网络安全，以及工控安全等在内的各个方面的安全大集合。也就是说，管网安全保障技术是一个体系，是一个内外衔接、有效融合的多层次、多维度、多方面、多因素的复杂大系统，需要从"产业链全过程、业务链全流程、物理链全网络、供应链全方位、信息链全周期、价值链全环节"的视角入手，将管网安全保障技术整合和融合到"六个链"中增值赋能，也只有这样，管网安全才会有生命力、活力和动能。考虑到物理链、供应链、信息链、价值链相对而言在企业内运作和管控机制中的紧密程度更大，因此，有必要从以上四个维度聚焦解构和剖析油气管网安全保障关键技术。

后疫情时代，全球石油天然气产业链、供应链格局将发生一系列重大变化，需要充分发挥我国超大规模市场优势和内需潜力，适应国内国际双循环相互促进的新发展格局，必须放

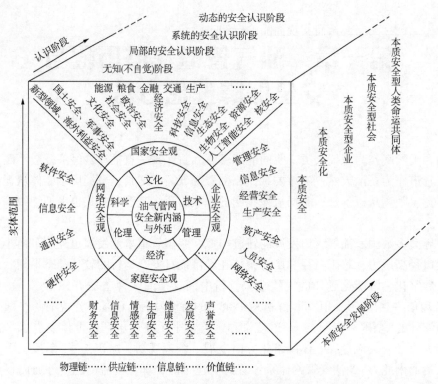

图 1-1　油气管网安全新内涵与外延逻辑网络关系图

眼全球保安全，立足国际谋发展，走向世界用资源，统筹考虑和综合运用国际国内两个市场、国际国内两种资源、国际国内两类规则，培育并优化发展新动力、新动能、新优势，优化产品、资金、资本、人才、市场、土地、技术、管理等要素配置，高度重视节约利用油气资源，推动实现上下游"产进销储"衔接互促、产业链协调联动、供应链协同高效、信息链集成共享、价值链增值增效，尤其在能源安全保障等方面，"为人民谋幸福，为民族谋复兴，为世界谋大同"。图 1-1 中所述石油天然气产业的物理链、供应链、信息链、价值链"四条链"的解读如下：

（1）物理链（Physical Chain），表示从物理上和地理上来看，油气管道处于油气产业链的中游，要保证油气资源的开采，通过管道安全、经济、高效地送达下游，坚持通道多元、海陆并举、均衡发展，巩固和完善西北、东北、西南和海上油气进口通道，加强陆海内外联动、东西双向开放，促进油气互联互通，拓展"一带一路""陆海并重"的通道格局。落实国家、各区域的"十四五"规划和国家乡村振兴战略，统筹天然气和成品油"两个市场"、国内和国际"两种资源"、管道和海运"两种方式"，加快形成"主干互联、区域成网"的全国油气基础网络，以及因地制宜建设灵活便捷的边远地区燃气基础设施，推进油气"产供储销"体系建设，完善油气输送网络和储存设施，健全油气储运和调峰应急体系。

（2）供应链（Supply Chain），实际上是一条条油气资源供应渠道组成的网络，或者叫供应网络或网链更为准确。供应链是网络化的、又是动态的，不仅是一条连接供应商到消费者的物流链、信息链、资金链，还是一条增值链。供应链的主要部分是两侧，即供应侧、需求侧。管道的两大功能：一个是储存，另一个是运输。"储存"通常包括管道本身储存能力之外，配套的油库、储罐、LNG 接收站、地下储气库、LPG 储库等储运设施。以消费、生产、交通等领域油气需求变化为导向，结合资源禀赋、进口通道、炼化基地等情况，统筹资源配置效率和优化资源流向，从而实现商品油气通过管道源源不断地从一个地方到达目的地所产生的能耗最小、效率最高和效益最大。同时，石油企业对资源的获取应多元化，以市场为导向，通过"全国一张网"实现高效、经济、安全集中调控，国家油气管道集团及其油气储运企业作为托运商，快速输送到需求侧不同的客户，既有批发的客户，也有零售的客户。要严格合同、协议等方面的合规管理，更好地满足市场和客户的需求，提升油气供应的质量和安全保障能力。

（3）信息链（Information Chain），因为油气管网，通过数据采集与监视控制系统（Supervisory Control And Data Acquisition 系统，简称 SCADA 系统）在全国、区域、省际、集团等多范围、广层级的集中调控，当前以国家管网公司为主的集团总部的调控中心，负责全国长输骨干管道的油气资源统筹和协调，以及 LNG 接收站的资源接卸和外输，地下储气库的注采调配，油气"产供储销贸"体系中资源、市场、营销、价格、客户、设施、相关方等方面的数据信息的集成和共享，以及党的建设、改革发展、办公行政、财务资产、发展战略、规划计划、人力资源、资本运营、法律合规、工程建设、QHSE（质量健康安全环保）、ESG（Environment、Social Responsibility 和 Corporate Governance，环境、社会和公司治理）、审计、内控、风险、制度、纪检监察、科技、信息、党群等业务大数据分析、数据挖掘和数据治理。

（4）价值链（Value Chain），油气管道成员企业应从企业内部价值链分析、竞争对手价值链分析和行业价值链分析三个维度，通过采购国内外的原油、成品油、天然气（包括常规、非常规、LNG、CNG 等）、氢能、CO_2 等各种能源和资源，高效、安全地向终端的客户供应石油天然气，构建完成贯穿上游油气资源、储存运输及销售贸易到下游市场的一体化油气价值链，通过纵向一体化，实现石油和天然气两条全产业链的整体效益最大化。

综上所述，为适应新冠肺炎疫情之后更大的风险和充满不确定性的市场需求，以及顺应数字化智能化（简称"数智化"），需要重新定义油气管道企业物理链、供应链、信息链、价值链，要求整个油气管道行业重新审视、优化现有的运营和服务模式，全面重塑油气管道企业的战略规划、竞速模式、运营模式、服务模式、商业模式。在"市场化、平台化、科技数字化、管理创新"的战略基础上，逐步形成"有所为、有所不为、有所大为"的治企总方略，油气储运企业既要构筑实体资产网络，又要构建数字化的"虚拟资产世界"，数据从硬件延伸到软件，从设备本身延伸到环境，从静态延伸到动态，从点到面，最终构筑出一个可交互、可操控的智能管道、智慧管网的数字世界，做优做强做大物理链、供应链、信息链，延长产业链、完善业务链，提升价值链，未来将形成"监测与预防、诊断与整治、修复与管控"新模式。全生命周期安全保障模式的推行，也需要良好的技术环境支持，特别是人工智能、大数据、物联网之类的数字化技术底层架构，使持续监测、采集、留存管道生命体征数据，进行实时分析成为可能；使分散的资源和管理环节紧密连接、智能识别、即时反应、高效调控成为可能。

本章概要介绍了世界油气管道发展历程、我国油气管道发展历程、安全管理中的本质安全相关的理念、系统安全及资产定性评估、油气管道安全保障基础理论与技术，以助于贯彻"四个革命、一个合作"（能源消费革命、能源供给革命、能源技术革命、能源体制革命，全方位加强能源国际合作）能源安全新战略。

第一节　世界油气管道发展历程

回顾世界油气管道发展历程，对标对表国际先进油气管道企业，有利于理解和把握我国油气管道的历史和现状、准确预见世界油气管道的发展趋势，专注当前油气管网高质量发展，凝心聚力打赢国内管道安全整治攻坚战，奋力推进油气管道治理体系和治理能力现代化。

一、管道发展历程划分

世界油气管道的发展历程大致可分为以下五个阶段：

（1）第一阶段——初始期（公元前秦汉时期—1945年）：秦汉时期，中国四川天然气自流井的竹木管道，在宋代《天工开物》中，也描绘了用竹管输气的技术。到1859年，美国宾夕法尼亚州第一个油田连接炼油厂的2in（50.8mm）直径的熟铁管。该阶段管道管径一般小于600mm，天然气干线管道总长达到13104km，其中美国占95%。

（2）第二阶段——发展期（1946—1970年）：该阶段管道运距和管径逐渐加长、加大，管径达到1000mm，天然气干线管道长达到5256104km，美国占77%。1945—1959年，平均每年新建成品油管道2300km。

（3）第三阶段——快速期（1971—1985年）：该阶段油气管道建设技术取得巨大进展，新建管道具有长运距、大口径、高输送压力等特点；管径达1422mm、管线长达8306104km、输送压力达7.5MPa；典型管道工程：乌连戈—托尔若克–乌日哥罗德输气管线。

（4）第四阶段——平稳期（1986—2000年）：该阶段油气管道系统采用了新工艺、新技术、新材料；管径不大于1400mm，设计压力最高达12MPa。

（5）第五阶段——数智期（2001年至今）：该阶段油气管道系统进行了基础信息收集、监控及智能化设备安装改造、系统开发建设等工作，并将信息化、数字化技术深度应用到管网的工程建设中，以及将信息化、自动化、数字化、网络化、智能化技术广泛运用到管网生产运营中。

迄今为止，油气作为真正意义上的商品进行管道运输在世界上已有150多年的历史，但它的快速发展却不过70年的时间。第二次世界大战以后，世界经济的复苏、能源需求的增长、科技革命和产业变革的演进，加速了对石油、天然气的开采利用，促进了全球管道运输的迅猛发展。

二、国外管道总体分布

在石油天然气工业中，管道运输在当前世界范围内发展迅速。在五大运输方式（铁路运输、公路运输、水路运输、航空运输及管道运输）中，针对油品及天然气的运输来说，管道运输具有成本低、运量大、占地少、安全可靠、建设周期短、自动化程度高，以及设备简单、可在较恶劣的自然环境下连续输送等明显的优势。管道运输范围显著扩大，不仅可以输送石油、成品油、水、天然气、煤气、氢气、二氧化碳等液体、气体介质，还可以输送城市垃圾、工业原料、粮食、水泥、煤浆等固体散装物料。管道运输潜力巨大，随着陆上油气长输管道的逐步完善，途经滩海、深海、沙漠、高原、高寒、山地、森林、沼泽、水网、湿地等特殊环境管道的建设，以及固体物料开始应用管道输送，致使世界管道运输工业正处于一个"机遇与挑战并存、梦想与辉煌同在"的新时期。勿庸置疑，世界管道运输行业前景广阔、大有可为。

原油管道在世界原油运输中的作用和地位不可动摇。世界上70%以上的出口原油产自陆上油田，这些油田所产的原油必须先用管道将原油输往港口终端装船外运。除了中东和西非一些海上油田直接在平台上装船外运以外，海上油田一般也是通过海底管道将石油运输到陆上油库，处理后再装船外运。所以，海运原油的数量虽多，也不能脱离管道运输独立进行，可以说，油轮运多少油，管道也运多少油。以往在世界洲际贸易中，也有大量商品原油是直接通过跨国管道输送的，如加拿大到美国，苏联到德国，挪威经海底管道到德国等。洲内、国内陆地大宗原油运输基本上也都是采用管道运输。可以看出，世界上管道建设的总长度已经十分可观，但是地区分布与发展情况并不均衡。

（一）中东地区

中东地区是世界上最大的产油区和石油出口区，也是油气管道密布的地区。过去十年，地中海东部地区发现了大片石油，廉价液化天然气的供应量不断增加，中东地区仍在继续扩大其天然气基础设施，部分政府将启动新的原油管线建设。其中，阿拉伯天然气管道起源于埃及，这是中东和北非地区的重要天然气供应来源。在发现巨大的Zohr气田后，这条管道全长1200千米，蜿蜒穿过埃及、以色列、约旦、叙利亚、黎巴嫩和土耳其，于2003年投产。2019年12月，伊拉克石油部宣布完成伊拉克—约旦出口管道（IJEP）项目的资格预审，建设总价180亿美元的输油管道，从伊拉克巴士拉连接约旦亚喀巴，再经过红海向埃及输送石油。该项目的第一阶段将建设伊拉克鲁马拉和哈迪萨之间700千米的管道。2020年6月，伊朗启动了从Goreh到Jask的1000千米的原油管道项目，将其作为霍尔木兹海峡之外的第二大原油出口路线。巴士拉—亚喀巴天然气管道将是该国干线和传输基础设施的最长补充，延伸约1700千米，将伊拉克巴士拉市与约旦的亚喀巴港连接起来。沙特最大的管道扩展将是Haradh-Hawiyah Gas，这是一条遍布全国450千米的陆上天然气网络。到2023年，预计伊拉克将成为中东地区新增石油和天然气管道增量的第二大贡献者，到期预计将达到3775千米。据商业情报公司Global Data的研究，伊朗将在2020～2023年间贡献该地区计划和宣布的管道建设工程量的43%，总计7496千米；到2023年，伊朗预计将有18条新建管道在本国开始运营，伊朗天然气干线IGAT IX将是该国最长管道，全长1863千米，预计将于2022年开始运营。2018年3月，巴林完成了首个液化天然气进口站哈利法·本·萨勒曼港Bahrain Spirit浮动存储单元的建设和调试，成为第43个进口液化天然气的国家。

（二）北美地区

北美省际输油管道是北美地区最长的原油管道，它北起加拿大的埃德蒙顿，南到美国的布法罗，贯穿了加拿大和美国，全长2856km，沿全线分布着众多泵站，管道日输量达3000多万升。1977年，美国建成了纵贯阿拉斯加州的输油管道，这是一条在高纬度严寒地区修建的大口径管道，它伸入了北极圈，当时吸引了全世界的瞩目。阿拉斯加管道北起北冰洋沿岸的普拉德霍湾（这里的石油占美国石油可开采量的1/3），南至太平洋沿岸的瓦尔迪兹港，穿越了3条山脉、300多条大小河流和近650km的冻土带，全长1287km，管径1220mm，年输量在4000×10^4t以上，全线采用计算机控制，是美国年输量最大的现代化输油管道，也是世界上最为先进的管道之一。美国的科洛尼尔成品油管道系统，全长4610km，是当时世界上最长的成品油管道。

1. 美国

美国是世界上最大的石油消费国和主要的生产国之一，由于本国石油资源高度集中在墨西哥湾沿岸和阿拉斯加的北冰洋沿岸地区，为了向非产油区供应油气，美国修建了长达29万多千米的输油管道和30多万千米的输气管道，其各类管道总长度位居世界第一位，也是世界上管道技术最为先进的国家。早在第二次世界大战期间的1943年，美国就修建了两条当时世界上最长的管道：一条是从得克萨斯州到宾夕法尼亚州的原油管道，全长2158km，管径600mm；另一条是从得克萨斯州到新泽西州的成品油管道，全长2745km，管径500mm。第二次世界大战后，美国的管道运输业继续高速发展，目前其管道运输量已占到全国货运总量的20%以上，是世界上管道工业最发达的国家之一。

2. 加拿大

加拿大的油气管道业也十分发达。加拿大拥有总长超过35000km的输油管道，密集的管网把落基山东麓的产油区与消费区(中央诸省和太平洋沿岸)连接起来，并与美国的管网相连。加拿大还拥有横贯全国的泛加输气管道，管道总长8500km，管径从500mm到1000mm，年输气量达$300\times10^8m^3$，是当时世界上最长的输气管道。

（三）欧盟地区

在欧洲主要发达国家，油气运输已实现管网化。自北海油田发现后，欧洲陆续新建了一批大口径(管径在1000mm以上)的高压力管道，管道长度已超过10000km，目前仍是世界上油气管道建设的热点地区之一。

（四）苏联

苏联的管道建设在20世纪发展特别快。50年代时，苏联共有管道7700km，此后以每年6000~7000km的速度递增。20世纪下半叶，苏联在极短的时期内建成了输送天然气、原油和成品油的干线管道系统，干线管道的总长度达21.5×10^4km，堪称20世纪世界上规模最大的管道工程。其中，6条超大型输气管道系统，总长度合计近2×10^4km，管径为1220~1420mm，是世界上规模最大、最复杂的输气管道网络。

目前，独联体各国管道的总长度约20多万千米，其中输油管道8万多千米。20世纪60—70年代，苏联和东欧国家间建设了友谊输油管道。此管道一期、二期工程合计近1×10^4km，设计年总输油能力近1×10^8t，是当时世界上最长的输油管道。苏联解体后，由于受多种因素影响，该管线目前的运力和运量都不大。

俄罗斯现有的石油管网总长5万多千米，由于其国土辽阔，横贯俄罗斯大陆的每条输油管道的干线长度一般均在3500~4000km左右。但由于许多输油管道都已老化或超期服役，目前俄罗斯输油管道系统的运行效率偏低，为了满足本国大规模出口原油的需要，这些管道大都需要大修和综合改造。

三、国外主要油气管道

近百年来，国外典型油气管道建设实例概况：

1865年，萨谬尔·凡·赛克尔(Samnel Van Sychel)首先在油区内铺设了第一条输油管道，该管道的管径为50mm，全长约8km，日输量$127m^3$，每桶油的运价由马车运输的2.15~5美元降至1美元。

1879年，美国建成了泰德—瓦特输油管道(Tide-Water Pipeline)；美国的第一条长距离输气管道于1891年在印第安纳州到芝加哥之间铺设成功；当时的美国政府修建了两条长距离输油管道，一条是原油管道，叫"大口径（Big Inch）"原油管道，另一条是成品油管道，叫"次大口径（Little Big Inch）"成品油管道。

1945年4—11月，抗日战争后期，从印度加尔各答经缅甸到中国昆明，全长达3218km的中印输油管道开通运营7个月，为中国抗战提供了燃料保证。这是中国第一条成品油管道，也是当时世界上最长的输油管道。

1964年前，苏联建成了第一条"友谊输油管"；1977年前，苏联又修建了第二条"友谊输油管"。

1977年，美国建成投产了横贯阿拉斯加的原油输送管道；美国阿拉斯加管道是连接阿拉斯加州北部产区和南部港口，再转运到美国本土的炼油厂的管道运输系统。

2011年，俄罗斯建成了通过波罗的海直达德国的"北溪一号（Nord Stream 1）"线，由于西欧能源需求旺盛和乌克兰危机影响原先的陆路管道运输能力，很快就超负荷运行了。

2021年9月6日，与"北溪一号"线平行的"北溪二号（Nord Stream 2）"线天然气管道项目最后一节管道完成焊接。该项目旨在铺设一条从俄罗斯经波罗的海海底到德国的天然气管道，项目设计年输气能力约为 $550×10^8m^3$，建成后将是世界上最长的海底天然气管道。它是俄罗斯天然气巨头俄罗斯天然气工业股份公司和五家欧洲公司的合作项目。

第二节　中国油气管道发展历程

一、国内管道总体情况回顾

我国的油气资源大部分分布在东北和西北地区，而消费市场绝大部分在东南沿海和中南部的大中城市等人口密集地区，这种产销市场地理位置的严重分离使油气产品的输送成为油气资源开发和利用的最大障碍。管道运输正是突破这一障碍的最佳手段。

我国虽然是世界上最早使用管道运输的国家，但其发展却较缓慢。新中国成立前，我国的长输管道几乎是一项空白。直到1958年，新疆克拉玛依油田开发后，自1959年建成克拉玛依至独山子炼油厂两条并行的长距离输油管道以来，掀开了我国长输管道建设史上的新篇章。随着大庆、胜利、四川、华北、中原、青海、塔里木和吐哈等油气田的相继开发建设，我国油气管道建设事业已取得了令人瞩目的成就。截至2003年，我国已相继建成长输油气管道35000km，其中天然气管道总长为22000km，已初步形成了"北油南运""西油东进""西气东输""海气登陆"的油气输送格局。如今，陆上油气长输管道总里程达 $13×10^4$ km（不包括油气田集输管道和省级管道），形成了横跨东西、纵贯南北、连通海外的油气管网格局，正在向本质安全型人类命运共同体环境下的管道本质安全化、管网智能化迈进。

今天，人们在享受管道"高速公路"便捷的同时，也享受着油气管道大发展带来的红利。仅以西气东输、陕京、川气东送、涩宁兰四大天然气管道系统为例，每年输送 $1000×10^8m^3$ 天然气，可替代煤炭 $2.6×10^8$ t，减少二氧化硫等排放 $4.7×10^8$ t，减少灰渣 $6565×10^4$ t。据估算，如果这些灰渣全部落在北京城区，将厚达20m。

2013年10月20日，中缅天然气管道干线建成投产，并与西气东输及新疆、长庆和川渝气区连通。至此，我国油气管网格局初步形成，总里程达到 $10.6×10^4$ km，超出高速公路里程 $1×10^4$ km，覆盖我国31个省区市和特别行政区，使近10亿人口受益。

2015 年 1 月，中国已建成天然气管道 $6×10^4$ km，原油管道 $2.6×10^4$ km，成品油管道 $2×10^4$ km，形成了横跨东西、纵贯南北、连通海外的油气管网格局，成为推动中国经济发展和造福民生的能源动脉。

同时，管道作为继公路、水路、铁路和航空运输之后的第五大运输方式，其更加高效、节能、安全和环保等优点，让中国的经济发展更有力和可持续。与高速公路相比，建一条长 7000km 的成品油管道，仅运输成本、能耗和损耗三项，每年可节约资金 10 亿元左右，节约土地 26 万余亩。一条年输量 $1000×10^4$ t 的管道，相当于两条铁路的年运输量。在国外，地面油气运输被称为"流动的炸弹"，因而地下管道成为最安全、环保的选择。

管道建设还成为中国经济转型升级的"牵引工程"。国际经验表明，通过管道建设，开发利用 $100×10^8$ m^3 天然气，可带动下游 600 亿元配套建设，并可拉动机械和冶金等十多个行业的发展。

二、国内油气管道呈现的特征

我国石油天然气管道工业的发展是随着我国石油工业的创建而发展起来的。我国在 1958 年建设了克拉玛依—独山子炼油厂双线输油管道，全长 300km，管径 159mm，这是我国自主建设的第一条长输管道。20 世纪 60 年代，大庆油田的开发，使我国原油生产有了一个突破性的发展，原油产量大幅提高，到 1970 年时，原油的运输已成为制约经济发展的重要环节，铁路运输已不能满足原油外输的要求。1970 年 8 月 3 日开始的"八三"会战，先后建成了大庆—铁岭—大连和大庆—铁岭—秦皇岛两条原油输送管道，并且采用外径 720mm、16Mn 材质的双面埋弧焊螺旋钢管，使我国的原油管道输送水平上了一个新台阶，同时也促进了我国螺旋焊钢管制造水平的提高。

我国天然气工业也是从 20 世纪 60 年代起步的，天然气开发和输送主要集中在川渝地区。经过几十年的建设和发展，盆地内相继建成了威成线、泸威线、卧渝线、合两线等输气管道，以及渠县至成都的北半环输气干线，已形成全川环形天然气管网，使川东、川南、川西南、川西北、川中矿区几十个气田连接起来，增加了供气的灵活性和可靠性。

进入 20 世纪 90 年代后，随着我国其他气田的勘探开发，在西部地区先后建成了几条具有代表性的输气管道，如陕甘宁气田至北京（陕京线）、靖边至银川、靖边至西安的输气管道，鄯善到乌鲁木齐石化总厂的输气管道及涩北—西宁—兰州输气管道。1995 年，我国在海上建成了从崖 13-1 气田到香港的海底输气管道。随着总长 15000km 的"西气东输工程"一线、二线工程干支线和境外管线的建设完成，我国天然气管道建设已进入一个高速发展时期。2015 年底，国内第一条大批量采用管道自动焊机的中俄原油二线开工。随着全长 5111km 的中俄东线天然气管道工程于 2015 年开工建设，又一国家战略性能源通道得到了强有力的拓展。截至 2020 年年底，我国油气长输管道包括国内管道和国外管道，总里程达到 $16.5×10^4$ km，其中原油管道为 $3.1×10^4$ km，成品油管道为 $3.2×10^4$ km，天然气管道为 $10.2×10^4$ km，已基本形成网。国内原油和成品油运输管网已实现西油东送、北油南下、海油上岸，天然气则实现了西气东输、川气出川、北气南下。据悉，宝鸡钢管公司引汉济渭项目首根直径 3448mm、壁厚 24mm 超大口径钢管顺利下线，改造后的机组可实现最大直径 3880mm、壁厚 25.4mm 超大口径钢管的生产能力。面向民生基础设施领域，开发了国内最大口径的耐高温重防腐热力管道，助推了城市清洁供暖，实现低碳环保。

国家油气管道运营机制改革落地前，我国油气管网主要集中在"三桶油"（即中国石油、中国石化和中国海油）。其中，中国石油已建油气管道主要分布在我国西北、东北和华北地区；中国石化已建油气管道主要分布在华中、华南和西南地区；中国海油已建油气管道主要分布在东南沿海地区。除"三桶油"之外的其他管道主要分布在油气田周边、煤制气工厂周边和我国部分省管网公司内部。我国所建的每条管道均有其自身的特点，比如有的建成时间最早，有的距离最长，有的管径最大，有的输量最大，有的落差最大，有的钢级最强，有的压力最高，有的途经环境最复杂，有的运行时间最短或最长，有的并行段、交叉点、敏感点最多，有的穿跨越段（控制性工程）最多，有的安保压力最大，有的进出支线分输任务最重，有的输送介质变化最频繁，有的规模最大，有的投资最多，有的建设时间最长，有的国内外联合攻关最紧密，有的"体检"次数最多，有的修复点最密，有的科技含量最高，有的技术最先进，有的智能化程度最高，有的历史价值最高，有的国防军队建设最典型，有的价值贡献最大，有的政治意义最大，有的社会责任最大，有的家国情怀最浓，还有的国际影响最大。截至目前，笔者选择部分典型油气输送管道予以介绍，以期加深读者对我国油气管道行业的了解。

（一）主要原油输送管道

（1）我国建成时间最早的原油管道是克拉玛依—独山子原油管道，简称克—独原油管道。

（2）我国最长的原油管道是西部原油管道。

（3）我国管径最粗的原油管道是日照—仪征原油管道。

（4）我国输量最大、设计压力最高的原油管道是甬沪宁（宁波—上海—南京）原油管道。

（5）我国第一条出口原油管道，也是目前为止我国唯一的出口原油管道是中朝友谊输油管道。

（6）我国最寒冷的原油管道是中俄原油管道。

（7）我国贡献最大的原油管道是大庆—抚顺输油管道（1970年8月3日，国务院、中央军委发出《关于建设东北输油管道的通知》，命名为东北"八三工程"），也是新中国成立后第一条大口径、长距离输油管道。到1975年9月，5年期间建设输油管道8条，共2471km，其中主要干线2181km，形成了以铁岭站为枢纽，连接大庆至抚顺、大庆至秦皇岛和大庆至大连的三条输油大动脉，东北管网逐步形成。

（8）国内最悠闲的原油管道是鞍大线（鞍山—大连输油管道）。

（9）我国第一条自主研发自行设计的全自动化控制的大落差管道是库尔勒—鄯善原油管道。

（10）我国落差最大的山地原油管道是中缅原油管道。

（11）我国建成投产的第一条长距离沙漠输油管道是轮库线（新疆轮台—库尔勒），国内首次采用计算机图像通信手段，对储罐、站内重要设备及装车栈桥进行遥视。

（12）我国第一条全年实现常温输送原油的管道是马惠宁（马岭—惠安—中宁）管道。

（13）国内第一条原油管网由庆抚线、铁大线等8条管线形成。

（二）主要成品油输送管道

（1）我国建成最早的成品油管道是格尔木—拉萨成品油管道，世界海拔高度最高。

（2）我国输送距离最长的成品油管道是兰州—郑州—长沙成品油管道。

（3）我国第一条出口成品油管道是中朝成品油管道，也是我国唯一的出口成品油管道。

（4）国内最忙碌的成品油管道是兰成渝（兰州—成都—重庆）成品油管道。

（5）国内第一条口径最大的商用成品油管道是抚顺—营口鲅鱼圈商用成品油输送管道。

（6）香港国际机场改扩建项目——海面以下两条并行新航空燃油管道，是世界上最长、施工条件最苛刻、地质结构最复杂的海底管道穿越工程。

（7）中国第一条成品油管道，也是当时世界上最长的军用输油管道，是从印度加尔各答经缅甸到中国昆明的中印输油管道，为中国抗日战争提供了燃料保证，被称作"盟军抗战生命线"。

（三）主要气体输送管道

（1）我国第一条大口径输气管道是巴渝线（四川巴县石油沟—重庆化工厂）。

（2）我国第一条管径最大、距离最长的天然气管道是陕京输气管道（通常称为"陕京一线"）。

（3）我国自行设计、建设的第一条世界级天然气管道是西气东输管道（一线），首次推广应用全自动焊接和相控阵自动超声波检测技术，首次大规模推广应用 X70、X80 型钢管等多项第一。

（4）我国管径最大、压力最高、输量最大、钢级最强、涉及单位最多、国产化程度最高、全程采用全自动焊接技术的天然气管道是中俄东线天然气管道，属于国内首条智能化管道工程，是继中亚管道、中缅管道后，向中国供气的第三条跨国境天然气长输管道。

（5）国内距离最长的天然气管道是西气东输二线管道（包括支线、联络线），建成投产时为世界最长天然气管道，也是我国第一条引进境外天然气资源的大型管道工程。

（6）我国首条世界最长的跨国天然气管道是中亚—西气东输二线工程，由两大管线组成，境外部分为中亚天然气管道，境内部分为西气东输二线，全长超过 $1 \times 10^4 km$。

（7）我国第一条页岩气外输管道是四川长宁地区页岩气管道。

（8）我国第一条海底登陆管道是锦州气田海底输气管道。

（9）我国自行铺设的最长、深度最大的海底管道是中国海油东方 13-2 气田的配套工程的海底管线。

（10）我国第一条自行铺设的、最长的海底输气管道是崖城 13k1 气田—香港海底输气管道，也是当时世界上第二长的海底输气管道。崖城 13k1 气田—海南岛海底管道首次采用国际上最先进的两相流分析技术。

（11）国内第一条输送距离最长、亚洲口径最大的煤气管道是哈依（哈尔滨—依兰县）煤气管道，首次采用低氢型焊条填充盖帽的焊接新工艺，首次较大规模地使用环氧煤沥青防腐。

（12）我国第一条煤制气管道是伊宁—霍尔果斯煤制天然气管道。

（13）我国最长煤层气长输管道是神木—安平煤层气管道。

（14）国内首个管路直接送氢入企示范项目是广东茂名滨海新区打造从滨海新区到高新区化工园区的氢能输送管道。

（15）我国首条氢气长输管道是济源市工业园区—洛阳市吉利区氢气管道。

（16）国内建成投产最长的氢气输送管线是巴陵—长岭氢气输送管线。

（17）国内目前规划建设的最长氢气管道是河北定州—高碑店氢气长输管道。

（18）国内首个天然气混氢（"绿色氢"调合天然气）示范项目落户国家电力投资公司。

（19）我国第一条长距离高氢含量焦炉煤气输送管道是乌海—银川焦炉煤气输气管道。

（四）主要管道配套穿跨越控制性工程

截至目前，除油气长输管道之外，配套的管道穿跨越控制性工程也有很多世界之最、国内之颠、行业之冠。

（1）我国长输管道第一次以隧道形式穿越长江，也是我国长输管道建设史上的第一条过江隧道是忠武重庆忠县—武汉输气管线的忠县长江隧道。

（2）我国首次使用引进的定向钻是在濮阳—沧州（中沧线）输气管道的水平定向钻。

（3）世界单向掘进距离最长、埋深最大、水压最高、直径最大的管道穿江盾构工程是中俄东线天然气管道（永清—上海段）长江盾构穿越工程，挑战油气管道领域之最，万里长江第一长隧。

（4）我国首条跨境隧道内建设的天然气管道工程是中俄东线天然气管道黑龙江穿越工程。

（5）国内第一条盾构方式穿越长江的隧道工程是西气东输天然气管道长江隧道穿越工程。

（6）国内最大跨度天然气管道悬索跨越桥是中缅管道的重要支线楚攀（楚雄—攀枝花）天然气管道勐岗河悬索跨。

（7）我国跨度最大、载荷最重的天然气主干管道跨越工程是南川—涪陵天然气管道乌江悬索跨。

（8）中科炼化一体化工程配套输气管道——通明海峡定向钻穿越，刷新了中国天然气管道定向钻穿越长度之最。

（9）我国大陆最长的海底成品油管道定向钻穿越是中科炼化配套成品油管道项目。

（10）我国首条液化天然气（LNG）管道隧道是中国海油气电集团深圳LNG项目工艺隧道。

（11）我国最北端硬岩工程是中俄二线盘古河顶管隧道穿越工程。

（五）主要的地下储气库工程

1. 地下储气库

（1）我国第一座地下储气库是喇嘛甸储气库。

（2）国内第一座调峰储气库是大张坨储气库。

（3）我国最大的天然气储气库是新疆油田呼图壁储气库。

（4）中国乃至亚洲第一座盐穴储气库是金坛储气库。

（5）我国城市燃气首个大规模盐穴储气项目，也是全国第一个商用盐穴天然气储气库是港华金坛储气库。

2. 石油储库

（1）我国首个大型地下石油储备库是锦州地下石油储备库。

（2）我国第一期四大国家原油储备基地在宁波镇海（国内第一个建成投用）、青岛黄岛、大连和舟山岙山，分别于2006年9月、2007年12月、2008年11月和2008年12月建成并投入运行。截至2020年，中国共建成9个国家石油储备基地，分别为舟山、舟山扩建、兰州、天津、镇海、大连、黄岛、独山子、黄岛洞库国家石油储备基地。石油战略储备是一个国家构建能源安全体系最重要的一个环节。

（3）中国最大规模的石油仓储基地是上海洋山港巨型石油仓储基地。

3. 液化天然气(LNG)储运设施

（1）中国第一个LNG接收站是广东大鹏LNG接收站。

（2）国内第一个"自主设计、自主采办、自主施工、自主管理"的LNG项目是江苏如东LNG接收站。

（3）我国首个完全由内地企业自主引进、建设和管理的大型液化天然气项目是莆田LNG接收站。

（4）国内LNG存储能力最大、应急调峰能力最强的接收站是唐山LNG接收站。

（5）中国第一个投产的民营LNG接收站是舟山LNG接收站。

（6）国家发改委核准并报国务院备案的第一个民营LNG接收站是潮州华瀛LNG接收站，也是第一个一次核准一期项目单站外输量达到$600×10^4 t/a$的LNG接收站，同时也是第一个一次性建设3座$20×10^4 m^3$全容罐的LNG接收站。

（7）国内内河第一个LNG接收站是芜湖LNG接收站。

（8）国内最早的天然气液化装置和应急储备站是上海五号沟LNG接收站，也是国内第一座天然气液化工厂。

（9）我国第一座采用丙烷预冷+乙烯深冷+节流膨胀制冷工艺流程已建成投产的LNG液化厂是河南中原油田濮阳LNG液化厂。

（10）中国第一艘国产的LNG运输船"大鹏昊"被称为最昂贵的LNG运输船。

一条条国内之首、亚洲之冠、世界之最的能源国脉乃"大国重器"，管道从线到网，输送介质由单一到多样，储运设备由机械化到自动化、智能化，长输管道建设由陆地向海洋、在沙漠中延伸。一代代石油管道人穿山越岭，跨江过海，纵横九百六十万平方千米的土地，建成十几万千米的长输管线，用半个多世纪写下"国家血管"从无到有、从小到大、从弱到强的鸿篇巨制，书写、见证着中国油气管道行业的发展变迁，也彰显了中国油气管道事业"做优、做强、最大"，扎实、稳步走好油气管道强国新长征路的进程中创造的一个又一个新业绩。

三、我国油气管道改革进程回顾

（一）改革发展进程关键节点

2017年5月，中共中央、国务院印发的《关于深化石油天然气体制改革的若干意见》，明确提出，分步推进国有大型油气企业干线管道独立，实现管输和销售分开。完善油气管网公平接入机制，油气干线管道、省内和省际管网均向第三方市场主体公平开放。油气管网运营机制改革的目标和方向基本确立。

2019年3月19日，中共中央全面深化改革委员会第七次会议审议通过的《石油天然气管网运营机制改革实施意见》，提出组建石油天然气管网公司。国家石油天然气管网集团有限公司(以下简称"国家管网公司")组建开始进入筹备阶段。2019年5月24日，国家发展与改革委员会、国家能源局、原住房城乡建设部、市场监管总局联合印发《油气管网设施公平开放监管办法》，从监管角度为国家管网公司的成立做好了准备。

根据《中国油气产业发展分析与展望报告蓝皮书（2018—2019）》报告显示，中国继2017年成为世界最大原油进口国之后，2018年又超过日本，成为世界最大的天然气进口国。根据《BP世界能源统计年鉴》(2019中文版)：2018年，中国成为全球第一大油气进口国，石油对外依存度为72%，为近50年来最高；天然气对外依存度为43%；对能源安全风险的担忧持续上升。

2019 年 12 月 9 日，国家管网公司挂牌成立，标志着深化油气体制改革迈出关键一步。国家管网公司是我国深化油气体制改革的产物，借鉴了相关国家和地区管网产业发展的先进经验，新组建的能源领域新的"国家队"，"三油一网"（中国石油、中国石化、中国海油、国家管网）格局从此形成。通过市场化方式收购三大石油公司相关管道资产，打破我国油气干线管道主要由三大石油公司实行上中下游业务一体化经营的传统格局，提升互联互通水平，有效保障了我国油气能源的安全、稳定供应。

2020 年 9 月 30 日，国家管网公司举行油气管网资产交割暨运营交接签字仪式。国家管网公司以股权收购与现金结合的方式收购三大石油公司及其下属油气管网相关资产。自 10 月 1 日起，国家管网公司已全面接管原分属于三大石油公司的相关油气管道基础设施资产（业务）及人员，正式并网投入生产运营。国家管网公司将对全国主要油气管道基础设施进行统一调配、统一运营、统一管理，定期向社会公开油气管道剩余能力，推动油气管网基础设施向全社会公平开放，促进上游油气资源多主体多渠道供应、下游销售市场充分竞争，提高油气资源配置效率，保障能源安全。

（二）改革发展助力保障我国油气管道安全

根据"国家安全→国家能源安全→国家能源基础设施安全→国家油气管网安全"的自上而下层次逻辑，油气管网安全保障技术本身就是国家油气管网安全越来越重要的组成部分，也是"国家能源基础设施安全"不可或缺、十分重要的组成部分，其建设和完善就是对"国家能源安全"添砖加瓦并做出实实在在的工作，进而为国家总体安全贡献力量。我国油气管道实现高速建设，形成了横跨东西、纵贯南北、连通海外的油气管网格局。

油气管网在推动经济发展、造福社会民生的同时，管道事故也时有发生，诸如山东省青岛市"11·22"东黄输油管道泄漏爆炸特别重大事故；位于贵州省晴隆县长输天然气管道分别于 2017 年和 2018 年连续两年因天然气泄漏引发燃烧爆炸发生相同的事故，这两次事故发生地非常接近；2021 年 6 月 13 日，湖北省十堰市某农贸市场发生燃气爆炸事故。

这一起起重大、特大、特别重大的事故，损失巨大，在国内外造成了严重的负面影响，惊动了党中央、国务院，并引起中央、国家部委的高度重视，特别是湖北省十堰市"6·13"燃气爆炸事故发生当日，国家层面要求进行严肃追责，这在安全生产监管历史进程中尚属首次，更是给油气输送管道安全生产敲响警钟，值得深刻反思和全力整治。

如何保障油气管道管网安全、平稳运行，是当前我国公共安全面临的一个严峻问题。因此，有必要对国内外油气管道典型安全生产事故进行分类剖析，并进行致因致灾分析和根因溯源追问，深度挖掘事故数据和信息，从中窥视和反演事故诱发的技术、管理、法规、标准等层面需要改进之处，有助于构建油气管网全生命周期安全保障关键技术，融合和整合 QHSE（质量、健康、安全、环保）于一体的综合管控体系。回顾和展望先进、实用、科学的安全科学理论和安全科技支撑体系，立足"深""新""实"，"凝心聚力促发展、智治赋能促提升"，合力共创我国油气管网高质量发展新局面，为实现国家"大安全"治理体系和治理能力现代化，贡献管道行业的智慧和力量。

伴随着油气管道行业的发展，油气管道数量增加，油气管道及储运系统越来越复杂，涉及的地域环境更加多样化，油气管道事故也越来越受关注，管道安全保障技术也迅速发展，人们的安全理念也在持续进步。

第三节　本质安全理念概要解析

安全理念亦称安全价值观，是在安全方面衡量对与错、好与坏最基本的道德规范和思想，对企业而言是一套系统，应包括核心安全理念、安全方针、安全使命、安全原则，以及安全愿景、安全目标等内容。

安全的特有属性包括没有威胁和没有疾患内外两个方面的"没有危险"。安全具有空间属性和时间属性，二者对立或者统一时，必然产生安全或者不安全状态。安全的属性有自然属性、社会属性和系统属性三种，前两种属性是不可分割的。安全的系统属性是安全的自然属性和社会属性的耦合点。同时，安全具有的属性还包含安全的专业性、安全的系统性、安全的社会性、安全的组织性、安全的差异性和安全规律性等。

40年前，回顾钱学森提出的"理工管结合，注重基础，落实到工"的系统工程创新教育思想，对构建完备的油气管网系统全生命周期安全保障技术有着重要的指导作用。所谓"理"，就是科学的基础理论、基础学科，所谓"工"，就是工科，而且要运用到工程实践中去，就是要理论联系实际。一定要把基础知识和基础学科学扎实、发展好。大力发展系统科学与系统工程、数学科学、储运科学、信息科学等现代科学技术的四大学科，具体包括系统学、运筹学、信息论、控制论、系统工程、应用数学、计算机技术、电子信息、油气管道与储运技术、组织管理技术等，以终为始，慎始善终、矢志不渝地推动油气管网系统安全、高质量发展，竭力追求"本质安全"的最优状态。

于此，笔者尝试总结了油气管网安全呈现多因素、多维度、多层次、广角度、全时态、全周期、全过程、全要素，系统性、动态性、不确定性、非稳态、集成性、突发性、不可预测性等特征，油气管网安全生产工作具有的"30+"个属性见图1-2，即"系统论、协同论、信息论、控制论"的应用和深化。

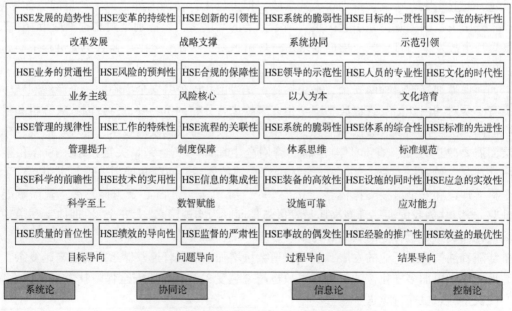

图1-2　油气管网安全生产工作具有的属性图谱

现代本质安全理论，经历了"本质安全""本质安全化""本质安全型企业"阶段，笔者提出我国已经进入"本质安全型社会"阶段，正在向"本质安全型人类命运共同体"阶段迈进。其中，"本质安全型社会"阶段，要求不仅企业员工（包括各级领导）还包括社会各界人士，不仅在工作中还在生活中，不仅在企业里还在全社会，都要重视安全理念、增强安全意识，学习安全知识，提高风险检测监测识别预测能力和风险防范资源储备和技能水平。国家已经提出了"大安全观""国家安全观"的明确要求，制定并推广实施了相关的法律法规，不仅在2020年初至今的全球抗疫防疫方面成效显著，还对油气管道安全管理等方面也有极大促进。

本节详细介绍了全生命周期的涵义及其涉及的安全保障理念和方法，尤其是管道全生命周期"本质安全"相关的理念、理论、方法和技术。

为了更充分、更容易、更清晰地理解和掌握油气管网全生命周期安全保障关键技术，需要诠释安全的概念、本质安全的含义、大安全格局下国家安全和能源安全的新内涵与外延，以及梳理对安全和能源安全的认识发展历程。

一、安全的新内涵与外延

（一）安全的新内涵

关于安全，首先需要回答"安全是什么、为什么要安全、怎么做到安全"，其中"安全是什么？"是一个元问题。我们先来看看安全的各种定义：（1）安全是指没有危险，不受威胁，不出事故，即消除能导致人员伤害，发生疾病或死亡，造成设备或财产破坏、损失，以及危害环境的条件。（2）安全是指使物态处于正常的状况，或人的身心处于健康舒适和高效率活动状态的客观保障条件。（3）安全是指一种心理状态。即认为某一子系统或系统保持完整的一种状态。（4）安全是指一种理念，即人与物将不会受到伤害或损失的理想状态，或者是一种满足一定安全技术指标的物态；例如，国际民航组织对安全的定义：安全是一种状态，即通过持续的危险识别和风险管理过程，将人员伤害或财产损失的风险降低并保持在可接受的水平或其以下。（5）安全通常指人没有受到威胁、危险、危害、损失。人类的整体与生存环境资源的和谐相处，互相不伤害，不存在危险的隐患，是免除了不可接受的损害风险的状态。安全是将系统的运行状态对人类的生命、财产、环境可能产生的损害控制在人类能接受水平以下的状态。

根据 IEC 61508 标准，"安全（Safety）"就是不存在不可接受的风险；风险是系统失效或发生故障的概率与其导致的后果的严重性的组合，对于导致严重后果的危险事件的发生概率，必须降低到可接受的水平；对于后果较轻的危险事件的发生概率，可以相对略高。这样既可以保证安全性能，又考虑经济因素，降低安全相关系统的成本。

采用"系统集成、协同高效"方法，从"安全文化（最高境界）、安全科学（指路明灯）、安全技术（有力武器）、安全管理（高效方式）、安全经济（最大效益）、安全伦理（边界底线）"六个维度进行释义，安全的内涵可从这六个方面更准确、更全面地理解。

1. 安全文化（Safety Culture）

安全文化所涉及的范畴包括国家的安全、社会的稳定、厂矿的安全生产、核电站的社会性安全、全民的防灾减灾思想意识、公众的安全文化素质、环境保护、产品安全、生活与生存领域的安全。安全是一个包括物质层面和精神意识层面的巨大的系统工程。优秀安全文化的全民普及自觉应用，是安全生产的最高境界。

2. 安全科学(Safety Science)

在《学科分类与代码》(GB/T 13745)中，把安全科学作为一级学科列入工程与技术门类之中，称之为安全科学技术，被确定为综合类科学中的一门学科。安全科学是研究系统安全的本质及其规律的科学。研究事故与灾害的发生机理，应用现代科学知识和工程技术方法，研究、分析、评价、控制及消除人类生活各个领域里的危险，防止发生灾害事故，避免损失，保障人类改造自然的成果和自身安全与健康的知识和技术体系。在安全科学的体系结构中，处在安全科学的工程技术层次上的是各类安全工程技术。安全科学区别于其他科学的特点就是安全的观点，或者说安全科学是从安全的着眼点或角度去看整个世界，正如自然科学从物质运动，社会科学从人类社会发展运动，系统工程从系统的观点去考察世界一样。但是，安全科学所采用的研究方法与自然科学、社会科学、系统科学等各门科学有关。因此，安全科学是一门跨门类、综合性的新兴横断科学。

科学管理是实现安全治理体系和治理能力现代化的有效途径。安全科学管理的 11 项组织原则是：①计划性原则；②效果原则效应；③反馈原则；④阶梯原则；⑤系统性原则；⑥不得混放并存原则；⑦单项解决原则；⑧同等原则；⑨责任制原则；⑩精神鼓励和物质鼓励相结合的原则；⑪干部选择原则。安全科学是安全生产的"指路明灯""金钥匙"。

3. 安全技术(Safety Technology)

为了预防或消除劳动者健康的有害影响和各类事故的发生，改善劳动条件，而采取各种技术措施和组织措施，这些措施的综合称为安全技术。安全可称为技术，在于要消除各个不安全因素，保护劳动者的安全和健康，预防伤亡事故和灾害性事故的发生，必须从技术的层面去实施或考虑，或者说以技术为主，提出具体的方法和手段，以达到劳动保护之目的。安全技术与安全科学可以从自然辩证法得到更加深刻的理解和说明，安全科学着重于安全的规律，发现、探索、认识其本质，从而掌握好安全，使之为人类服务；而安全技术更侧重于安全保障手段的应用，研究事故致因因素、风险检测识别技术、隐患排查消除方法，从而转危为安。因此，安全技术丰富了安全科学，安全科学又指导和推动了安全技术的发展。安全技术是安全高质量发展的有力武器。

4. 安全管理(Safety Management)

安全管理三大理论，即"人本原理、系统原理、预防原理"。安全管理，既有人对物的管理，又有人对人和环境的管理，是多元复杂的全方位管理。现代安全管理的一个重要特征就是强调以人为中心的安全管理，把工作重点放在激励人的士气和发挥其自觉能动作用方面。而人的意识、价值观、认知、信念等都是管理的基础，是人们自觉做好安全保障的动力和表现。安全管理本身包括安全教育、法治建设、经济手段、行政手段、宣传手段等。现代安全管理应是系统的安全管理，把管理重点放在整体效应上，实行全员、全过程、全方位的管理，使其达到最佳或最优的安全状态。安全管理就犹如 5 个分散的指头握成一个拳头，使之能产生更大的合力。同时，随着信息化、数字化、智能化新兴科技的普及应用，加速了安全管理数据信息的收集、处理和送达，使安全管理由定性走向定量、由粗放走向精准，使先进的管理经验、高效的方法手段得到迅速推广。因此，须充分调动每个劳动者的主观能动性和创造性，让劳动者人人主动参与安全工作。良好的安全管理是实现安全治理体系和治理能力现代化的高效方式。现代安全管理应是以预防为主的管理，必须围绕"预防事故"这个中心课题，变纵横向为立体综合，包括时空的立体综合和各相关学科相关技术的以本质安全为中心的立体综合；要进行定性、定量分析，使安全状况实时化、指标化、数字化，使风险管控精益化、信息化、自动化、数智化；推行事前预判、预测、预警、预报；推行采用反馈原则进行安全评价等，达到"预防事故、保障安全"这个中心目标。

5. 安全经济(Safety Economy)

安全经济首先是基于对人类安全活动需要以经济作为基础的理解。比如，无论是生活中还是生产中，实现安全条件需要经济的投入。如何高效、合理地投入？安全经济概念就应运而生了。特别是在市场经济条件下，采用安全经济学的观点来运筹安全管理，必将成为一种符合客观的实用模式。从安全效益的角度，可以把以提高生产为目标的安全性投入，与以增加生活质量为主要目标的安全性投入，进行对比分析。前者是指为消除和控制生产、生活过程中的不安全因素而专门采取安全措施的投入，它将对生产、生活产生积极的和消极的影响；后者除了产生生产、生活效益外，还会产生安全效益，并且往往决定企业的基本安全程度。因为安全是生活质量的基本保障，而单纯为了提高生产而进行的安全性投入，却可能损害生活质量。因此，在实际工作中，有时很难区分某一项投入是生产、生活性投入还是安全性投入。然而，从经济学的角度，应该把有限的人力、物力合理地投入，最大限度地发挥安全投资的作用，减少事故造成的经济损失，以较少的资金投入取得最大的经济效益，这就是安全工作所追求的最佳状态。简言之，安全其实就是竞争力，是最大经济效益。

6. 安全伦理(Safety Ethics)

安全伦理就是每一个合格公民对安全进行理性思考和自主选择的方法论。解决安全生产问题不能只从经济、技术、管理、法制这几个方面的"显性力量"来考量，还必须要从提高人的安全道德意识和道德水平等"隐性力量"方面考虑。以安全理性或法制为手段进行社会调控时，在过程之前必须经过安全伦理思考的判断和估量，在过程之中必须进行安全伦理的遵循和把握，在过程之后又必须进行安全伦理价值的评价。当然，安全与人的身心健康、生命、财产安全密切相关。在道德观念中，应该提倡使他人生活得更好、更安全。企业安全伦理一般是指蕴涵在企业的生产、经营、管理及消费活动中的伦理关系、伦理意识、伦理准则与伦理活动的总和。企业安全伦理要求在人与物、企业与个人、企业与社会、企业与环境等方面发生冲突时，企业应该自觉以人的生命健康为重，自觉履行安全义务、承担安全责任，勇于无私奉献，自觉服从整体、大局和社会的安全利益，从而形成企业良好的安全伦理道德形象。通过在企业和社会中构建一种以"安全生产为善、不安全生产是恶"为导向的安全生产伦理道德理念，引发企业各级管理者和广大员工安全观念的转变，引导全体员工养成正确的安全道德意识、安全思维方式、安全行为习惯，进而达到卓越的安全管理水平，在塑造具备本质安全素质的"人"的基础上，建设本质安全型企业和社会。安全伦理是安全价值创造的基本底线，安全伦理无疑是人类伦理体系的重要组成部分。

(二) 安全的外延

安全的外延，可以从以下方面来理解：

1. 国家安全观(National Security Concept)

包括但不限于政治安全、政权安全、制度安全、意识形态安全、国土安全、军事安全、经济安全(包括能源矿产安全、粮食安全、食品药品安全、金融安全、交通安全、生产安全等)、文化安全、社会安全、科技安全、网络安全、信息安全、数据安全、生态安全、资源安全、核安全、海外利益安全、生物安全、人工智能安全、太空安全、极地安全、深海安全、新型领域安全、重要基础设施安全……其中，以人民安全为宗旨，以政治安全为首要根本，以经济安全为基础，以军事安全、文化安全、社会安全为保障，以促进国际安全为依托，构成了总体国家安全观指引的安全治理方略。《国家安全战略（2021—2025年）》中，明确指出：新形势下维护国家安全，必须牢固树立总体国家安全观，加快构建新安全格局。必须坚持党的绝对领导，完善集中统一、高效权威的国家安全工作领导体制，实现政治安全、人民安全、国家利益至上相统一；坚决捍卫国家主权和领土完整，维护边疆、边境、周边安定有序；坚持安全发展，推动高质量发展和高水平安全动态平衡；坚持总体战，统筹传统安全和非传统安全；坚持走和平发展道路，促进自身安全和共同安全相协调。树立共同、综合、合作、可持续的全球安全观，加强安全领域合作，维护全球战略稳定，携手应对全球性挑战，推动构建人类命运共同体。要全面提升国家安全能力，更加注重协同高效，更加注重法治思维，更加注重科技赋能，更加注重基层基础。参见图1-1。

国家安全是国家发展的最重要基石、人民福祉的最根本保障。"安而不忘危，存而不忘亡，治而不忘乱。"国泰民安是人民群众最基本、最普遍的愿望。党的十九大报告指出："贯彻总体国家安全观，准确把握我国国家安全形势变化新特点新趋势，坚持既重视外部安全又重视内部安全、既重视国土安全又重视国民安全、既重视传统安全又重视非传统安全、既重视发展问题又重视安全问题、既重视自身安全又重视共同安全，切实做好国家安全各项工作，完善国家安全制度体系，加强国家安全能力建设，坚决维护国家主权、安全、发展利益。""打造共建共治共享的社会治理格局，树立安全发展理念，弘扬生命至上、安全第一的思想，健全公共安全体系，完善安全生产责任制，坚决遏制重特大安全事故，提升防灾减灾救灾能力。"

从当前学术的观点来看，作为一门新兴学科，国家安全学的一级学科定位明确了中国国家安全基础研究的学科属性，为其提供了可供发展的研究方向和路径。在此基础上，笔者探讨了中国国家安全基础研究路径、进展及其未来在知行合一上具有的重大价值，有助于推动中国国家安全学学科建设和发展，进而在国内外环境深刻复杂变化的背景下不断提升应对安全危机和挑战的能力。中国国家安全基础研究立足于总体国家安全观，在知识路径上，类似于马克思主义中国化，博采众长，会通中西，立足实践，务求实效。中国国家安全基础研究需要明确基本科学问题导向，注重解决重大实质性现实问题，推进中国国家安全思想创造性转化，深化学科整合，深化中西会通，为中国国家安全基础理论创新提供新概念、新思想、新理论与新方法。中国国家安全基础理论研究者应该聚焦中国国家安全实际，参考借鉴外国安全理论和方法，发掘中国国家安全历史，把握当代国家安全，关怀人类安全，着力构建中国特色、中国风格、中国气派的国家安全学概念体系、理论体系、学术体系、话语体系。

2. 企业安全观（Enterprise Safety View）

全员安全、法规安全、生产安全、运营安全、供应链安全、质量安全、品牌信誉安全、网络安全、信息安全、数据安全、生物技术安全、食品药品安全……

3. 家庭安全观（Family Safety Concept）

生命财产安全、保健安全、食品药品安全、交通安全、财务安全、消防安全、电器燃气天气安全、网络安全、信息安全、数据安全、心理安全、情感安全……

4. 网络安全观（Network Security View）

保护网络信息资源，使其不受意外的、暂时的或蓄意的（未经授权）破坏更改和泄露，保证网络信息可用性、完整性和机密性；保护网络通信安全、软件安全、硬件安全……

5. 数据安全观（Data Security View）

一是数据本身的安全，如通过磁盘阵列、数据备份、异地容灾等手段保证数据的安全；

二是数据防护的安全，如数据保密、数据完整性、双向强身份认证等。数据安全成为政府、企业和个人信息安全中的重中之重。数据信息量越大，安全保障的重要性就越大。数据安全不仅关乎个人的隐私，也关乎企业的命脉，同时关系到国计民生，更关乎国家安全。数据安全，已经浸润在家庭安全、网络安全、企业安全、国家安全之中，所以在图 1-1 中，是以"信息安全"或"数据安全"表现在所述四者的分项描述里。

(三) 安全的认识

对于安全的认识，包括以下四个发展阶段：

1. 无知 (不自觉) 的安全认识阶段

此阶段是指工业革命以前，生产力和仅有的自然科学都处于自然和分散的状态，例如，在工业革命以前的农耕时代，几乎是没有交通事故，更不存在网络安全概念。

2. 局部的安全认识阶段

此阶段是指工业革命以后，生产中已使用大型动力机械和能源，导致生产力与危害因素的同步增长，促使人们从局部认识安全并采取措施。

3. 系统的安全认识阶段

此阶段是指由于形成了军事工业、航天工业，特别是原子能和航天技术等复杂的大型生产系统和机器系统，局部安全认识已无法满足生产生活中对安全的需要，必须发展与生产力相适应的生产系统并采取安全措施。

4. 动态的安全认识阶段

此阶段是指当今生产和科学技术的发展，特别是高科技的发展，静态的安全系统、安全技术措施和系统的安全认识，即系统安全工程理论，已不能满足动态过程中发生的，具有随机性的安全问题，必须采用更加深刻的安全技术措施和安全系统认识。所以，动态风险评估是近年来动态安全研究的主流。

为了更准确、清晰地理解安全的内涵与外延，还应了解"安全与问题、危险源、隐患、风险和事故"这六个概念的各自内涵和相互关系，参见本书第四章第四节"油气管道事故带来的启示与思考"。

二、本质安全的阶段划分

现代本质安全概念和认识经历了四个发展阶段，归纳起来，包括"本质安全""本质安全化""本质安全型企业""本质安全型社会"，可大胆预测，不久的将来会发展到"本质安全型人类命运共同体"阶段。

(一) 本质安全 (Intrinsic Safety)

第一阶段："本质安全"源于 20 世纪 50 年代世界宇航技术的发展，特指电子系统的自我保护功能。这一阶段的本质安全仅仅限于事物自身特性和规律对系统中的危险进行消除或减小的一种技术方法。随着本质安全得到工业领域广泛的接受，其概念得到了扩展，即本质安全是指设备、设施或技术工艺包含内在的能够从根本上防止事故发生的功能。通俗地讲，就是机器、设备、设施和工艺自身带来的固有安全和功能安全，追求即使由于操作者的操作失误或不安全行为的发生，也仍能保证操作者、设备或工艺系统的安全而不发生事故的功能。例如，质量管理技术中的"防呆法 (Fool-Proof)"，更具体的实例是：同一个家用电器上的几个不同功能的插座形状各不相同，以免使用者把插头插入错误的插座中。

《职业安全卫生术语》(GB/T 15236—2008) 中关于本质安全定义为："通过设计等手段使

生产设备或生产系统本身具有安全性，即使在误操作或发生故障的情况下也不会造成事故。"《机械工业职业安全卫生管理体系试行标准》（安全〔2000〕50号）将本质安全定义为"生产设备或生产系统本身具有安全性，即使在误操作或发生故障的情况下也不会造成事故。"《化工企业安全卫生设计规定》（HG 20571—2006）将生产过程的本质安全化定义为："生产过程本质安全化指的是采用无毒或低毒原料代替有毒或剧毒原料，采用无危害或危害性比较小的符合安全卫生要求的新工艺、新技术、新设备。此外，还包括从原料入库到成品包装出厂整个生产过程中应具有比较高的连续化、自动化和机械化，为提高装置安全可靠性而设计的监测、报警、联锁、安全保护装置，为降低生产过程危险性而采取的各种安全卫生措施和迅速扑救事故装置。本质安全应是一种理想，是一个追求的目标。从以上概念/定义可以看出，本质安全指的是安全性，是生产设备和生产系统的本质的、固有的属性，不会因人的失误和设备故障而发生变化。本质安全不是一个专门的"技术"类别，它是在降低和防范危害/风险方面，使实体具备安全木质、具备无危害抗风险特征的优化效果。

近年来，国内外学者普遍认同本质安全理论及方法已从技术措施层面扩充至系统的安全管理，仅仅是从设计/技术层面难以确保本质安全，人员、机械、环境、管理、文化等因素会对既有的和既定的本质安全措施产生正面/负面的影响，想要维持本质安全措施的有效性并持续提升本质安全水平，则不能仅仅关注设备设施的本质安全，而应通过系统的管理、全员全民全球全人类的共同参与，确保人、机、环、管、文化的和谐安宁、和平发展。所以，本质安全理念，进化到了后来的本质安全化、本质安全型企业、本质安全型社会、本质安全型人类命运共同体。

（二）本质安全化（Essential Safety）

第二阶段："本质安全化"。随着安全系统理论的发展，将"本质安全"内涵扩展到"本质安全化"的概念，将本质安全延伸到"人—机—环"的系统要素，可以说是系统的本质安全化，即对于一个"人—机—环"系统，在某一历史阶段的技术经济条件下，使其具有较完善的安全设计及可靠的质量，运行中具有安全可行的操作技术和管理技术。比如，在铁路运营管理系统中，火车的运行操作和铁路车站等方面的维护和运营，以确保旅客和货物的安全和准时。再比如，人体就是一个由神经系统、消化系统、运动系统等子系统组成的复杂生命系统，要保持健康，就要保持并加强人体的本质安全化，遵循科学的养生规律，保持乐观积极的精神状态、良好的饮食起居习惯和运动习惯……

（三）本质安全型企业（Intrinsically Safety Enterprise）

第三阶段："本质安全型企业"。这是站在宏观、全面、综合的角度，提出了"本质安全型企业"的概念。这一概念的拓展与延伸，使本质安全的内涵得到了丰富。本质安全型企业的概念符合现代事故致因理论和安全科学预防原理的要求，以本质安全型企业创建为思想的策略方法，使企业安全生产更为"本质安全"。"石油行业里的本质安全"是指通过追求人、机、环境的和谐统一，实现系统无缺陷、管理无漏洞、设备无故障。实现本质安全型企业，要求员工素质、劳动组织、装置设备、工艺技术、标准规范、监督管理、原材料供应等企业经营管理的各个方面和每一个环节都要为安全生产提供保障。所以，本质安全型企业普遍要求全员参与、系统保障、综合对策，这也符合全面安全风险管控的思想和理念。

现代安全生产工作与新型安全治理的融合发展，必将助推我国安全生产治理体系和治理能力现代化，同时也是油气储运企业培育和创建治理体系和治理能力现代化的有力举措。

（四）本质安全型社会（Intrinsically Safety Society）

第四阶段："本质安全型社会"。这是笔者的创新理念，是站在全国全社会的更为宏观、全面、综合的角度，创新性地提出了"本质安全型社会"概念，更加符合现代事故致因理论和安全科学预防原理的要求，以创建本质安全型社会为思想的策略方法，使全社会更为"本质安全"，从而使包括企业在内的各行各业也都更为"本质安全"。

"本质安全型社会"的理论要求全民参与、系统保障、立法执法、综合对策，更加符合全面安全风险管控的思想和理念。随着科技的迅猛发展，人们之间的相互影响、相互作用日益频繁，相互之间的影响力也日益加大。例如，2021年6月13日发生的湖北省十堰市燃气爆炸事故，与前些年的我国华北、东北、四川等地发生的多起打孔盗油事故，都表明推进乡村振兴和建设绿色、和谐、宜居、美丽的中国仅仅依靠本质安全型企业是不够的，说明创建本质安全型社会的必要性、重要性。

国家安全法、国家网络安全法、国家数据安全法、国家安全生产法等，是总体安全观在国家治理最高层级的法律呈现，因此随着时代变迁和社会变革，传统安全、非传统安全的外延已经发生了巨大变化，网络安全、信息安全、数据安全等已经上升为国家安全的重要组成部分，并且已经列入国家重要发展战略。这也是建立本质安全型社会的重要举措之一。

自从2020年新冠肺炎疫情逐步扩散到全球，油气管道企业HSE中的健康因素也受到了挑战；由于我国充分利用"集中力量办大事"的制度优势，充分调动各级组织和社会各界力量，充分利用移动互联网、健康码、人脸识别、人工智能、大数据等高科技手段，加强人员行踪记录和追溯，大大增强了社会治安管理力度，不仅找出了一些多年未抓捕到的逃犯，还找回了大量多年前被拐卖或失踪的人员，而且油气管道事故原因中的第三方破坏因素所占比例也大幅下降。这些都证明了"本质安全型社会"理念的重要现实意义及对于油气管道企业的重要作用，也说明了我国已经进入"本质安全型社会"阶段。

（五）本质安全型人类命运共同体（Intrinsic Safe Community of Human Destiny）

第五阶段："本质安全型人类命运共同体"。这也是笔者受人类命运共同体倡议的启发，结合当今科技迅猛发展、文明交流互鉴却又冲突战争不断、世界仍不安全的国际形势和发展趋势，站在全球的、普世的、符合世界各国共同利益的、顺应时代潮流的、遵从客观事物发展规律和历史文明发展规律的角度，创新性地提出的"本质安全型人类命运共同体"的概念。

本质安全型人类命运共同体的概念更符合"天下大同"、马克思主义理论和安全科学预防原理的要求，以本质安全型人类命运共同体创建为思想的策略方法，使全人类命运共同体更为"本质安全"，从而使世界各国、各地、各团体、各企事业单位的每个人也都更为"本质安全"。

当今世界，由于利益冲突、观念冲突、文化冲突等原因，导致多处热点地区存在傲慢偏见过多，战争破坏损毁严重，生态环境破坏加剧，核战、生物战、网络战隐患巨大，人类命运前景堪忧。

油气管道相关方面也受到严重影响。中缅管道和巴基斯坦水电站的维护和建设人员受到恐怖袭击，北溪二号线建设受到美国制裁阻挠，等等。

幸有，我国倡导人类命运共同体理念，以优化国内国际双循环、推动"一带一路"建设为基础，引领中华民族走向复兴，带领"一带一路"沿途各国，乃至世界各国，求同存异、互利共赢、文明交流互鉴、科技创新发展、外交和平共处、经济互惠互补，多边多方合作，维护世界和平，等等。

"本质安全型人类命运共同体"，基于现代安全科学原理与理论方法体系，结合我国国情、世界各国各自的发展轨迹、发展趋势的实际情况，和当前全球新冠肺炎疫情防控"中强西弱、中稳西乱"的现实，提出：保持改革开放、推进文化交流、加强宣传引导、推动互利合作、遵循和平共处、培育科技创新、打击恐怖主义、增强正义力量、防控系统风险、消除重大隐患等基本原则和发展路线，以确保人类命运共同体的"本质安全"。

目前，对本质安全有 5 种不同层面的理解：一是原始的或者称为狭义的"设备本质安全"；二是基于系统工程思想的"系统本质安全"；三是面向组织或企业实行全面安全管控的或者称为广义的"企业本质安全"；四是面向包括各级各类组织和各行各业的全社会实行全面安全管控的更为广义的"社会本质安全"；五是面向包括全球各国各地、各行各业、各民族各物种、全生态文明、全程历史发展的，实行全面安全管控的，最为广义的"世界本质安全"。

（1）设备本质安全（以技术或设备为对象）：是指设备、设施或技术工艺含有内在的能够从根本上防止事故发生的功能，是从根源上消除或减小生产过程中的危险。

（2）系统本质安全（以系统为对象）：是指安全系统中人、机、环境等要素从根本上防范事故的能力及功能。

（3）企业本质安全（以组织或企业为对象）：是指通过建立科学、系统、主动、超前、全面的安全保障和事故预防体系，对企业生产经营全过程、技术工艺全环节、生产作业全要素，实施全员、全面、全时的本质安全管控，使各种事故风险因素始终处于预控、预防的状态，实现企业安全生产的可控、稳定、恒久的安全目标。

（4）社会本质安全（以全社会各界、各行各业为对象）：是指通过建立健全法律、法规、司法、执法、教育、培训等各种安全保障教育宣贯体系，广泛宣传安全文化理念，大力推动安全文化建设、安全学科建设、安全保障技术体系建设、应急保障组织体系建设、全社会范围内的科学系统主动、超前、全面的安全保障和事故预防体系建设，对全社会各界、各行各业的生产经营、科教文卫等方面的全过程、技术工艺全环节、生产生活和服务作业全要素，实施全员、全民、全面、全时的本质安全管控，使各种事故风险因素始终真正处于预防、预控的状态，实现全社会的可控、稳定、长治久安的安全目标。

（5）世界本质安全（以世界各国各地、各行各业、各族各类为对象）：是指通过国内优化强化政治、经济、科技、教育、文化、军事等方面的基础实力，并通过联合国等国际组织和友好国家等方面的多边和双边交流与合作，在和平共处、平等互利等原则的基础上，帮助友好国家普及安全理念、打击恐怖组织、消除重大隐患、维护世界和平、保护物种多样性、减少战争愚昧等方面的浪费，推动人类文明进步和全球生态平衡发展。

对油气管道行业而言，全国或者区域性的管道好比"一张网"，犹如人体的毛细血管，畅通、高效、安全、经济是管道生命健康的表征，只有管道各个部位和分段的安全可靠才能确保管道系统安全，需要全方位、多角度、广视野、专业、专心、专门对管道全生命周期进行风险管控，确保管网系统的本质安全。

三、安全源头治理理念

俗话说"君子务本，本立而道生。""物有本末，事有终始，知所先后，则近道矣。"要做好安全保障工作，要从根本上根源上、文化氛围日常习惯上解决问题，需要做好全员、全过程、全方位、全天候动态安全管理，就要让家庭全员、企业全员、社会全民都重视安全、理解安全、主动学习掌握安全保障技术，就要激发全员全民的安全保障动力，增强全员全民的安全保障意识，提高全员全民的安全保障技能。简言之，安全是最大的效益、最大的责任、最大的幸福。下面从"安全基于真爱""安全在于责任""安全成于管理""安全始于质量""安全源于设计"五个方面阐述安全源头治理理念。

（一）安全基于真爱（Safety is Based on True Love）

做好安全工作的源动力是"真爱"。中华民族优秀传统文化里就有"敬天爱人"的古训。所谓"敬天"，就是指人们要尊重万物生长变化的规律，从事物发展的规律出发，不能做出违背"天理"的荒谬举动；所谓"爱人"，就是"爱人如己"，就是"老吾老以及人之老，幼吾幼以及人之幼"，意思就是，做人要以"他人"为主体，凡事从"他人"的角度出发，服务于"他人"。从事安全工作就是"敬天爱人"之善举。正如笔者所倡导的"让安全有温度、有情怀"。只顾索取的爱，是披着爱的外衣的依赖。真爱，就是因为爱而付出关心、关注、关怀，帮助对方成长、成全、成功，给家人、同事、同乡、同胞以安全感、幸福感、获得感。安全创造价值、营造幸福，全面推进安全事业发展，就是不断增强人民幸福感、获得感、安全感。

（1）爱家人，自然就应当主动帮助家人营造和维护安全的家庭环境，教导、提醒家人重视安全、了解安全注意事项、掌握安全保障基本方法、基本技能，从而持续提高家庭安全质量。

（2）爱企业，自然就应当自觉遵循企业的各项合理规章制度，尤其是安全生产等的相关制度，圆满完成企业分派的职责义务和任务，主动学习和掌握安全保障技能、发现和识别风险、报告和消除隐患。因为企业是员工赖以创造价值、实现价值的团队，值得全体员工付出真爱。

（3）爱祖国，自然就应当自觉、主动地从个人、社会、国家三个层面，践行社会主义核心价值观，包括理解国家安全观，力所能及地学习和宣传安全保障知识、掌握相关的安全保障技能，尽心尽力地履行安全保障义务、做好安全保障工作。因为祖国是我们共同的家园，是我们祖祖辈辈和子孙万代生存发展的根本保障。

（二）安全在于责任（Safety Lies in Responsibility）

责任心，体现在我们日常的工作学习和生活中的时时处处。有责任心的表现是：明责、担责、尽责、追责。

1. 明责

就是要与事业职业相关人员有效沟通，明确了解自己的职责、责任、任务、义务，各级建立完善安全生产责任制，各分管领导既要管好一条线，又要承担分管范围内的安全生产责任，实行分线分兵把守，千斤重担众人挑。

2. 担责

就是承担起自己的职责、责任、任务、义务，就需要学习掌握必要的知识技能，整合利用必要的工具资源，着手并做好职责、责任、任务、义务包含的工作。就需要做到：

（1）思想意识到位，确保观念转变。超前思维，超前谋划，管好、管细、管实。

（2）履行职责到位，确保重心转变。即明确从事后查处转向事前防范，从重治标转向重治本，从重眼前转向重长远，从重布置转向重落实，从重活动推动转向重自觉行动的工作重心转变。

（3）落实措施到位，确保方式转变。即有计划、有布置，有措施、有检查。将责任落实到车间、班组、岗位及从业人员，将措施真正落实到企业生产经营活动的全过程之中。使一般性检查，转向依靠科技手段来提高综合监管效果；从正常性事务管理，转向依法综合监管来规范安全生产行为；从单纯依靠集中整治，转向既要集中整治又要加强日常监管；从依靠高压监管转向长效监管；从注重开会布置，转向突出重点、创新经验、培育典型，以点带面、总结推广的工作方式转变。

3. 尽责

就是把所承担的职责、责任、任务、义务做好、做到位，并及时总结经验教训，持续改进工作质量。

例如，如果你是一个有责任心的员工，责任心会促使你热情地投入工作，主动去管理平台上查看单位的每一条通知和管理规范、规定。理解和告知进入站场的所有人员相关的规定和各项安全措施、注意事项，以及正确的逃生路线、巡检路线和出入规定。这样，无形当中会在员工或施工单位及维检抢修进站的人员心理上，形成进站要"安全工作"的认知和理解，你的责任心就会为单位的安全生产起到相应的积极作用。

4. 追责

就是要严格检查履职责任、严厉追究事故责任，勇于追责、严于追责。有责任追究力度，才更有工作落实力度。若发生事故，该党纪、政纪处分的要处分，涉及刑事追究的，就要追究刑事责任，决不姑息迁就。做到有过问责（决策过失、执行过失、法纪过失、管理失职等）、有功必奖，真正形成上下有压力、人人不懈怠。真正做好安全生产工作必须要做到两点：本质安全和超前预防。本质安全的前提之一就是自觉遵守法律法规，在工作中尽责的同时，主动维护法律法规，积极配合追责。

企业是市场的主体，也是安全生产的责任主体。必须按照企业主体责任的要求，把安全生产的相关投入、安全培训、基础管理、应急救援等各项工作落实到人、做到位，责任明确、保障有力，确保安全生产，共同履行好企业的社会责任。

（三）安全成于管理（Safety Results Lie in Management）

一切事故都是可以预防的，所有事故都可以追溯到管理原因。管理不仅是领导的责任，更是全员的责任，任何一个层面的人员都必须提升安全素质，才能更好地参与安全管理。任何一个环节、一个工序、一个人的工作质量，都会不同程度地直接或间接地影响安全生产。因此，必须把全体员工的积极性和创造性调动起来，上自企业领导，下至全体员工，每个科室、每个岗位、每个人都要制定相应的安全责任制，人人做好本职工作，大家关心安全生产。而且，全员安全管理不仅是全员的自我管理，更是全员的全过程、全方位、全天候管理。

（四）安全始于质量（Safety Begins with Quality）

质量是"产品过程或服务满足规定或潜在要求（或需求）的特征和特性的总和"。质量管理经历了上百年的发展历程，积累了大量的成体系的理论方法和技术；安全是"规定或潜在要求（或需求）"中的关键要素；广义的质量管理也包括了安全管理。如果我们从质量管理的角度去认识安全问题，用质量管理理论和方法来解决安全问题，将会更加有效地避免安全事故的发生。

管道产品和管道工程设计质量、施工质量、管理质量等，都是影响管道安全的关键因素。从大量的安全事故本身来看，发现这样一个事实：那就是安全事故多发生在生产过程中，产品使用过程中的事故隐患也往往是在设计和生产过程中埋下的祸根，而且，许多安全问题的根源就是质量问题。如操作人员在生产过程中，违反生产工艺规程、检验规程、设备操作规程、安全操作规程，这就可能发生安全事故或质量事故，有些员工对发生的质量问题处置不当，这也是造成安全事故的主要原因之一，处置不当与违规操作虽然不同，但都属于工作质量问题。

质量与安全是有密切关系的。比如彩虹桥事故，就是由典型的产品（材料）质量问题和工程质量问题而引发的特别重大安全事故。又比如某施工单位在胶济线因不按设计施工，挡墙施工质量存在严重的质量问题而引发的安全事故。凡此种种，均是因为产品质量、工程质量和工作质量问题，导致安全事故的一再发生。产品质量、工程质量、工作质量是安全的最基本的、最起码的、最重要的要求。

日常生活中，由于质量问题导致的安全事故也比比皆是。例如：某外资车企的电动车刹车质量问题导致的交通事故；某地拆迁部门的工作质量问题导致公交司机自杀式地把公交车连同乘客开入江中坠亡事故；燃气公司工作质量问题导致的湖北十堰 2021 年 6 月 13 日发生的燃气爆炸事故，都是各类质量问题导致的严重事故。

"质量如此重要，人人都应做好，不仅自身做到，更应积极倡导。"尤其是作为家长、组长、中层干部、企业或社区负责人，也都要提升自身的领导力，包括质量领导力。从而不仅提升自身的工作和生活质量，也能带动身边的人、所在的团队提升工作和生活质量。

（五）安全源于设计（Safety Comes from Design）

安全始于质量，质量源于设计：产品质量主要是由产品设计和改进决定的，即便生产和销售、运输、使用环节也影响产品质量；管理质量主要是由制度规则设计和改进决定的，即便文化氛围、人员素质也影响制度规则设计改进落实的质量。所以，安全源于设计。有时，安全也直接来自合理布局、精心谋划、防患未然的设计。

只要有人为操作的地方，总会出现操作失误；大自然总会有大风暴、大雨雪之类的恶劣自然灾害，这些都是客观存在的现实。那么，如何克服因人为操作失误和异常天气等原因导致的事故，也需要我们精心布局、悉心谋划、精细设计、精准实施。例如：

公元 595~606 年，隋朝李春设计建造的赵州桥（安济桥）至今安好，存世 1400 多年，仅在唐宋时期各修一次，明清时期修四次，新中国成立后修一次。堪称世界建筑史上的奇迹。

2010 年 8 月，四川德阳石亭江洪水暴涨，导致河堤被冲毁，出现大面积溃堤，造成兰成渝管道德阳支线悬空 400m，完全暴露于水流冲刷之下。该管道未发生断裂或泄漏，源于该工程管道壁厚等安全设施的合理设计。

2014 年 7 月 19 日的台风直接导致位于钦州港的广西石化公司厂区的炼厂动力系统、储运系统和所有炼油生产装置停工，紧急停车联锁（SIS）系统全部准确无误的动作使整个炼厂安全、平稳地停下来，历经 118 个小时抢险工作后，又快速安全、平稳地恢复生产，没有发生任何人身、安全、环保事故。SIS 系统具有如此好的运行状态，得益于科学、合理的设计，以及日常生产运行过程中的严格有效管理。

上述成功事例都是因为应用了"本质安全技术（IST）"，即能够永久消除或降低危险发生及事故后果的手段方法。本质安全技术是一种安全管理理念，是指在包括生产、运输、储存、使用和废物处理等整个设计和运营阶段，在每次方案选择时，均要考虑如何消除、降低危险，使用更安全的原料，使用更安全的工艺条件，进行容错设计，降低人为操作失误、机械故障和蓄意破坏造成危害的可能性和事故后果。

本质安全的基础来自以人为本、关注细节，以及科学合理巧妙、克服人为失误的精心设计。

总之，安全源于安全主体组织中每位相关人员的自觉安全意识。积极防范风险，主动、及时识别消除隐患；源于全员安全意识的提高，安全知识和安全保障技术的普及和掌握，法规制度流程和安全运营质量的持续改善，等等，书里的安全若要成就现场安全，两者之间的关键桥梁就是读者们的理论联系实际、实事求是、真抓实干！安全问计于基层，求策于实践！

四、安全生产"十个零"理念

（1）安全工作零起点：安全工作从零开始，在汲取行业优秀安全工作管理思路的同时，要结合具体情况，创新性地做好安全工作。从零开始就是要求在这个起点上必须做好、做足、做对安全工作，全面推进安全达标。

（2）执行制度零折扣：对于安全工作，相关规章制度必须从重对待、从严执行。要在处理相关问题时，坚决依规办事、深入追究、及时处理。在执行制度时，任何组织及个人不得违背相关规定或者干扰执行时间段、执行力度、执行范围。要"真较真，不糊弄，铁制度，硬执行"。

（3）系统运行零隐患：系统正常运行对于安全生产至关重要，零隐患就是要求生产工艺系统在开车前、后对系统进行全面调试，相关工程师全面审核，相关部门验收、考核全面达标。系统运行期间，要制定并落实定期维护制度，遇到问题及时、有效处理。结合实际情况，对重点部分重点排查，预防预控，确保安全生产。

（4）设备状态零缺陷：建立并完善设备详细档案，做到遇到问题有据可查。根据设备情况定期对其进行维护、保养，确保安全运行。组织操作人员深入学习了解设备相关问题，要做到让操作人员除了懂操作、会操作外，还要懂原理、懂维护、懂应急处理。重点设备重点检测，重点时空重点检查，遇到问题及时汇报并处理。

（5）生产组织零违章：结合实际情况，健全组织纪律，以工作为重、以人为本，并且要求组织纪律无盲区、无妥协、无含糊不清。加强职工培训，通过演示事故案例等方式让职工认识到违章生产组织后果的严重性。发现违章行为，严肃处理，坚决做到对于"不安全行为零容忍"。

（6）操作过程零失误：对职工队伍的培训要做到，培训不过关，仍然是隐患。要坚持干什么学什么，缺什么补什么的原则。加强职工队伍的各项技能培训，使员工的操作水平再上一个台阶。

（7）隐患排查零盲区：加强隐患排查力度，隐患排查的重点在盲区，要认真、仔细。排查隐患应从一个螺丝钉、一条焊缝做起，严格执行安全管理制度中的隐患排查要求。

（8）隐患治理零搁置：发现隐患要立刻进行治理，不能耽搁时间，保证系统不带病运行。对隐患的治理要做到小事不过班，大事不过天。如有当天处理不了的问题，要及时挂警示牌，并上报公司领导。

（9）安全生产零事故：安全生产坚持"从零开始，向零奋斗"的方针，杜绝发生任何事故。要把事故隐患当事故对待；把小事故当大事故对待；把别人的事故当自己的事故对待。

（10）发生事故零效益：一旦发生事故，之前做了再多的工作也是零。

大家熟知的安全生产"十大定律"，即墨菲定律、海因里希法则（1∶29∶300∶1000）、多米诺骨牌理论、不等式法则（10000−1≠9999）、罗氏法则（1∶5∶∞）、九零法则（90%×90%×90%×90%＝65.61%）、南风法则（温暖法则）、金字塔法则（1＝10＝1000）、市场法则(1：8：25)、桥墩法则，与上述安全生产"十个零"理念，在对安全的解读和释义中存在"互促同向变动"的内在关联和因果逻辑，具有同向性、关联性、因果性、规律性，见图1-3。

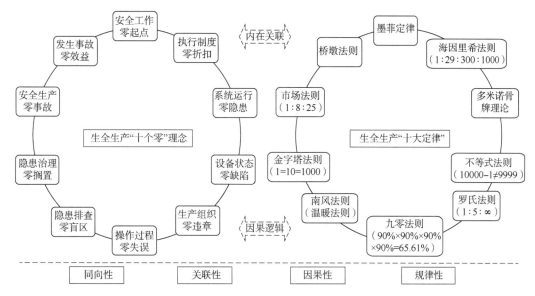

图1-3　安全生产"十个零"理念与安全生产"十大定律"的关联图

五、安全高质量发展理念

党的十九大报告中提出"树立安全发展理念，弘扬生命至上、安全第一思想"，为我们筑牢安全高质量发展理念、保障安全发展、提升发展质量提供了根本遵循。就意味着，在宏观层面，需要用安全程度检验发展的稳定性；中观层面，需要用安全状态衡量产业体系，标定环境可持续和社会公平正义，等等；微观层面，同样离不开用安全生产注解企业的先进管理理念、一流竞争能力和可靠产品质量，等等。安全与发展也由此实现了协调同步、一体统筹。

企业安全高质量发展理念可以理解为：牢固树立"安全第一"发展理念，扎实践行以人民为中心的发展思想，将安全生产与转方式、调结构、促发展、惠民生紧密结合起来，树立、筑牢底线思维和红线意识，把安全发展理念贯穿高质量发展全过程，积极引导各类企业对照先进标杆，压紧、压实企业全员安全生产责任，强化安全意识，推广安全生产、安全管理的经验做法，推进安全风险分级管控和隐患排查治理双重预防机制建设，运用信息化、数字化、智能化手段，加快"互联网+安全""智慧安全"建设，提高安全生产监测监控和预测预警能力，增强风险辨识和隐患自查、自改、自报能力，建立健全有效的应急分析、预警、指挥、保障体系，健全制度体系，落实管理措施，强化教育培训，坚决守住安全生产和安全稳定的底线，全力筑牢保障高质量发展的安全基石，提升企业本质安全水平。

六、安全通识理念和"三大法宝"

（一）安全通识理念（Safety Communication Concept）

安全理念、安全措施要深入落实到全社会每个人日常生活和工作的时时处处，才是真正彻底的安全，才是真正进入了本质安全的第四阶段："本质安全型社会"。

自古以来，我们的先辈就重视安全教育，留下了许多脍炙人口的安全格言，值得我们回味借鉴。从自己做起，从现在做起，影响并带动周围的人共同提高安全意识，进而提高全民安全水平。

"大烈宏猷，常出于周全镇定之士；酷烈之祸，多来自轻浮玩忽之人"，就是说，周全镇定的人士，能够谨慎、认真地调查研究、深谋远虑地谋划设计、镇定周全地安排实施，从而达到风险管控良好，效率成果优异的绩效。而惨烈的祸患往往来自那些轻浮玩忽、缺乏责任心、尚未养成谨慎周全的良好习惯的人。

"祸患常发于忽微，智勇多困于所溺"，是说，事故和隐患经常发生和隐藏在容易被忽视的或者微小的地方，智慧和勇敢的人也可能会因为沉溺于某个方面而忽视了"全员、全过程、全方位、全天候安全管理"，因为个人的能力是有限的，集体的、全社会的力量是无穷的。

"焦头烂额，不如曲突徙薪"，就是发生事故时焦头烂额地抢救（例如灭火），不如事先做好预防，例如设计改造好烟囱的位置和形状、把易燃的柴草移动到远离火源的地方。

"黄金非为贵，安乐值钱多"，是说，与其过分重视金钱，不如识别防范风险，确保生命财产安全。

笔者尝试总结为"风险不认门，风险不认人，隐患很顽皮，事故玩突袭"，也就是说，风险时时处处都客观存在，不论富贵贫贱，人人都应重视并做好风险识别、风险防控；隐患像顽皮的孩子躲迷藏，需要认真、仔细地检测监测、分析查找、预先防范、全面消除；事故往往是突然发生的，需要时时警醒、处处洞察、严防严控、做好预防、及时抢险、妥善处置、查清根源、杜绝后患。

（二）安全保障"三大法宝"（Security"Three Magic Weapons"）

这里给读者介绍一套简单易学、通用高效的安全保障方法，笔者根据多年安全管理经验、认知心理学基本原理，梳理各种纷繁复杂的管理工具和方法，率先提出"场景识险""表格点检""究因访谈"三种方法，既通用于日常生活和工作的方方面面，也可以结合各行各业的相关技术手段，适用于识风险、消隐患、顺畅沟通、防微杜渐，呈现出"容易理解、形象直观、高效扩展、使用方便"的特征，在几乎所有的场景下均能使用，故称之为安全保障"三大法宝"。

1. 内涵及释义

"场景识险（Scene risk identification）""表格点检（Table spot check）""究因访谈（Causal interview）"之所以被称为"三大法宝"，在于三者能够回答安全保障"为什么、是什么、怎么办"的问题，是一种以发现问题、解决问题为目标的工具方法技巧套装组合，是笔者结合多年来的工作经验，对安全保障技术全系列具体的方法进行分析研究、系统总结并最终提出的，灵活通用、便于应用、易于拓展、简单高效的方法体系。

（1）"场景识险"法：可理解为通过现场观察观测收集整理的资料、视频、照片、访谈记录等形式的内容，综合整理成思维导图或因果关系网图形式，直观地还原或推演出现场的情景（还原事故现场的事故过程场景、由安全风险识别现场的历史和当前情景"推演"未来场景），从而辨识出其中可能存在的风险、隐患、危险源、危害因素等关键信息的一种实用方法。是"现场情景辨识危险"方法的简称。

（2）"表格点检"法：可理解为按照一定的标准、一定的规则、一定的周期，采用所编制的严密细致的表格对所研究分析的对象或者部位进行检查，以便早期发现存在的不足、缺陷、风险、隐患，及时加以修复、调整、优化、完善，使其对象或者部位保持其标准规则的一种实用方法。简言之，类似于安全检查表的方法。也可以是对照检查项目的简单罗列，甚至可以简化为简单的几句话，却必须是包括了需要检查、核对、记录的所有关键项目、条款、内容概述。

（3）"究因访谈"法：亦称"深度访谈"法，可理解为定性研究中经常采用的资料收集方法之一，主要是利用访谈者与受访者之间的口语交流，达到意见交换的一种实用方法。简言之，通过深入访谈方式，探讨、研究、探究、深究存在的原因、因素、因子的方法。

2. 以案释法

（1）"场景识险"，就是要到现场去，或者至少是获取现场的第一手资料，形成多幅照片和风险方面的详细信息，选取其中比较有代表性的一张或几张照片，或是画一张管道及其环境的简图，或者写明现场名称，作为中心图片或主题，由此引出多个分支，分别分类分层级地指明现场显然存在的和可能存在的各类风险隐患，以帮助"场景识险"应用者以比较生动直观的形式，识别现场的风险和隐患。应用目标包括：①由安全风险识别现场的历史记录和当前场景中的风险动因（风险动态因素），"推演"未来的各种可能出现的隐患、事故、灾害场景，实现"识别风险消除隐患"的目标。②"推演"已发生事故的过程，便于事故调查取证和之后的事故分析和教训总结。

"场景识险"的关键步骤是：①借助"表格""访谈""勘查检测监测"等方法，了解并记述当前场景中的和将要进入此场景中的各实体要素的相互关系，以及可能发生的变化；②推演上述要素及其变化的相互作用将会出现的新要素新情况；③从上述新要素新情况的各种危害性后果中识别当前及此后的此场景中存在的风险隐患。

例如，在2021年"6·13"十堰燃气爆炸事故之前，如果燃气公司在平时的风险排查过程中，把负一层的燃气管道腐蚀状况及其周边封闭的环境拍照，或是画一张已经腐蚀的管道及其封闭的空间环境的简图，并附以其风险的分类文字说明，画成思维导图的形式，如图1-4所示，应该就可以比较清晰地识别出：燃气泄漏后在这段建筑物下方的密闭空间里不易逸散、容易爆燃的重大事故隐患，而不只是风险，从而警醒管理者及时采取隐患消除措施，或发生燃气泄漏时立即启动应急预案；如果还能结合下述"表格点检"和"究因访谈"，将会更准确地识别出此场景中容易发生天然气爆燃的风险隐患，而且更顺畅地动员起必要的企业和社会力量迅速采取稳健措施（疏散群众、现场通风、做好防护、逐步排险），避免事故的发生。

用思维导图形式，把场景中的风险要素分层、依次罗列出来，就如同可视化地展开了一副抓到手的扑克牌，就比较容易识别出其中是否有"王炸"。这个方法，类似于质量管理中的"因果图"（由于线条像鱼骨，称之为"鱼骨图"）。虽然，所述"鱼骨图"也可算是"场景识险"的一种形式，但是因果图不如常用的"场景识险"更有场景观、现实感。如果把"场景识险"中的连接线中加上逻辑关系和关联概率，就类似于下面将要在第一章第五节第2小节中介绍的"模糊故障树"（故障树可参见GB/T 7829）。

（2）"表格点检"，就是把特定场景中的要素，用表格或口诀这种直观而且简练的形式预先罗列出来，帮助应用者厘清思路、把握重点、简单易懂、轻松易行地完成任务。

例如，在工作和生活中，如果发现有燃气泄漏，就遵循"疏散人群、关断阀门、监测现场、检修确认、经常检查"五步应急预案通用口诀，再简化为"疏、关、测、修、常"，也是

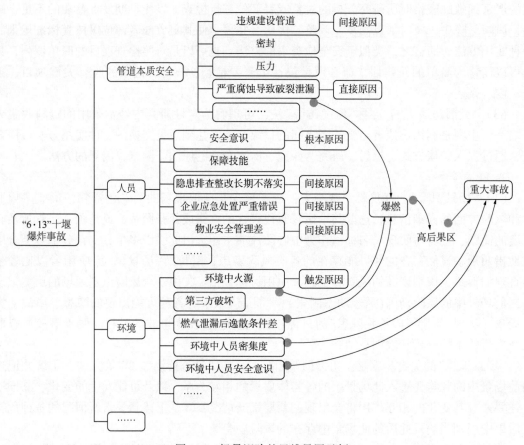

图1-4 场景识险的思维导图示例

一种简明易用的应急方案指南。若再配上一幅漫画，画中有正在关阀门的工作人员、疏散人群的工作人员和用仪表检测燃气浓度的工作人员，那么效果更好。这样的安全文化宣传贯彻方法，容易收到明显效果。

失效模式分析FMEA过程中，也需要在团队讨论或小组成员预备研讨材料的过程中使用工作表，例如本章本节第8小节第3部分"失效模式分析"中的FMECA工作表示例里，表中的部件编号不仅有利于后续使用，还避免了工作表中某部件的FMEA项被遗漏。

（3）"究因访谈"，就是在做好上述两种方法的文件和思想准备工作之后，与相关人员（例如风险或事故的相关人员）沟通时，请他（她），或他（她）们帮助确认或填空补充或推理判断风险隐患的存在范围、内容和严重程度，或是深入地、比较详细地询问或追问原因背后的原因，表象深层的本质。"究因"的"究"是"穴下九"，"因"是"方中大"，是提示访谈应用者应当尽量在纵向和横向、全方位深入、全面拓展地研究原因要素，以求尽可能多、尽量全面地包括所有风险要素，尽量深入研究深层次的根本原因，从而找出风险隐患，找出降低风险、消除隐患的根本有效方法。而且，在"究因访谈"过程中，互动式的沟通，容易发挥被访谈者的积极性，以及发现访谈应用者尚且未知的风险隐患。

例如，在日常生活中，与孩子聊天时，针对现实生活中或新闻里的安全事故，鼓励孩子尽量多地说出导致事故发生的必然存在、可能存在的各种原因，以及其原因背后潜藏着的原因、导致此原因的原因，多问几个为什么，怎么办，从而在启发式询问中，引导孩子深入观察思考，激发了孩子的想象力、观察力、思考力，同时也提高了孩子的安全意识。这就是一个生活中的"究因访谈"小事例。如果还能再引导孩子画一画这个安全事故的"场景识险"思维导图，列出"表格点检"用的安全事故预防检查表，必会提高安全教育的效果，增强孩子的学习力、记忆力、执行力。

"究因访谈"时采取的步骤和应注意的姿态形式，可参阅第四章第五节"油气管道行为安全系统整治实践"中的"行为安全观察与沟通"中的"六步法"（观察、表扬、讨论、沟通、启发、感谢）和"三姿式"（请教、说服、引导启发）。当然，关键是要根据现场情境，因人因地制宜，适当调整方法，达到沟通目的。

在本质安全型社会阶段，普及安全理念方法、传授安全保障技术、提高全民安全意识，要从娃娃抓起，从日常生活工作中的、当前的、身边的点滴小事做起。

这里，再以湖北十堰市"6·13"重大燃气爆炸事故为例，详细地说明"三大法宝"在管道安全管理的各个主要阶段可以发挥的作用。

根据2021年9月30日湖北省应急管理厅官方网站发布的《湖北省十堰市张湾区艳湖社区集贸市场"6·13"重大燃气爆炸事故调查报告》，事故的直接原因：天然气中压钢管严重腐蚀导致破裂，泄漏的天然气在集贸市场涉事故建筑物下方密闭聚集，遇餐饮商户排油管道排出的火星发生爆炸。间接原因：①东风燃气公司违规建设管道，未经土管部门审批铺设管道，并违规对管道中压支管进行局部改造，改造后的事故管道穿越建筑物下方的密闭空间，形成安全隐患。②隐患排查整改长期不落实，先后作为涉事故管道营运维护单位的东风燃气公司和十堰东风中燃公司，多年来未能消除隐患。尤其十堰东风中燃公司从公司成立至事故发生，从未下河道对事故管道进行巡查。燃气安全监管部门亦未能认真履行监管职责。③企业应急处置严重错误，应急预案流于形式，应急反应迟缓，企业主要负责人没有赶往事故现场指挥应急处置，以及在燃爆危险未消除的情况下，向公安、消防救援人员提出结束处置、撤离现场的错误建议等。④物业安全管理方面，未提醒并制止商户留人夜宿守店等。

如果尽早普及应用前述安全保障"三大法宝"，完全可以预防和消除此类事故的发生。例述如下：

首先，"违规建设管道"作为首要的间接原因，就包括了管道改造建设阶段的管道改建设计"未经主管部门审批"，"并违规对管道中压支管进行局部改造，改造后的事故管道穿越建筑物下方的密闭空间"，因而形成安全隐患。如果在设计阶段就应用"表格点检"和"场景识险"，则会根据《城镇燃气设计规范》（GB 50028）中的"防腐""监控""管道"等方面的相应条款概述的表格（例如："室外压缩天然气管道宜采用埋地敷设，其管顶距地面的埋深不应小于0.6m，冰冻地区应敷设在冰冻线以下。当管道采用支架敷设时，应符合本规范第6.3.15条的规定。埋地管道防腐设计应符合本规范第6.7节的规定""室内压缩天然气管道宜采用管沟敷设。管底与管沟底的净距不应小于0.2m。管沟应用干砂填充，并应设活动门与通风口"），结合"场景识险"中对于现实场景的实地考察、准确描述和FMEA（失效模式和影响分析），及时排除造成"6·13"重大燃气爆炸事故"的设计方案。而且，如果当初的管道改建设计方案能送交专业的设计部门审核，也会因专业设计人员的"究因访谈"和专业视角而发现事故隐患后而被否决排除掉。

其次，"隐患排查整改长期不落实"，是"涉事故管道营运维护单位的东风燃气公司和十堰东风中燃公司"在管道改造建设项目验收和运营维护过程中，没有按照：《燃气系统运行安全评价标准》（GB/T 50811）、《城镇燃气管网泄漏检测技术规程》（CJJ/T 215）、《城镇燃气设施运行、维护和抢修安全技术规程》(CJJ 51)、《生产经营单位生产安全事故应急预案编制导则》(GB/T 29639)、原国家安全生产监督管理总局《陆上石油天然气储运事故灾难应急预案》、《突发事件应急预案编制指南》(Q/SY 1517)和《应急演练实施指南》(Q/SY 1652)，建立遵循并演练、完善各自单位的安全事故应急预案；没有参照上述标准规范、应急预案所概述出来的表格，逐条点检执行("表格点检")；即使没有概述出相应的表格，也应遵照规范逐条检查执行。"涉事故管道营运维护单位的东风燃气公司和十堰东风中燃公司"的直属上级燃气安全监管部门也未曾履行必要的监管职责。倘若所述东风燃气公司、东风中燃公司、直属上级燃气安全监管部门中，有一家曾经认真根据上述法规，应用"场景识险""表格点检"逐段管道场景推敲、逐条法规规程对照，就很容易发现巡检没有做到位，存在严重事故隐患，就会采取相应的预防措施，就不致发生如此惨烈的事故。

况且，"企业应急处置严重错误"，更是因为在燃气泄漏现场，无一人懂得"场景识险"，无人懂得：现场的可燃气体浓度已经大于其与空气混合爆炸下限，应当紧急疏散人群、远离爆燃高后果危险区。当时的企业领导和员工也由于平时没有进行安全意识、安全保障技术常识培训，没有应急预案演练，而没有采取正确的应急处置措施。

七、全生命周期管理理念

(一) 全生命周期概念

产品的全生命周期(亦称全寿命，life cycle)，包括设计、采购、施工、投产、运行和废弃处置等各阶段。管道的资产管理(Asset management)更侧重于整个设备相关价值运动状态，其覆盖投资、折旧、维修支出、报废等一系列资产寿命周期的概念，其出发点是整个企业运营的经济性，具有为降低运营成本，增加收入而管理的内涵，体现出的是资产的价值运动状态。现代意义上的管道全生命周期管理，涵盖了资产管理和管道管理双重概念，包含了资产和管道管理的全过程，从采购、(安装)使用、维修报废等一系列过程，渗透着全过程的价值变动过程，因此管道资产全生命周期管理，要综合考虑管道的可靠性和经济性。

油气管道资产安全保障也应贯穿管道全生命周期，也是包括设计、采购、施工、投产、运行和废弃等各阶段，并应符合国家法律法规的规定。

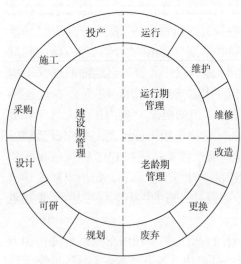

图 1-5　管道资产全生命周期示意图

(二) 生命周期各阶段划分

管道资产全生命周期，包括规划、可研、设计、采购、施工、投产、运行、维护、维修、改造、更换和废弃等各阶段。管道资产全生命周期示意图如图 1-5 所示。

油气管道不同生命阶段的作业活动和场所(区域)的划分建议遵循以下原则：

(1) 设计阶段。按照项目流程划分具体的工作活动，如设计阶段的项目可行性论证、专项评价等，同时要确定可能存在安全、环保、质量和管理风险的场所和区域。

(2) 施工阶段。按照油气管道线路、站场、大型穿(跨)越、电力、通信、自动化、伴行路和油气储库等单项工程施工流程，分别划分活动和场所(区域)，包括各类施工作业活动[如中俄东线(永清—上海)连云港—泰兴段的组对与焊接程序：连头地点、管口清理、坡口、焊材管理、管口组对、预热层(道)间温度、内焊机撤离、焊接、外观检查、无损检测、管沟填埋等]，以及可能存在安全、环保、质量和管理风险的施工作业地域、区域和场所。

(3)运行阶段。可按照生产、工艺、工序、岗位等划分活动。活动应覆盖油气管道、站库的各类常规生产作业、维护维修、技术服务；非常规和临时性作业活动(如倒换流程、起停机、紧急放空、应急演练等)。场所(区域)的划分，包括站库内的不同生产和设备设施区域，办公和其他场所，以及管道线路的某一管段区域等。

(4)废弃阶段。对应的工作流程划分有清洗、吹扫、切割、搬迁等。

(三) 油气管道生命周期质量安全管控之辨析示例

1. 设计阶段敏感点示例

(1)先进的地理信息代替了传统的徒步实地踏线定线位桩，造成施工阶段现场改线较多、地面附着物工程量不准确，影响工程造价。

(2)管道高程不准确；管道挖深土方量偏差造成工程量不准确。管道线位偏差、埋深偏差给管道投产运行后安全管理埋下安全隐患。

2. 施工阶段已出现,或易出现痛点和难点之建议示例

(1)工艺装备：常言道，"足不强则迹不远，锋不铦则割不深""大国工匠"。先进的工艺装备是保证质量安全的前提。

(2)焊接方式：坚持管道自动焊、组合自动焊、半自动焊、手工电弧焊的先后优选之原则。

(3)焊道补口是决定管道施工质量的关键因素。根据《涂装前钢材表面锈蚀和除锈等级》(GB 8923)，全自动机械喷砂除锈保证等级 Sa2.5(非常彻底的喷砂除锈)，底漆固化后电火花检漏。

(4)绝缘接头：作为油气管线和燃气输配系统中不可缺少的重要构件，也是管线输送中为防止电化学腐蚀，对管线采用阴极保护所需的重要元件，同时具有埋地钢质管道要求的密封性能、强度性能和电防腐蚀所要求的绝缘性能的管道接头，安装前应进行耐压试验、绝缘电阻值的测试。

(5)油气长输管段下沟前，进行管沟的测量；下沟后，进行实地管段埋深、焊口的坐标、转角坐标的提取。

(6)应细化管段下沟的技术要求和管控措施，下沟的施工方案须保证管道受力的可靠性和管段下沟技术符合安全要求。

3. 生产运行阶段关键控制点示例

隐蔽工程的安全技术监控。例如：河流隧道、山岭隧道、盾构隧道，目前多数是采用充水封闭和不充水干封，以及山区敷设的管道。管道受输送压力、温差产生的应力、不良地质(滑坡、采空区塌陷)引起的推压、偏移等，都会给管道带来不安定的因素。因此，须在上述管段建立应力检测监控系统，及时掌握管道的受力状况，采取实用的技术措施。

4. 建设期易产生的缺陷, 运行期须强化管控

1)管道线路工程的难点、痛点和敏感点示例

(1)管道焊接错边缺陷。错边缺陷(因直管段与热煨弯头不等壁厚连接、管子圆度)几乎是每一条管道都存在的缺陷。易产生应力集中在交变载荷作用下，造成管道焊口出现裂纹

发生泄漏而引发燃爆事故。

（2）焊缝内部缺陷。主要存在未焊透、未熔合、气孔等典型内部缺陷。焊缝内部缺陷是难以修复处理的缺陷，也是管道存在安全隐患突出和后果影响程度高、公共安全危害大的严重问题。

（3）磨蚀、腐蚀减薄。这类管道往往是介质对管道冲刷磨蚀、介质对管道材质有腐蚀而导致的减薄，从而导致管道承压强度降低。

针对上述制约安全生产、容易造成事故的因素，必须无条件、第一时间、不惜任何代价采取安全技术和管理措施。必须严格按照《钢质管道内检测技术规范》（GB/T 27699），定期和不定期对管道进行内检测，根据检测数据对管道进行安全评定，据此采取相应的缺陷修复措施。

2）场站工程的难点、痛点和敏感点示例

（1）非标设备、计量、调压、安全放散、紧急切断的安全设施不合格或失效。

（2）通常，只要进行重新校验或更换安全附件，就可以消除安全隐患。但是，目前管道众多生产运行单位对此类问题重视还不够高，往往是检查组或专业检查后发现隐患才去有效处理、处置。

基于此，管道运行维护单位各个层级、各个部门、各个专业、各项业务的组织者、管理者、工作者、操作者、承包商队伍、检测检验队伍、监督审核队伍、巡察审计队伍等均在不同时段、不同领域、不同区域分别分级做好风险预防与管控、隐患整治、问题消除、应急处置，合力共促工作质量、管理质量、工程质量、运行质量、维修质量、维护质量、巡护质量、保护质量等油气管道全生命周期的"大质量"管理提升，以及管道相关"人"的能岗匹配、专业和业务素质赋能管道安全生产，要有差异性地将生产类与非生产类、工程类与非工程类区分开来，从单位组织架构上将"生产经营与工程建设"这条企业生存与发展主线进行合理、科学、精准分类，认真做好生产与工程建设业务各个层级领导与员工聚力业务及安全生产"一岗双责"、非生产与支撑保障业务各个层级领导与员工共促业务及安全生产"一岗双责"，努力追求"业务上安全专业化、管理上安全精准化、工作上安全标准化、流程上安全程序化、手段上安全数智化、绩效上安全定量化"的治理能力和治理体系新局面。

八、根因分析方法

（一）根因分析的内涵

根因分析（Root Cause Analysis，简称 RCA），亦称"根本原因分析""事故根因分析""事故根源分析""问题分析与解决之根本原因分析"，以下简称"根因分析"，是一种针对事故或问题进行深入分析，找出根本原因、主次原因的方法，用以改善企业安全管理，是事故或问题分析与解决活动中最重要的一环。根因定位是否准确将直接影响问题是否被有效解决，是否可防止问题再发。

根因分析，是通过系统的分析、辨识、查找制度性缺失或动力、方法、控制力等方面的深层次原因，即找出事故发生的潜在的、直接的、中间的、根本的原因；而不仅是找出导致事故发生的人的不安全行为、物的不安全状态这类表象的直接原因。其中，根本原因是导致问题发生的本质原因，消除或控制根本原因可避免问题的发生或降低问题发生的概率。推行根因分析对于提升企业 HSE 管理水平、预防事故发生具有重要意义。

根因分析常见的方法有"5W2H"、头脑风暴、鱼骨图、故障树、"究因访谈"法（连续地、逐步深入地追问 5 个左右的"为什么"，甚至 10 个以上的"为什么"，直到找出根本原因），以及正交试验等。实际应用过程中，每种方法都有其优点，也有其不全面的地方，多种方法结合使用，可达到最佳效果。

（二）根因分析的步骤

根因分析的基本程序是先将事故按照事件发生的时间序列进行梳理，并整理出有因果关系的时间序列，然后确定其中的事故关键起因，对关键起因进行直接原因、间接原因分析，进而对照企业管理体系及相关制度，最终确定导致事故发生的根本原因，针对性地提出改进措施。

关键起因识别：分析事件或状态是否为事故的关键起因，如果这一事件/状态不存在，事故是否可以避免或减少损失？如果是，则为关键起因，否则，作为一般事件和状态。

事故调查最重要的目的是查找事故根源，从而提出相应的预防措施，包括法律法规要求、工程措施、管理措施等，这里提供一种事故根源分析的步骤示例：

第一步：定义问题。包括但不限于：发生了什么，什么时候发生的，地点在什么地方，后果有多么严重。

第二步：确定导致问题的因果关系。

第三步：确定有效的解决方案，消除原因或因果关系。

第四步：执行并跟踪解决方案，以验证其有效性。

（三）典型案例根因分析之思

1. 典型案例概况

那些经常重复出现的问题，往往是由于解决问题的措施只是针对表面现象，没有用根因分析法找到根本原因，因而没能针对根本原因找出彻底的、有效的解决方案，并采取切实有效的行动。

不仅要调查分析事故，对于那些存在隐患的事件和事故过程中的各个相关事件也应报告、调查和分析。它们在某种意义上可以说是"流产的事故"或"未遂事件"。

调查事故的标准是：最坏的结果是什么，设备损坏还是工人受伤，最坏结果的严重性是什么。如果该事件可能造成重大财产损失或严重伤害，则应以事故调查相同的要求彻底地调查事件。

根因分析之所以重要，同医生对症下药之前的"望、闻、问、切"是一个道理：根因分析得准确，才能相应地形成正确的措施。通常，措施应与根因相对应，每一条根因至少有一或多条纠正预防措施。产生原因和流出原因对应纠正措施，系统原因对应预防措施。

这里举一个生活工作中的典型案例，说明根因分析的"究因访谈"法的应用，也是"三大支点(动力、方法、控制力，Power，Technology，Control，简称 PTC)"理念的一个应用实例：

某员工总是上班迟到，给大家带来负面影响，他的领导就想解决这个问题，于是和他谈心。

领导通过逐步深入的询问，了解到了员工迟到的根本原因是："动力不足(尚未把提前到岗上班与恋爱结婚之类的生活大目标结合起来)、方法不对(尚未利用手机闹铃设定定时作息时间)、自制力不足(尚未戒除打游戏上瘾的坏习惯，代之以正常的生活、工作、学习)"，因而介绍了相应的改进方法。若后续观察发现，虽有改善，但仍有迟到现象，还可以与其商议建议其搬到员工宿舍居住，让其舍友帮助他早睡早起，从而增强对于员工的正面影响力。

2. 典型案例根因分析之思考

按照上述根因分析的"究因访谈"等方法，可以帮助我们发现事实真相，找出根因，深入实际，激发动力，传授方法，增强控制，采取有效措施，彻底解决问题。

综上所述，本小节介绍了与本质安全相关的各种安全理念，主要是为了帮助读者了解安全保障的一些重要的基本概念，明确安全保障之道在于"固本强基"，在于"固本达标、提质增效、防患察险、有余备料"。

固本，就是增强从自身到家庭乃至社会的健康，增强从产品到社会乃至世界的本质安全，就是"君子务本，本立而道生"，就是加强基础建设和包括油气管道在内的生命线工程的本质安全，就是要达到法律法规标准的基本要求，增强学习和工作的基础前提、科学和技术的基本功底，加强安全保障基本常识、基本技能的普及教育、在职培训、在岗练兵，提高产品和服务的质量、尤其是安全方面的质量，增加产品和服务的价值和效益、尤其是安全保障方面的附加值和社会效益，要善于洞察风险隐患、防微杜渐，要在设计施工维修补救等方面"为安全留有余地，为事故备有应急"。

1)"两个重点"和"三大支点"之义

真正做好安全生产工作必须要做到"一个重心：固本强基；两个重点：本质安全和超前预防；三大支点：动力(Power)、方法(Technology)、控制力(Control)。"前面介绍了"固本强基"的意义和内涵，这里再介绍一下做好安全工作的"两个重点"和"三大支点"。

本质安全，本节已经有了着重介绍，可以说本质安全主要是安全工作的主体自身在设计制造、产生发展过程中所具备的、内在的、本质的安全特性、抗风险能力；超前预防，则主要是通过优化流程、加强管理、及时检测、随时监测、预见风险、发现隐患、精心维护、及时维修、防范风险、消除隐患，达到"减少乃至消除风险隐患带来的安全事故及其损失损害"的安全目标。

若要能够抓住"固本强基"这个重心，做到"本质安全和超前预防"这两个关键点，必须做好"动力、方法、控制力"这三大支点的工作。

动力：是安全工作的内驱力，是安全工作的主体本身或其设计生产制造者的真爱、责任、担当。动力，可以通过宣传教育、熏陶引导、惩前毖后、鼓励激励等方式，来达成激发真爱、明确职责、履行义务、勇于担当的效果氛围。

方法：是做好安全工作的各种技术、方法、措施、工具，包括"固本强基"方面的方法(根因分析、筑牢根基、预研可研、设计施工等方面的安全措施)、超前预防方面的方法(检测监测、评估决策、维护维修、预警预防)、应急方面的方法(识险查患、预案预演、物资储备、避险抢险)等。方法，可以通过学习练习、指导复习、用前预演、结合实际、改进提高、考核激励等形式，加以宣传推广，使之学好用好、熟练掌握，达到"运用之道存乎一心，切合实际创利创新"的效果。

控制力：是提高预知、预警、预控能力，增强自制、自强、自新能力，增进知人、助人、推动人的能力，加强谋事、做事、成事能力。控制力，首先是自控力，是了解自己、悦纳自己、改进自己、提高自己的能力，从而达到保障安全、防范风险、持之以恒、生存发展的根本目的，这里的自己，狭义上是指个体本人，广义上是指自己所在的家庭、企业、团体、社区、国家；控制力，其次是影响力，包括通过各种工具影响设施、设备、管道、管网等方面资源的存在状态、运行状态、安全状态、变化趋势，也包括通过形象、姿态、言行、媒体影响他人的、群体的观点、观念、思想、信念，从而影响他人和群体的言行动向、合作趋向、达到合作共赢、和平安全的根本目标。

"动力、方法、控制力(PTC)"，之所以被称为安全工作的三大支点，是因为，这三个方面都很重要，缺一不可，共同支撑起安全保障体系这个平台。安全工作的主要内容就是：激发安全保障动力(包括爱心、责任心、热情、激情)，推广改进安全保障方法(包括安全保障体系中的制度、流程、方法、工具、技术)，增强安全保障控制力(包括自控力、影响力)。

2) "三大习惯"和"三大习惯循环"之辨析

日常生活学习和工作中，也要养成"事前规划准备、事中严谨落实、事后及时检查"的好习惯，父辈形象地称之为"想清楚(Think)""干利索(Do)""回头看(Review)"，即"三大习惯(Think, Do, Review, 简称TDR)"。例如：学生上课之前的预习、考试之前的备考复习、效率手册中的远近规划、出门之前的检查和随身物品准备等，都是要事前务必"想清楚"，就是说，"想清楚"是包括认真调查研究的"看清楚"；学生上课时的联想思考笔记摘抄，考试时的全神贯注、全力以赴，工作时的尽职尽责，生活中的倾情付出，通过计划措施的实行达到了目标等等，都是事中认真"干利索"，就是说，"干利索"包括良好的做事过程、准时或提前完成计划任务的做事效果；学生下课时、考试后和睡前醒后对于所学所做内容的回想、回顾、反省、反思，任务或项目结束后、事故发生或抢险后的总结复盘，离开所处环境之前回头检查等，都是事后及时"回头看"。笔者在日常工作生活中，通常是把"三大习惯"的"想清楚、干利索、回头看"与"三大法宝"的"现场识险、表格点检、究因访谈"结合使用，往往会有"得心应手、眼明心亮、相映生辉、相得益彰"的感觉和效果。

实际上，"三大习惯"，也可以是甚至应当是"三大习惯循环(Think, Do, Review 循环，简称TDR循环)"，完全对应了质量管理和安全管理等领域里的PDCA循环(参见图1-6、图1-11)，而且比PDCA循环更容易理解掌握，应用效果也相似甚至更好。"想清楚"就对应于P(Plan, 计划)；"干利索"就对应于D(Do, 做)，通常是做准备，当然也包括执行计划；"回头看"就对应于C(Check, 检查)，检查前面的准备工作是否充分、是否恰当，收集前面"做"的数据，还包括评估改进之前的计划或决策，相当于"回头看"式地检查之后的新一轮"想清楚"，因为"做"了准备工作和"检查"了做的效果，所以应当是想得更清楚；而PDCA里的A(Act, 行动)对应于新一轮"想清楚"，想得更清楚之后的"干利索"将干得更利索，包括对于前一个TDR循环的工作内容和效果的改进。而且，图1-6里对于A的阐释里，包括"计算管道完整性，重新评价间隔；完整性管理程序改进"，其实是在PDCA里的A(Act, 行动)的内容里加上了"回头看(Review)"中的检查改进，也算完成了一个PDCA循环，进入第二个PDCA循环，并且为第三轮的TDR(即第二个PDCA循环里的第一个TDR)做好了"想清楚、干利索、回头看"的更好准备。

具体来说，"想清楚"，包括明确"意愿、能力、意义""意义、能力、意愿"；就是说，要想明白对自己和对方的"原心、初心、内心的声音"，要想明白内外双方的主客观条件、可用资源、做事过程、付出代价、成事能力，要想明白对此事期望达成的效果、成事的时机时限、可成功的概率、对于个人和主客观环境的意义；然

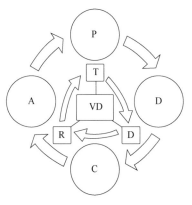

图1-6　PDCA循环、TDR循环、VD循环之间的关系

后，再"以终为始"地反推：根据想要达成的效果，需要对刚刚想到的那些"内外双方的主客观条件、可用资源、做事过程、付出代价、成事能力"做哪些调整改进以确保达到期望的效果，最后再对照"原心、初心、内心的声音"来决定是否选择、如何选择、怎么准备、怎么做。

"干利索"，包括在干的过程中，用心干、专心干、参照规范标准干、恰如其分地干、改进创新地干。例如，在管道管网施工过程中，参照国家法律法规、行业企业标准规程规定，充分利用好现有条件、创造更优条件，提高工作质量，保障管道管网施工质量和安全，以达到安全高效的施工过程和施工效果。这里的"利索"，也包括符合企业"6S"规定（整理、整顿、清扫、清洁、素养、安全）。

"回头看"，不仅包括"干利索"之后的及时检查纠正，其实也包括"想清楚"过程中对于"想清楚"过程的审视回顾、检查反省，还包括"干利索"过程中对于正在干的事情过程、步骤、工艺、材料等方面的及时检查检测、数据收集整理分析、对标改进提高，当然也包括审核交付过程中的全面审视和核查总结。

在日常实际应用中，要灵活运用上述方法，还可以再把上述 TDR 循环中的"想清楚"与"回头看"合并简化为"看清楚"，使 TDR 循环简化成"看清楚、干利索"循环（View，Do 简称"VD 循环"），就是在上述 PDCA 循环、TDR 循环的各个环节中应用 VD 循环。例如：在上述"想清楚"环节中，用 VD 循环，"边看边想边记，做好工作笔记，周全周到周密、思路记录清晰"。让"想清楚"的过程中产生可视化的结果，可以大大有助于提高"想清楚"的效率，提升"想清楚"的效果。再比如：在"干利索"的过程中，应用 VD 循环，也做到"边干边想边看，手到眼到心专，一次做好一片，问题及时发现"，就更容易达到"事先想好，充分准备，发现及时，一次做对"的高质量、高效益。再比如：在"回头看"的过程中，也用 VD 循环，做到"回头检查检验，精准测量研判，观察记录分析，把握问题关键"，可以达到更好的效果。

将外来的 PDCA 循环，逐步细化、具化、简化为有中国特色的、阴阳矛盾对应统一的、简捷实用的、符合国人习惯的 TDR 循环和 VD 循环，丰富了 PDCA 循环理论，可以大大提高工作学习和生活效率。PDCA 循环、TDR 循环、VD 循环之间的关系见图 1-6。

第四节　典型工程可靠性分析方法

为了高质量提升油气管网系统安全保障能力，管道企业必须始终树立"固本强基"的本质安全理念，坚持对全生命周期对各个关键节点/控制性工程、管段、管线、局部或者整体管网进行精准、高效地评估，科学分析出导致薄弱环节的内因和外因，挖掘并找出规律和趋势，给出改进措施和整治后对系统可靠性的影响。如何依据部件、单元的可靠性属性和系统的结构特性，定性、定量分析研究对象的系统可靠性，是可靠性工程研究和应用中亟待解决的重要问题之一。本节总结了油气管道常用的系统可靠性分析方法，以满足管道设计、施工、运行和维修维护等方面的工作之需，重点介绍目前常用的基于可靠性的极限状态方法，以及设计可靠性、人因可靠性、环境可靠性、统计可靠性等方法，为加快构建油气管网巨系统可靠性分析方法奠定基础。

一、可靠性工程发展历程

可靠性工程(Reliability Engineering)有着悠久而崭新的发展历程，见图1-7。

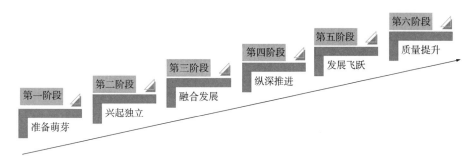

图1-7 可靠性工程发展历程

（1）第一阶段——准备萌芽期（商朝—20世纪40年代）：我国商朝时期就有关于生产状况和产品质量的监督和检验。德国在对V1火箭的研制中，提出了由N个部件串联组成的系统，其可靠度等于N个部件可靠度的乘积。1943年，美国成立了"电子管技术委员会"，并成立了全世界第一个可靠性专业学术组织。

（2）第二阶段——兴起独立期（20世纪40—50年代）：1952年，美国成立"电子设备可靠性顾问组"（AGREE），苏联也开始了人造地球卫星发射与飞行的可靠性研究工作。日本于1956年从美国引进可靠性技术和经济管理技术后，成立了质量管理委员会。

（3）第三阶段——融合发展期（20世纪50—60年代）：美国制定、修订了一系列有关可靠性的军标、国标和国际标准，包括可靠性管理、试验、设计、维修等内容，成立了可靠性研究中心，深入推进可靠性基础理论、工程方法的研究，建立了更有效的可靠性数据系统，开设了可靠性教育课程。苏联也对可靠性问题开展了全面的研究，将宇宙飞船系统的可靠性转化为各元器件的可靠性进行研究，实现了宇宙飞船安全飞行和安全返回地面的可靠性要求。日本成立了电子元件可靠性中心，将美国在航空、航天及军事工业中的可靠性研究成果广泛应用于民用电子工业，大幅提高了民用电子工业产品在世界各国的销量。这是可靠性工程的"产、学、研"一体化大融合式全面发展阶段。

（4）第四阶段——纵深推进期（20世纪70—80年代）。可靠性工程技术在各发达国家向纵深发展，具体表现在：①建立统一的可靠性管理机构。②重视机械可靠性研究。③成立全国统一的可靠性数据交换网。④改善可靠性设计与试验方法。⑤广泛运用以可靠性为中心的维修思想及自测试设备，提高了维修水平。⑥开展了软件可靠性研究。

我国的可靠性工作是从引进国外标准资料开始的，1976年颁布了第一个可靠性的标准《可靠性名词术语》（SJ 1044—1976），1979年颁发了第一个可靠性国家标准《电子元件失效率试验方法》（GB 1977—1979）。20世纪80年代，我国的各种可靠性机构、学术团体迅速发展。在可靠性数学和可靠性理论上已达到一定水平。

（5）第五阶段——发展飞跃期（20世纪80—90年代）。可靠性工程呈现出的全新发展趋势主要表现在：①从电子产品可靠性发展到机械和非电子产品的可靠性。②从硬件可靠性发展到软件可靠性。③从重视可靠性统计试验发展到强调可靠性工程试验，以通过环境应力筛选及可靠性强化试验来暴露产品故障，提高产品可靠性。④从可靠性工程技术发展为包括维修工程、测试性工程、综合保障工程技术在内的可信性工程。⑤从军用装备的可信性工程技术到民用产品的可信性工程技术。软件可靠性从研究阶段逐渐迈向工程化阶段。同期，中国开始形成了一批可靠性研究和管理的队伍，制定了《电子设备可靠性设计手册》(GJB 299—1987)等一系列标准，使许多机械、电子产品等民用产品的质量及许多军用产品的质量产生了质的飞跃。

(6)第六阶段——质量提升期(20世纪90年代至今)。20世纪90年代初，中国原机械电子工业部提出了"以科技为先导，以质量为主线"，沿着管起来—控制好—上水平的发展模式开展可靠性工作，取得了较大的成绩。为了保证产品的完好性、任务的成功性及减少维修人员和费用，可靠性工程范围将大大扩展，需要更多的可靠性技术作保证，需要更加严密的可靠性管理系统，可靠性研究需要上一个台阶。加快国家可靠性工程大数据中心和云平台、可靠性智能专家管控系统的建设将是未来研究的重要内容。

二、可靠性理论与工程应用现状

油气供应保障是资源、管网、需求的上中下游一体化的复杂系统工程，对国民经济发展与社会和谐稳定至关重要。国内外对原油、成品油、天然气管网可靠性已开展了系列研究。但是，对于大规模复杂油气管网系统，基于突变、模糊、灰色、随机、不确定性、非稳态、脆弱等特性，传统的概率可靠性分析方法基于统计概率分布，相关前提和假设条件均是人为输入，现实中往往出现难于预测和预知小概率、高后果极端风险事件、状态和趋势，存在方法本身的缺陷和不足。借鉴电网、供应链、交通运输等复杂系统的可靠性理论研究和实践，张劲军等提出了天然气管网韧性保供的概念，即在可靠性基础上，增加管网系统脆弱性和系统经受干扰后恢复至既定功能的能力(恢复力)评价；总结了天然气管网和电网等复杂系统可靠性、脆弱性和恢复力研究的现状、存在问题和发展方向；同时，指出大数据、人工智能技术将助推天然气管网韧性保供理论的发展，使其成为智能化与市场化变革大背景下智慧管网技术的重要理论基础。

随着我国国民经济的快速发展，天然气需求量不断扩大。天然气管网作为连接资源与市场的纽带，已成为保障国民经济的生命线。中国拥有世界上最复杂、输送任务最艰巨的天然气管网系统。现有基于单一或少数管道的运行管理方法已不能满足大型管网系统安全生产的需要，必须寻求更为科学合理的管理思路。黄维和首次提出大型天然气管网系统可靠性概念，分析了大型天然气管网系统可靠性面临的三个挑战："量化大系统可靠性、评价分系统(单元)可靠性、建立大系统与分系统之间的关联"。同时，对大型天然气管网系统可靠性框架进行了初步设计，并针对中国天然气管道行业现状，提出大型天然气管网可靠性增强方案。

目前，我国工程结构质量问题仍然十分严重，如何实现结构的功能和保证结构体系安全可靠，已引起国内学者的关注，《工程结构可靠度设计统一标准》(GB 50153—1992)也提出"当有条件时，工程结构宜按结构体系进行设计"。结构设计的发展趋势必将从传统的以构件受力为主的设计思想转变为以结构功能为主的设计思想，也就是以可靠度为控制参数，以满足结构功能要求为目的，综合考虑初始造价、结构寿命全过程的效益和损失期望，优化设计结构。设计层次也将从构件可靠度上升到结构体系使用功能的可靠度上。张爱林对基于功能可靠度的结构全寿命设计理论研究，提出了结构全寿命过程中动态可靠度分析实用方法。考虑时变性和过程相关性的结构动态可靠度分析实用方法是进行结构全寿命设计的基础，主要研究内容是：结构安全性与稳定功能可靠度分析、适用性功能可靠度分析、耐久性功能可靠度分析、支护系统对结构可靠度的影响机理分析、结构可靠度的敏感性分析、考虑多种不确定因素的施工结构可靠度分析简化方法、考虑时变性的结构动态可靠度分析实用方法、结构不同极限状态的设计可靠度设置标准等。对一个复杂的多参数结构系统，应用基于功能的结构体系可靠度概念，将结构体系可靠度与结构的某种功能联系起来，使体系可靠度的概念更加明确、符合实际情况，而且计算也比较简便，避免陷入复杂体系可靠度分析的困境。例如，结构的层间变形是衡量结构整体稳定和适用性功能水平的重要指标，通过基于层间变形的结构体系可靠度，来简化复杂结构体系适用性功能的可靠度分析。

由于受老化、腐蚀等因素的影响，亟须提高在役油气管道运行的安全可靠性，减少事故，延长使用寿命。笔者分析了管道失效的早期失效期、偶然故障期和耗损失效期的特点，重点探讨了偶然故障期油气管道运行可靠性评估方法，给出了油气管道的失效模式和寿命分布模型，率先提出了在役油气管道系统安全可靠性评估方法。

综上，可靠性发展历程悠久、种类众多、内涵丰富、特色凸显、特征鲜明、递进与应用广泛，已经成为国民经济各个行业高质量发展的有力、有效工具，笔者认为工程量化可靠性分析方法通常分为解析法和模拟法两大类，世界著名的可靠性分析软件如 ITEM、PosVim、Reliasoft、JMP、Reliasoft 等，都是集可靠性、实验设计、质量分析、大数据图形呈现于一体的可靠性应用和分析工作平台。

（一）基于可靠性的极限状态方法

基于可靠性的极限状态方法，为在设计和运行中预测管道的安全性，提供了管道系统的设计和评价方法，适用于石油天然气工业中陆上和海上刚性金属管道。该方法是"《石油天然气工业 管道输送系统》（GB/T 24259）"这个行业总标准系列里的"《石油天然气工业 管道输送系统 基于可靠性的极限状态方法》（GB/T 29167）"，所要求使用的系统的方法。

1. 极限状态的定义

当整个组件或组件的一部分超过某一特定状态时，机械产品就不能按照设计要求去完成规定的某项功能，人们将这一特定状态称为该功能的极限状态。在可靠性理论中，极限状态可用功能函数进行准确的描述。

采用"基于可靠性的极限状态方法"计算出的失效概率，并非管道的物理特性，而是一个标记值。这个失效概率的使用者，例如依据此失效概率做经营决策的决策者，要清楚地知道，该计算出的失效概率取决于所采用的方法和步骤，包括数据和方法的不确定性。

2. 使用方法步骤

使用基于可靠性的极限状态方法的步骤，应包括：①确定设计和运行的基础数据：数据收集；②确定安全要求：明确目标；③失效模式分析；④包括概率函数估计的不确定性分析；⑤可靠性分析；⑥安全和风险评价。

对上述步骤中的后四项，分别简要介绍如下。

3. 失效模式分析

本步骤的目的是识别所有相关失效模式（发生概率大于相应条件下目标安全水平的显著危害）。就是质量管理中常用的管理工具"失效模式及其影响分析（Failure Modes and Effects Analysis，简称 FMEA）""失效模式、影响及危害性分析（Failure Mode Effects and Criticality Analysis，简称 FMECA）"是前者的扩展，是一种由因到果、自下而上的分析方法，即从部件的失效开始逐级向上到整个系统的失效分析，确定其对系统工作的影响。

例如，2003 年我国首次载人航天过程中，杨利伟在返回地面的最后时刻，由于返回舱的共振现象和与地面的冲击碰撞，导致嘴边的话筒的不规则棱边棱角划破了嘴部而出现流血。这也就是 FMEA 工作没有做到位，没有识别"所有相关失效模式"导致的严重后果。

FMEA 通常处理单一失效模式及其对系统的影响，每一失效模式都被视为是独立的。该分析方法不适合考虑关联失效或一系列事件导致的失效。为此，在分析这些情形时，可能需要其他的分析方法和技术，如马尔柯夫分析（见 IEC 61165）或故障树分析程序（见 GB/T 7829）。在确定失效影响时，应考虑其导致的高一层次失效和可能的相同层次失效分析，应该指出任何可能的对高一层次有影响的失效模式组合或序列在这种情况下，必需增加其他模型来评估这些影响的大小和发生概率。

4. 包括概率函数估计的不确定性分析

管道系统实际应用相关的不确定性的来源，主要分为：

（1）固有不确定性，即本质或内在的不确定性，是一个自然概率量。包括：①能被人为因素影响的不确定性，例如：与钢的强度或几何量的公差有关的不确定性，可以通过使用更先进的生产方法或质量控制系统得到降低。②不能被人为因素影响的不确定性，例如：从大量的代表性数据组中估计得来的环境载荷的本质上的可变性。

（2）认知的不确定性，包括但不限于：

① 测量不确定性，是当观察一个量时，仪器的缺陷和样品的干扰导致测量的不确定性。以通过使用系统误差（偏差）和随机误差（精度）根据准确度来描述。如果所考虑的量不是从测量直接得到的，而是通过估计（如数据处理）取得的，要将模型和测量的不确定性进行组合应用。

② 统计不确定性，来源于信息量的有限，即有限的观察次数，导致在估计统计参数时的不确定性。在描述某特定参数时，在几乎没有可用数据的情况下，有可能可以基于其他的信息和使用贝叶斯（Bayesian）统计方法改进对参数不确定性的估计。例如，基于压力试验后得到的信息，能提高对屈服强度和壁厚的不确定性的认识。

③ 模型不确定性，是在采用物理和概率模型时，由不完善和理想化导致的，并反映了在应用模型描述"真实世界"时的总体置信度。模型不确定性可进一步解释为不包含在模型中的其他变量及其相互作用的未知效应。表示载荷或抗力数量的物理模型中的模型不确定性，可以通过一个随机因子来描述，该因子定义为"真实世界"中真实的数量与模型描述的数量之间的比值。一个不等于 1.0 的均值表示模型预测结果真实性的偏差，该系数的变化反映相应预测结果的变化性。由多组室内或现场测量数据、物理推理、精细的分析或可靠的工程判断得到的对模型不确定性的充分评估是适用的。对模型不确定性分布规律的主观选择通常也是必要的。

不确定性来源中，当然还存在所引用类型之间的过渡类型。而且，与人为过失误差相关的不确定性一般不包括在结构可靠性的框架内，属于人因可靠性，见下文"非传统可靠性分析方法"中关于"人因可靠性"的专门介绍。

5. 可靠性分析方法

系统可靠性分析方法，有国家和行业方面的标准可以借鉴。《可靠性增长大纲》（GB/T 15174）、《设备可靠性 可靠性评估方法》（GB/T 37079）、《石油天然气工业 管道输送系统 基于可靠性的极限状态方法》（GB/T 29167）、《石油天然气工业 设备可靠性和维修数据的采集与交换》（GB/T 20172），等等。可靠性分析是要针对每个已识别的显著极限状态，计算失效概率 P_f。

随着信息技术的发展，可靠性分析与管道结构全生命周期管理研究的交叉融合产生了数种混合可靠性分析方法。例如，设计阶段的设计可靠性、功能可靠性、结构可靠性；健康、安全、环保方面的安全可靠性、环境可靠性；从统计学和运筹学角度的统计可靠性/运筹可靠性，等等。按照系统可靠性表现出的动态性、非单调性、多态性、相关性和随机性等特征，也可分为静态系统可靠性和动态系统可靠性；按照可靠性分析的对象特征可分为人因可靠性(Human Reliability Analysis，简称 HRA)、疲劳/应变可靠性、腐蚀可靠性、裂纹可靠性和维修可靠性等；按照可靠性分析方法与其他信息处理方法的结合可分为灰色可靠性、模糊可靠性、遗传算法可靠性、基于粗集理论的可靠性、基于信息熵的可靠性、基于支持向量机(Support Vector Machine，简称 SVM)的蒙特卡罗法(Monte Carlo)可靠性，以及基于凸模型的稳健可靠性；考虑时间因素的存在，现在已经提出了动态可靠性(时变可靠性)、与时间相关的稳健可靠性和与时间无关的稳健可靠性、基于马尔可夫链的系统时变可靠性、模糊动态可靠性、灰色时变可靠性、考虑疲劳与腐蚀影响的时变可靠性分析和动态可靠性的全随机过程模型等；按照可靠性的发展历程，从数学基础角度可分为常规可靠性、模糊可靠性和非概率可靠性等。

面对如此众多的可靠性分析方法，在实际应用中，要根据被分析结构的具体特点和分析目标，采用适当的可靠性分析方法，或者多种方法的叠加采用。

在基于可靠性的方法中，要全面考虑更多的技术细节和要求，例如管道的设计和施工，应满足下列性能要求：(1)在所有预期载荷效应下，充分发挥性能(适用性极限状态要求)；(2)承受施工和运行期间预期的载荷效应[ULS(最终极限状态)要求]；(3)避免施工和运行期间交变载荷效应作用下失效(ULS 疲劳要求)；(4)避免施工和运行期间因事故导致的失效(ULS 偶然性要求)。

通过"消除危险源或绕避和克服危害，来避免危害的结构效应，使后果最小化""针对危害的设计"，可以减缓包括极端环境载荷效应、自第二方活动的影响、运行故障等对于管道的可能危害。

管道的运行和维护，应使安全性和完整性保持在目标安全水平内，应执行完整性管理程序，以满足本标准给出的安全要求。维护包括检测要求、特殊情况下的检测(例如在事故或严重的环境事件后)、保护系统的升级和部件的修理等。

管道完整性进行再评定，应在以下情况时进行：(1)延长设计寿命；(2)已发现管道功能劣化或严重受损；(3)管道需要升级；(4)运行条件改变；(5)原设计准则或设计基础不再有效。

(二) 非传统可靠性分析方法

前一小节"基于可靠性的极限状态方法"的第 5 部分"可靠性分析方法"里介绍了各种可靠性分析方法，这里再作进一步介绍：

1. 设计可靠性

设计可靠性(Design Reliability)是决定元件、产品、系统质量的关键，由于人—机系统的复杂性，以及人在操作中可能存在的差错和操作使用环境的因素影响，发生错误的可能性依然存在，故在设计时，必须充分考虑元件、产品、系统的易使用性、易操作性、失误操作等情况下的安全性、可靠性。

管道的安全性和经济性首先来自油气管道结构的合理设计。目前，常用的油气管道的设计方法有两种：一种是以设计指南和规范的设计系数为基础的确定性方法，称为工作应力设计方法；另一种是基于可靠性的设计方法，称为基于极限状态的可靠性设计方法，即前一小节介绍的内容。

工作应力设计方法是以承受工作条件下的内压所需的管道承载能力为基础，相关的载荷和载荷效应及材料性能都被看作确定性的量，并明确规定了用于检测管道是否屈服的两个基本方程：环向应力判据和等效应力判据。考虑到制造和运行中的不确定因素，由最小屈服应力除以安全系数（或乘以设计系数）以保证管道的承载能力。这种安全系数是在大量已有设计基础之上得出的，反映了一定的统计特性，但是由于缺乏基于近期统计准确的概率描述和相关计算，而容易趋于过分保守。

基于极限状态的可靠性设计方法采用可靠度理论和分析方法，可对管线在强度、承载能力及疲劳寿命方面的安全性，作出比工作应力设计方法更合理的评估。

1）功能可靠性

功能可靠性（Functional Reliability）是描述系统或子系统的功能在预期的使用、运输或储存等所有环境条件下，完成预定功能的可能性。

在油气管道系统的设计方面，侧重于关注管道的结构可靠性、站场的功能可靠性。复杂系统往往包括结构和动力系统及其软件子系统，因而复杂系统的功能可靠性也包括结构可靠性、动力荷载作用下的结构可靠性、软件可靠性，或者笼统地分为硬件可靠性和软件可靠性。

2）结构可靠性

结构可靠性（Structure Reliability）是指结构在规定时间、规定条件下完成预定功能的可能性。

动力荷载作用下的结构可靠性是指在可能的动力荷载作用下，结构在规定时间、规定条件下完成预定功能的可能性。

2. 人因可靠性

人因可靠性（Human Reliability Analysis，简称 HRA），属于可靠性、人因工程和心理学等交叉学科。它既需要评价人为失误的性质，也需要全面了解事故发生的原因、原因间的相互关系，以及事故产生的后果。

管道行业有史以来所发生的各类管道事故表明，有必要提出由于人和组织的失误造成风险的精细评估方法，寻求减小系统对人为失误敏感度的措施。经过近年来的不断发展和完善，吸收了核工业、海洋工程等领域 HRA 的特点，先后提出了定性分析方法、定量分析方法，以及定性+定量混合分析方法，目前的趋势是逐步完善定性+定量混合分析方法。

常用的定性分析方法有失效模式及其影响分析（FMEA）、故障树/事件树（FTA/ETA）、HAZOP 等。对结构全生命周期的 HOE 进行全面的定量评估时，定性分析可以为定量分析确定分析的重点。

常用的定量分析方法有概率风险评估（PRA）或量化风险评估（QRA）。主要是针对可能发生低风险、高后果事故的油气管道结构，其中，HOE 的量化分析是一个重要的方面。在对 HOE 进行定量的分析过程中，HOE 的数据收集工作是必不可少的。

人为失误的数据是人因可靠性（HRA）量化分析的基础，数据收集不够，可能造成对基本事件规律的认识发生偏差，由于数据收集造成的人为失误对结构的可靠度可能产生很大的影响。近年来，在核工业、石化行业等领域，人为失误评估和减小技术（HEART）、人为失误率的预测技术（THERP），在人为失误数据的收集工作中取得了很大的成功。

定性+定量混合分析方法是将定性分析中的描述性变量用数值型变量表示的定性和定量

混合分析过程。例如系统行动管理(System-Action-Management，简称 SAM)。SAM 方法扩充了 PRA 的分析范围，考虑人的决策和行为对油气管道风险的基本事件的影响，还预分析人的决策和行为在组织上的根源，根据预分析的结果，采用量化的 PRA 确定一系列减小风险的措施。请参阅第四章第五节"油气管道行为安全系统整治实践"。

SAM 方法的关键是建立一个反映各风险因素对系统影响的概率公式。$\{in_i\}$ 表示事故序列中可能发生的初始事件集(如火灾、爆炸、波浪、地震、碰撞等)；$\{fist_m\}$ 表示可能的极限状态，采用布尔矢量表示不同的元件是否失效；$\{loss_k\}$ 表示可能的损伤水平的分量。概率分布 $P(loss_k)$ 表示年度损失的分布，故当采用 $P(in_i)$ 表示初始事件年度发生的概率时，年损失的风险分析模型可表示为：

$$P(loss_k) = \sum_i \sum_m P(in_i) \times P(fist_m|in_i) \times P(loss_k|fist_m) \tag{1-1}$$

式中　　$P(fist_m|in_i)$——事件/故障树的分析结果，表示初始事件的发生、发展及发生失效对元件的影响；

$P(loss_k|fist_m)$——与系统中最终的人员和财产损失相关。

为了在分析模型中能够考虑相关的人的决策和行为 $\{A_n\}$ 的影响，引入条件概率函数。

3. 环境可靠性

根据 GB 6583 的规定，环境可靠性(Environment Reliability)是指：产品在规定的条件下、在规定的时间内，完成规定的功能的能力。产品在设计、应用过程中，不断经受自身及外界气候环境及机械环境的影响，而仍需要能够正常工作，这就需要用试验设备对其进行验证，这个验证基本上分为研发试验、试产试验、量产抽检三个部分。

我国西高东低、海岸线绵长，油气储量多数集中在我国西北地区和渤海、南海，远离油气消费地带。而且，我国位于世界两大地震带——环太平洋地震带与欧亚地震带之间，受亚欧板块、印度洋板块和太平洋板块挤压，地震带十分活跃；且海岸线绵长，东南沿海地区位于西太平洋台风路径高频区；同时，西南地区多山地，是滑坡、泥石流等地质灾害高发地区。且具有自然灾害种类多、强度大、区域广、易灾区高度重叠等特点。根据多灾发生类型的不同，可分为：(1)连续发生型灾害，如主余震序列地震；(2)并列发生型灾害，如风和波浪；(3)独立发生型灾害，如地震和风。多种灾害间通常具有一定的相关性，在进行工程结构抗灾分析时，应考虑多灾效应；在考虑多灾效应时，若将单种灾害效应简单叠加，结构失效风险势必与实际不符。因此，在油气管道全生命周期各阶段，考虑环境可靠性时，还应开展多种灾害间联合概率分布研究及结构抗多种灾害联合作用下的全生命风险评估和设计方法研究，对提升我国油气管道系统工程结构整体防灾减灾能力意义重大。

管道设计建造和运营维护过程的风险评估往往仅考虑单一灾害作用，忽略了多次、多种灾害间的耦合效应，这势必对管道设施安全性、区域管道系统韧性等带来极大隐患。所以，对于环境可靠性的评估，须全面考察、综合分析。尤其是在油气管道系统的勘察、设计、施工时，要对管道或站场的选线选址、加固。油气管道在服役期间，在复杂的服役环境中将受到设计荷载的作用及各种突发性外部因素的影响(如自然灾害、外物碰撞、环境腐蚀、材料老化、荷载的长期效应和疲劳效应等众多因素)，面临着结构损伤积累的问题，从而使管道安全受到威胁。若没有及时检测到结构损伤而采取补救措施，将改变管道结构的强度和刚度，从而引发更大的结构损伤积累，这将导致管道结构失效，将产生非常恶劣的后果，甚至造成管道事故。

4. 统计可靠性

在油气管道系统全生命周期的各个阶段，以及数据收集、风险评估和决策过程中，必然涉及各个方面的不确定性和其可靠性描述。下面分别简要介绍一下按照统计可靠性（Statistical Reliability）的发展历程，从数学基础角度分类的三种可靠性：概率可靠性、模糊可靠性、非概率可靠性。

1）概率可靠性

概率可靠性（Probabilistic Reliability），也叫常规可靠性，是传统的可靠性方法，采用概率论和模糊数学来处理不确定性。在统计数据充分且计算模型较精确时，概率可靠性模型和模糊可靠性模型是十分理想的结构可靠性模型。但二者都需要较多的数据，用以定义参数的概率分布和隶属函数，计算量较大。但对于管道这样复杂结构在实际使用过程中，其先决条件得不到满足，于是概率可靠性模型在变量的概率密度函数、失效概率的可接受水平，以及失效概率的计算精度等方面很多时候存在较大的困难。

由于信息的缺乏，在引入概率密度函数时，有时依靠专家的经验"随意"获取或因为验证其他已确定的模型存在困难而假设为某种标准的模型。即使在信息较充足时，也无法唯一地确定概率密度函数。因此，针对概率可靠性理论所存在的不足，非概率可靠性理论就随之产生了。

2）模糊可靠性

由于概念的模糊性、因素的复杂性、科学测量的有限性和认知的局限性，环境在本质上也表现出各类模糊性。对于模糊系统，采用常规可靠性方法对其进行描述非常困难，甚至不太可能。要解决上述问题，须借助模糊数学，建立新的可靠性分析方法，即利用模糊数学评价系统可靠性称为模糊可靠性（Fuzzy Reliability）。

3）非概率可靠性

当前，非概率可靠性（Non-Probabilistic Reliability）主要有：基于区间分析的结构非概率可靠性模型、基于凸模型的稳健可靠性和基于可能性和模糊理论的能度可靠性模型（目前已发展到了模糊数能度可靠性和基于可能性理论的结构模糊可靠性方法）。其中，当前研究较多的是后面两种——稳健可靠性模型和能度可靠性模型。

（1）基于区间分析的结构非概率可靠性模型（Structural Non-probabilistic Reliability Model Based on Interval Analysis）。

Elishakoff 于 1995 年在讨论"非概率可靠性"概念的基础上提出了一种可能度方法，认为非概率可靠性同不定参量一样，属于某一区间，提出的可靠性指标是一区间。区间边界是根据传统的安全因子进行区间运算求得。该方法实际上是传统的安全因子法和区间算法的简单结合，不易处理复杂的结构问题。Ben-Haim 于 1995 年在原概念的基础上，提出以系统能容许的不确定性的最大程度度量可靠性。郭书祥提出了一种新的基于区间算法非概率可靠性方法。

（2）基于凸模型的稳健可靠性（Robust Reliability Based on Convex Model）。

结构可靠性与不确定性相联系，管道系统的设计、制造和服役过程中存在各种影响其安全性、适用性和经济性的不确定性因素。前面所考虑的是随机性和模糊性，对管道结构可靠性分析还存在信息的不可知性（Unascertainty）和不完备性（Incompleteness）等，这种不确定性是由于信息的不足而引起的，也就是由于各种外在条件的限制，结构安全评估必须利用但又无法确知的信息。针对信息不完备（不充分）引起的不确定性，自 20 世纪 90 年代以来，

Ben-Haim 和 Elishakoff 等提出不确定性的凸模型。Ben-Haim 于 1994 年基于凸集理论，首次提出了"非概率可靠性"的概念。Ben-Haim 提出了一种新的非概率可靠性理论——稳健可靠性(亦称鲁棒可靠性)。但稳健可靠性理论的研究目前还处于初级阶段，理论体系还很不完善。

(3) 基于可能性理论的结构可靠性模型(Structural Reliability Model Based on Possibility Theory)。

1997 年，Cremona 等基于可能性理论提出了一种结构模糊可靠性分析方法。Cai 等基于可能性假说和双状态假说，提出了能双可靠性理论体系。Utkin 等根据模糊数落入模糊界限内的程度度量，提出了基于强度的结构模糊安全性度量指标。Marco 等基于可能性理论提出了一种模糊数可靠性分析新方法。基于可能性理论和模糊区间分析，郭书祥等对能度可靠性理论和传统的随机可靠性方法，在不确定性的处理、模型结构和基于可靠性的结构优化设计等方面作了比较分析。

(4) 能度可靠性模型(Energy Reliability Model)。

结构能度可靠性可定义为："在规定的条件下和规定的时间内，结构完成规定任务的可能度"；从理论上讲，结构的随机可靠性与能度可靠性具有一定的相似性：①它们都是用区间内的数值度量可靠性。其值越大，可靠性越高。②随机可靠性模型需要首先定义变量的概率密度函数，而能度可靠性方法要求变量的可能性分布函数。统计的方法是获取随机变量概率密度分布的唯一方法，也是获取模糊变量可能性分布函数的主要方法之一，故二者存在联系。但二者又有着本质的区别：①理论基础不同。前者以概率论或随机过程为基础，后者以模糊理论为基础。②模糊性和随机性的物理意义和产生机理不同，两种可靠性的度量方法和指标不同。模糊变量的可能性分布比随机变量的概率分布函数的确定对数据的要求更低。因而，能度可靠性模型对已知数据的依赖性较低。它不仅可处理基于统计信息的不确定性问题，还可处理信息不完整、不精确等不确定性问题，从而可有效利用专家经验。③从绝对量值上比较，一般失效可能度的值远大于失效概率的值。因而，失效可能度对模型的误差不似概率模型那样敏感。④当具有足够数据描述随机模型时，随机模型可给出较准确的结果；当缺乏足够数据时，随机模型可能产生较大误差，而模糊模型可给出更可靠的结果(表 1-1)。

表 1-1　能度可靠性模型与随机可靠性模型的比较

	随机可靠性	能度可靠性
可靠性指标	$\beta = \min(\|u\|_E^2)$，满足 $M = g(x) = G(u) = 0$，$u \in (-\infty, +\infty)$ 为标准正态变量向量。$\|\cdot\|_E$ 表示欧氏范数。$\beta \geq 0$ 为确定/清晰数	$\eta_F = \min(\|\delta\|_\infty)$，满足 $M = g(x) = G(\delta, \alpha) = 0$，$\delta \in [-1, 1]$ 为标准化区间变量，δ 为其扩展向量，$\alpha \in [0, 1]$ 为单位区间变量。$\|\cdot\|_\infty$ 表示无穷范数。$\eta_F \geq 0$ 为模糊数
可靠性测度	失效概率：$P_f = \text{Prob}\{M \leq 0\}$；可靠度：$P_r = 1 - P_f$	失效的可能度：$\pi_f = \text{Poss}\{\eta_F \leq 1\}$；可靠：$N_r = 1 - \pi_f$

(三) 脆弱性与其他概念的区分

脆弱性作为安全领域的概念，常常与其他概念共同出现，且易产生混淆。

1. 安全(Safety)与安全性(Safety & Security)

安全是指在生产活动中，可将损失控制在可接受范围内的状态。安全性是用以描述系统安全状态的量化值。脆弱性与安全性是一对负相关的概念，系统的脆弱性越强，意味着系统更脆弱，易受到负面扰动的影响从而产生不良后果，系统安全性越差。

2. 风险(Risk)与脆弱性(Vulnerability)

由传统风险模型 $R=L\times C$ 可知，风险综合了事件发生的概率与危害后果两个方面，包含风险损失、风险事件和风险因素三个要素。风险的发生和损失都具有不确定性，具有概率性，也是可看作一种可能的状态。风险分析理论关注系统已经暴露的风险因素与可能的风险损失，却没有揭示风险是如何形成的。对于某一系统的安全问题，风险与脆弱性的研究角度不同，后者体现了外部扰动下系统呈现出的易损性，是一种客观存在的固有缺陷，包含暴露性、敏感性和适应性三个特征要素。但是，两者也并非完全对立，而是相互融合的，脆弱性分析将风险的三要素有机结合起来，一定条件下，脆弱性越强，风险因素的存在概率、风险事件的发生概率、风险损失均会随之增大。

以"能力评估"这条主线，克服系统"脆弱性"这个缺陷，控制"风险动因"这个关键，旨在建立抵御风险的机制理性化、概念化和可操作化的新方法，笔者尝试将"抗逆力(Resilience)""能力(Capacity)""韧性(Resilience)""脆弱性(Vulnerability)""风险(Risk)"统筹综合于一体，以指导系统评估和制定防险抗灾的"抗逆力-适应性-转型"框架，即图1-8所示的"防险抗灾能力与脆弱性分析统一框架"(Unified Framework for Risk Prevention and Disaster Resilience and Vulnerability Analysis, RPDPCA)：认清现状、变化和变革之趋势，识别风险驱动因素，推动风险治理，具有理论基础，符合定量和定性方法。可以应用于社会发展、工程实践、日常生活等各个方面，解决现实和未来的实际问题。

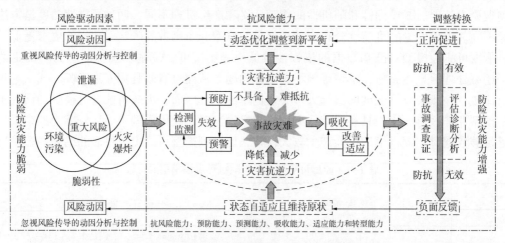

图1-8 防险抗灾能力与脆弱性分析统一框架(RPDPCA)

应用RPDPCA，首先需要评估关键的风险驱动因素(Risk Drivers)，其次转向对能力的评估——预防能力(Preventive)、预测能力(Anticipative)、吸收能力(Absorptive)、适应能力(Adaptive)和转型能力(Transformative)，以及组织、学习、临机行为和资源等投入和过程、结果。从"状态自适应且维持原状"到"动态优化调整到新的平衡"。总体而言，RPDPCA提供了对风险驱动因素和抗逆能力、防险除患能力的分析，从而实现系统整体抵御风险、最大限度降低风险损失和减少抵御风险的成本，以及修复事故损害的能力。

3. 可靠性(Reliability)、可用性(Availability)和可维护性(Maintainability)

可靠性、可用性和可维护性(Reliability, Availability and Maintainability, 简称RAM)是一

种定性分析与定量分析相结合的方法论，通过设备设施可靠性与可维护性的合理组合来实现设备设施所需达到的可用目标(可用性)。

（1）可靠性：元件、产品、系统在一定时间内、在一定条件下无故障地执行指定功能的能力或可能性。

（2）可用性：元件、产品、系统能够处于按要求执行的状态，一般用百分比来体现，例如 90%，即代表着 90% 的时间内可用。

（3）可维护性：元件、产品、系统在给定的使用和维护条件下保持或恢复到所需状态的能力。

4. 鲁棒性(Robust)、耐久性(Durability)与脆弱性(Vulnerability)

"鲁棒性"由英文 Robust 音译而来，可意译为"坚韧性"，是指工程中用来表示系统在异常情况下维持原有功能不变的稳健性能，是系统的固有属性。"鲁棒性"的概念起源于统计学，在控制理论中用以描述系统对参数变化的不敏感特性，较多地应用于机器设备等研究领域，一般不用作安全系统的性能描述。但也有少量文献将"鲁棒性"作为"脆弱性"的逆概念提出，或以"适应性"代为表达。

广义的耐久性(Durability)至今尚未形成统一的界定，通常在建筑学上讲的耐久性指的是结构耐久性，比如说混凝土结构耐久性等。结构耐久性是一个复杂的体系，其定义、范畴、应用等领域存在较多差异，但可以从拟建结构(结构设计阶段)和既有结构(检测评估阶段)两个方面入手，重点考虑：耐久性与安全性、适用性的关联；耐久性与经济性的关联；耐久性与外界的生物腐蚀、机械外力作用、磨损、冲刷等劣化因素的影响，可以简化理解为耐久性分析与使用寿命的预测是等价的。国际标准 ISO 2394 和欧洲规范中也指出：耐久性是满足可靠性要求的基本条件，在适当的维护下，结构和结构构件的耐久性应保证它们在设计使用年限内始终适用。通常，可简单认为产品使用无故障而且使用寿命长就是具有耐久性。

广义的脆弱性(Vulnerability)可表述为由于系统(系统整体、子系统、系统组分)对系统内外扰动的敏感性及缺乏应对能力，从而使系统的结构和功能容易发生改变的一种属性，是源于系统内部的一种属性，只有当系统遭受扰动时，这种属性才表现出来。由脆弱性的定义可知，脆弱性是系统本身的性质，在没有干扰的影响下，不会发生恶化或导致事故发生。

脆弱性分析是通过当前的状态、结构、功能来评价系统在面对外部干扰威胁时的抵抗力、承受力，以及从负面影响下恢复的能力，目的是找出系统的薄弱环节和面对的主要威胁，并以此为系统的安全、可持续发展提供决策依据。

油气管道脆弱性评价对象是：自身存在薄弱环节可能发生事故的管道本身，管道事故发生后管道沿途的人员、设备、环境等容易受到事故危害的易受灾体，以及防止事故或控制事故发生的响应能力三个方面，即油气管道脆弱性也由以上三个部分组成。

油气管道脆弱性态势分析结果出来之后，需要用安全保障技术来增强油气长输管道系统中各个脆弱环节的坚韧性，油气储销系统中的常用技术和工具与油气管网安全保障技术，具有很强的相似性和相关性。当然，"全国一张网"中绝大部分油气长输管道从"三桶油"中划转而来，特别是天然气产业链格局发生了变化，原有的储运与销售一体化的运营模式被打破，特别是天然气销售环节，将承担更多的资源采购等方面的责任和压力，国家油气体制改革的"放开两头，管住中间"，已经对"三桶油"和油气企业产生了商务模式、运营模式、结算模式、营销模式等方面的变革，笔者认为，天然气储销态势脆弱性精准评估、精细分析、精益管理，天然气供应侧与需求侧两端构成的系统极端条件下风险防控与敏捷性分析，以及"全国一张网"资源优化配置与系统能耗能效深度分析已经成为油气行业一个重大研究课题和现实需要解决的实际难题，作为油气行业一项基础性研究价值工程，非常有必要针对集资源、市场、营销、客户、价格、设施等于一体的产、供、储、销、贸体系进行"脆弱性与鲁棒性、耐久性、经济性、创新性、智能性、可持续"战略研判和发展研讨。于此，笔者会同相关高校和研究机构已经启动资源优化配置、储销态势评估、供需侧风控、储运系统安全韧性提升、迈入"后碳经济"天然气产业高质量发展、HSE 管理数智化发展、智慧天然气等课题研究和应用实践工作，其目的就是要在"十四五"开局、"3060"双碳背景下，为助推油气产业高质量发展提供具体的实施建议。

第五节　典型系统安全风险评估方法

俗话说，"它山之石，可以攻玉"。了解和掌握国外通行的安全评级系统、资产完整性管理方法，机械完整性、设备完整性，功能安全和工艺安全管理，结构损伤检测与健康诊断、断裂失效评定等方法和技术，对于管道系统和管道工程结构安全评估分析至关重要。

一、航空发动机和核工业的严苛的系统安全管理方法

（一）航空发动机精密安全管理

作为现代工业皇冠中的明珠，"航空发动机"是当今世界上最复杂的、多学科集成的工程机械系统之一，需要在高温、高压、高转速和高载荷的严酷条件下工作，并满足推力/功率大、重量轻、可靠性高、安全性好、寿命长、油耗低、噪声小、排污少等众多十分苛刻而又互相矛盾的要求，对稳定性、可靠性、安全性、耐久性、容错性、经济性等方面要求极高。航空发动机产业链长，覆盖面广，涉及机械、材料、电子、信息等诸多行业，对基础工业和科学技术的发展有巨大带动作用。据统计，按照产品单位重量创造的价值计算，如果以船舶为 1，则小汽车为 9、电视机为 50、大型喷气飞机为 800、航空发动机高达 1400。以航空发动机等关键机械装备运行安全保障的国家重大需求为驱动，随着航空发动机技术的不断发展，对其性能要求不断提高，发动机既要发挥极限性能又不能超过限制边界，这使得发动机安全性变得愈发重要，相应的控制设计、状态监测和防喘保护、限制保护和切换保护等安全保护问题受到国内外越来越多的关注和重视。同时，预测与健康管理（Prognostics and Health Management，简称 PHM）是未来先进航空发动机确保飞行安全、实现视情维修的关键使能技术。数据挖掘是 PHM 实现发动机健康状态评估、诊断及剩余寿命预测的核心技术。航空业界集计算机、航空宇航两大学科之力，推动发动机 PHM 技术不断迭代。随着航空装备的快速发展和训练模式的深化改革，航空装备维修安全的影响因素及周期波动性显著增加，构建了航空装备维修持续安全保障体系，旨在为实现油气储运设施维修持续安全提供有益借鉴。油气管道行业应参考其攻克"设计难、加工组装难、材料难"之方略和手段，着力提升管道本质安全及完整性管理研究和应用的质量、效率和动能。

（二）核电厂安全系统的可靠性管理

《核电厂安全系统的可靠性分析要求》（GB/T 7163—2008）对设计和运行中的核电厂安全系统的可靠性分析工作提出统一的、可接受的、合理的、最低限度的要求。核电站的安全是

怎样保证的,具有如下安全屏障与措施:

1. 从技术设计上保证安全

(1)四重屏障。为防止放射性物质外逸,设置了四道屏障:①裂变产生的放射性物质>90%滞留于燃料芯块中;②燃料包壳;③坚固的压力容器和密闭的回路系统;④能承受内压的安全壳。

(2)多重保护。在出现可能危密封的及设备和人身的情况时,进行正常停堆;因任何原因未能正常停堆时,控制棒自动落入堆内,实行自动紧急停堆;如任何原因导致控制棒未能插入,高浓度硼酸水自动喷入堆内,实现自动紧急停堆。

2. 从运行管理上保证安全

(1)管理。为确保核电厂安全运行,建立了周密的程序、严格的制度和必要的监督,加强对核电厂工作人员的核安全文化教育,加强运行管理和监督,及时、正确处理不正常情况,排除故障。①以人为本,狠抓培训。核电厂必须由称职的工作人员按照设计标准运行和维修。②严格的试验制度。为了确保核电厂的安全保护系统和专项安全设施在事故情况下起作用,制定了严格的定期试验制度。重要试验项目须由国家生态环境部核安全监督站人员现场验证。③在役检查和预防性检修制度。为了确保核电厂的在役设施、设备的安全可靠,实施在役检查大纲,并对这些设施、设备进行预防性检查,努力排除设备故障的根源。④强化国内外的技术交流。参加国际核电组织,与核电发达国家及先进核电厂等单位或组织建立技术交流关系,开展定期交流活动,把国内外好的核电运行技术和管理经验反馈到核电厂的运行管理中,不断提高运行水平。⑤依托后援,科研先行。建立完善的运行经验反馈渠道,请国内著名的大学、研究所等作为核电厂的技术支持单位,不断改善运行水平。

(2)监督。为了确保核电厂的安全,国家制定并实施了严格的核安全监督管理法规,核电厂则制定并实施了更为严格的管理制度。①严密的监督机制。我国作为国际原子能机构成员国及《核保障条约》签约国,接受国际原子能机构的监督指导。国家生态环境部依照我国的法律、法规,对核电厂实行独立的安全审评和监督。②严密的质保体系。核电厂有着严密的质量保证体系,对选址、设计、建造、调试和运行等各个阶段都要有经过核安全局审批过的质量保证大纲,还实行内部和外部监察制度,监督、检查质量保证大纲的实施情况,以确保质量保证体系起到应有的作用。

二、过程与结构的系统安全评估方法

(一)以风险为核心的系统安全管控方法

1. 国际安全评级系统

国际安全评级系统(International Safety Rating System,简称ISRS)是通过国际知名认证机构挪威船级社(DNV)推出的一套以损失控制作为核心及基本理念的安全管理评价系统。损失控制理论主要观点:在企业、商业运作过程中,必须存在防止人员和资产受到伤害的安全管理体系,应当及时识别风险、消除隐患,带来更好的经济效益和社会效益,改善运行财务指标,从而提高利润率,进而提高企业竞争力。ISRS主要以损失控制为核心,以损失因果模型为基础,结合、吸纳了多种理论模型,主要包括事故金字塔理论、事故损失冰山理论、DNV损失因果模型、人机物料环一体化理论,也吸纳了OHSAS 18001安全管理体系和ISO 9001质量体系/ISO14001环境管理体系,形成目前较为全面的以损失控制为核心的安全管理体系。如何用好ISRS,是一个非常重要的话题。笔者曾与国际安全评级系统的起草人做过面对面的沟通，初步得知例如阿米巴经营模式，若仅仅通过培训讲解，受培训的企业不可能就顺利地独立开展阿米巴经营，同理，仅是依靠自身、第二方或者完全第三方独立评级，往往评级结果的客观性、公正性、精准性容易出现偏差。从一些油气管道成员企业数年的评级实践情况来看，必须摒弃"外来和尚好念经"的陈旧观念，从企业自身软件和硬件实际出发，与企业自身需求、发展方向、现有条件等具体情况相结合，从顶层设计好评级方案，谨忌简单的目标导向和结果导向，应该是问题导向和过程导向，不能就评级而评级，不能照搬和直接拿来就用，评级要与检查、审核、测试、监督、诊断、巡视、巡查等内外部监督检查工作相融合和整合，否则往往会造成片面追求等级结果，忽视内涵式发展和基础工程建设之初衷。

《质量管理体系要求》(GB/T 19001—2016)相对于《质量管理体系要求》(GB/T 19001—2008)发生变化的三个核心是：基于风险的思维、PDCA循环、过程方法，这是实施新版标准的准则和出发点，标准内容的"组织及其环境、相关方的需求和期望、应对风险和机遇的措施"这三个条款是组织实施质量管理的系统性活动，是本次标准变化的重点。表1-2呈现了新版QHSE管理体系基础要素框架，表示GB/T 19001—2016、SY/T 6276—2014与ISRS8三者要素比对情况，均强调风险意识、战略意识和相关方意识，强调"基于风险的思维"，将处理风险和机会更加明确地列入体系的策划、实施、维护和改进过程中。笔者认为：基于风险的人员管理、合规管理、隐患整治、应急管理、事故事件管理、绩效管理作为体系管理的关键，始终遵循"体系战略规划、策划准备、方案实施、架构搭建、要素对标、业务能力、法规识别、资本运作、手册编制、流程建造、风险梳理、文件编制、审核会签、发布实施、运行监控、审核评估、改进提升、换版升级、体系再造等"PDCA循环，依靠体系内生动力和外部监管推动力接续提升体系高质量发展，过程方法。

表1-2　GB/T 19001—2016、SY/T 6276—2014与ISRS8要素比对分析结果

《质量管理体系要求》 (GB 19001—2016)	《石油天然气工业健康、安全与 环境管理体系》(SY/T 6276—2014)	ISRS8工作手册
5 领导作用	5 健康、安全与环境管理体系要求	1 领导
5.1 领导作用和承诺	5.1 领导和承诺	1.9 管理承诺
5.2 方针	5.2 健康、安全与环境方针	1.3 方针
5.3 组织内的角色、职责和权限	5.4.1 组织结构和职责	1.8 问责
6.1 应对风险和机遇的措施	5.3.1 危害因素辨识、风险评价和控制措施的确定	1.7 业务风险
		3 风险评价
7 支持		
7.1.2 人员		4 人力资源
7.1.3 基础设施	5.5.1 设施完整性	10 资产管理
7.2 能力	5.4.4 能力、培训和意识	7 培训和能力
7.4 沟通	5.4.5 沟通、参与和协商	8 沟通和推广
7.5 成文信息	5.4.6 文件	2.4 管理体系文件
7.5.2 创建和更新	5.4.7 文件控制	2.4 管理体系文件
7.5.3 成文信息的控制	5.6.5 记录控制	2.5 记录
8 运行	5.5 实施和运行	2.2 工作计划和控制

《质量管理体系要求》（GB 19001—2016)	《石油天然气工业健康、安全与环境管理体系》(SY/T 6276—2014)	ISRS8 工作手册
8.2.1 顾客沟通		8.1 沟通系统
8.2.2 与产品和服务要求的确定		3.5 顾客期望识别和评价
		2.3 行动跟踪
8.2.3.1 评审内容		3. 风险评价
	5.3.2 法律法规和其他要求	5 合规保证
8.2.3.2 成文信息保留	5.4.7 文件控制	3.8 工艺危害信息
	5.6.5 记录控制	
8.3 产品和服务的设计和开发	5.5 实施和控制	6 项目管理
8.3.2 设计和开发策划	5.5.3 顾客和产品	6.1 项目协调
		6.2 项目计划
8.3.3 设计和开发输入	5.5.5 作业许可	6.3 项目执行
8.3.4 设计和开发控制	5.5.8 运行控制	6.4 项目控制
8.4 外部提供过程、产品和服务的控制	5.5.2 承包方和（或)供应方	11 承包商管理和采购
8.4.1 总则	5.5.2 承包方和（或)供应方	11.1 承包商/供应商选择
8.4.3 提供外部供方的信息	5.5.2 承包方和（或)供应方	8.9 工作外信息
8.5.3 顾客或外部供方的财产	5.5.2 承包方和（或)供应方	5.6 产品监护
8.5.4 防护	5.5.3 顾客和产品	5.6 产品监护
8.5.6 更改控制	5.5.9 变更管理	4.6 组织变更管理
		10.9 工程变更管理
9 绩效评价	5.6 检查	14.10 审核
9.1 监视、测量、分析和评价	5.6.1 绩效测量和监视	14 风险监控
9.1.2 顾客满意	5.6.1 绩效测量和监视	14.5 客户满意度
9.1.3 分析与评价	5.6.3 不符合、纠正措施和预防措施	13.4 未遂事件和次标准状态
9.2 内部审核	5.6.6 内部审核	14.10 审核
9.3 管理评审	5.7 管理评审	15 结果和评审
		15.2 管理评审
9.3.3 管理评审输出	5.7 管理评审	15.1 业务成果
		15.3 向相关方报告
10 改进		12.5 业务持续改进

通过与国际安全评级手册中风险控制架构的程序与子程序的对照，以便将 ISRS 的风险辨识、风险评价、风险控制和风险监控的四道逻辑屏障与管理体系的风险控制模式实现有机的融合。

2. 对标世界一流企业管理提升行动

按照国务院国资委对标世界一流管理提升行动总体要求，以实现治理体系和治理能力现代化为追求目标，管道企业应建立以生产经营和 QHSE 管理为内核的综合管理体系、运营管理体系、一体化管理体系，并有效、真正执行落地与持续改进提升，笔者提出了"钻进业务谈体系，跳出体系讲业务"的新观点，坚持业务是体系之"根"和"魂"，业务一定要分清主营/核心业务、战略支撑业务和支持保障业务等多层次业务架构，业务架构一定与发展战略保持相对一致，既要从长计议，又要考虑当下，既要注重顶层设计，又要着眼上下贯通、基层落地，架构是业务、组织、资本、体系的集成于一体的综合性架构。国家也在积极推行管理体系的整合工作，国家工业和信息化部在"十二五"启动、"十三五"全面推行的"两化融合"（信息化和工业化的高层次的深度结合，是指以信息化带动工业化、以工业化促进信息化，走新型工业化道路；两化融合的核心就是信息化支撑，追求可持续发展模式；主要在技术、产品、业务、产业四个方面进行融合。也就是说，两化融合包括技术融合、产品融合、业务融合、产业衍生四个方面），就是一个国家层面的管理创新大政策、大举措。

3. 与国际风险管理最新成果对标提升

通常认为，QHSE 管理体系建立与运行是为了有效控制质量、健康、安全和环境风险。目前，国际大型石油公司均将管理体系进行体系化的整合和融合，最终在全集团建立一套综合性的运营管理体系，是管道企业管理体系的建设和提升优化的基础工作之一，应与国际风险管理的最新成果进行对标，全面吸纳标杆单位、标杆项目和标杆模式的好思路、好想法、好做法、好工具。

1）与通用的风险管理标准对标

笔者推荐参考包括但不限于：

（1）《石油和天然气工业海上开采装置危险识别和风险评估用方法和技术指南》（ISO 17776），风险管理的基本过程为：识别、评估、标准、措施和要求。

（2）《风险管理 原则与实施指南》（GB/T 24353），关于风险管理的基本过程为：识别、分析、评估和控制。

（3）《信息技术 安全技术 信息安全风险管理》（GB/T 31722），风险管理的基本过程为：准则建立、风险评估、风险处置、风险接受、风险沟通和风险监视与评审。

（4）《Risk management-Risk assessment techniques》（ISO 31010），即《风险管理 风险评估技术》（GB/T 27921），为依据《风险管理 原则与实施指南》（GB/T 24353）开展风险管理的组织提供支持，用于指导组织选择和应用风险评估技术。风险评估旨在为有效的风险应对提供基于证据的信息和分析。风险评估是在 GB/T 24353 所描述的风险管理过程内展开的。GB/T 24353 中界定的风险管理过程包含以下要素：明确环境信息；风险评估（包括风险识别、风险分析与风险评价）；风险应对；监督和检查；沟通和记录。在风险管理过程中，风险评估并非一项独立的活动，必须与风险管理过程的其他组成部分有效衔接。本标准涉及安全方面的内容参见 GB/T 20000.4。有关术语与定义，参见 ISO/IEC Guide 73 或《风险管理术语》（GB/T 23694）。

2）与国际安全管理标杆企业对标

笔者推荐参考国外公司包括但不限于：

（1）美国杜邦公司（DuPont）：基于工艺安全和安全文化的运营风险管理模式，注重安全行为的养成。

（2）荷兰皇家壳牌石油公司（Shell）：基于危害及后果影响管理的风险管理模式（HEMP），注重 HSE 政策和 HSE 管理技能。

（3）英国石油公司（BP）：基于风险识别、防范、检查与推荐做法的体系式风险管理模式，注重危险作业的安全黄金定律的执行。

（4）美国通用电气公司（GE）：基于定义、测量、分析、改进和监控的偏差控制式风险管理模式（DMAIC），注重管理偏差原因查找和完整性评价。

（5）挪威船级社（DNV）：基于识别、标准、测量、评价和监控的五步法风险管理模式（ISMEC），注重管理偏差原因查找和最佳实践应用。

（二）完整性管理方法

完整性管理是一门科学、系统、实用的管理方法和手段，深受越来越多的国家和地区采用。针对油气长输管道及站场、油田集输管线、城市燃气输配管网、液化天然气接收站、液化天然气工厂、地下储气库、油品储库等油气管道与储运企业，完整性管理既是管理手段，也是一门工程技术，据不完全统计，大致可分为：油气管道完整性管理（PIM）、燃气管网完整性管理（DIM）、油田集输管网完整性管理（GIM）、LNG接收站完整性管理（LTIM）、井完整性管理（WM）、立管完整性管理（RIM），以及根本原因分析（RCA）、基于风险的检验（RBI）、以可靠性为中心的维护（RCM）、安全完整性等级（SIL）主要内容的构成基于风险的检验和维修（RBIM）、机械完整性管理、设备完整性管理。

1. 资产完整性管理方法

国内关于油气管道管理，通常就会提及资产完整性管理（Asset Integrity Management，AIM），它是国际上通行的资产管理手段，也是一些国家法规明确要求管道经营者必须遵循的安全管理模式。AIM是一个完善的系统的管理过程，是用整体优化的方式管理资产的整个生命周期，以达到资产的可靠性、安全性、环保，以及经济性的要求和可持续发展。要达到这一均衡的目标，风险管理方法是其有效的途径。实施完整性管理的目的：本质安全+节约成本，企业应建立一套资产完整性管理系统，以持续地保持设备资产的完整性。

对于管道行业来说，管道完整性管理是其资产管理中的重要部分。管道完整性管理技术涉及多种学科领域，包括管道的"基础数据管理、安全评估与检测、风险评估、日常生产运营管理和决策支持系统"等。通过对管道进行完整性检测、评估与管理，可以充分了解管道的安全状况与关键风险源，从而采取相应的管理办法和防范措施，将工作重点由事故后整治和抢修转变为事前诊断和预防，达到保证管道安全、经济运行的目的。站场完整性管理框架与流程中，包括站场风险管理技术（RBI、RCM、SIL）、站场数据库管理技术、后果评估技术、站场内外腐蚀控制技术、站场压缩机故障诊断评估技术、站场管道超声导波检测技术、储气库井完整性评价方法等（其中，RCM是以可靠性为中心的维修，是目前国际上通用的用以确定资产预防性维修需求、优化维修制度的一种系统工程方法）。利用站场风险评估软件，整合上述各项关键技术所收集、处理、产出的数据，可用于针对站场量化风险与运行可靠性设计、站场自动化控制设计、SIL分级设计、罐区大罐UPS冗余设计、防火堤设计需求分析。针对输气管道运行的复杂性，对压气站运行方式、储气库运行方式、用户供气方式进行优化分析，可以得出站场风险评价量化模型与方法，形成量化风险评价程序、风险度量标准及最终计算报告。

油气管道完整性管理（Pipeline Integrity Management，简称PIM）包括线路完整性管理、站场完整性管理，目前国内管道成员企业对管道线路进行完整性管理较为普遍，但是站场完整性管理目前还处于研究起步阶段。资产完整性管理理念起源于国外，后引入国内，如何"水土相服"是一个很重要的议题。管道线路资产完整性已经在国内各管道成员企业全面推行，油气田企业也在相继试点推广集输管道完整性管理，城市燃气管道完整性管理也在不断研究和探索应用阶段，完整性管理在油气管道行业得到了广泛的关注和应用，也为管道安全生产和平稳运行起到了重要作用。通过对国内外建筑结构、桥梁结构、钢结构等比管道结构更复杂，应用实践更早，研究更为深入的行业进行调研分析，基于"安全性、适用性和耐久性概括称为结构的可靠性"的学术界成熟观点，笔者认为：完整性≠适用性≠耐久性≠安全性≠可靠性，以至它们之间的包含关系和从属关系难以简单界定，至少可以断定的是资产完整性所涉及范畴是有限的，甚至可以谨慎地认为其小于安全性和可靠性。根据最新的资产完整性管理相关国际法规和标准要求，包括 ISO55000、49 CFR 192 和 195、API 1160、ASME B31.8S、CEPA FIMP、API581、SAE JA1012、IEC61508、IEC61511 等，尤其是美国和欧洲开展管道完整性管理的最佳实践，管道成员企业应将不断变化的管道全生命周期(设计、施工、运营、退役)中的风险，控制在合理的、可接受的范围内，减少和预防管道事故发生，实现完整性管理的持续改进、技术迭代、管理变革。

2. 机械(设备)完整性方法

1) 发展历程

针对国内外重大危险化学品事故的不断发生，单纯应用工程技术，无法有效杜绝意外危险化学品事故的发生，必须辅以完整而有效的管理制度，以弥补安全技术应用的不足。基于设备安全管理的方法——机械完整性(Mechanical Integrity，简称 MI)应运而生，它源于 1992 年美国职业健康安全管理局(Occupational Safety and Health Administration，简称 OSHA)颁布的《高度危险性化工过程安全管理办法》第 8 条款，《工艺安全管理》中涉及的 14 个要素之一，是本质安全理念的集中表现，也是风险管理、培训、操作规程、启动前安全审查(PSSR)等要素的重点。经过 20 多年的发展与推广，机械完整性已被世界各大石油、石化企业和危险化学品生产企业应用，并得到一致认可。

2) 内涵与定义

OSHA 对机械完整性的定义为：采取技术改进措施和规范设备管理相结合的方式，保证整个装置中关键设备运行状态的完好性。美国化工过程安全中心(Center for Chemical Process Safety，简称 CCPS)将其定义为：用于保证重要设备在整个生命周期内满足其指定功能而进行的程序化活动。由美国化学工程师协会化工过程安全中心、中国石油大学(华东)环境与安全技术中心合作共建的非盈利性组织 CCPS-CS(Center for Chemical Process Safety-China Section)，主要承担如下任务：在中国推广最新的过程安全技术和管理经验；担任包括中国过程安全资料库的首要信息来源；推进大学本科工程教育中的过程安全学习；推广过程安全，使其产生重要的工业价值。机械完整性，亦称设备完整性，是一套用于确保设备在生命周期中，保持持续的耐用性和功能性的管理体系。机械完整性中所指的设备是广义的，包括电气、仪表、设施、管线等，一旦该设备失效或发生故障，会引起过程安全事故。纳入机械完整性管理的设备一般包括压力容器、高能动设备、泄放和通风系统及部件、气体检测系统、二次容纳系统、安全仪表系统、紧急停车系统、消防设施、防雷防静电系统、关键性管道及其附件，以及软管和膨胀节等。

3) 过程安全管理

对一个复杂的生产工艺过程而言，涉及物质安全、工艺过程安全、设备安全和作业环境安全等多个方面，要防止因单一失误演变成重大灾难事故，就必须从领导决策、过程控制、人员操控、安全设施、应急响应等多个方面构筑安全防护体系。过程安全管理(Process Safety Management，简称 PSM)是利用管理的原则和系统的方法，来辨识和控制化工过程的危害，确保设备和人员的安全。它主要包含两个层面：管理层面和技术层面。根据美国化学工程师协会化工过程安全中心的最新研究成果，过程安全管理体系主要由过程安全承诺、危险和风险的理解、风险管理和从经验中学习四个要素组成，每个要素又由若干个子要素组成。风险管理在过程安全管理体系中占有最大比重，而资产完整性和可靠性（即机械完整性和可靠性）是风险管理中极其重要的一环。它贯穿于设备的整个生命周期，包括从设备的设计、制造、安装、使用、保养直至报废，是从设备方面来保障过程安全。在对100起较大的化学品和油品事故原因调查中发现，46%是由机械完整性损失造成的。而在机械完整性损失造成的事故中，管道原因占65%，压力容器原因占22%，转动设备原因占13%。

4）MI管理的目的

资产设备的机械完整性管理的目的就是防止由于设备故障而导致危险化学品意外泄漏或发生事故，这是工艺过程安全要素之一。这个要素涉及设备的正确设计、安装、维护等方面的系统管理，机械完整性的提高，可以保证设备的利用率，机械可靠性的提高，有利于减少工艺过程安全事故。机械完整性的良好执行，可以使设备被正确地设计、制造、购买、安装、操作和维修；明确哪些设备应在机械完整性管理范围内；根据设备运行情况，优化人员、资金，以及储存空间等资源的分配；当设备运行出现缺陷时，帮助员工识别并控制缺陷，防止事故发生；确保执行设备检测、维护、安装、拆除和再安装的相关人员接受良好培训，并能使用这些作业活动的操作规程。

5）MI管理的要素

机械完整性管理体系至少应包括关键设备识别，检查、测试和预防性维护，机械完整性培训，机械完整性作业规程，质量保证和缺陷管理六大要素。

（1）关键设备识别。一份成功的关键设备识别清单不仅能够帮助企业有效控制设备失效带来的风险，还能够将管理活动工作负担控制在合理范围内。关键设备的选择是机械完整性要素运行的基础工作，可以和风险管理中的工艺安全风险信息收集同步进行。关键设备选择通常考虑四个方面：一是工艺危险分析（PHA）明确要求列入的设备；二是含有有害物质（易燃物、易爆物、有毒物质和腐蚀性介质）的加压设备；三是保护和减灾系统—火灾探测和灭火，可燃、有毒物质泄漏探测器，照明及通风等；四是安全及关键仪器、仪表和所设计的安全仪表系统（SIS）中的部分仪器、仪表。至少应该包括：压力容器和储罐、管道系统（包括管道附件和阀门）、泄放和排放装置（火炬、安全阀、水封、呼吸阀等）、紧急切断系统（紧急切断阀、SIS等）、控制系统（包括监测装置和传感器、报警和联锁）、转动设备（包括泵、压缩机、鼓风机）、消防设备和通风系统、接地系统等。

（2）检查、测试和预防性维护（ITPM）。ITPM是整个机械完整性管理的核心部分，是实施机械完整性管理的执行者。美国化学工程师协会化工过程安全中心在《基于风险的工艺安全指南》中建议，检查、测试和预防性维护应包含作业规划、作业的执行与监控两部分内容。

（3）机械完整性培训。为使参与机械完整性管理的所有人员都能理解各自的职责和工作目标，需要对技术人员、检修人员、承包商及工程专家等进行培训，并根据各自职责设计培训内容，如：以通俗易懂的形式概述机械完整性管理，对进行检查和测试工作的员工进行技能培训，对评估结果的员工进行技术培训、材料可靠性鉴别培训、安全仪表系统培训和管理培训等。

（4）机械完整性作业规程。作业规程将机械完整性管理体系制度化，明确目标任务并能够系统地执行。机械完整性管理体系应该包括规程开发、指南发布及修改说明，还应涵盖批准与工厂规程偏离的说明。书面作业规程至少应包括机械完整性的项目规程、管理规程、质量保证规程、维修规程，以及检查、测试和预防性维护规程等内容。

（5）质量保证。在设备的整个生命周期中，都要对机械设备和材料进行完整性质量检测和维护，这些维护措施用以保证设备、材料及工艺都处于正常运行中；通常，在关键设备、机械设备和材料的整个生命周期中，投用之前称为"质量保证阶段"，投用之后称为"机械完整性阶段"。

（6）缺陷管理。为有效管理缺陷设备，机械完整性管理建议执行以下系统流程：定义正常设备的性能或条件的可接受标准，定期评估设备状况，识别缺陷的状态，制定和实施应对缺陷状态的对策，将设备缺陷告知所有受影响的人，正确解决缺陷状态，以完善检查和测试方案，进而跟踪核查应对方案的效果。

6）MI 管理的特点与优点

机械完整性是指设备的机能状态，即设备正常运行情况下应有的状态，也就是采取技术改进措施和规范设备管理相结合的方式来保证整个装置中关键设备运行状态的完好性。其特点为：一是设备机械完整性具有整体性，即一套装置或系统的所有设备的完整性；单个设备的完整性要求与设备的重要程度有关。二是设备机械完整性贯穿设备设计、制造、安装、使用、维护，直至报废全过程。三是设备机械完整性管理是采取技术改进和加强管理相结合的方式来保证整个装置中设备运行状态的良好性，其核心是在保证安全的前提下，以整合的观点处理设备的作业，并保证每一作业的落实与品质保证。四是设备机械的完整性状态是动态的，设备机械完整性需要持续改进。

机械完整性核心的特征是以数据为基础，加以评估和分析，进行决策实施。数据涉及设备固有数据、运行数据等，收集整理难度很大；评估过程涉及基于风险的检验技术（RBI）、以可靠性为中心的维修技术（RCM）、安全完整性水平分析技术（SIL）等系列工具的使用，一般企业不掌握。此外，企业购置设备后，专业的维修可以委托给设备厂家或专门的第三方进行，企业技术人员只需掌握操作方法和一些简单的保养手段就可以保持工厂的正常运作；较大工程量的维修也可以通过远程诊断、返厂维修等手段进行。因此，企业的设备技术人员缺少做好机械完整性管理的内在动力。

7）设备完整性管理之要点

设备完整性管理是站场工作的重点，设备的完好运行是安全生产得以平安、顺利进行的基础保障。俗话说"精准的天平才能称量出公平，性能优良的汽车才能日行千里。"因此，在日常工作中，通过设备完整性管理等有效的管理办法和一系列控制手段加强基础设备管理，最终的目的都是为生产提供先进可靠的设备保障。

首先，基于风险的检验和基于可靠性的维护是设备完整性管理的目的。任何设备都是有寿命的，设备可靠性都是随着服役年限的增加而削减的。而常见设备的故障和损坏都是从其易坏部件或者不可替换部件开始的，那么对于特殊部件的专有维护方法便成为延长设备整体寿命、提高设备整体可靠性的关键。

其次，设备基础数据和实时数据的采集、整理、建库、利用，是设备完整性管理的科学决策基础。设备管理优先于站场生产，在站场投产前甚至建设初期就已经对设备的管理、维护和存放有了严格的要求。站场中常常涉及的设备数据主要包含在设备技术档案、设备维护记录、基础设备台账、设备完整性月报、设备鉴定证书、设备合格证、设备说明书等资料中。详尽的设备数据库将为日后生产中设备故障的判断和维修、设备的更新换代提供重要依据。

最后，动静设备分级管理是设备完整性管理的进一步提升。在设备完整性管理规定中，要求工艺设备进行分类管理和按照设备的边界和分级管理。将同类设备，相同属性的设备划归为一种管理方法，这样大大提高了设备管理的效率，为基础管理提供了便利。但是，在日常维护和运行中，特定的生产流程下，动态设备和静态设备的维护方法和常见故障却大不相同。这就需要对动态设备和静态设备进行分类管理。对于动态设备，设备可靠性随服役年限和维修次数的增加而降低，而动态部件的维修次数和服役年限和静态设备的大不相同，运行的环境和条件也不尽相同，对于同类动态设备或设备的动态部件分类管理、定期维护和更换是很有必要的，同时也将大大提高设备的完好率。对于静态设备，通过量化、具体每个设备的风险，将具有相似的失效频率和失效后果的设备分类管理、分类维护和检测，并制订相应的检修计划和维护计划，这样就减少了设备停用时间，同时也减少了延误生产的时间。通过动态设备和静态设备分类管理，会进一步提高设备管理的全面性。

综上，资产完整性管理技术是国际上通行的资产管理手段，也是一些国家法规明确要求管道经营者必须遵循的安全管理模式。对于管道行业来说，管道完整性管理是其资产管理的重要组成部分。做好管道资产完整性管理非常有必要和重要，但不是管道本质安全管理的唯一核心和重点，甚至只是管道安全保障技术体系的一部分，除此之外，还有很多完整性管理目前所未涉及的内容，比如包括：人员完整性（People Integrity）、操作完整性（Operational Integrity）、程序完整性（Procedure Integrity）、流程完整性（Process Integrity）、结构完整性（Structural Integrity）、数据完整性（Data Integrity）、生态完整性（Ecological Integrity）、关系完整性（Relationship Integrity）、系统完整性（System Integrity），等等。今后可借鉴欧美油气管道完整性管理的技术体系、先进理念和有效做法，按照国家安全风险分级管控与隐患排查治理双重预防机制建设总体要求，总结和接续推进国家油气输送管道隐患整治攻坚战和油气管道隐患排查治理等国家层面的安全专项工作，建立起适合中国国情的油气管道完整性管理规范体系和政府监管体系，构筑起油气输送安全保障的铜墙铁壁，真正做到"让管道受控、让管道放心、让管网赋能"，高质量打造平安管道、和谐管道、绿色管道、发展管道、友好管道。

三、功能安全和工艺安全管理方法

（一）功能安全

功能安全（Functional Safety）是将工程和管理融合在一起，专注于在使用或生产化学和石油产品有关的过程中，预防灾难性意外事故的发生，特别是爆炸、火灾及有毒物质的释放。在石化生产过程中，安全还可以分为职业安全和过程安全。职业安全关注的是人员从事工作或受雇佣时，保护其人员安全、健康、福利保障方面不受侵害。

IEC 61511关于"功能安全"的定义为：作为涉及工艺过程和基础过程控制系统整体安全的一部分，依赖于安全仪表系统和其他保护层正确地实施其功能。所以，功能安全也是整体安全的一部分。在一般的石化站场中，紧急停车系统、火气系统都属于功能安全的应用。

国内通常认为"功能安全"是指与受控设备（EUC）和EUC控制系统有关的整体安全的组成部分。实际上，功能安全具有双重的目的：确保系统的运行，同时确保系统安全地运行。因此，功能安全可视为一种方法，用于开发一个具有可靠性、可用性、可维护性和安全等特性的系统。

功能安全依赖于过程工业中应用的安全仪表系统（SIS）。安全仪表系统是用于执行一个或多个安全功能的仪表系统。由传感器、逻辑控制器及最终元件的任意组合构成。安全仪表系统（SIS）将不可接受风险通过检测工艺生产过程中出现安全隐患时，运行控制器内部安全逻辑，控制被控设备执行安全措施，最终达到可接受风险的程度。安全仪表系统分为几种类型：仪表保护系统、安全联锁、安全相关系统、紧急停车系统、燃烧器管理系统、火气系统、高完整性保护系统等，这些系统保护的对象不同、保护的形式不同，但是结构是一样的，都是由传感器、逻辑控制器及最终元件组成。安全仪表系统依托自动化技术发展而来，但是安全等级要高于过程控制系统，用安全完整性等级（SIL）来表示。IEC 61508 规定了 4个安全完整性等级（SIL 为 1~4）。在工程设计阶段，就需要确定安全要求，分析过程危险，哪些设备具有安全相关功能，指定到哪些系统执行安全功能，确定安全完整性等级。安全仪表系统原则上与过程控制系统是分开的，是两套相互独立的系统。安全仪表系统在工业现场不会干预正常的生产过程，不会联锁过程控制系统中的传感器与执行器，当生产过程出现安全隐患时，安全仪表系统迅速执行关断、停车等命令，保障人员生命安全和设备不受破坏。

降低风险有多层机制，这些保护机制形成保护层，保护工业现场防止事故发生。这些保护层形成环来保护工业现场，被称为陶氏洋葱模型，如图 1-9 所示。

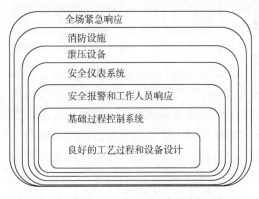

图 1-9　功能安全保护层

良好的设计和工业基础过程控制系统能够减小风险的概率，关键报警人员响应、安全仪表系统能够防止出现危险，泄压设备、消防设施和全场紧急响应能够减小事故的严重性。

（二）工艺安全

工艺安全管理（Process Safety Management，简称 PSM）是为了预防和减缓工艺物料（或能量）的意外泄漏。工艺物料（或能量）的意外泄漏，虽然发生在工艺物料引入生产装置后，但是原因可能涉及工艺路线选择、工艺设计、选型、采购、安装、验收、调试、生产、应急、维修、变更等阶段，几乎涉及公司内的所有部门，例如：高层管理、工程、采购、生产、维修、培训、技术、安全等。可以说，工艺安全管理涉及面宽、点多、线长，且工艺安全的隐患隐藏深，任何一个环节出现问题，都可能造成工艺安全事故。目前，没有一个安全管理制度能够预防工艺安全事故，所以需要一个制度体系才能达到目的。PSM 包含技术、设备和人员三个维度，以及这三个维度中的以下 12 个要素："工艺安全信息；工艺危害分析；操作规程；作业许可；变更管理；开车前安全检查；机械完整性；事故/事件管理；承包商管理；应急响应；培训；符合性审计"。这 12 个要素是相互联系的一个整体。通过 PSM 的实施，企业可以对工艺设施与管理潜在的工艺危害和风险采取有效的管理和技术措施，提高企业工艺安全管理水平。

《石油天然气加工工艺危害管理》（SY/T 6230），以及与《石油化工企业安全管理体系实施导则》（AQ/T 3012）相衔接的关于工艺安全管理的国家推荐标准《化工企业工艺安全管理实施导则》（AQ/T 3034），都有助于企业强化工艺安全管理，提升安全业绩。

据悉，国家标准《油气管道安全仪表系统的功能安全 运行维护规范》（计划号 20203875-T-604）和《保护层分析（LOPA）、安全完整性等级（SIL）定级和验证质量控制导则》（计划号 20212992-T-604）已经立项且正在起草编制阶段。编制《油气管道安全仪表系统的功能安全运行维护规范》，目的在于指导和规范油气管道领域安全仪表系统(SIS)的功能安全运行维护活动，促进 SIS 在油气管道领域内应用和管理的规范化，确保油气管道系统安全、可靠运行。《保护层分析(LOPA)、安全完整性等级(SIL)定级和验证质量控制导则》的制定，为各行业开展 LOPA 分析、SIL 定级和验证工作提供了质量控制和审查依据。多年来，全国工业过程测量控制和自动化标准化技术委员会系统及功能安全分技术委员会(SAC/TC124/SC10)一直致力于在我国建立包括通用技术规范、技术方法标准、应用技术规范、应用导则等，涵盖国家标准、行业标准、企业标准的功能安全技术标准体系。上述两项国家标准的编制是对标准体系的进一步完善，以期推动功能安全技术在各行业的进一步落地，提高各行业安全控制水平，保障人民生命财产安全。

在实际工作中，我们要遵循国家标准、行业标准和企业标准，尽可能参考借鉴专业的书刊、专业性文献，更要根据工作现场的实际需要，采用"场景识险""表格点检""究因访谈"等方法，深入、全面了解现场设施、现场员工关于实际工艺安全和功能安全的管理规定和技术要求，识别风险，消除隐患，落实安全措施，完善应急预案，做深、做实功能安全和工艺安全管理，实质也是助力创建本质安全型管道企业。

四、结构损伤检测与健康诊断方法

结构损伤检测与健康诊断技术最早主要集中在航天领域，是一项多学科交叉融合技术，并形成一套功能强大、性能良好、工程适用性强的技术体系，目前，已经应用于桥梁、高层建筑、海上石油平台等多种大型结构，具有良好的应用前景。

管道结构损伤通常采用无损检测技术(Nondestructive Testing，简称 NDT)，如漏磁检测(Magnetic Flux Leakage，简称 MFL)、磁记忆检测(Magnetic Memory Test，简称 MMT)、涡流检测(Eddy Current Testing，简称 ECT)、射线检测(Radiographic Testing，简称 RT)、电磁学检测(Electromagnetic Detection，简称 ED)、超声波检测(Ultrasonic Test，简称 UT)、超声导波检测(Ultrasonic Guided Wave Testing，简称 UGWT)、交流电磁场检测(Alternating Current Field Measurement，简称 ACFM)、应力波检测(Stress Wave Nondestructive Testing，简称 SWNT)和弹性波检测(Elasticity Wave Testing，简称 EWT)等，这些技术手段虽然对检测管道结构缺陷或损伤有很好的效果，但它们都有其适用范围和领域。一些油气管道结构的重要部位一旦出现结构损伤，在未及时发现的情况下，就会很快导致管道结构损伤呈现迅速的延展，加剧损伤程度。对于这种破坏性结构损伤，分别独立地采用上述检测手段就显得不够有力、有效，应当根据实际需求和现实条件，借助选用两个以上较好或更恰当的检测设备和检测手段，制定并优化和执行适当的检测规划和实施步骤，并将两种以上的检测设备得到的两组以上的检测结果进行合理地归集和计算比对，从而得出更准确的计算结果，以便作出更科学的决策。

结构健康监测与损伤检测研究主要致力于最新技术的发现，并将其应用到大型、复杂的工程领域，以避免工程结构在复杂环境荷载作用下无先兆地破坏，达到防灾减灾的目的。其主要特点是集现代的计算机、无线传感网络、传感技术、信号处理、实时数据传输与管理、软件开发、结构分析与结构检测技术、智能控制器等于一体，多学科交叉。结构健康监测与损伤检测是结构损伤检测实时进行的整个过程，其本质都是利用结构的某些信息，运用数学方法，判定结构是否损伤及损伤的位置和程度。

具有较好发展前景的方法之一就是结合参数识别、结构动力学、振动测试技术、信号采集与分析等跨学科技术的试验模态分析法。结构整体检测方法大致可分为模型修正法和指纹分析法两大类。其中，模型修正法主要用于将试验结构的振动响应记录与模型计算结果进行综合比较，利用直接加速度时程记录或间接测知的模态参数、频率响应函数等指标，通过各种模型修正方法，修正模型中的刚度分布，从而得到结构刚度变化的信息，实现结构的损伤判别与定位。指纹分析法则是寻找与结构动力特性相关的动力指纹，通过这种指纹的变化判断结构的真实状况。通常用到的动力指纹有频率、振型、振型曲率/应变模态、功率谱、MAC(模态保证标准)、COMAC(坐标模态保证标准)指标等。虽然上述两种方法检测结构损伤的过程不同，但它们都需要进行系统的模态参数识别。因此，模态参数识别是结构损伤检测的基础。

管道结构属于承载结构，其结构破损一般表现为结构局部刚度的损失，从而导致结构模态频率和振型的变化，基于模态参数诊断结构破损是一种可行的管用方法。结构破损诊断技术一般分为两大类：一类是从有限元模型修正技术发展而来的，其本质是基于试验模态数据建立起分析模型与试验模型之间的关系，从而诊断出结构的损伤；另一类为结构损伤因子法，它是通过建立对结构损伤敏感的指示因子诊断结构的损伤。管道结构通常以单元模态应变能为基础，采用基于单元模态应变能变化率的结构破损定位方法，该方法抗噪声能力较强，采用多阶模态叠加能较好地诊断管道结构的损伤。综上所述，结构损伤检测与健康诊断方法有助于提升油气管道系统的安全保障水平。

五、断裂失效评定方法

油气管道三种主要缺陷形式为焊接缺陷、腐蚀缺陷和机械损伤，占比分别为15%、70%和15%，均是油气泄漏和断裂失效的主要原因。

断裂失效评定(Fracture Failure Assessment)，是油气管网全生命周期缺陷评估过程中的重要手段，包括以下几种方法：

(1) 数值计算法(亦称有限单元法)，是对含缺陷油气管道进行弹塑性断裂分析，可在现有的弹塑性分析程序(如 ADINA、ABAQUS、ANSYS 软件)基础上加以扩充，能得到较详细和精确的数据结果。但是，需要基于准确的事实数据、较长的时间和较高的费用，同时使用者须具备较深的理论知识，在工程应用中也仅限于缺陷评定中的"高级评定"阶段。

(2) 线弹性断裂力学评定方法，是以 API 1104《焊接管道及有关附件标准》附录 A《管道焊缝验收的另一标准》为代表。它是根据线弹性断裂力学的分析方法，以材料性质和应力分析为基础的安全评定方法。该标准对应于不同的最大轴向应变和直径与壁厚比，分别以曲线形式给出了允许裂纹极限深度和长度。由于该方法建立在线弹性断裂力学的基础上，而常用油气管道，大都是由韧性较好的材料制成的，因此该方法评定所得结果显得过于保守。

(3) 弹塑性断裂力学工程评定方法，是通过管道在载荷作用下产生断裂的推动力与管道材料对撕裂的阻力进行比较，从而得出裂纹起裂和塑性失稳失效的判断。由于不同学者对弹塑性条件下，结构载荷、位移的关系方面有不同的见解，因此提出了不同的计算模型，从而得到不同的评定方法。

(4) 双判据评定准则，是将断裂参量 K_r 与塑性失效参量 L_r 之比值 $SC(SC=K_r/L_r)$ 作为失效模式的筛选参量，并认为：当 $SC<0.2$ 时，管道失效模式为塑性失效；$SC \geq 1.8$ 时，失效模式为脆断；当 $0.2 \leq SC<1.8$ 时，管道以弹塑性撕裂的形式破坏。然后，根据确定的失效模式用不同的方法进行脆断、塑性失效和弹塑性撕裂失效评定。另一特点是，在

大量理论分析、数值计算和试验研究的基础上，将复杂的计算简化成计算公式和表格，在塑性失效模式的评定中，只要根据缺陷的相对长度$[l/(\pi D)]$和外加载荷产生的应力与管材许用应力比值$(\sigma/[\sigma])$，就可查表得到允许缺陷相对深度，在弹塑性撕裂评定中，提出了载荷乘子Z，大大简化了复杂的弹塑性断裂计算，只要将外加载荷应力乘以Z，然后采用塑性失效评定方法查表，同样可得到弹塑性断裂时的允许缺陷相对深度。以美国ASME规范第 XI 篇 IWB-36405 及附录 C《奥氏体钢管道缺陷评定规程及验收准则》和IWB-3650 及附录 H《铁素体钢管道缺陷评定规程及验收准则》最具代表性，该规范已在工程方面得到广泛应用。

（5）简化的工程评定方法，是从简单的材料力学和塑性力学出发，在大量试验基础上提出了更简单的工程计算公式，以进行缺陷管子承载能力计算，包括塑性极限载荷法和局部最大应力法。

（6）失效评价图（Failure Evaluation Diagram），是基于失效评定图的 R6 评定，能进行含缺陷管道的脆性断裂、弹塑性断裂和塑性失稳分析，工程使用简便，因此该方法已形成标准。含缺陷油气管道断裂失效评定技术可考虑时间因素，充分借鉴以时间相关失效评定图为核心的高温结构缺陷"三级"评定技术，不需要预先确定结构的失效模式，可避免高温结构发生蠕变裂纹扩展断裂失效、含裂纹截面上垮塌失效，以及介于二者之间的失效模式，能够解决服役历史对结构失效破坏的影响，具有极大的优越性，是一种适合于油气管道工程实际的安全评定方法。

第六节　一体化综合管理体系方法

体系，这个概念非常大，应用非常灵活。体系的英文名是"system"，直译为"系统"；"体系"，可以理解为"成为一个整体的系统"。大体系里面包括小体系，总体系里面包括分体系。整个公司体系是包括各种资源、组织和业务体系，例如规划体系、预算体系、项目体系、营销体系、质量管理体系、HSE 管理体系、安保体系、内控体系、制度体系、合规体系、能源体系、应急体系、测量体系、科技体系、信息体系、标准体系、信用体系等。所以，使用体系这个词时，要尽量增加上它的修饰词语，以求准确明了。

本节主要针对企业的生产经营、工程建设和企业管理等业务，对体系建设、审核等方面进行方法性介绍，力求管道企业在体系建设路上少走弯路，保障制度运行效率和效能，促进制度建设和执行力"互促进、双提升"，共创企业一体化综合管理体系推进的管理示范。通过借鉴国外大型石油公司"质量、HSE、环境等管理体系"整合的成功实践，结合国内石油石化企业建立综合管理体系的典型案例，并针对当前各管理体系运行中存在的问题，探索性地提出搭建一体化综合管理体系的原则、方法和思路，以及数字化、智能化转型发展的建议，聚力助推我国油气管道企业管理体系高质量发展。

一、一体化综合管理体系概况

（一）一体化综合管理体系的内涵

1. 管理体系

"管理体系（Management System，简称 MS）"是为了实现特定管理目的，由一组相互联系和相互作用的过程组成的系统，从字面意思上可以理解为"管理+体系"，其中"管理"是"管事理人"，"管理"的精髓是"理"不是"管"，是理会理解、梳理整理、合理治理，不是简单粗暴的、官僚教条的管制控制；体系就是系统、整体、组合、集成、汇聚，体系有大有小，有宏观、中观和微观，有总体与分支，有一般与具体，有简单与复杂，有综合与专项，有传统与现代，有线性与非线性，有结构与非结构，有同类与差分，有同质与异构，有分级与分类，等等。按照"※+体系"思维，当管理与质量有关时，则为质量管理体系（Quality Management System，简称 QMS），是参照 ISO 9000 或 GB/T 19001 等方面的质量管理标准，配置相关的管理资源，改进相关的管理流程；当管理与 HSE 有关时，则为 HSE 管理体系（Health、Safety and Environment Management System，简称 HSEMS），《石油天然气工业健康、安全与环境管理体系》（SY/T 6276）；当管理与环境有关时，则为环境管理体系（Environmental Management System，简称 EMS），ISO 14001 或 GB/T 24001；当管理与职业健康有关时，则为职业健康安全管理体系（Occupational Health and Safety Management Systems，简称 OHSMS），ISO 45001/OHSAS 18001；当管理与内部控制有关时，则为内部控制体系；当管理与合规有关时，则为合规体系；等等。

2. 一体化管理体系

"一体化管理体系（Integrated Management System，简称 IMS）"（亦称"综合管理体系""整合型管理体系"等），就是指两个或三个管理体系并存，将公共要素整合在一起，在统一的管理构架下运行的模式。通常具体是指组织将 ISO 9000、ISO 14000、OHSA S18000 三位合一。站在企业整体的角度，这种"两标"或"三标"的一体化管理，也仅仅是企业管理中部分专业管理体系的一体化，所以在管理的实践中依旧显现出不足。这种整合解决的仍然只是专业管理体系标准之间的矛盾和重复，仍未从根本上实现管理系统优化、建立最佳秩序、解决企业整体绩效的问题。目前，最新推出的是集约型一体化管理体系，虽然都有"一体化管理"叫法，但其内涵和外延与"两标"或"三标"的一体化管理有原则上的区别，它能够融合企业或组织所适用的所有国家标准，但整合的方式和方法有相似之处。因此，在学习了解"两标"或"三标"的一体化管理体系时，应当了解集约型一体化管理体系，这是管理体系的发展趋势。

笔者总结多年来体系建设和运行经验认为，综合管理体系是指主要参考和依据集团公司基础建设工程要求、规章制度要求、质量管理体系要求、HSE 管理体系要求、内部控制体系要求、法律风险防控体系要求等，在集团公司质量管理体系和 HSE 管理体系框架下，从中吸收有价值、有意义的内容与公司实际进行有机融合，结合业务管理特点的延伸，不单指 QHSE 管理内容，还包含业务管理其他方面的内容，特别强调管理程序和工作标准。实施管理体系的一体化，就是以建立完善应用、持续改善提高"集约型一体化管理体系"为目标而进行的系列活动，包括一体化对标、一体化建设、一体化运行、一体化审核、一体化考评、一体化提升。

"集约型一体化管理体系（Intensive Integrated Management System，简称 IIMS）"是从实现企业整体目标出发，运用系统论、协同论、控制论、信息论的基本观点，借鉴建立运行质量管理体系的基本方法，探讨建立一个能够满足企业适用的法律法规和各项专业标准要求，并覆盖企业整体、实现企业管理系统整体优化的方法和途径，以期使企业的经济责任目标、社会责任目标和政治责任目标共促互进，使一个企业包括党建工作在内的各个子系统，连同质量、环境、职业健康安全、测量等专业管理体系有机地融合为一个整体，从而在企业内部形成一套制度文本，以支持全方位管理、使用共有要素并能够有效运行的单一集约化的管理体系。

3. 一体化审核

"一体化审核(Integrated Audit，简称IA)"是指：认证机构、内外部上级主管部门等在同一时间，用同一审核组，按同一审核计划，对同一组织已整合运行的两个或两个以上管理体系进行审核。一体化审核适用于多种情况，有许多种组合的方式，比如：ISO 9001 与 HACCP 的整合、ISO 9001 与 ISO 14001/OHSMS 18001 整合、TL 9000 与 ISO 14001 的整合等。图 1-10 为管道企业体系审核工法。

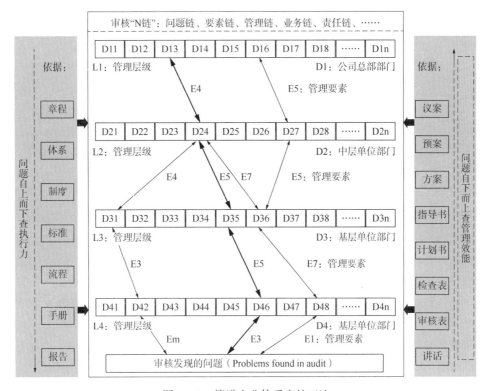

图 1-10　管道企业体系审核工法

(二) 一体化综合管理体系的特征解析

"一体化管理体系(IMS)"是以企业为整体，将组织所有资源和活动按照过程方法重新整合成一体的一种管理体系模式，既有"管理体系的内核"，又有"内部控制的精髓"，既有管理方法，又有专业技术，"系统性、整体性、相关性、有序性、符合性、唯一性、规范性、全面有效性、预防性、稳定性、动态性"是其显著特征。体系的建立和完善是基础，执行力是管理体系的运行动力，技术方法是硬核保障。

通过借鉴国际标准组织关于风险管理的管理模式和国际安全管理标杆企业的风险管理最佳实践，吸纳企业内部控制规范体系所提倡的"从制约观念到发展理念、从结果控制到过程控制、从执行层面到决策层面、从会计控制到综合控制、从微观细节控制到目标导向控制、从借鉴国际到自主创新、从人为分割到一体化推进、从遵循指引到内化融合、从宽松披露到双重评价(审计)"九大创新理念，笔者尝试提出了一体化的体系管理九步法：①准备→②策划→③沟通→④实施→⑤控制→⑥审查→⑦绩效→⑧评价→⑨改进。图 1-11 表示：基于全生命周期循环、PDCA 管理循环和业务流程循环三套循环模式，建立管理体系运行和评估审核改进机制，通过采用不断满足生产经营需求和科学实用的管理模式、管理工具、管理方法、管理手段、管理对策，创造性地提出"P""D""C""A"四个环节各自独立内含的"持续改进"管理新模式，使经营管理与体系管理深度融合。

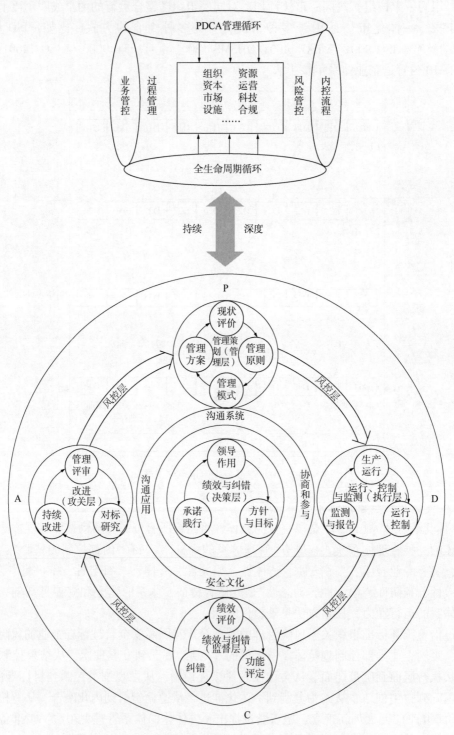

图 1-11　管理体系与新型 PDCA 管理模式融合示意图

1. 一体化管理体系的发展目标

一体化管理体系的发展目标：一是体系建设和运行的质量均可评估、可衡量。二是体系短板缺陷识别的及时性和自适应性，并持续优化改进。三是体系管理的过程控制且 PDCA 循环。四是切实做到业务风险与内控流程一体化管控。五是建立长效机制，发挥战略、规划、绩效的指挥棒功能，体系管理质量、效率、动力持续变革和提升。六是深化体系认证、内外审核、内控测试和评价、审计监察等大监督格局建设。七是强化"制度标准化、标准流程化、流程信息化"的管理思路，采用大数据、人工智能、互联网+等新技术完善体系建设运行管控云平台，深化数据治理利用能力建设。八是要持续深入开展管理体系宏观、中观和微观的对标世界一流管理提升工作。简言之，"体系融合、固本强基、责任重大、全员参与、齐心协力、稳步推进"。

2. 一体化管理体系的管理策略匹配

一体化管理体系的管理策略匹配逻辑见表1-3。

表1-3　管理体系的管理策略匹配逻辑

序　号	管理策略	序　号	管理策略
1	战略眼光：追根溯源，固本强基	8	隐患治理：功能保障，关键环节
2	系统思维：系统关联，综合统筹	9	对标管理：对象指标，改进提升
3	合规管理：识别完整，注重应用	10	教育培训：能力素质，风险思维
4	生命周期：阶段划分，状态可靠	11	循证决策：数据衡量，可靠保障
5	质量保障：质量检测，防微杜渐	12	预警预测：智能识别，提前感知
6	过程管理：严谨细致，全面管控	13	数据治理：形式多样，追溯验证
7	文件管理：编制规范，适用受控	14	绩效管理：指标量化，共性差异

3. 一体化管理体系提出的"三大关注点"

（1）质量保障（Quality assurance）。所有系统、活动、任务、物料等都要建立属于自身需要的技术标准、管理标准和工作标准，特别是国内外大型石油公司非常注重技术标准，集团层级或者国内合资合作的项目体系管理手册中的硬核，是国际国内先进的技术标准及量化数据的表达。笔者认为，缺少硬核技术措施的管理体系，是"外强中干""骨软筋酥"；同时，工作标准也很关键，常言道："干事得有章法"，因为工作标准是理想信念、思想觉悟、道德品质、素质能力的直接体现和集中彰显，是衡量一切工作成效的标杆和砝码，是衡量一切工作质量的前提。

（2）流程管理（Process management）。笔者认为，流程管理是指通过流程分析、流程定义与重定义、资源分配、流程质量与效率测评、流程优化等系统化手段，以实现卓越的业务绩效为核心的过程方法。包括业务流程管理制度与标准、业务流程制定、业务流程运行与监督全过程管理。"按制度办事、按流程做事、按标准行事"已经深入人心，加快以职能为中心的"职能导向型"向以流程为中心的"流程导向型"的转变，理顺流程的分级、分类、分层，突出抓好企业流程、部门流程、业务流程、核心流程、关键流程、职能流程、管理流程、工作流程、生产流程、操作流程、审批流程、宏观流程、微观流程，必须让流程说话，企业管理者思考问题时，要用流程思考，加快构建一种：以规范化的构造端到端的卓越业务流程为中心，以持续的提高组织业务绩效为目标，可以使"企业负责人有令必行、中层干部事事捋顺、基层员工正确做事"，全员懂得企业的所有工作分别"由谁做"、"怎么做"及"如何做好”的标准体系。

（3）对标提升（Benchmarking lifting）。所有管理产品、服务和活动都要有对应的技术标准、管理标准和工作标准，要锚定世界一流的奋斗目标，围绕管理重点领域和关键环节，统筹发挥管理变革和创新合力，打造推广一批标杆企业、标杆项目和标杆范式，推动对标提升走深走实，持续加强治理体系和治理能力接续建设。企业首先要做到：对内补短板、强弱项，特别是加快提升质量、效益、品牌等软实力要素指标，推动企业转变发展方式、提高经营效率、优化产品服务，切实解决"大而不强"的问题；其次要做到：有的放矢地进行"全面与局部对标相结合""内部与外部对标相结合""指标与管理并重""动态比较与持续改进"等模式，保证对标的目标明确、指标精准、方式科学、结果真实、短板客观、改进有方、提升有力。

4. 一体化管理体系规划建设的"四个方面"

一个完整的油气管网安全保障体系应该是人员组织、策略制度流程管理和安全技术实施的结合，三者缺一不可。油气管网安全体系建设需要从这三个层面提供为保证其管网安全所需要的安全对策、机制和措施，强调在一个安全体系中进行多层保护。管网安全保障体系首先要解决"人"的组织建设问题，建立完善的管网安全管理组织结构；其次是解决"人"和"技术"之间的关系，建立层次化的管网安全策略，包括纲领性策略、安全制度、安全指南和操作流程；最后是解决"人"与"安全保障能力"的问题，在日常运作管理等方面，通过各种安全机制、安全措施、安全技术、应急预案预演等来提高管网的安全保障能力。

油气管网安全保障体系可概括为从以下四个方面进行规划建设：一是安全组织（人员）方面：主要包括组织的建立、人员的配备、管理制度建设、日常运作流程管理，以及人员的筛选、教育、培训等。二是安全策略制度流程管理方面：主要通过建立完整的管网安全策略体系，提高安全管理人员的安全意识和技术水平，完善各种安全策略制度流程和安全机制，利用多种安全技术措施和管网安全管理实现对管网的多层保护，防范管网安全事件的发生，减少管网受到破坏的可能性，提高对安全事件的反应处理能力，并在管网安全事件发生时尽量减少事件造成的损失。三是安全技术普及应用提高方面：安全技术体系的核心是构建一个主动防御、深层防御、立体防御的安全技术保障平台。通过综合采用世界领先的技术和产品，加强对风险的检测、监测、识别、评估、控制和管理，将保护对象分成管网基础设施、管网边界、内外部环境，以及支撑性基础设施等多个防御领域，在这些领域中，综合实现预警、保护、检测、响应、恢复等多个安全环节，从而为管道管网系统提供全方位、多层次的防护。四是安全运作实施管理方面：系统安全运作管理是整个系统安全体系的驱动和执行环节。建立有效的管网安全保障体系需要在系统安全策略的指导下，依托系统安全技术，强化安全组织管理作用，全面实施系统安全运作和保障。

二、国内外一体化综合管理体系建设简况

为提升国内管道企业管理体系运行质量，更加有效地推动体系在企业特别是基层真正落地，有必要按照国际标准化组织关于一体化思想的倡导意见，开展一体化、集约型、综合性的运营管理体系建设。目前，有关全面一体化管理体系建设的标准尚未建立，值得借鉴的有效做法还不多见。笔者近年来参加中国石油集团公司组织的基础管理体系建设试点工作，并作为试点单位参与者学习了国外公司有关工作成果和经验，尝试开展了管理体系融合的研究，经过3年多时间的努力，发布实施了天然气销售公司新版管理体系，基本实现了公司只

执行一套运营管理体系的目标。通过简要介绍一体化管理体系建设的原则、方法和工作思路，为企业管理体系深化推进建设提供了参考。

（一）国外石油企业管理体系有效实践

工业企业体系管理中普遍存在 ISO 9001（质量管理体系标准）、ISO 14001（环境管理体系标准）、OHSAS 18001（职业健康安全管理体系标准）三套标准并存的情况，降低了管理的系统性，增加了管理的复杂性，加大了体系控制与业务管理的难度。对此，国际大型石油公司普遍将 HSE 管理体系、综合性管理体系、最佳操作管理体系等管理系统整合成一体化的综合运营管理体系，比如：埃克森美孚公司（Exxon Mobil）的综合性管理体系（OIMS）；道达尔公司（Total）的质量健康安全环保管理体系（QHSE）；雪佛龙公司（Chevron Corporation）的最佳操作管理体系（OEMS）；墨西哥石油公司（Petroleos Mexicanos，PEMEX）的扁平化管理体系（FMMS）；英国石油公司（BP）的运营管理体系（OMS）。这些石油公司的体系建设虽然形式各样，管理目标和价值需求有别，但均不约而同地将公司内部的各个管理体系进行全面的整合和融合，由集团公司总部牵头、分专业、分层级统一搭建管理体系总体框架，并紧密结合企业中长期发展战略，整合现有的资源和能力，实现了体系低成本运行和业务高效率运作，促进了管理提升和业务增值。

（二）国内石油石化企业管理体系深化建设案例

1. 中国中化 HSE 领跑战略与 FORUS 体系建设

中国中化集团有限公司（以下简称中国中化）确立了打造科技驱动的世界一流综合性化工企业的目标，而公司要整体达到一流，HSE 就必须率先达到一流。中国中化所提出的领跑者体系［Fore Runner System，简称 FORUS，字面意指"为我们（FOR US）"］实际上就是健康（Health）、安全（Safety）和环境（Environment）三位一体的管理体系，由管理手册、管理准则、良好实践和评价系统四部分组成，以 HSE 风险管理为核心，实施全面的损失控制，对项目、设备、工艺和产品等业务活动的全生命周期作出系统安排，涵盖安全、环保、健康、能源、碳排放和安保等多个领域。按照 HSE 领跑战略（Fore Runner Strategy）和 FORUS 体系计划，通过 HSE 的三个"五年计划"，打造一流的流程标准、设备设施、产业队伍；实现 HSE 体系、理念、价值和管理的重构。力争到 2025 年，中国中化的 HSE 管理水平整体接近世界一流水平，到 2030 年，达到世界一流水平，到 2035 年，成为全球 HSE 领跑者。

2. 中国石油兰州石化公司制度体系建设

通过建立以制度为管理规范、以流程和标准为执行要求的管理规范平台，对体系文件进行查询和维护。由企业统一负责制度建设及流程管理，从组织上保证了制度流程的协同；制度修订须遵循评审机制，由企业统一组织各部门审议，主要领导集中签发，并相应地对流程、岗位职责等进行调整。

3. 原中国石油管道公司 QHSE 体系建设

QHSE 体系文件采用"一套文件、两级管控"的架构，清晰地界定了文件的管理职责和标准化级。企业统一管控，可有效实现企业范围内同一管理业务程序、标准的统一和规范化。基层维护操作文件，保留属地灵活性。同时，构建了一整套体系文件的更新维护机制，包括定期修订并及时更新、对上级要求的融合、集成的审核等，并借助信息化手段支持文档的管理。

4. 中国石油大港油田公司 QHSE-IC 体系建设

规章制度、质量、环境、职业健康等六大管理体系中，除尚未正式建立的能源管理体系之外，均已融入形成 QHSE-IC 体系；原有的规章制度也作为程序文件，按体系要素对应纳入体系，不存在体系外循环。QHSE-IC 管理体系文件实现对业务的全覆盖，纵向到底、横向到边，呈现清晰的文档架构，并按照"一级管一级"的原则，设定明确的职责主体。同时，开展体系整合的监督检查机制建设，确保体系文件更新和培训到位。

上述四家国内石油石化企业一体化管理体系建设案例均首先建立完整的体系文件架构，全面梳理出企业所覆盖的各项业务及管理活动，并搭建相应的信息平台进行过程管控；同时，建立管理文件的运营维护机制，定期开展监督检查，持续提升体系管理水平。通过融合诸多管理体系，形成一套体系文件，最终实施统一审核和管理评审。体系管理由体系归口管理部门牵头，从企业总体角度统筹协调，有效组织开展体系建设、体系审核和体系认证等工作，消除多头管理的弊病，实施一体化认证，存在以下优点：（1）实施一体化建设，可协调企业管理资源合理分配和工作有效安排，能消除不同体系因目的不同而造成出发点、导向、过程、目标的偏差。（2）实施一体化审核，因减少了多头不关联性审核，适当优化了审核时间，提高了审核工作的质量和深度。（3）实施一体化认证，由多项认证优化为一次认证，既满足单项认证需要，又可大大降低企业认证费用，满足国家对企业认证的要求。

（三）一体化管理体系构建的原则和思路

1. 工作原则

（1）生产经营全过程。开展体系管理模式与生产经营过程要求适应性分析，强化管理体系与生产经营过程的结合。

（2）体系要素全涵盖。开展相关管理体系要素对标，识别适应国家、地方法律法规和企业总部管理的要求，注重管理要求与管理要素的结合。

（3）业务管理全覆盖。组织企业管辖所有业务范围内的业务分解，对主营业务和综合支持业务进行全面梳理，拓展管理风险控制的覆盖面。

（4）责权利归位清晰。进一步明确和细化组织机构职能和各层级管理职责，并根据要素管理要求进行职责分配，构成体系运行的组织保障。

（5）体系编码全方位。系统整理和分析管理体系要素，使用编码方法实现管理体系管辖业务的统一管理，以满足信息化管理和全要素管控需要。

（6）过程管控可操作。梳理要素管理内容和管理节点，对体系要素的管理过程、要求和控制措施进行清晰描述，进一步提高管理手册的可操作性和工作指导作用。

2. 工作思路

根据一体化管理的目标和原则，针对企业管理的实际需求，运用组织管理、流程管理、信息管理和绩效管理的相关理论对一体化管理体系进行设计，建立一体化管理的组织结构、业务流程、体系架构、信息平台和管理机制。

（1）细化管理体系架构。通过建立体系的多级要素制的管理模式，全面梳理所管辖的业务，建立业务活动分解大表，根据业务分解大表，界定管理手册、程序文件和作业文件之间的关系，以及体系文件与规章制度的关系，明确体系文件的编制内容、工作流程和管理要求，开展体系文件架构的描述和绘制层次结构图。

（2）完善业务管理要素。按照业务类型和流程管理过程模式，开展现有体系要素与质量、HSE、制度、标准、内控等管理体系融合，以及质量管理体系、职业健康安全管理体系、环境管理体系等有关国家标准的对标，结合业务风险分析，建立业务管理要素大表。

（3）梳理业务管理流程。结合企业生产经营的流程和特点，对应管理业务要素识别结果，厘清业务流程的管理需求、相互关联和上下衔接关系，从工作程序、工作方法和工作标准三个方面对业务管理内容进行准确描述。并与公司业务流程进行对应，全面评估业务活动层面存在的风险，形成业务流程风险大表，与之配套完善支持性管理文件，确保关键节点控制有效。

（4）明晰业务管理职责。按照"党政同责、一岗双责、齐抓共管、失职追责"要求，厘清组织机构各层级、全员的岗位职责和 HSE 职责，结合行政组织机构图，配套编制体系管理组织机构图。在业务管理要素大表的基础上，配套编制管理职能分配表，形成管理职责矩阵，进一步明确各层级对应的管理职责。

（5）统一管理体系编码。有层次地确定企业生产经营过程中信息数据源的分类方法，充分结合企业在用信息系统的编码规则，对业务分解各项内容和企业各层级组织机构赋予唯一编码。

（6）规范体系管理机制。在现有体系标准的引导下，采用绩效管理模式，规范企业内部的管理标准、工作标准和技术标准，通过全业务信息建设、全过程监督与控制及全员激励，建立一套适用于一体化管理体系的长效管理机制，为企业的总方针、总目标的实现提供保证。

3. 管理手册编制要点

体系管理手册是管理体系的纲领性文件，也是管理体系建设和执行的说明书与管理指南，用于明确管理模式、管理依据、管理方法、管理目标、管理职责、管理内容、管理流程、管理结果。基于 ISO 9001 是 ISO 9000 族标准所包括的一组质量管理体系核心标准之一。笔者认为，质量管理体系 ISO 9000/GB/T 19001 更是企业门类众多、要求各异、纷繁复杂的管理体系之基础，特别是 2015 年版质量管理体系的质量管理原则，包含以下 7 个方面：（1）以顾客为关注焦点；（2）领导作用；（3）全员积极参与；（4）过程方法；（5）改进；（6）循证决策；（7）关系管理。为了保证体系文件编制质量、规范要求、内容宽严适度，表 1-4 说明"十二大原则"与体系文件编制过程的融合要点。

表 1-4　"十二大原则"与体系文件编制过程的融合要点

序　号	融合要点	序　号	融合要点
1	领导作用：分享、示范、引领、价值观	7	风险管理：风险识别、合规评价、岗位监控、应急处置
2	方针承诺：分享、示范、引领、价值观	8	措施研究：分析成因、防护隔离、保持间距、执行制度
3	关注焦点：组织环境问题及相关方需求与期望，是工作的出发点	9	测量评价：选准节点、生命周期、预警报警、通畅执行
4	参与协商：相关方识别、参与管理、协商优化	10	评审改进：体系效能、过程能力、对标先进、持续创新
5	系统规划：要素协同、节点控制、闭环管理、多维思维	11	循证决策：问题数量、运行参数、性能指标、阈限对比
6	管理职责：一岗双责、属地管理、直线责任、风险受控	12	关系管理：相关方需求识别、沟通与协商机制、相关方需求保障

一体化管理体系及管理手册的编制，有方法可依、技术可循，主要是采用"项目全生命周期管理""工程总体部署"的管理模式和方法手段，既要做好体系的顶层设计，又要靠实体

系的实施路径；既要有详细的工作方案，又要有具体的实施方案；既要有管理手册的内容架构，又要有编制管理手册的工作手册；既要有管理手册任务清单，又要有责任清单；既要有工作计划安排，又要有工作计划的风险预案；既要有组织团队合力参与，又要有专家资源组合。

体系及管理手册编制过程主要由"识别与梳理、策划与设计、分配与编制、审核与评审"四个步骤，以及"识别、梳理、提炼、整合、审核"五大阶段构成。图1-12为管道企业体系管理手册编制技术指南。

4. 体系制度文件建设和执行宜注意的事项

（1）一定是针对需要管的业务、工作，尤其是容易出现风险的，必须编制体系文件。

（2）做好业务能力的划分，切忌职责交叉，或者共同负责。

（3）牵头部门一定是业务、工作的主责部门，杜绝牵头不管业务，业务部门不牵头。

（4）不应只是一般岗位人员在起草，领导干部只审批，这样的体系制度文件质量不高。应是做事人员与管事人员共同起草、领导干部亲自参与、严格审查、共同探讨、严肃审批后方可发布实施。坚决杜绝"秒批""拟同意""同意""原则同意"等"共识悖论"。

（5）体系制度的关键文件、核心业务文件和"三重一大"文件要集体决策后才能启动编制，切不可先编写，后上会讨论。

（6）体系文件、制度文件必须是与上承接，与下顺延，上有要求，下要落地。

（7）确保业务关联、管理关联、工作关联、标准关联、流程关联、大表关联、记录关联等，不能成为"孤岛"。

（8）不是什么管理、工作、业务或者事项都要编制度、体系文件，顶层设计非常重要，要牢牢把握综合运营管理这个核心观点，企业各层级负责人要亲身体验实践、带头切实履行。

（9）不要纠缠文件的形式，应该从哲学上的"是什么、为什么、怎么办"三个追问的元问题出发，从背景和问题方面去做大量工作，也不要过分简单，一页文件就印发，要避免空泛缺乏价值；也不可以写厚厚一本作为一个文件，让人难以理解、不知所云、曲高和寡、望而生畏。制度需要有个度，宽严有度、繁简有度、取舍有度；应该写明：谁来干、怎么干、干到什么程度、干完的结果效果是什么、如何衡量评估，干不完、干不好会有什么后果等。

（10）体系文件也好，制度文件也罢，一定应当是按照设计规范编写相应的必要文件，不能随意编制；需要有模板和指导意见；体系、制度发布前，一定要有规范性的流程，不能单独以部门名义印发。若印发的是公司制度，一定要公司主要负责人在内的领导班子集体商议，股权企业需要股东会和董事会决议，企业董事会、监事会、经理层和全体员工都是体系制度的建设者、实践者、参与者和奉献者，公司章程是制度之基。

（11）体系文件、制度文件发布后，执行是关键，执行效果评价和审核也至关重要，一体化审核工作事半功倍、高效高质量，减轻基层负担，改进工作作风，提高监督效能。推动安全生产工作一体化考核，上级对下级要坚持"抓准问题、有效督导"的工作思路，用好"督促推动"和"教育引导"两个力。落实安全生产责任，着力防止"张冠李戴""监督和管理的重叠区""监督和管理的盲区""眉毛胡子一把抓"和"一人得病全家吃药"的"五个误区"。

（12）要将体系文件、制度文件作为公司的"基本规则"，全员参与、全员学习、全员遵守、全员负责。

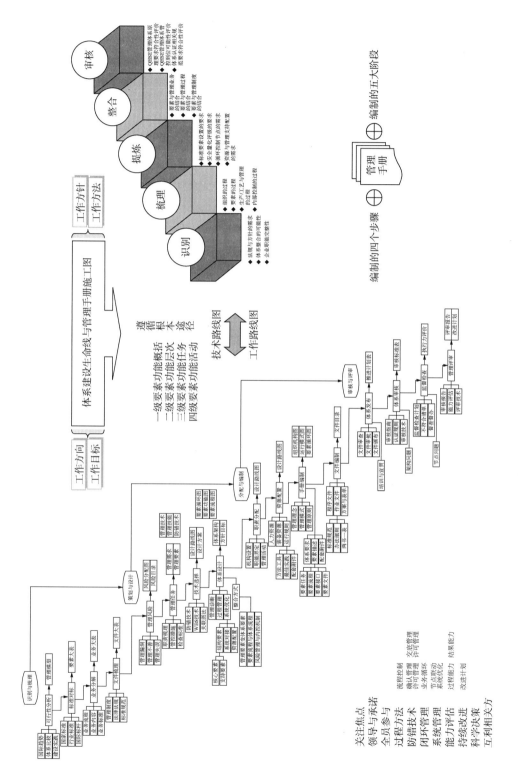

图1-12 管道企业体系管理手册编制技术指南

以上 12 条仅仅是个人参考意见和建议，不是体系管理的原则和遵循。综上所述，按照统一工作程序、统一工作标准、统一工作方法、统一工作手段、统一工作平台"五统一"原则，通过搭建业务能力架构、厘清业务管理过程、完善管理体系要素，建成一套"以业务活动为主线、以风险管控为核心、以质量保障为根本、以流程完善为手段"的一体化管理体系，努力完成国务院国资委明确要求"到 2022 年国有重点企业基本形成系统完备、科学规范、运行高效的中国特色现代国有企业管理体系，企业总体管理能力明显增强，部分国有重点企业管理达到或接近世界一流水平"的目标。

（四）一体化管理体系建设的建议

笔者从 2009 年开始，参与中国石油集团公司基础管理体系和综合管理体系、天然气与管道分公司 QHSE 管理体系、天然气销售分公司综合管理体系、天然气销售分公司(昆仑能源有限公司)综合管理体系的建设和升级换版工作，还深度参与和调研交流了原中国石油管道分公司 QHSE 管理体系与内控体系融合整合、西部管道分公司基础管理体系、西气东输管道分公司和北京天然气管道公司综合管理体系的试点、西南管道分公司一体化管理体系建立、北京油气调控中心和管道建设项目经理部管理体系整合、三家 LNG 公司集约型体系和制度建设。同时，还受某央企建设单位之约，参与了综合管理体系 1.0 版的建设和审核工作。期间，笔者开展了国内外管理体系相关标准全面对标研究和业务能力架构深化应用工作，亲自撰写了《天然气与管道分公司 QHSE 管理体系管理手册》《天然气销售分公司综合管理体系管理手册》，该两本手册得到了包括挪威船级社(DNV)、英国劳氏船级社(Lloyd's Register of Shipping，简称 LR)、埃森哲(Accenture)、德勤(Deloitte)、毕马威(KPMG)、中国船级社(CCS)等咨询机构的形象评价是"国外某大型石油公司运营管理体系是宝马，该体系和手册是奥迪"，同时也得到了中国石油集团公司总部领导的肯定和推介，受公司领导安排先后赴石油石化企业进行体系建设和管理的交流和座谈。这些都坚定并增长了笔者在管理体系一体化融合整合方面的信心和见识。

（1）包括管道企业在内的石油石化企业，宜建立"集约型、一体化、综合性治理体系"，应该是与国际先进公司、组织和机构对标对表分析，坚守"业务、服务、经营、运营"为核心，遵循"治理体系和治理能力现代化"的重大命题，正确理解管理体系的内涵和核心要义，切实做好安全管理、质量管理、运营管理、人力资源管理等管理体系的系统整合、体系融合。因此，有的人将 GB/T 19001、GB/T 24001、SY/T 6276、Q/SY 1002.1 等标准规范均称之为"管理体系"，是对于管理体系的过分、狭义的理解。

（2）体系融合过程的注意要点：体系融合需要兼顾两端，公司机关要制定规则、厘清职责界面，基层单位是体系文件的执行落地的重点；在基层，体系融合形成的作业文件，内容务求细致、靠实和可操作；体系融合需要充分借助数智化手段，支撑体系的有效运行；优秀的体系文件编制过程中需要开展大量的调研、分析与研讨工作，并且要做到不断完善、持续改进。

（3）一体化管理体系必须制度化、标准化、规范化，体系建设务求上下同欲、勠力同心，切忌形式化、空洞化和纸片化，体系文件编制时，务求高质量和切合实际。管理手册就一本，体系文件就一套，名称规范很重要；流程在先、文件配套、高效组合就可形成程序文件；流程图、相关业务风险、关键控制点与程序文件必须紧紧相依；业务、管理、工作应标准、规范和高效，切忌随意和粗糙。

三、一体化管理体系审核之辨析

建设什么样的体系是基础和关键，是体系化管理之初心；与之对比，审核体系的运行状况显得更为重要，只有让体系动起来，并为企业和业务保驾护航和提质增效才是体系之初心和使命。用心审核体系就成为摆在企业各级管理者面前的一件要事。笔者遵循"是什么、为什么、怎么办"的哲学三问来思辨体系审核。图 1-13 为管道企业体系审核之追问。

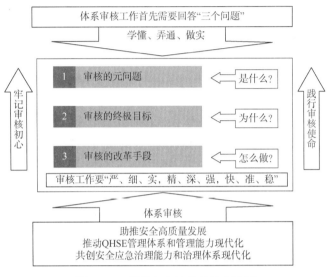

图 1-13　管道企业体系审核之追问

一体化管理体系审核工作，不是简单地将独立的管理体系审核工作时间累加、审核内容相加、参与审核人员增加，而是一个多套体系的统筹和审核工作方案整体上的统一安排和部署。包括审核指导思想、审核工作原则、审核工作内容、审核工作标准、审核工作时间、审核管理业务、审核培训教育、审核人力资源、审核工作计划、审核报告模板、审核问题清单、审核会议要求、审核总结反馈、审核问题整改、审核亮点推广、审核情况通报、审核信息管控、审核问题追究等方面，必须集中统一、统筹协同、同异有别、质量保证，这就要求一体化审核的组织者和迎审者须紧密沟通和密切配合，尽可能准确划定不同管理体系的边界，杜绝"同质化审核""差异化审核"的片面化、绝对化现象出现，审核对象、审核发现、审核判定等总体上评估是否符合各管理体系标准的要求。

（一）管道企业体系审核现状的认识

管道企业相继都建立了 HSE 管理体系、QHSE 管理体系、基础管理体系、综合管理体系、一体化管理体系等，体系建设都取得了成效。特别是以集团公司总部组织的内部体系审核或量化审核工作已经常态化，作为一项健康质量安全环保、企业管理、合规管理、内部控制、外部审计等重要工作，要经常性开展和推进。同时，很多管道企业都按照国家或者集团公司总部的要求，开展体系认证和外部第三方体系审核，部分企业还可能会开展多种管理体系的认证。因此，这种多体系和大量重复文件重复性审核、评审、测试、监督、诊断、审计、检查、认证等情况导致企业管理效率降低，相同、相似的工作重复开展，且难以有效控制和有序实施。因此，将上述各个管理体系整合、融合成为一个集中统一、统筹协同、相互促进、共同提高的一体化管理体系，并对其进行一体化审核，非常有必要。

在一体化审核过程中，应注意以下几方面的问题：

（1）鉴于一体化审核的复杂性和特殊性，审核组内部的联络与沟通尤为重要。审核前，应召开一次审核准备会，明确每个审核员所负责的部分及相互之间的协调，尤其要注意那些涉及多个管理体系的过程。审核组长应掌握审核的进展情况，确保对每个管理体系的审核按计划进行。必要时，及时调整审核计划和审核组成员分工。

（2）一体化审核标准是审核的基础性、关键性工作，审核标准的质量直接决定了参与审核人员的审核工作质量和审核发现结果质量。审核标准的制定、设立、检讨、改进，需要既懂体系，又会管理，还精业务的专家团队共同研讨而成，不仅需要覆盖被整合的各个体系的要求，还要多层面涉及、多业务关联、多方面兼顾地，量身定制出具有很强的针对性、指导性、操作性、专业性、实操性的量化审核标准清单及指标解释和应用指南。

（3）关于审核时间安排，据有关专家分析，一般情况下，一体化审核所需时间是单独体系审核时间之和的60%~80%。当然，一体化审核时间长度通常是小于被整合的单个管理体系分别审核所需时间长度之和，大于分别审核任意某个单独管理体系所需的时间长度。因此，在确定一体化审核工作量时，首先依据不同体系审核所需人工时的要求，确定单个的管理体系所需的独立审核时间，再依据管理体系的整合程度、不同管理体系的过程或要素可以合并审核的程度，以及审核人员的能力，适当减少每个管理体系的审核时间。

（4）审核人员可以通过访谈、验证、观察、沟通、测量、检测、监视等手段和工具，获取真实、客观、完整的证据。一体化审核所抽取的总样本数和局部样本数，应超过单一体系审核的样本数。尽可能选取可以同时反映各个管理体系的现状的客观证据。

（5）需关注、审核对关键环节、重要部位、重大危险源和风险、隐患、事故、事件，以及新业务、新技术、新工艺、新材料、新单位和新机构，重大变更、重大工程、重要时段的控制情况。不同体系的侧重点是不同的，审核人员需要突出重点、关键，但又不会出现只有重点。

（6）审核发现结果，须对审核获取的证据开具不符合项，审核人员须对应不同体系的审核标准的各项要素和要求，分别确定相应的不符合项。如果同一审核发现，既不符合ISO 9001的要求，也不符合ISO 14001（或GB/T 28001）的要求，则判定为一个不符合项，并分别注明不符合的原因。最终形成的一体化审核发现是统一的结果，但要对应不同的体系分别给出各自的审核结论。

笔者结合多年来组织和参与管理体系的审核工作，简要总结梳理出审核过程中需要注意的方面，参见图1-14，笔者仅仅列出30个重点关注的方面，诚然，还有很多方面尚未呈现，这里的"30+"审核关注点，是当前体系审核过程中易出现的"偏差"，正反辨析、破立并举、培基铸魂。

（二）审核发现结果思考与新旧标准比对认识

1. 审核发现结果依据相关标准规范的解读

审核发现结果的术语及定义，是标准规范文本及其相关综合管理体系的一个重要组成部分，便于读者和管理体系中的人员准确理解、高效沟通、协调行动，以便实施对组织业务相关的风险隐患事故的识别、消除、预防、控制。综合管理体系包括为评估、制定、实施、实现企业发展目标所需的组织机构、策划活动、职责、惯例、程序、过程和资源。

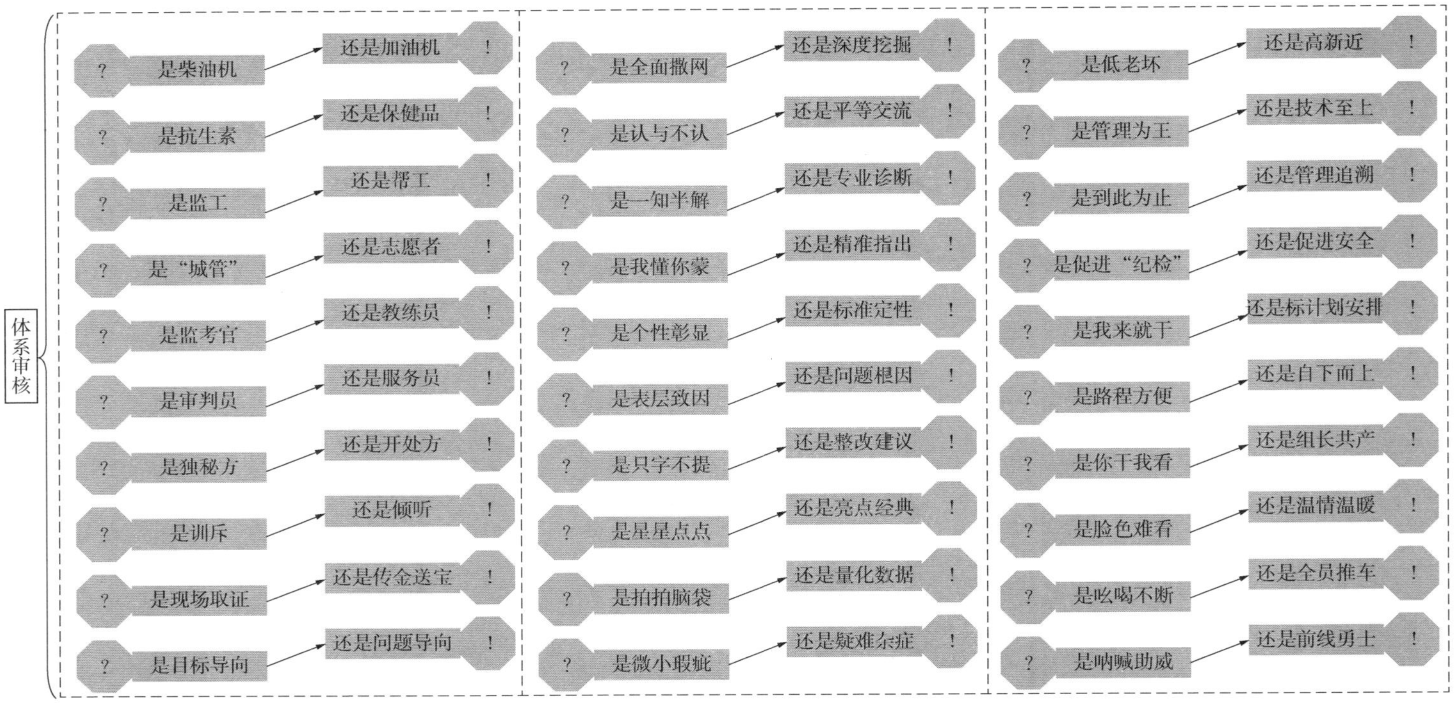

図1-14 审核过程需要关注的 "30+" 方面

体系审核

是柴油机 → 还是加油机
是抗生素 → 还是保健品
是监工 → 还是督工
是"城管" → 还是志愿者
是临床专员 → 还是教练员
是审判员 → 还是服务员
是独家秘方 → 还是开处方
是现场乐 → 还是顾问
是现场取证 → 还是传金送宝
是目标导向 → 还是问题导向

是全面撒网 → 还是深度挖掘
是认与不认 → 还是平等交流
是一知半解 → 还是专业诊断
是我懂你家 → 还是精准指出
是个性彰显 → 还是标准定性
是表里一致 → 还是问题相因
是只字不提 → 还是整改建议
是星星点点 → 还是亮点经典
是打扮脑袋 → 还是量化数据
是微小瑕疵 → 还是疑难杂证

是低毁坏 → 还是高端近
是管理为正 → 还是技术至上
是到此为止 → 还是管理追溯
是促进"纪检" → 还是促进安全
是我来就干 → 还是标准计划安排
是路程方便 → 还是自下而上
是你干我看 → 还是组长共产
是脸色难看 → 还是温情温暖
是吆喝不断 → 还是全员推车
是吶喊助威 → 还是前线勇士

笔者查阅了如下相关国际标准和国家标准、行业标准，以及企业管理手册，目的是梳理出所涉及的相关体系审核结果的准确性表述，以及审核结果可能或者易于出现偏差的术语和文件类型上的明确性表述，供参与审核人员培训和审核过程中使用；也为了管道成员企业各级管理人员、操作人员和技术人员在编制相关文件时统一规范，内部审核时相对统一表述、易于理解和执行，更是为了集团公司总部、管道成员企业、基层单位建立统一的术语应用标准规范。

1）审核结果的术语

ISO/IEC Guide 73 或《风险管理 术语》（GB/T 23694）中，风险（Risk）是指不确定性对目标的影响。影响是指偏离预期，可以是正面的和/或负面的。目标可以是不同方面（如财务、健康与安全、环境等）和层面（如战略、组织、项目、产品和过程等）的目标。通常用潜在事件、后果或者两者的组合来区分风险。通常用事件后果（包括情形的变化）和事件发生可能性的组合来表示风险。不确定性是指对事件及其后果或可能性的信息缺失或了解片面的状态。风险管理是指在风险方面，指导和控制组织的协调活动。风险管理框架是嵌入到组织的整体战略、运营政策以及实践当中的。笔者认为，这个文件里所说的风险，是指可能对包括公司战略及经营目标在内的大目标，或上述各方面的小目标产生不良影响的未来不确定性。

《职业健康安全管理体系 要求及使用指南》（ISO 45001/GB/T 45001）和《职业健康安全管理体系 要求》（GB/T 28001）中，危险源（Hazard）是指可能导致人身伤害和（或）健康损害的根源、状态或行为，或其组合。

按照危险源的存在状态，可把危险源分为"现实型危险源"与"潜在型危险源"两种类型。隐患是"现实型"危险源。现实型的特点是：危险已经客观存在，即将影响正常功能、产生损害或事故；潜在型的特点是：危险可能出现，只是目前还不存在、或者尚未发生。

例如：下雪路滑，就有因为路滑发生交通事故的事故隐患，可以通过铲雪、融雪来消除路滑这个客观事实，这个"路滑"就是现实型危险源，是隐患。另一方面，若是天气预报说次日将会下雪，提醒游客注意登山路滑危险，那么这个"路滑"就是潜在型危险源，可以更改登山日期行程，避开遇上潜在危险源变成隐患的时机。

"现实型"危险源是"潜在型"危险源失控的结果，与"潜在型"危险源相比，更容易引发事故。所以，如果系统内的危险源都处于潜在状态，说明事故预防工作得力，该系统应是比较安全的。

由危险源的定义可知，危险源既包括能量或有害物质之类的第一类危险源，也包括人的不安全行为或物的不安全状态，以及监管缺陷等第二类危险源。其中，人的不安全行为或物的不安全状态及监管缺陷等第二类危险源恰与隐患定义相吻合，因此，隐患就是危险源中的第二类危险源。

只要是被定义为隐患（Potential），就已经达到了需要管控的标准，应该直接对其进行管控，即隐患消除。凡是隐患都需要进行治理、整改，因此，隐患是一种应当尽快进行分析管控的危险源。

《现代劳动关系词典》中关于"事故隐患（Accident Potential）"定义为：企业的设备、设施、厂房、环境等方面存在的能够造成人身伤害的各种潜在的危险因素。《职业安全卫生术语》（GB/T 15236）把"事故隐患"定义为：可导致事故发生的人的不安全行为、物的不安全状态及管理上的缺陷。1995年，原国家劳动部出台的《重大事故隐患管理规定》，定义"事故隐患"为：劳动场所、设备及设施的不安全状态、人的不安全行为和管理上的缺陷。2008

年，原国家安监总局颁布的《安全生产事故隐患排查治理暂行规定》，定义"事故隐患"为：生产经营单位违反安全生产法律、法规、规章、标准、规程和安全生产管理制度的规定，或者因其他因素在生产经营活动中存在可能导致事故发生的物的危险状态、人的不安全行为和管理上的缺陷。《建筑施工企业安全生产管理规范》（GB 50656），隐患是指未被事先识别或未采取必要的风险控制措施，可能直接或间接导致事故的危险源。《危险化学品从业单位安全标准化通用规范》（AQ 3013），隐患是指作业场所、设备或设施的不安全状态、人的不安全行为和管理上的缺陷。综上所述，"隐患"一词最初的含义就是隐藏的祸患。安全生产领域所指的"隐患"，是指人的不安全行为、物的不安全状态，或管理上的缺陷；这些其实也都是隐藏的祸患。"隐患"中，"隐"字体现了潜藏、隐蔽，"患"即祸患、不好的状况，而无论是人的不安全行为，还是物的不安全状态，都是导致事故发生的概率事件。因此，它们都是藏而不露、不易被人们所发现，所以博大精深的汉语创造了"隐患"一词，而在国外是没有"隐患"一词的。

笔者认为，危害因素（Hazard Factors）是指：一个组织的活动、产品或服务中可能导致人员伤害或健康损害、财产损失、工作环境破坏、有害的环境影响或这些情况组合的要素，包括根源、状态和行为。

不符合（Inconformity）是指：任何与工作标准、必须履行的需求或期望、程序、法规、管理体系、绩效等的偏离，其结果能够直接或间接导致产品的不合格、伤害或疾病、财产损失、工作环境破坏、有害的环境影响或这些情况的组合。

2）文件类型的术语

笔者认为，管理手册（Management Guide）是指：用于证实或描述文件化管理体系，并确保管理体系有效运行的纲领性文件。表明了组织的管理理念、方针、目标和原则，包括了对组织结构、职责、管理体系和要素的描述，阐明了组织内相关部门、人员在开展各项管理活动中的职责、权限、工作接口和相互关系。

程序文件（Program File）是指：含有为进行某项活动或过程所规定的途径的文件。

作业文件（Job File）是指：有关任务如何实施和记录的详细描述，是某项活动的运行准则和控制标准。

《标准化工作指南 第1部分：标准化和相关活动的通用术语》（GB/T 20000.1）中，标准（Standard）是指："通过标准化活动，按照规定的程序经协商一致制定，为各种活动或其结果提供规则、指南或特性，供共同使用和重复使用的文件。"

《质量管理体系：基础和术语》（GB/T 19000）中，规范（Specification）是指：阐明要求的文件。示例：质量手册、质量计划、技术图纸、程序文件、作业指导书。

《质量管理体系：基础和术语》（GB/T 19000）中，程序（Program）是指：为进行某项活动或过程所规定的途径。注1：程序可以形成文件，也可以不形成文件。注2：当程序形成文件时，通常称为"书面程序"或"形成文件的程序"。含有程序的文件可称为"程序文件"。

《质量管理体系：基础和术语》（GB/T 19000）中，文件（File）是指：信息及其载体。注：媒体可以是纸张，计算机磁盘、光盘或其他电子媒体，照片或标准样品，或它们的组合。

《企业标准体系 技术标准体系》（GB/T 15497）中，技术标准（Technical Standard）是指：对企业标准化领域中需要协调统一的技术事项所制定的标准。

《企业标准体系 管理标准和工作标准体系》（GB/T 15498）中，工作标准（Working Standard）是指：对企业标准化领域中需要协调统一的工作事项所制定的标准。其中，工作事项主要指在执行相应管理标准和技术标准时，与工作岗位的职责、岗位人员基本技能、工作内容、要求与方法、检查与考核等有关的重复性事物和概念。

《企业标准体系 管理标准和工作标准体系》（GB/T 15498）中，管理标准（Management Standard）是指：对企业标准化领域中需要协调统一的管理事项所制定的标准。其中，"管理事项"主要指：在企业管理活动中，所涉及的经营管理、设计开发与创新管理、质量管理、设备与基础设施管理、人力资源管理、安全管理、作业监控管理、环境管理、信息管理等与技术标准相关联的重复性事物和概念。

2. 审核发现结果依据法律文本的解读

首先，需要明晰两个基本常识，"问题""隐患"的本意。"问题"是目标（或理想）与现实之间的差异，是需要思考或研究才能解决的疑难和矛盾。"隐患"＝"隐"＋"患"，"隐"字体现了潜藏、隐蔽，而"患"字则体现了祸患，不好的状况。"隐患"即隐藏的祸患，是导致事故发生的潜在危险，是指有可能导致事故的，但通过一定办法或采取措施，能够排除或抑制的潜在不安全因素。隐患指在生产生活等活动过程中，由于人们受到科学和技术知识水平和认识能力的限制，未能及时发现，或未能有效控制的，可能引起事故的一种行为（或多种行为），或一种状态（或多种状态），或二者的结合（参见第四章第四节第二小节）。两个词的原生含义似乎已经区分开来。但是，笔者查阅了一下安全生产或者应急管理方面的文件和通报，"风险隐患特点和突出共性问题""突出问题隐患"的说法比比皆是，"风险与隐患""问题与隐患"似乎存在混用和连在一起的情况。特别是事故和未遂事件调查报告必须用词精准、结论客观、定性准确，有必要对相关术语的表述予以明晰和解析。

参与体系审核的人员更要明晰"问题""事故隐患"的精准定性和在审核意见中的精确表述。对于接受审核单位而言，也便于整改和改进，诚然，也涉及问题性质、问题归类、问题严重程度、问题整改成本、问题影响范围等。

笔者对新修订的《安全生产法》所有 119 条进行全面统计发现：一是涉及"问题"的条款及其要求予以初步统计，发现共出现 7 次有余，分别是在第九条、第四十三条、第四十六条、第四十九条、第五十四条、第六十八条和第六十九条，并且基本是以"存在的安全问题"或"发现的安全问题"等类似的表述出现的；二是涉及"重大危险源"的条款及其要求出现 5 次之多，分别是在第二十五条、第四十条、第一百零一条、第一百一十七条、第一百一十八条；三是涉及"隐患"的条款及其要求出现 19 次之多，分别是在第四条、第二十一条、第二十五条、第四十一条、第四十三条、第五十九条、第六十条、第六十二条、第六十五条、第七十条、第七十四条、第七十五条、第七十六条、第九十条、第九十七条、第一百零一条、第一百零二条、第一百一十三条、第一百一十八条；四是涉及"重大事故隐患"的条款及其要求出现 10 次之多，分别是在第四十一条、第四十三条、第六十五条、第七十条、第七十四条、第七十六条、第九十条、第一百零一条、第一百一十三条、第一百一十八条；五是涉及"风险"的条款及其要求出现 5 次之多，分别是在第四条、第八条、第二十一条、第四十一条、第一百零一条；六是涉及"风险（分级）管控"的条款及其要求出现 6 次之多，分别是在第四条、第八条、第十条、第二十一条、第四十一条、第一百零一条；七是涉及"隐患（排查）治理"的条款及其要求出现 6 次之多，分别是在第三条、第四条、第二十一条、第四十一条、第九十七条、第一百零一条。表 1－5 呈现了新《安全生产法》涉及"问题（Problem）""重大危险源（Major Hazard）""隐患（Potential）""重大事故隐患（Major Accident Potential）""风险（Risk）"，以及"风险（分级）管控（Management and Control of Risk

Classification）""隐患（排查）治理（Troubleshooting and Treatment of Accident Potential）"的条款及要求统计结果。

表1-5 新《安全生产法》涉及"问题""重大危险源"等五个方面的条款及要求统计

条款 ＼ 数量	问题	重大危险源	隐患	重大事故隐患	风险	风险（分级）管控	隐患（排查）治理
第一章	总则						
第三条							⊙
第四条			☆		◆	√	⊙
第八条						√	
第九条	◇						
第十条						√	
第二章	生产经营单位的安全生产保障						
第二十一条			☆		◆	√	⊙
第二十五条		❑	☆				
第四十条		❑		★			
第四十一条			☆	★	◆	√	⊙
第四十三条	◇		☆				
第四十六条	◇						
第四十九条	◇						
第三章	从业人员的安全生产权利义务						
第五十四条	◇						
第五十九条			☆				
第六十条			☆				
第四章	安全生产的监督管理						
第六十二条			☆				
第六十五条			☆				
第六十八条							
第六十九条							
第七十条			☆				
第七十四条			☆				
第七十五条			☆				
第七十六条			☆				
第七十八条	◇						
第七十九条	◇						
第六章	法律责任						
第九十条	◇		☆				
第九十条七条			☆				⊙

数量 条款	问题	重大危险源	隐患	重大事故隐患	风险	风险(分级) 管控	隐患(排查) 治理
第一百零一条	◇	❑	☆	★	◆	√	⊙
第一百零二条	◇		☆				
第一百一十三条	◇		☆				
第七章	附则						
第一百一十七条		❑		★			
第一百一十八条	◇	❑	☆	★			
	7	5	19	5	5	6	6

注："◇"表示"问题","❑"表示"重大危险源","☆"表示"隐患","★"表示"重大事故隐患","◆"表示"风险","√"表示"风险(分级)管控","⊙"表示"隐患(排查)治理"。

表1-5中，通常"问题"与"隐患"被视为互换或通用的理解，但从内涵和要义上一定存在区别，对于其差异，国家法律文本中就做了不同表述。笔者认为：企业内部审核也好，外部或上级审核测试也罢，固然是以搜集问题和挖掘亮点并重。虽然发现亮点总结成功经验也应视为审核工作的一个部分，此时不再深入评述，发现、捕捉到制约或影响企业正常安全生产的易于造成安全生产事故的不符合项，找出它们的产生原因、变化趋势、消除方法，以利于企业的改进提高，才应该是审核的初心使命。

当前，国内外大型公司已经执行量化审核工作数年，定量分析和评估审核工作的结果，与审核标准的比对和对标，认为不相一致的或存在偏差的都归集为审核发现的"问题"。因此，审核发现的"问题"是个大概念，是一个审核结果的"数据池"。"隐患"那一定是"问题"类，而又有其自身特性，但什么样的"问题"是隐患呢？

笔者在多年审核经历中，发现往往审核人员凭主观判断，把"问题""隐患"概念相互混同、外延相互交叉，这样就造成了"问题"是"隐患"，"隐患"也是"问题"的误解。法律条文中已经明确了"问题"与"隐患"，上述现象却与法律条款的要求明显相悖。其实，"问题"≠"隐患"。管理体系审核发现不符合项从数量上与事故因素等级层次关系参见图1-15。诚然，这里不是指"问题""重大危险源""隐患""重大事故隐患""风险""事故"之间的内在逻辑和隶属包含理论，六个方面之间存在不完全隶属和包含数学逻辑，比如说，"问题"是审核人员现场发现的，因审核人员的主观意识和外在因素的干扰，"问题"也许会被人为地删除或应发现却未被提出，与客观实际存在的"危险源""风险"相比可能还少的情况存在。

例如：某油库接受当地政府组织的油气储运设施安全大检查，现场检查的专家发现油库的工艺流程可能存在问题，就要去查阅项目初步设计报告和施工图，发现初步设计报告所涉及的工艺在当时技术不够先进，但符合当时的设计标准规范要求，于是该专家就将此项目的工艺流程、初步设计报告和施工图开具了"事故隐患"清单给油库单位，责令其进行整改。接受检查单位的工艺员和油库主任在陪检过程中、清单开具时，只因专家的声望职权和现场说教，而不敢作声，只是默默接受和认领，还表示接下来立即整改，整改完后再向专家进行汇报，绝对不推诿和含糊，等等。回过头来，对于不合理的工艺流程定性为"事故隐患"毫无疑问，对此企业自己也坦言他们已经认识到了，只是限于整个工艺改造的难度较大，一直没有下决心而已。其实，该专家将几年前的这个设计报告也定性为"事故隐患"就有些不妥。

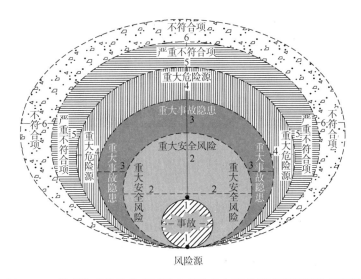

图 1-15　管理体系审核发现不符合项数量与事故因素等级层次关联图

注："不符合项""严重不符合项""重大危险源""重大事故隐患""重大安全风险"，以及"风险（分级）管控""隐患（排
查）治理"七个方面的边界都不是"明确界定的"，而是有各种不同程度的动态性、时效性、必然性、偶然性、因果性、
规律性、确定性与不确定性，所以图中各圆的边界也都是用不同类型的虚线表示，是过渡式、开放式的，并且笔者认
为它们的开放程度也有所区别，距离事故发生的可能性越远，边界越趋向于开放的状态，虚线中各相邻点线之间的空
隙越大，越是靠近事故，边界越趋向于紧闭状态，虚线中各相邻点线之间的空隙越小。

毕竟该报告已经是十几年前的了，可以说当时的设计没有选用相对先进的工艺是"问题"，或者说当初这种设计为后来的生产安全留下了隐患，但不宜直接将其定性为"事故隐患"。何况，如果将其定性为"事故隐患"，那么对这个十几年前的"隐患"，应如何整改？修改那份报告？其实，对该设计报告完全没有必要去修改，而是可以要求在那个设计报告的基础上，再结合目前的工艺和规范要求，单独出一个工艺改造设计报告，据此整改即可。但这个工艺改造设计报告，从目的和性质来说，并非是那个被界定为"事故隐患"的老设计报告的整改，而是对界定为"事故隐患"的工艺流程问题的整改依据和措施之一。

2021 年 10 月 27 日，国家应急管理部印发的《企业安全生产标准化建设定级办法》（应急〔2021〕83 号），旨在规范和促进企业开展安全生产标准化建设工作，其目的是建立并保持安全生产管理体系，全面管控生产经营活动各环节的安全生产工作，不断提升安全管理水平，也是与管道企业推行的体系审核具有同向性和趋合性。

新修订的《安全生产法》是 QHSE 体系审核的重要依据和准绳。表 1-5 中梳理出"问题""重大危险源""隐患""重大事故隐患""风险""风险（分级）管控""隐患（排查）治理"词条数，词频合计数字的大小不是完全对应这七个方面的重要程度，而是说明这七个方面既有关联也有差异。同时，搞清楚它们之间的内在逻辑和外在表现，有助于我们很好地学习、掌握、遵守和应用新修订的《安全生产法》。

为了便于审核工作前、审核过程中、审核完成后，参与审核相关各方的人员均能形成一个统一的共识，于此，需要解决审核人员凭着原单位管理习惯和工作认识，确保对审核发现结果在表述上的相对统一，笔者参考冰山理论和事故致因理论，基于诱发"事故"这个导向，总结形成"不符合项数＞严重不符合项数＞重大危险源数＞重大事故隐患数＞重大安全风险数"的结论。

笔者认为：体系审核过程中发现的不符合项中，数量最多的应该是"问题"，就是体系审核的不符合项（例如，管道施工过程中发现古墓，而被迫延长工期以待考古发掘工作完成，或被迫改线）。通过对辨识出的各种各样的不符合项进行分析挖掘，可以找出某些不符合项中存在的"导致事故的根源、源头，不安全的状态、行为，以及监管缺陷"，对查出的"问题"，要从危险源的角度进行梳理和分析"问题"背后的原因，寻找到客观存在的"源头"，由于许多"问题"并没有危险性，不能被考虑进"危险源"，可以被忽略，这就说明"问题"数量大于"危险源"数量；经过对"危险源"中的那些危害严重度高、影响程度大的"危险"再界定，可划分为"重大危险源"，这就说明"危险源"数量应当大于"重大危险源"数量；"危险源"中，那些具有伤害性的、可能引发事故的危险事物，就是"事故隐患"或简称为"隐患"。"危险源"数量应当大于"隐患"数量；"隐患"通过审核、检查、监督等手段辨识并精准评估出来后，同时要依据《安全生产事故隐患排查治理暂行规定》（2007 年 12 月 28 日，由原国家安全生产监督管理总局令第 16 号令发布）规定："重大事故隐患，是指危害和整改难度较大，应当全部或者局部停产停业，并经过一定时间整改治理方能排除的隐患，或者因外部因素影响致使生产经营单位自身难以排除的隐患"，将可能导致重大人身伤亡或者重大经济损失的事故隐患归为"重大事故隐患"，这就说明"事故隐患"数量应当大于"重大事故隐患"数量。事故前的临界状态是"重大安全风险"。要根据风险属性判断可能引发的事故，找出相关的事故因素，依据风险定义识别出"风险"。"风险库""风险池""风险湖"等就是风险识别后的接续管控过程中，把风险防范的方法、工具、手段、技术源源不断地注入风险管控系统中，而形成的一个个风险管控集合。应当高质量明确区分静态风险（生产过程中有关设备、设施、部位、场所、区域的风险点）和动态风险（生产过程中所有常规和非常规状态的操作及作业活动的风险点），让识别出来的风险信息作为宝贵资源和资产统一管控、利用起来，推进风险信息化集成、风险数字化转型、风险智能化管控。图 1-15 为通过对辨识出的各种各样的风险进行分析挖掘，可以找出哪些风险管控不及时、不到位，易于演变成事故，这就与事故损失冰山理论的原理相似、分析思路相同、呈现结果一致。

新修订的《安全生产法》更加注重"风险分级管控"和"隐患（排查）治理"，更加重视"组织建立并落实安全风险分级管控和隐患排查治理双重预防工作机制"。值得指出的是，原中国石油北京油气调控中心、管道建设项目经理部、所属的管道地区公司、江苏 LNG 接收站、唐山 LNG 接收站、大连 LNG 接收站、华北天然气销售、昆仑燃气等 12 家天然气与管道企业，由中国石油集团公司统一安排、天然气与管道分公司负责执行，一年一度地接受上级集中 QHSE 管理体系量化审核两次，上述 12 家企业均开展了全面的内审工作，参与审核人员与接受审核单位在"问题""重大危险源""隐患""重大事故隐患""风险"，以及"风险（分级）管控""隐患（排查）治理"七个方面进行对接，达成共识后进行定性、分类和统计，然后将问题清单提交至接受审核单位。

3. 新旧标准比对

从第四章第一节的国内外油气管道典型事故出发，针对输气管道泄漏爆炸事故、输油管道泄漏爆炸事故、城市燃气燃烧爆炸事故多为设计缺陷和建造改造工程中带来的本质安全性隐患，以及近年来建成的数条天然气长输管道环焊缝排查中疑似黑口和焊缝缺陷，选取油气管道的钢质焊管、钢管安全性能评定、损伤评价、焊缝检测的国家和行业新旧标准对比分析，针对震惊中外的 1989 年黄岛油库爆炸事故，因非金属油罐本身存在不足、油库设计布局不合理、选材不当、忽视安全防护尤其是缺乏避雷针，遵循"安全源于设计、安全始于质量"理念，提升油库本质安全水平，选取油库设计、石油库总图设计标准的新旧版本进行对比分析，笔者针对油气管道及储运设施重特大事故因质量、设计等本质安全问题做了如下梳理，对参与审核人员予以提示。

但在审核现场实际中，还必须对标准非常全面熟知和系统掌握并能灵活应用，不仅仅懂标准，还知晓标准相关条文之内涵要义和修订改进之缘由，也就是知其然还要知其所以然，这样针对现场审核才有质量和深度，问题才能精准，整改和改进建议才有针对性和可操作性，才有高价值和大促进提升，这样的审核才是高质量审核，参与审核人员才是真正接地气的专家和行家，从而避免管理问题轰轰烈烈、技术问题星星点点、工作问题含含糊糊。

1）管道设计、施工、检测新旧标准比对示例

（1）《石油天然气工业管线输送系统用钢管》（GB/T 9711—2017）于 2017 年 12 月 1 日实施，其焊偏测量方法与《管线钢管规范》（API SPEC 5L—2012）、《石油和天然气工业管道运输系统用钢管》（ISO 3183：2012），对螺旋埋弧焊管的焊偏值进行了严格的限定，新版本标准采用焊道熔合区中心线法测量焊偏，消除了旧版标准采用焊趾中心线法引起的测量争议，测量方法科学合理，结果准确唯一，操作性强。

（2）新版《输送钢管落锤撕裂试验方法》（SY/T 6476—2007）较旧版 SY/T 6476—2000，增加了对试验设备的要求、气体介质加热和冷却制度及异常断口剪切面积的评定方法。

（3）新版《钢制管道管体腐蚀损伤评价方法》（SY/T 6151—2009）较旧版 SY/T 6151—1995：①用收集到的 40 组数据计算失效压力可以看出新版标准的保守性有所降低，计算结果更为精确。②新版标准中，将缺陷面积定义为 0.85dL，该面积介于抛物线形面积和矩形面积之间，降低了旧版标准中采用的 2/3dL 的保守性。③根据缺陷的纵向投影长度不同，定义了不同的鼓胀系数公式，降低了因缺陷长度而引起的误差。④在评价腐蚀缺陷相对深度较小的管道时，依旧较为保守；在计算腐蚀缺陷相对深度大于 70% 时，容易出现不安全情况，在评价深度较严重的腐蚀缺陷方面，计算的安全性有待进一步提高。⑤建议对不同强度等级的钢管采用不同的流变应力计算方法，使其具有更高的针对性和安全性。

（4）GB/T 11345—2013、GB/T 29712—2013 和 GB/T 29711—2013 是钢焊缝超声检测中重要的系列标准。较旧标准 GB/T 11345—1989，新标准综合考虑了检测母材厚度、缺欠回波幅度、显示长度、群显示、累计长度等因素进行等级评定，与旧标准对比，验收等级的评定更复杂、但更加合理，对检测人员的标准熟悉程度也更高。

2）油库设计新旧标准比对示例

（1）新版《石油库设计规范》（GB 50074—2011）较旧版 GB 50074—2002，提出增加移动消防用水量，细化和补充石油库的等级划分和储罐区的设计内容。

（2）考虑到石油库的总图设计涉及工艺、消防、布局、用地等，是石油库安全设计的关键环节。《石油库设计规范》（GB 50074—2014）于 2015 年 5 月 1 日正式颁布实施，相比《石油库设计规范》（GB 50074—2002），在大型石油库消防设防标准要求的改进，以及石油库区道路、竖向布置、防护构造等方面规定的变化有较大改进。通过比较新、旧两版《石油库设计规范》在石油库总图设计方面规定的变化。以"相邻两个大型石油库之间安全距离的变化"为例，旧规范中规定的当相邻两个石油库为大型储罐时的距离有含糊不清的现象，例如，内径为 60m、容量 $5×10^4 m^3$ 的储罐，按照旧规范，一级石油库和工矿企业的安全距离应为 60m，而按附注计算，则为 90m，两部分相互矛盾。若大型油罐之间防火距离不够，在发生火灾后很容易造成火灾的蔓延，引起重大灾害。针对这些问题，新规范对两个石油库相邻两

个大型储罐的最小间距进行了较为详细的规定。新规范根据储罐的直径大小、储存油品的类别不同制定了不同的安全距离要求，对相邻较大罐直径大于53m的，其安全距离不应小于较大罐直径且不小于80m。而对于直径小于53m的储罐，要求不小于较大罐直径的1.5倍，同时要求对覆土罐、储存Ⅰ级、Ⅱ级毒性液体储罐和其他易燃可燃液体的储罐分别不应小于60m、50m和30m。

3）城市燃气设施新旧标准比对示例

新的国家标准《城镇燃气调压器》（GB 27790—2011）和《城镇燃气调压箱》（GB 27791—2011），较旧的行业标准《城镇燃气调压器》（CJ 274—2008）和《城镇燃气调压箱》（CJ/T 275—2008），对调压器的关闭压力区等级、调压器的产品型号编制、调压箱的出口压力设定值试验等条款的叙述更加严密，对调压器的耐低温性试验、对调压器的密封性试验、调压器膜片的耐压试验、调压箱的绝缘性能试验等产品的安全性要求更高，更加符合产品质量检验和行业发展的要求。

体系审核所采用的标准，根据审核的具体时间节点而论，应该采用现行有效的标准为依据。但是，一旦有与审核相关的新标准发布了，而且审核过程在时间上还正处于发布之后与正式实施之间，应该以采用新版标准为宜。同理，法律亦是如此，新修订的法律经过全国人大通过后发布与实施期间，应该以采用新修订的法律条文为宜。

诚然，须对老管道、旧设备、旧设施、老系统审核，应依据原法律法规要求、旧标准规范和企业制度规定进行符合性对标对比，同时也要搜索出当时的设计、施工、验收、投产等文件及审查意见，找出现有存在的不符合项，也就是需要回到在过去时态下有历史观；下一步对不符合项的整改和治理时，必须针对不符合项逐一按照最新的法律法规、最新的标准规范、最新的制度规定进行整改，对于所谓的新改扩建须执行新的一套法规标准制度，这也是项目和装置验收和投产的合规性需要。实际上，这就体现了"老人老办法，新人新办法"，那么"中人过渡性办法"，就不难理解了。

第七节　安全保障技术理论基础

从油气管网系统自身角度入手，研究分析管道及其配套的储运设施组成的管道输送系统内部安全保障技术。油气管道系统可划分为油气管道线路、站场（阀室）、油气储库、大型穿（跨）越、电力、通信、自动化、伴行路等单项工程。其中：

（1）线路工程：包括管道线路、中小型穿越、公路铁路顶管穿越、阀室工程、地质灾害治理、水土保持等。

（2）站场工程：包括站内总图、建筑、装饰装修、消防及给排水、采暖通风空调、工艺管道、设备安装、储罐、电气、仪表安装、阴极保护工程等。

（3）大型穿（跨）越单项工程：包括定向钻、河流大开挖、跨越、盾构隧道、钻爆隧道、顶管隧道工程等。

（4）电力工程：包括输电线路等工程，指各站场外电工程线路部分及配套设施。

（5）自动化工程：包括项目自动化系统，具有独立使用功能的调控中心可作为一个单位工程。

（6）通信工程：包括线路通信工程和站场（阀室）通信工程。

此外，还考虑与之配套的国家原油储备库和商业储备库、成品油库、地下储气库的注采管道、LNG 接收站及进出管道、LNG 工厂及进出管道、LNG 终端站（含加注站、气化站、L-CNG 站）、加油站、加油加气混合站及油气氢等综合能源服务站、LPG 储库、CNG 母站和城市燃气支线、氢气输送管道、CO$_2$ 输送管道、天然气掺氢混输管道等。同时，从油气管网系统外部角度着眼，研究分析油气储运系统防范和管控外部因素的安全保障技术。我国油气管道跨越区域范围广、输送介质全、输送工艺复杂、设备设施多样，管道途经冻土、黄土塬、水网、沼泽、丘陵、沙漠、海洋等区域，也经过黑吉辽、陕甘宁、京津冀鲁、云贵川渝等"打孔盗油重灾区"，安全管理风险很高；中缅、中俄、中亚等油气战略通道穿越多年冻土、原始森林、国际河流，照付不议压力大，社会关注度高；易凝高黏原油的输送加热、加剂、正反、掺混等工艺较为复杂，管道本体、管道内部流体、管道外部环境等因素叠加和演变过程复杂和动态变化，笔者尝试绘制了油气管道内外影响主因素汇集示意图，如图 1-16 所示。

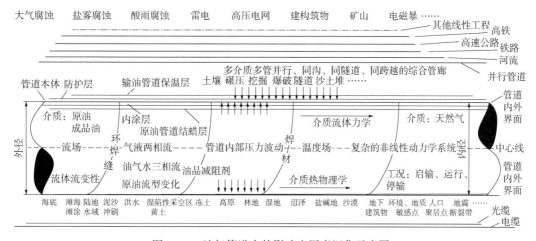

图 1-16　油气管道内外影响主因素汇集示意图

需要指出的是，管道工况处于"停输"状态时，在进行动火等高风险作业前，需要将管道内部的原油、成品油、天然气输送介质进行排空处置，管道成员企业通常采用注入氮气排空内部的输送介质，管道内部输送状态将发生变化，与设计、正常输送条件下不一致，有关作业过程需要进行作业前安全分析（JSA），防范发生因作业、监护等相关人员防护不当情况下的氮气窒息事故，并且要注意作业相关的管道/管段与放空系统进行安全可靠性分析、流动保障安全分析、放空过程能源管控，及其对周边环境的影响。特别是当前"双碳"目标背景下，要着手研究和实施放空天然气的回收，为节约资源和减少碳排放纳入"十四五"期间乃至未来中长期环境保护的实质性重要推进工作进行督办；同时，在成品油管道的实际输送过程中，化工产品和成品油的顺序输送，胶凝原油和轻质原油的顺序输送，原油和成品油的顺序输送，汽油、煤油、柴油等轻质油品，液化天然气、液化石油气、化工产品及原料和重质油品等顺序输送的快速切换、交割、优化调度等，存在根据输送调度需求进行加压加热，又根据生产销售客户需求，降压常温输送运行，管道内部温度、压力、流场等物理化学特征呈现出不间断、非常态的变化。这些变化，对管道内外系统的安全特性产生复杂的多因素、多状态、多相流的耦合性作用，这将是管网系统科学体系研究的一个子方向，也是一个基础性研究方向，更是一个世界级课题和难题。图 1-16 体现的是输送主体能源介质——原油、成品油、天然气，采用相同原理输送管道还在投产试运过程中输送水，还有化工厂与原料生产厂之间因保持长周期的供应和生产关系，通常采用长输管道输送液体物质和固液产品，以及油气田生产用的气体 CO_2 和 N_2 气体驱油，以及对"真空管道""管道高铁"等超高速管道运输梦想的展望。

通过分析，我国油气管道正处于失效概率较高的特殊时期。据不完全统计，2010 年至 2013 年 8 月底，中国石油所属管道成员企业油气长输管道累计发生各类泄漏失效事件 92 起。通过对天然气与管道业务 10 余年管道失效事件分析发现，油气管道失效概率符合事故浴盆曲线，见图 1-17。随着大量油气管道建成，管道在投产初期由于工程质量等因素，可能发生事故。基于油气管道失效因果关系，特别是东部原油管道等老旧管道长期超役运行，设施老化、腐蚀、管道本体缺陷等因素，也使管道发生事故的概率增加。中国石油率先引入全生命周期资产完整性管理，提高了管道建设、运营安全管理水平，大大降低了新建管道投产初期、运营期事故发生率，有效延长了管道寿命。

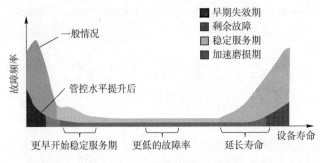

图 1-17　油气管道事故浴盆曲线

一、危险源控制和行为安全管理理论与技术

危险源（Hazard）亦称危害因素，是指存在或可能被诱发而产生的、对人造成伤亡或对物（包括环境）造成突发性和渐进性损害的所有因素的总称，笔者认为，唯有全面认识所有的损害，才能真正彻底地完成风险识别，因为突发与比较快速的渐进性损害并没有明显的分界线，例如，腐蚀作为危害因素，并非突发，却也非常关键，而且往往是突发事故的诱因；在管道行业里，危害因素的定义是：若不进行适当控制，会对管道系统产生不利影响的任何活动或状态。危害因素既可能明显存在，也可能隐蔽（隐藏）在某些物体或现象背后，自发产生或被诱发而产生，造成人们生命、财产的损失。识别和认识这些危害，称为危害因素辨识，是风险识别的关键环节。它是后续的风险评估与控制的前提和基础。

企业开展危害因素识别时，要从运行经验、风险特点和人员能力等方面考虑，以确定适用的危害因素识别方式、方法和辨识的工具。例如，输气站场生产运行作业活动中的危害因素辨识，重点使用 JSA（工作前安全分析）、SCL（安全检查表）、HAZOP（危险和可操作性分析）这三种方法：采用 JSA 开展操作项目的危害因素辨识，采用 SCL 开展设备设施及工作区域的危害因素辨识。

同时，可以通过询问、交谈（"究因访谈"）、现场观察（"场景识险"）等用于基层岗位员工开展危害因素的辨识或补充其他辨识方法；可以针对已发生事故和事件案例的分析，确认事故事件中的危害因素已包含在现有危害因素辨识结果中；根据现场观察员工的实际操作，验证所分析的危害因素是否与实际相符（"表格点检"），是否有遗漏等。油气管道行业的危害因素辨识主要包括：参数超限、设备设施、岗位操作、施工作业、埋地设施、空间和区域六个方面的危害因素辨识。

在识别和辨别出危害因素的基础上，对所识别的危害因素根据其导致后果的严重程度和可能性两个方面进行风险的分析与评估。在风险分析与评估时，常采用直观经验法、矩阵评价法（RAM）、作业条件危险评价法（LEC）相结合的方式进行。输气站场生产运行作业活动风险评估重点使用的是矩阵评价的方法。矩阵评价法是根据风险严重性、风险发生概率评估风险等级的过程。风险严重性主要指危害因素可能造成的直接后果的严重性，而风险发生概率主要指危害因素发生的概率。

HAZOP（Hazard and Operability Study）中文的意思是"危险和可操作性分析"，是假设所有过程系统的危险都是由于系统的运行状态与设计的状态的偏差所导致；是由有经验的跨专业的专家小组对装置的设计和操作提出有关安全的问题，共同讨论解决问题的方法。专家团体涉及过程的各个方面，团队水平直接影响分析结果质量。

HAZOP 分析作为工艺危害分析（Process Hazard Analysis，简称 PHA）中应用最广的方法，通过结构化和系统化的方式识别工艺系统潜在的危险与可操作性问题并提出建议措施，提高装置本质安全水平。新建装置的基础设计、详细设计阶段和在役装置技改扩建工程是开展HAZOP 分析的最佳时机。

在详细的 HAZOP 分析进行前，工艺流程图应达到相当完善的程度。研究中，工艺工程师对整个装置设计做一个详细介绍，并讲解每一段细节的设计目的作用，讲解内容由秘书记录。连续的工艺流程分成许多片段，组长根据相关的设计参数指导词，对工艺或操作上可能出现的与设计标准参数偏离的情况提出问题，引导小组成员寻找产生偏离的原因，如果该偏离导致危险发生，小组成员将对该危险作出简单的描述、评估安全措施是否充分，并可为设计和操作推荐更为有效的安全保障措施。

例如：组长将选择表 1-6 标准参数表中的第一个引导词"无"，结合第一个参数"流量"，向研究小组提问：什么情况下正常流量会变成无流量？结合设计中的安全措施对该非正常情况起的作用，研究这种情况发生后的结果。组长将概括专家提出的措施，秘书将该措施记录下来。团队队长将指定某人或某组织对完成该项指令负责，并注明日期。如果对无流量的情况的分析满意，组长可在表中选择下一个标准引导词，同时考虑当有"较多流量""较少流量"时可能发生什么情况。

表 1-6　标准参数表

指导词　参数	无	较多	较少	像……一样	部分	相反	除此以外
流量	√	√	√	√	√	√	√
压力		√	√				√
温度		√	√				√
组成					√		√
液位	√	√	√				√
相态（气象）	√	√	√				√
流量	√	√	√	√	√	√	√

如此，对设计的每段工艺反复使用该方法进行分析，直到每段工艺或每台设备都被讨论过后，HAZOP 分析工作才算完成。

只有当引导词和参数结合后有意义时，才可以被采用，若引导词和参数结合后没有意义，例如："无温度""相反组分"等，不被采用。"其他"的类别用来考虑任何不常见的偏离，操作参数列表用来提醒专家注意某些容易忽略的参数(注：表1-6列出参数的一部分)。表1-7为HAZOP方法分析出的结果示例。

表1-7　各种可能导致偏离的例子

参数与引导词相结合	可能导致偏离的原因
无流量	阀门关闭，流向错误，管路堵塞，误加盲法兰，止回阀错误，过滤器堵塞，管线破裂，伴热故障，气锁，物料中的水在管线中冻结，流量转换器/控制阀故障，泵或容器损坏等
较少流量	部分堵塞，容器或阀故障，泄漏，泵效率损失
较多流量	控制阀开得过大，流量控制器故障，多泵操作，泵出口压头降低，入口压力增加，其他路线的物流流入，换热管破裂
其他流量	1. 压力突然降低，导致双相流，过热导致气液混合，换热管破裂导致冷热媒体混合，分离罐中的分离界面破坏。 2. 水和空气进入，水压试验残留的液体，穿过绝缘层的物料等
压力降低	压控阀故障，泄压阀起跳后没有回落，泵的输出能力大于罐的放空能力，当罐倒空时，放空阀关闭，冷却罐使罐中的蒸汽冷凝，泵或压缩机入口管线阀门关闭
压力较高	湍流，泄放，高压蒸汽泄漏，日光照射到出口阀关闭的罐或管路上压控阀故障，液位控制故障导致高压气体进入，装料时放空阀没打开
温度较低	低温或霜冻，压力损失，热损失，换热管破裂，温度控制器故障，压力释放，夹套冷却
温度较高	温度控制故障紫外线照射，常温升高，冷却管堵塞，冷却水故障，换热管破裂
液位高	液位控制故障，控制阀打开，进入容器的流量大于排出的量，排出管线堵塞
液位低	液位控制故障，控制阀关不上，排放阀打开

HAZOP研究报告应当列出审查小组成员名单，定义被研究的装置的某一部分，明确说明设计中已有的安全措施，并记录针对每个指导词和参数的讨论，清楚记录安全措施并落实到具体的人员和时间，保证下一阶段的执行HAZOP安全措施的人员能够正确理解。

HAZOP分析能识别出可能存在的危害因素，特别对危险源识别将起到其他方法难以达到的评估效果。但是，HAZOP分析中因为有安全专家进行分析，容易受人为主观因素影响，同时专家所属领域的不同，对安全分析的关键结构具有不同的影响权重，这样就要求将专家所属领域进行分开，将系统工程的安全故障拆分开来进行分层分析，可以将HAZOP分析与定量分析中的层次分析方法联合应用，这样可得到比较可靠的分析结果和分析报告。

基于经验知识、定性分析与定量分析相结合，以及动态模拟的HAZOP定量分析，是实现智能化HAZOP定量分析的三种主要方法，是由模糊定量向精确定量、由静态分析向动态分析发展的过程。但是，智能化HAZOP定性分析系统的研究，主要集中在建立专家知识库的方法上，其中基于深层知识建立专家知识库的研究相对较多，该方法虽然能够揭示偏差产生的机理、传递路径，但是分析结果准确度较差。

基于动态模拟的智能化HAZOP定量分析，不仅研究偏差的数值，还研究偏差的持续时间对过程系统的影响，分析结果更加精确，是较为完善的定量分析方法。该方法借助于商用模拟软件，使不具备丰富经验的分析人员也可以完成精确的HAZOP分析。

进一步，将HAZOP分析方法与管道风险分析、风险辨识与评价、风险目录建设与应用、油气泄漏数值模拟等方法进行定性与定量结合；运用"系统集成、高效协同"思想，融合形成 HAZOP-LOPA 分析、HAZOP-SIL 分析、SDG-HAZOP 分析、Petri-HAZOP 分析等；同时，注重数字化和智能化转型发展，优化形成基于知识本体的图形化剧情对象模型（SOM-GSOM）、基于知识的 TOPHAZOP 软件系统、基于知识本体 HAZOP 信息标准化框架、基于案例推理（CBR）HAZOP 分析自动化、智能化 HAZOP 分析系统等方法和技术手段，在油气管道工程中进行系统、定量安全评估，将会更有效地提高风险评价水平和风险防控能力。

二、系统风险评估和系统风险控制理论与技术

随着科技日益进步，事物之间尤其是人们之间的联系和影响日益紧密、日趋复杂，我们的世界形成了由一个个相互关联、相互影响、动态变化着的复杂系统组成的巨型系统，这些复杂系统中的各类风险也复杂多变，安全保障工作也日益艰巨，需要相应地发展与时俱进的系统风险管理理论与技术。

管线系统风险管理是指在油气长输管线的设计、施工、运营及维护各个环节中，为了预防事故的发生及降低风险的水平而进行的计划、协调、控制、监督和组织工作。它包括风险评估、风险控制和风险检测三个组成部分，下面围绕这三个组成部分做简要介绍。

（一）风险评估（Risk Assessment）

风险评估是风险管理的首要环节，也就是说，它是风险管理的基础。只有进行了风险的分析与评估，才有可能去研究风险的控制，以及为达到对风险的控制而实施的风险检测与风险管理的功能监测。风险的评估包括对风险来源的识别与分析及对风险大小的评估等。

风险，是危险转变为现实的概率及造成的损失程度的综合，是由危险事件出现的概率及危险发生后造成的损失和影响两部分组成的。风险评估是根据管线系统的有关资料和信息，对事故的概率及其造成的影响和后果所进行的综合评估。风险评估可以根据得到的风险值，综合考虑各方面的因素，为重大决策提供依据。目前，国内外在工程上采用的风险分析方法可分为两大类，即量化分析法及模糊评分法。其中，量化分析法又包括前面所述的"概率风险评估（PRA）"和"量化风险评估（QRA）"。

这里，着重介绍目前在油气管线工程上常用的模糊风险评分法和模糊故障树分析法。

1. 模糊风险评分法

管线模糊风险评分法，是将管线系统引起事故的影响因素分为腐蚀、设计、第三方破坏和操作四大类，这是一个集合，可称之为因素集，并且将这些因素假设成为相互独立的，然后，按照最坏的情况进行评分，评分是对这些因素引起事故的可能性大小的评价，在评分法中是以得分多少来表达的，它也是一个集合，可称之为评价集。因为各个因素的影响大小是不容易以确定性量来表达的，具有模糊性，所以在模糊数学的模糊综合评判法中即以模糊语言量词来表达，例如"很大""较大""较小"等。同样，在评价集中对于引起事故的可能性大小的评价，也是有模糊性的，也应该用模糊语言量词来表达。这样，这两个集合都可以以模糊语言量词，分成"很大""大""较大""中等""较小""小""很小"七个量级来表达。

结合输送介质的危险性和影响面，得出相对风险数，风险数越大，表明风险越小。这种评分法具有系统完整、比较成熟、应用方便的优点，运用模糊数学中模糊综合评判法适于解决具有不确定性问题的特点，进行油气管线系统的风险评估。因为风险本身既具有随机性，又有模糊性，危险的发生具有随机性，危险后果的评估没有明确的界定，是有模糊性的。而且，评分本身也是在一个区间内，具有模糊性。所以，采用模糊评分法进行油气管线系统的

风险评估是一种可行的方法。

2. 模糊故障树分析法

故障树分析(Fault Tree Analysis，简称FTA)，是分析复杂可靠性和安全性的一种有效工具，是进行可靠性分析的重要方法之一。故障树是一种图形演绎方法，以系统最不希望发生的事件——顶事件为分析目标，应用逻辑演绎的方法研究造成顶事件发生的各种直接与间接原因，并用"逻辑门"将各种原因相联系，通过层层深入的分析，建立起一棵倒立的树状图形，并指出单元故障与系统故障之间的逻辑联系，应用概率统计方法对故障树进行定性分析，可寻求顶事件发生的最小割集(即系统的最薄弱的环节)；通过FTA的定量分析，能求出顶事件发生的概率及其他定量指标(如底事件结构重要度、概率重要度、相对概率重要度等)，还可由基本事件——底事件的发生概率来定量评价顶事件发生的概率。现有的理论和方法需要将故障树顶事件和底事件发生的概率视为一个精确值，在实际中由于顶事件和底事件发生概率存在随机性和模糊性等不确定性问题。因而，针对这些不确定性问题，更适合应用模糊数学理论和方法的模糊故障树分析法来解决。

模糊故障树分析(Fuzzy Fault Tree Analysis，简称FFTA)，是采用模糊数来描述事件发生的概率，可同时处理不确定性问题的两个方面，即随机性和模糊性，如给出故障事件的概率介于0.05~0.06之间，则很可能在0.055左右。模糊数是由概念上的模糊性或各种模糊因素的影响而造成的定量处理时的不确定性数值，反映了人们对模糊概念或模糊信息的认识，强调了人在系统可靠性分析与评价中的重要性。以模糊数描述概率值，带有人的主观意识。模糊数的隶属函数主要是根据人的经验，凭主观判断选取，所以未必确实可信，但比舍去模糊信息，用精确值表示可靠度更接近于真实程度。

传统故障树分析中，顶事件的失效概率是利用逻辑门算子对基本事件发生的概率进行运算获得的。当事件发生的概率采用模糊数来描述时，算子采用模糊逻辑门算子，如"and"门、"or"门。

3. 基于SCGM(单重心方法)的模糊风险分析方法

广义模糊数的相似测度在模糊风险分析过程中起着关键作用。然而，现有的相似测度方法在一定的条件下不能正确计算两个广义模糊数间的相似度。笔者在"单重心方法"(Simple Center of Gravity Method，简称SCGM)计算广义模糊数的重心点的基础上，提出了一种新的基于广义模糊数相似测度的模糊风险分析方法。由于考虑了决策者意见的可信度，与现有的风险评价方法相比，基于SCGM的模糊风险分析方法得到的评价信息更丰富，可信度更高。下面给出该方法的操作步骤，能为正确处理模糊风险分析问题提供充分的依据。

(二) 风险控制(Risk Control)

1. 风险控制的目的

风险控制主要有两个目的：①防止事故的发生；②降低系统的风险。

2. 风险控制的措施

风险控制措施，是结合危害因素、风险分析内容，以及风险评估结果而制定的控制风险的措施，目的是使风险可控，保障不发生隐患、事故的措施。危害因素辨识、风险分析与评估的目的是有目的地实施风险防控。因此，针对识别、分析和评估出的风险，围绕事故预控、降低风险及其影响的角度，在管理体系文件中，制定风险控制措施的优先原则。控制措施的制定主要从三个方面着手：工艺/设计方面、管理/程序方面、个人防护/环境保护方面。按照优先原则，具体为消除、替代、工程控制、隔离、减少人员暴露时间、管理程序、劳动防护。

风险控制措施应从设备安装、调试、运行等各阶段考虑。工艺/设计方面控制措施应考虑：消除或取代危害物质；对风险全面/部分封闭、孤立和分开；用机械替代人工，减少人员暴露；增加压力释放装置、增加警示/警告装置、增加临时结构(如脚手架)、使用减轻危害的设备。管理/程序方面控制措施应考虑：人员素质培训、操作程序和承包商安排、维修保养程序、安全检查、应急程序、监测/监控、增加标识、编制或完善准则、编制或完善规章制度。个人防护/环境保护方面控制措施应考虑：防止窒息性/有毒物质的吸入/摄入，听力、眼睛、皮肤、身体局部保护、安全带、防辐射、救生带、防缠绕、防振动、固体散落、液体溢出收集装置/临时排水沟盖、水道栏障、临时排水隔栅、应急消防水排放保护。其措施主要有：

(1) 含缺陷管线的"合于使用"原则实施的完善。"合于使用"(Fit for purpose)，亦称"适用性"。它是指含缺陷的管线可以允许在存在缺陷(裂纹)的情况下，继续工作一段时间。但是，这是有条件的，即继续工作的时间，不能超过缺陷发展到将造成管线失效的临界值时，即要"为安全留有余地"。目前，已在管线系统中施行"合于使用"原则，但仍存在不完善之处，有待进一步改进。

(2) 长输管线系统中视情维修技术的推行。视情维修属于不定期的、根据需要的合理维修，它实际上是为了保持管线系统完整性，在风险评估的基础上，根据风险优化分析，合理排出维修管段的顺序，并作出最佳修理决策的问题。关于这些问题，本书已在经济寿命的评估及模糊风险优化等方面做过介绍，这里也不再重复。

3. 风险控制的降低系统风险的主要措施

(1) 加强风险的法规的建设与执行。有关风险的法规、规范非常重要，它的健全、完善与否，以及执行的力度如何，对风险的高低有直接关系。风险的法规中，应明确规定要进行风险评估；而且，还要规定出风险应降低到的一个指定水平；还要写明法规允许采用的从所处环境出发因地制宜的实施办法。

(2) 加强基于风险的检测技术的实施。基于风险的检测技术 RBI(Risk-Based Inspection)是以风险评估为基础，对检测的管段和装备的程序，进行优化安排和管理的一种技术方法。它的目的是通过优化得出的最佳检测程序和检测水平，来实现降低风险的要求。具体可概括为下列几项内容：

① 调查管线系统中运行的装备或管段，识别出具有高风险的管段部位或装备所在。

② 对管线系统各个管段及装备，进行风险评估。

③ 根据风险评估结果，对管线系统的各个管段及装备进行排序。从充分降低风险及适当增加检测活动的水平和频率(概率)两个方面考虑，得出优化的最佳检测程序。

④ 设计适当的检测程序以降低管线系统的总的风险，并节约财力、人力，将检测和维修的主要精力用于高风险的管段和装备上。

⑤ 基于检测，提出加强风险控制、改进风险管理的措施。

(三) 风险检测(Risk detection)

管线系统缺陷的检测与评估是管线系统完整性评估的重要内容之一，同时，管线系统的检测程序的优化安排又是风险管理中降低总风险、节约资源的重要措施。因此，对于管线系统的风险问题，不仅需要研究风险评估、风险控制，还需要研究风险检测。下面着重介绍有关风险检测的问题。

1. 合理选择检测方法问题

评估服役管线的缺陷，必须采用有效的检测方法与工具。这就需要针对不同的缺陷的特点，合理地选择不同的检测方法与工具。目前，从国内外所报道的智能检测器工作原理来看，有超声波法、漏磁法、电位法、涡流法、脉冲法等多种，这在本书第二章中将作详细介绍。但应指出，目前使用最广泛的智能检测器，还是基于超声和漏磁两种方法，已被定为国外一些从属长输管线业务的大公司在世界范围内维护管线的重要手段。为了便于合理选择，将常用的超声检测与漏磁检测方法进行比较，结果见表1-8。

表1-8 超声检测与漏磁检测的比较结果

检测方法	测量最大壁厚（mm）	测量最小壁厚（mm）	对材料敏感性	液体对检测的影响
超声检测	20(30)	0	高	无
漏磁检测	100	3	无	有
检测方法	可测最小减波值（mm）	测量精度（mm）	数据采集	检测面积（%）
超声检测	0.1T	±0.2T	可以	100
漏磁检测	1	±0.2	可以	100
检测方法	对焊缝的敏感性	对检测器速度影响	对蜡质层敏感性	对金属层敏感性
超声检测	小	有	中	高
漏磁检测	大	无	高	低
检测方法	检测裂缝	最小探头尺寸（cm）	检测数据分析	
超声检测	不适宜	5008	复杂	
漏磁检测	适宜	1524	简单	

2. 正确制定检测方案问题

关于检测方案的内容等细节，将在本书第二章做介绍。这里，只提出所谓"依次优先检测法"。为了正确地制定检测方案，首先要解决在整个管线系统中，各个管段的检测的排序先后问题，这就需要采用"依次优先检测法"。这种方法是根据管线系统风险评估的结果，依各个管段的风险的高低，自风险高的至风险低的依次排出顺序，然后，检测即按照这个顺序进行，优先从风险高的管段开始。显然，这样做符合经济原则，是正确的检测方案。

3. 采用合理检测标准问题

检测标准是进行管线系统检测的基础，各国的油气长输管线所处地理环境及运行条件等不尽相同，国内检测标准还不能简单地照搬国外的标准，应该根据我国的不同地区、不同类型管线的特点，借鉴国外标准中的先进优点，采用合理的检测标准。

我国目前现行有效的管线检测标准有：《管道干线腐蚀调查技术》（Q/GDST 0023）；《钢制管道内腐蚀控制标准》（SY/T 0078）；《钢制管道及储罐腐蚀与防护调查方法标准》（SY/T 0087）；1996年制定的石油行业标准《钢制管道管体腐蚀损伤评价方法》（SY/T 6151）；1996年制定的石油行业标准《石油天然气管道安全规范》（SY/T 6186），该标准是至今我国制定的最新的、最全面的法规。法规中规定了管线外部检查每年至少1次，全面检查每5年1次等要求，但对于采用智能检测器定期进行管线内检测及管线的底线检测等没有明确规定；对于管线的腐蚀检测标准尚不够完善；对于利用智能检测器的检测结果进行管线的剩余强度评估及可靠性评估，也未列入。

4. 充分利用检测结果

管线检测是管线系统的安全性与完整性评估的基础与前提，因此，充分利用检测的结果，为管线系统的安全性与完整性评估提供依据是很重要的。例如，可充分利用管线腐蚀区的缺陷测量数据及管材的力学试验数据，对管线的剩余强度进行评估；充分利用检测取得的裂纹缺陷尺寸及裂纹超越数等数据，进行管线经济寿命的评估。总之，检测结果来之不易，必须充分发挥它的作用，为管线的完整性、安全性评估作出贡献。

（四）风险管理的功能监测

风险管理的功能监测（Functional Monitoring of Risk Management）是一种风险管理体系，它一方面能够向上级管理部门报告风险管理的计划及提高管线安全性，降低管线系统风险的措施，以及它们的执行情况；另一方面又根据计划与措施执行情况，及时将成功的计划、措施反馈至风险管理体系中，可为风险优化分析提供依据，从而进一步制定出最佳风险计划方案。

系统风险分析和系统风险控制的基本理论，是为了全面识别生产、生活及管理过程中的各类系统风险因素、制定可操作的控制措施、落实风险防控的主体责任，将开展的风险分级防控的成果和隐患排查相结合，确保风险成果管控措施和责任都落实到人，并通过各类检查表，将风险控制措施落地，建立风险分级防控和隐患排查双重预防全员联动机制。简言之即"系统风险分级防控"。

系统风险分级防控，在管道储运企业安全保障应用过程中，主要是按照生产操作活动和生产管理活动进行危害因素辨识与风险分析，并按照针对识别的危害因素制定相应的控制措施，将防控措施分级落实到人，根据不同岗位，分级落实防控措施。即包括：（1）系统危害因素辨识与风险分析；（2）针对识别的系统危害因素制定相应的系统控制措施，将防控措施分级落实到人。

这里，着重介绍风险管理的风险监测方面的风险控制措施：（1）通过日常安全巡检和全员风险防控，进行日常排查隐患、周期性排查隐患和分级排查隐患，对排查的隐患制定管控措施。同时，对排查的隐患风险进行识别，完善到风险数据库中，形成循环控制。（2）通过建设风险分级防控和隐患排查双重预防、全员联动机制，进一步明确了各岗位的风险防控重点。将风险防控层层落实到各个管理层级和具体岗位，最终达到"危害因素识别全面、风险分级清楚准确、管控措施、责任层级真正实现落地。形成以"风险数据库"为来源，以"检查表"为风险控制载体，以"隐患跟踪平台"为风险削减手段的，"风险管控、安全巡检、隐患管理、系统管理"四个管理环节，这四者相互关联、有机结合，形成一个基于风险管理为核心的，持续改进的工作循环。

借助互联网技术和移动通信技术，将 HSE 管理专业经验、风险评估结果、隐患排查标准、隐患排查方法、隐患排查依据和相关事故案例与基层单位日常生产中的风险管控与隐患排查对接，形成"风险分级防控系统"，可以弥补基层单位生产人员安全专业能力不足的缺点，使现场管理人员经简单的培训就可以进行专业的 HSE 检查与隐患排查，具备良好的生产安全自我管理能力。

三、管道资产完整性管理理论与技术

管道完整性（Pipeline Integrity），即管道能抵御各种危害因素并保持安全运行的能力。对于油气管道行业来说，管道完整性管理，是油气企业资产完整性管理体系中的重要组成部分。管道完整性保障技术体系，是油气管道系统整个技术体系中的重要组成部分。原中国石油创建的管道完整性系统称之为 PIS 系统。

（一）资产完整性管理体系

管道完整性管理是指在役管道系统在规定的运行条件下和服役期限内，安全经济地保证管道结构完整，以实现规定输送任务的性能。其包括以下内涵：（1）管道在物理上和功能上是完整的；（2）管道处于受控状态；（3）管道管理者已经并仍将不断采取有效行动，防止管道失效和事故的发生。管道完整性与管道的设计、施工、运行、维护、检修、报废等管理的各个环节过程密切相关，具有整体性、基于风险、全寿命、综合性、持续性特点。因此，管道完整性管理是确保管道运行安全的有效手段，不仅包括物和人的因素，还包括设备、操作和环境因素，即管道设计、管理、检测和维修等方面，在资源优化配置前提下，维持管道完整性高水平。

资产完整性管理体系建设，就是对信息、技术、工作流程、组织机构及文件体系等要素进行集成，将其转化为管理要素和经济要素，经济合理地保障管道安全可靠运行，是一项长期、艰巨、庞大的系统工程。

油气管道完整性管理按照资产管理结构划分为管道本体、管道防腐、管道地质灾害与周边环境、站场与设施、地下储气库五大类，覆盖管道站场、海底管道、燃气管网、集输管网、LNG接收站、储气库等设施。资产完整性管理必须以数据收集为基础，以高后果识别为重点，以风险评价为决策依据，以完整性评价为状态诊断方法，以相应的应对措施为风险减缓手段，以效能评价为改进提高的参照，目前已涵盖长输油气管道、油气设施装备、城市燃气管道、油气田集输管网，通过完善法律法规标准体系、建立管道完整性管理安全管控模式、落实管道完整性管理责任和技术措施，消除大量安全隐患，建立新的决策模式，大大提高决策的智能性，实现油气设施检测维修的有效性。

（二）管道完整性管理法规标准建设

2010年6月25日颁布的《中华人民共和国石油天然气管道保护法》，规定了管道规划建设、管道运行保护、管道建设工程与其他建设工程相遇时关系的处理、法律责任，旨在保护石油、天然气管道，保障石油、天然气输送安全，维护国家能源安全与公共安全，使管道保护有法可依；管道完整性领域在ISO标准方面也取得了进展，中国牵头发布了《管道完整性管理规范-陆上管道全生命周期完整性管理》（ISO 19345.1）与《管道完整性管理规范-海洋管道全生命周期完整性管理》（ISO 19345.2）。

油气管道完整性管理国家标准，包括一项引领完整性管理领域的核心标准《油气管道系统完整性管理规范》（GB 32167），以及配套国家标准10项，《埋地钢质管道穿跨越段检验与评价》（GB/T 37369）、《埋地钢质管道检验导则》（GB/T 37368）、《埋地钢质管道风险评估方法》（GB/T 27512）、《埋地钢质管道管体缺陷修复指南》（GB/T 36701）、《埋地钢质管道应力腐蚀开裂(SCC)外检测方法》（GB/T 36676）、《埋地钢质管道阴极保护参数测量方法》（GB/T 21246）、《埋地钢质管道腐蚀防护工程检验》（GB/T 19285）、《埋地钢质管道阴极保护技术规范》（GB/T 21448）、《常压储罐完整性管理》（GB/T 37327）、《地理信息分类与编码规则》（GB/T 25529）。

管道完整性管理行业标准基本覆盖油气储运工业各个领域：综合类标准《管道系统完整性管理实施指南》（SY/T 6975）等21项；数据采集与平台方面以《石油行业数据字典：管道分册》（SY/T 6183）为主导共13项标准；高后果区管理方面以《输气管道高后果区完整性管理规范》（SY/T 7380）为主导共6项标准；风险评价方面以《油气管道风险评价方法》（SY/T 68911）为主导共13项标准；检测评价方面以《钢质管道内检测技术规范》（SY/T 6597）为主

导共 22 项标准；风险削减或修复方面以《管道公共警示程序》(SY/T 6713)为主导共 26 项标准；效能评价方面尚未制定行业标准，但中国石油制定了集团企业标准《管道完整性管理规范审核与效能评价导则》(Q/SY 1180)；随着完整性管理向建设期前移，2009 年以来发布了多项集团企业标准，如《建设期管道完整性管理失效控制导则》(Q/SY JS0116)、《建设期管道完整性管理导则》(Q/SY 11805)等，标志着完整性管理领域向全生命周期覆盖。

(三) 管道完整性技术进展

油气管道完整性专项技术，如定量风险评价技术、地质灾害风险控制技术、管道内检测技术、有限元仿真模拟技术，以及泵机组、压缩机组在线检测与故障诊断技术，失效分析技术等，这些管道安全预测、检测、预防、分析、诊断等方法与技术，对降低事故发生频率具有重要作用。我国油气管道事故率与欧美国家对照如图 1-18 所示。

据原国家安监总局统计，我国 2014 年事故率是 4 次/(10^3km·a)(即每年每千千米 4 次)；近年来，通过开展完整性管理，我国油气管道平均事故率统计数据由 0.4 次/(10^3km·a)降至 0.25 次/(10^3km·a)，西气东输、陕京管道系统事故率则低于 0.1 次/(10^3km·a)。据悉，美国 2015 年油管事故率 0.5 次/(10^3km·a)，加拿大 2019 年事故率 0.89 次/(10^3km·a)，欧洲

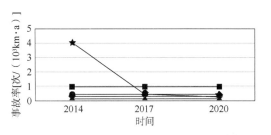

图 1-18　油气管道事故率与欧美国家对照图

2020 年事故率 0.29 次/(10^3km·a)，英国 2019 年事故率 0.212 次/(10^3km·a)。由图 1-18 看出，我国自 2014 年以来开展完整性管理的成效显著；但与欧美等国家比较，仍有提升的空间和发展的潜力。

油气管道完整性专项技术按照技术本身特点可分为数据管理与决策支持、管道风险评价、管道完整性检测评价、管道维抢修等 7 系列 34 项技术，其中 IT 技术包括人工智能。

管道完整性管理覆盖管道线路、管输站场、油库(储气库)等多个环节在管道系统中形成一个有机的整体。管道完整性管理系统不仅规定各种功能的要求，还要满足管道系统的完整性检测方案需求。完整性检测对从状态监测、过程控制和输送介质控制中的数据进行总体检测。

立足管道工程实际，利用大数据技术、管道完整性检测技术，采集真实可靠的原始数据，界定风险影响因素，建立随机因素的概率模型，确定模糊因素的潜在影响，借鉴国外管道风险评价技术的成功经验，制定我国管道风险评价技术国家标准，开发适合我国国情的油气管道风险评价体系及评价软件，是我国管道风险评价技术发展的必由之路。

管道完整性管理是一个不断计划(Plan)→执行计划(Do)→检查执行效果(Check)→根据检查完善(Act)的，贯穿整个生命周期的管理循环过程，随着时间、环境的不断变化，管理也在动态发展。管道完整性管理是综合现代管理和检测技术的系统工程。

(四) 管道完整性管理的展望分析

在国家有关部门的监管下，在管道企业、政府监管部门、协会组织、高等院校等相关方的协作努力下，以 Q/SY 1180、GB 32167 和国际标准 ISO 19345、ISO 20074 为显著标志，管道完整性管理已经进入快速发展阶段，管道企业以落实国家标准强制要求为核心，管道本体的安全整体水平获得较大提升。国家、社会对安全环保的关注，经济发展对于油气需求的迅猛增长，也必将持续促进管道完整性管理在我国的持续发展。同时，应注重完整性管理技术

的适用性，让完整管理体系构架更加贴近目前我国管道成员企业实际和生产运行、工程建设的现状，突出适用性、科学性和可操作性，将完整性管理技术与当前油气相关创新理论进行整合融合，助推完整性管理方法更加实用高效；同时，也将使得管道完整性技术需求不断增强，特别是亟须攻克的大口径、高强钢管道的建设、运行、维护技术难题，解决在役管道环焊缝材料性能、应力及缺陷等在线检测监测评价维护难题。此外，大数据、智能化、移动互联、云计算等技术的不断进步，也必然提升管道风险的预知、预测、预警、预控能力，从而促进管道完整性水平的提高。

四、基于集对分析的同异反系统安全综合评价模型

传统的安全评价方法有综合评分法和线性加权评分法等，但由于这些评价方法过于粗糙，已逐渐被系统评价方法所替代。目前，较常用的系统评价方法有层次分析法、模糊综合评价法和灰色综合评价法等。这些综合评价法各有优势和不足；层次分析法（Analytic Hierarchy Process，简称 AHP）确定评价因素的主观性强，计算结果的精度难以保证；模糊综合评价法的核心是建立隶属函数，但模糊隶属度的确定带有很强的主观性和随意性，操作难度较大；灰色综合评价法运算简便，但当涉及多个评语等级时，计算量较大。为此，笔者于2006 年创造性地引进了一种新颖的安全评价方法——集对分析（Set Pair Analysis，简称 SPA）评价法，也称"确定–不确定系统评价法"，SPA 法集成了传统方法处理不确定性信息的优点，从唯物辩证的角度定量地描述和处理系统中确定与不确定因素之间的联系和转化，从而能够对系统安全进行多角度、多层次定性与定量相结合的综合评价。该成果已于 2006年在哈尔滨工业大学学报上发表，详见参考文献。

（一）集对分析思想

1989 年，由我国著名学者赵克勤提出的集对分析应用日趋广泛，究其原因在于 SPA 采用了具有辩证思维特征的同异反联系数来统一处理模糊、随机、中介及信息不完全所导致的确定性与不确定性问题。该理论的核心是把确定性和不确定性视作一个同异反确定不确定系统来加以处理。赵克勤提出的该项理论具有原创性，是中国学者为世界自然科学和哲学研究作出了巨大贡献。笔者在本书撰写过程中，也得到了赵克勤老师的亲自指教和勉励。

1. 集对分析的基本思路

SPA 的基本思路：在一定的问题背景下，对一个集合对子的特性展开分析，再找出两个集合所共有的特性、对立的特性和既非共有又非对立的差异特性，由此建立起两个集合在指定问题背景下的同异反联系度表达式 $\mu = a + bi + cj$，再推广到系统由 $m>2$ 个集合组成时的情况，在此基础上开展进一步研究。

2. 联系数

联系数（Connexion Number）是集对的特征函数，也是集对分析的一个基本概念，常用的联系数有二元联系数、三元联系数、四元联系数、五元联系数，等等，以及这些联系数的伴随函数，如势函数、态势函数、偏联系数、邻联系数、复联系数、赵森烽–克勤概率，等等，其中最基本的是二元联系数，其形式为：

$$u = A + Bi \tag{1-2}$$

式中　A——所论集对 $H = (S, P)$ 中集合 S 与集合 P 的确定的关系数；

　　　B——所论集对 $H = (S, P)$ 中集合 S 与集合 P 具有不确定性的关系数；

i——B 具有不确定性的示性系数，$i \in [-1, 1]$。

令 $A+B=N$，$a=A/N$，$b=B/N$，$\mu=u/N$，则由式（1-2）得

$$\mu = a+bi \tag{1-3}$$

式（1-3）也称为归一化二元联系数，或二元联系度，简称联系数。

如果集对 $H=(S, P)$ 中集合 S 与集合 P 的全部关系还含有相反的关系，如矛盾关系、对立关系、逆向关系等等级，则用以下三元联系数刻画集合 S 与集合 P 的全部关系：

$$u = S+Fi+Pj \tag{1-4}$$

式中　S——集对 $H=(S, P)$ 两个集合的同一关系数；

　　　P——集对中两个集合相互对立的关系数；

　　　F——集对中两个集合既不同一又不相互对立的关系数，$F=N-S-P$。

令 $N=S+F+P$，$S/N=a$，$F/N=b$，$P/N=c$，$\mu=u/N$，于是由式（1-4）得

$$\mu = a+bi+cj \tag{1-5}$$

式中　N——所论集对中两个集合所具有的全部关系数；

　　　$S/N=a$、$F/N=b$、$P/N=c$——所论两个集合在指定问题背景下的同一度、差异度、对立度；

　　　j——对立度系数，$j \equiv -1$；

　　　i——差异度系数，$i \in [-1, 1]$。

由于 a 和 cj 相对确定，bi 相对不确定，因此式（1-5）表达的内容包含了集对 $H=(S, P)$ 中集合 S 与 P 确定性测度，又包含了不确定性测度及确定性测度和不确定性测度的既对立又统一的辩证关系。

（二）同异反评价模型

设 $U=\{u_1, u_2, \cdots, u_n\}$ 为评价因素集，评价人对 $u_s (1 \leq s \leq n)$ 的评价分为"好""一般""差"，或"高""中""低"等三级评语。若视"好"为联系度表达式中的"a"，"一般"为"b"，"差"为"c"，则评价对象关于评价因素 u_s 的同异反评价为 $r_{s1}+r_{s2}i+r_{s3}j$，其中 $r_{s1}+r_{s2}+r_{s3}=1$。进而，有同异反评价矩阵 $\begin{bmatrix} r_{11} & r_{12} & r_{13} \\ r_{21} & r_{22} & r_{23} \\ & \cdots & \\ r_{n1} & r_{n2} & r_{n3} \end{bmatrix} \begin{bmatrix} 1 \\ i \\ j \end{bmatrix}$，称 $E=\begin{bmatrix} 1 & i & j \end{bmatrix}^T$ 为同异反系数矩阵。

若指标 U 上各因素的权向量为 $W=(w_1, w_2, \cdots, w_n)$，并且 $\sum_{i=1}^{n} w_i = 1$，则同异反评价模型为：

$$\mu = (w_1, w_2, \cdots, w_n) \begin{bmatrix} r_{11} & r_{12} & r_{13} \\ r_{21} & r_{22} & r_{23} \\ & \cdots & \\ r_{n1} & r_{n2} & r_{n3} \end{bmatrix} \begin{bmatrix} 1 \\ i \\ j \end{bmatrix} = \sum_{s=1}^{n} w_s r_{s1} + \sum_{s=1}^{n} w_s r_{s2} i + \sum_{s=1}^{n} w_s r_{s3} j \tag{1-6}$$

在 SPA 的意义下，$a=\sum_{s=1}^{n} w_s r_{s1}$ 综合反映了指标 U 中"好"的同一度，是确定项；$c=\sum_{s=1}^{n} w_s r_{s3}$ 则

反映了"差"的程度，称为对立度，$c = \sum_{s=1}^{n} w_s r_{s3}$ 也是确定项；$b = \sum_{s=1}^{n} w_s r_{s2}$ 表示指标 U "一般"的情况，称为差异度，$b = \sum_{s=1}^{n} w_s r_{s2} i$ 是不确定项。

在不确定项 $\sum_{s=1}^{n} w_s r_{s2} i$ 中，实际上存在着可客观确定的部分，应用 i 的比例取值，可把其中的确定部分分离出来，必要时把它们加到相应的确定项中去，即

$$\mu_{(a-\text{确定})}\big|_{i=a} = a + bi\big|_{i=a} = \sum_{s=1}^{n} w_s r_{s1} \left(1 + \sum_{s=1}^{n} w_s r_{s2}\right) \tag{1-7}$$

$$\mu_{(c-\text{确定})}\big|_{i=c} = c + bi\big|_{i=a} = \sum_{s=1}^{n} w_s r_{s3} \left(1 + \sum_{s=1}^{n} w_s r_{s2}\right) \tag{1-8}$$

$$\mu_{(b-\text{不确定})} = 1 - \mu_{(a-\text{确定})} - \mu_{(c-\text{确定})} = 1 - \sum_{s=1}^{n} w_s r_{s1} \left(1 + \sum_{s=1}^{n} w_s r_{s2}\right)$$
$$- \sum_{s=1}^{n} w_s r_{s3} \left(1 + \sum_{s=1}^{n} w_s r_{s2}\right) = \left(\sum_{s=1}^{n} w_s r_{s2}\right)^2 \tag{1-9}$$

在 SPA 意义下，$\mu_{(b-\text{不确定性})}$ 该项表示：评价因素中既没有明确地达到目标要求，也没有明确地未达到目标要求，属于不确定值，应用 i 的比例取值法，分离 $\mu_{(b-\text{不确定性})}$ 的确定部分 $\left(\sum_{s=1}^{n} w_s r_{s2}\right)^2$，加到相应的确定项中去，得 $a' = \sum_{s=1}^{n} w_s r_{s1} + \left(\sum_{s=1}^{n} w_s r_{s2}\right)^2$，$c' = \sum_{s=1}^{n} w_s r_{s3} + \left(\sum_{s=1}^{n} w_s r_{s2}\right)^2$，$b' = \left(\sum_{s=1}^{n} w_s r_{s2}\right)^2$。

对于 m 个系统评价，当 a'_k(同一度)与 c'_k(对立度)值($k = 1, 2, \cdots, m$)的大小不相等时，可以得知待评系统之间的优劣顺序；当某两个或两个以上待评价系统 a'_k 的值相等时，再比较它们的 c'_k 值大小，便可排出所评系统之间的优劣顺序。否则，须重新请专家进行评价。

若第 k 个待评系统的联系度为 $\mu = a'_k + b'_k i + c'_k j$，根据同异反态势排序表能够确定其态势的级别，辨别它们之间的差异性；由态势的定义可知，$shi(k) = a'_k / c'_k$，从而比较 $shi(k)$ 的大小，可得待评系统的次序。

(三) 层次分析法原理

美国著名的运筹学专家匹兹堡大学教授 Saaty T L 于 20 世纪 70 年代初创立的层次分析法(AHP)是一种定性与定量相结合、将人的主观判断用数量形式表达和处理的评价与决策方法。AHP 法将系统分解为不同的要素，划归不同层次，形成多层次结构模型；建立判断矩阵，计算判断矩阵的最大特征值及其相应的特征向量，从而得到权重向量。在此，将利用 AHP 法确定评价指标权重的主要步骤如下：

(1) 根据标度理论，构造两两比较矩阵，即判断矩阵 $A = (a_{ij})_{n \times n}$；

(2) 将判断矩阵 A 的各列作归一化处理，即 $\bar{a}_{ij} = a_{ij} / \sum_{k=1}^{n} a_{kj}$，$i, j = 1, 2, \cdots, n$；

(3) 求出判断矩阵 A 每一行各元素之和，即 $\overline{W}_i = \sum_{j=1}^{n} \bar{a}_{ij}$，$i = 1, 2, \cdots, n$；

(4) 对 $\overline{W}_i$ 进行归一化处理，即 $W_i = \overline{W}_i / \sum_{j=1}^{n} \overline{W}_j$；

（5）进行一致性和随机性检验。

如果一致性检验通过，则 W_i 为所求的特征向量，即本层次各要素对上一层某要素的相对权重向量；否则，就需要调整判断矩阵，直到取得满意的一致性为止。

（四）SPA 法安全综合评价方法应用注意事项

（1）SPA 法从一个全新的角度对待评系统进行安全分析，并系统地认识安全系统所处的态势及差异性等。该方法能有效地克服只强调某些方面而忽略另一些方面而带来的片面性，考虑了安全系统中的确定与不确定因素，从而实现定性与定量相结合的评价。

（2）同异反评价模型从形式上来说，与只有三个等级的模糊综合评价模型相似，即仅多了一个同异反系数矩阵 $E=\begin{bmatrix}1 & i & j\end{bmatrix}^{T}$，但在本质上是对系统中的确定和不确定因素的辩证认识，既考虑问题的同一性，又兼顾对立性和差异性，从而体现了系统、辩证和数学的特点。

（3）SPA 法可以推广到有 3 个以上等级评语时的安全系统评价中，如采用"符合""偏符合""偏不符合""不符合"评语时，可以采用 4 元联系数构建同异反系统评价矩阵，具体做法是把同异反联系数 $\mu=a'_k+b'_k i+c'_k j$ 中的 $b'_k i$ 分解成 $b_1 i_1$ 与 $b_2 i_2$ 两个部分，其中 $i_1 \in [0, 1]$，$i_2 \in [-1, 0]$，从而得到 4 元联系数 $\mu=a'_k+b_1 i_1+b_2 i_2+c'_k j$，再把评价情况结合各指标权重进行运算，运算结果与 4 元联系数态势排序表对照后可以得到具体的评价结论。

第八节　本　章　小　结

本章简要介绍了国内外油气管道的发展历程，并作了"安全"新内涵与外延的剖析、本质安全理念的阐述、系统安全及资产完整性评估介绍、油气管网安全保障技术理论与技术概述，指出：安全生产技术的迭代与派生共存、生产安全技术升级与拓展相依，安全保障技术体系绝不能一成不变，而是需要随着时代变化、产业变革、技术进步、管理提升接续更新，必须从理念、方法、工具、科技、策略、趋势等多维度，推动安全保障技术体系的重塑、再造、创新、发展！

"安全第一""安全为天""安全在己""安全惟实"。一方面，如我国最大的管道运营商——国家管网集团公司提出的"安全生产先于一切、高于一切、重于一切"的安全发展理念，要求任何情况、任何时间、任何地点，始终把安全放在首要和核心位置，严控安全红线、坚守安全底线、筑牢安全防线；另一方面，作为油气管道行业从业者应当更有温度、更有情怀地从事安全生产工作，因为重视安全和切实保障安全，本身就是对于人民群众宝贵财产和生命的大爱。

第二章 油气管道系统安全风险 防控关键技术

以人为本，以高质量标准护航公共安全。关注社会公共安全，防范和化解风险，构建完善的油气管道公共安全管理应急机制，实现风险、应急与危机管理并重的整合式公共安全管理模式，已经成为新时期国家安全、国家能源安全高质量发展的迫切需求。原国家科技部已于 2016 年 2 月 22 日发布了国家重点研发计划《公共安全风险防控与应急技术装备》重点专项 2016 年度项目申报指南。旨在重点专项开展基础理论研究、技术攻关、装备研制及其应用示范工作，为健全我国公共安全体系、全面提升公共安全保障能力提供有力的科技支撑。特别是"11·22"青岛黄岛输油管道爆炸事故、贵州晴隆输气管道"7·2""6·10"燃烧爆炸事故发生后，将油气管道纳入公共安全管理体系范畴的呼声越来越高。

关注源头，打造智慧而卓越的风险治理之策。要增强忧患意识、未雨绸缪、抓紧工作，确保我国发展的连续性和稳定性。要增强责任感和自觉性，提高风险监测防控能力，做到守土有责、主动负责、敢于担当，积极主动防范风险、发现风险、消除风险。要完善风险防控机制，建立健全风险研判机制、决策风险评估机制、风险防控协同机制、风险防控责任机制，主动加强协调配合，坚持一级抓一级、层层抓落实。

未雨绸缪，打响防范化解重大风险攻坚战。面对日益复杂的外部环境、越来越广的风险分布、愈加困难的管理要求。油气管网应以风险为导向，以依法合规为目标，以流程优化、有效监督和强化重大风险管控为重点，在法治框架下建设和完善风险管理工作机制，注重事前把关、事中监测、事后评价的一体化全流程管控，建立法务、合规、风险、内控一体化的、以数据知识应用为研发核心的智能化平台，能够第一时间感知和管理风险的不确定性，优化资源配置，加强对高风险业务的实时动态监管，保障企业战略目标达成。

统筹协调，构建全方位全过程风险防控技术体系。油气管网系统安全风险防控关键技术，是应用于油气管网系统各组成部分、全生命周期各阶段的各种风险防控关键技术的统称，包括油气管道系统安全设计技术、施工质量安全控制技术、生产运行安全保障技术、油气管道延寿和报废处置技术、维抢修与应急技术等。牢固树立管安全就是管风险的理念，坚持以"理念引领、方法先行、以人为本、技术求精"的原则，以风险分级管控和隐患排查治理为核心，从源头斩断导致事故发生的链条，建立覆盖全方位全过程的风险防控技术体系，确保安全风险始终处于受控范围内，必将增强油气管道行业的核心竞争力。

本章从管道全生命周期所涉及的重点关键环节入手，重点介绍了系统安全设计技术、施工质量安全控制技术、生产运行安全保障技术、油气管道延寿和报废处置技术、维抢修与应急处置技术，使其凸显油气输送管道安全风险、环保风险、健康风险和质量风险在内的全面风险的预防和管控。全国油气管道犹如"一张网"，其系统安全管控逻辑框图如图 2-1 所示。

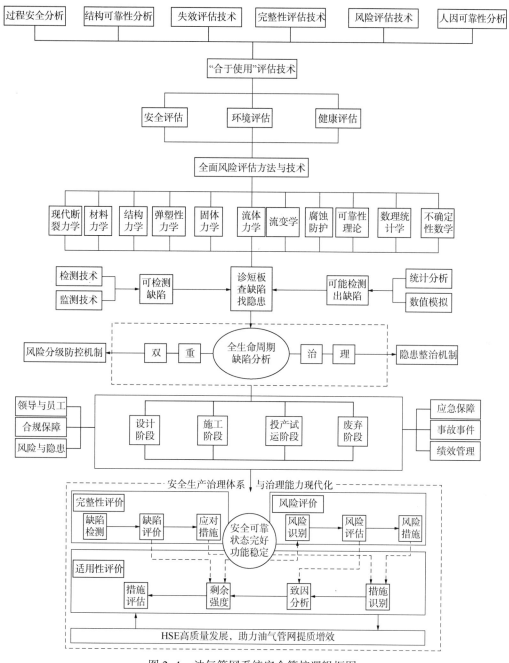

图 2-1　油气管网系统安全管控逻辑框图

第一节　系统风险预见预判技术

经过 60 余年接续奋斗和改革创新，我国油气管道行业已进入发展关键期、改革攻坚期、战略机遇期，在国家油气管道运营机制改革落地、国家管网公司成立且不断整合融合的同时，伴随着油气管网健康、安全、环保风险在内的各种风险挑战也不断显现。其中，既有显性风险，又有隐性风险，既有来自内部的风险，又有来自外部的风险，既有一般风险，又有重大风险，而且这些风险挑战呈现出交织性、复杂性、综合性等特点。有风险挑战并不可怕，只要发现及时、应对得当，就能化危为安，推动油气管道事业发展。可以说，油气管网是在应对各种风险挑战中不断发展壮大起来的。

一、构建安全风险预判预警机制的必要性

通过预见预判并采取有效措施，防止和消除一些重大风险甚至危机事故的发生，或者在一定程度上控制危机的范围、程度，使其不致造成严重事故，构建安全风险预警机制具有十分迫切的意义；要建立系统思维，通过建立内控与风险一体化、充分融合工作程序（图2-2），健全完善风险防控机制，对风险产生、发展的全过程进行监控，对风险的发生诱因与事前防范、风险的事中演进与有效控制、风险的化解与事后治理等进行全方位管理；要强化安全风险意识，坚持问题导向，提前开展风险分析研判，及时发布风险预警信息；要结合以往检查情况和企业生产实际状况等，定期对生产建设过程中可能存在的安全风险进行分析研判，重点分析研判可能存在的重大风险或隐患；建立完善动态、及时、完整的重大安全风险台账，探索研发多个智能预警模型，不断提升风险预判能力，精准制定应对预案，提前防范潜在风险，督促落实主体责任；要正确地进行风险预判、安全预警、危机预测，探讨符合管道行业特色的思想方法，在提高预判预警反应效率等方面分析关于安全风险预判预警机制的问题。要针对现实、放眼长远，把握全局，注重各个环节和细节，提前预研、预判，思想理念、工具方法、流程措施要相互配合、共同起作用。

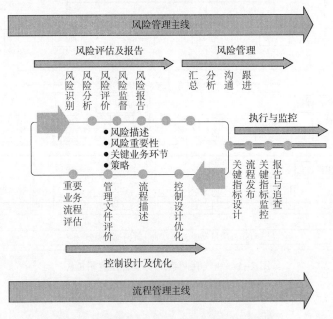

图 2-2　内控与风险一体化融合工作程序

然而，在重大风险防范工作实际推进过程中，政府、监管监察部门、管道企业会遇到各种各样的现实困境。如何实现监测监控、人员定位等数据多维度融合分析？如何实现管道企业各类数据集成、深度利用并实时上报？如何实现人、机、环、管各类重大风险的超前防控？如何实现区域内管道企业安全态势大数据分析及传递？

由图 2-2 可知：风险源于业务，"谁管控业务，谁防控风险"；业务部门是风险管理的第一道防线；定期开展重要业务流程评估及风险分析，将风险管理嵌入业务环节，并对执行情况进行内控监督。根据内外部环境及公司战略目标及发展现状，组织开展重大风险评估，强化风险事件管理，推进公司重大风险管控落地。

（一）实时会商分析预判

管道企业每季度末月对下季度油气管道生产建设过程中存在的重大安全风险进行分析研判。第四季度分析研判管道企业下年度的重大安全风险。分析研判工作可聘请行业专家，邀请属地管道相关的行政主管部门参加。管道企业要积极配合管道重大风险分析研判，按要求汇报管道下季度（或下年度）生产接续计划、主要 SCADA 系统、重大灾害治理、安全监控系统运行、安全生产主体责任落实、建设项目进展、淘汰退出等方面的情况，汇报本企业重大安全风险分析研判排查情况。分析研判要立足化解重大安全风险、防范重大事故，聚焦重点地区、重点企业、重大灾害防治，盯住管道生产建设的关键环节、关键时段，结合辖区管道实际、管道各类安全监控系统反映情况、现场检查执法和管道（企业）提供的其他资料，进行综合分析研判，查清各管道重大安全风险情况，对辖区管道存在的重大安全风险防控情况进行会商分析，形成辖区管道重大安全风险清单。

（二）预判结果精准处置

根据重大安全风险预警信息，建立健全"一企一册"重大安全风险台账，运用当前先进的大数据、物联网、流式计算、云存储、时序数据库等技术，全面实现管道安全数据从数据标准化、数据异地采集、流式计算分析、云端存储、指标计算到数据可视化展现的全数据生命周期应用，并通过与油气管道行政主管部门或企业联合研究安全生产风险预警模型，全面风险"一张图"，预判预警"一张图"，隐患整治"一张图"，监测监控"一张图"，风险组织"一张图"，三违"一张图"，事故事件"一张图"，应急资源"一张图"，绩效管理"一张图"，从宏观到微观展示管段、管线、管网，村乡县市省全国逐层级的点状、区域、全域的实时风险态势，并要能以天为时间切片查询历史各天风险态势，建立多层次指标、多维度分析区域内风险状况和发展趋势，对于高风险和极高风险予以预警，对于中风险予以提示，并给出处置建议。风险预警和风险研判结果以短信、电子邮件和微信公众号等多种发布方式，可以向指定用户发送可视化预警信息和分析报告。集合风险智能研判、风险预警下发、风险处置反馈及效果审核等功能，从而形成管控闭环，实现数据赋能业务，助推管道安全风险防控管控关口前移，打造"更为全面、质量更高"的统一风险预判、预警、监测和处置于一体的大数据智能云平台，使科技应用与业务风险防控深度融合，筑牢油气管道系统风险防控底线。

（三）监督审核与持续改进

管道企业要重视管道重大安全风险分析预判工作，强化组织领导，主要领导要履行好"一把手"工程，要亲自研究、亲自部署、亲自指挥，领导班子成员要加强对风险防控工作的"业务归口、专业管理、监督指导"，业务部门要根据重大安全风险预警信息，开展差异化精准审核，经常及时抽查监督重大安全风险管控情况。管道的安全主管部门、管道管理部门、生产运行部门、工程建设部门每年至少对管道重大安全风险分析预判工作进行一次系统性、综合性、专业性、趋势性总结分析，对照年内发生的管道生产安全事故和发现的隐患事件，认真查找分析预判工作的短板和不足，不断提高分析预判工作的规范性、针对性、准确性、科学性。

二、重大风险管控成效与预评估

防范化解重大风险是国有企业打赢三大攻坚战的重中之重，国务院国资委始终把风险防范作为企业稳增长、促改革的重要基础。据国务院国资委发布的《2018年度中央企业全面风险管理汇总分析报告》披露，2018年98家中央企业共计上报重大风险点396项，按各项风险在企业中出现的频次进行排序，健康安全环保风险、投资风险、现金流风险、国际化经营风险、竞争风险、政策风险、业务转型风险、人力资源风险、质量风险、战略管理风险和法律纠纷风险共十大风险依次如图2-3所示，其中，健康安全环保风险位居第一位，战略管理风险和法律纠纷风险并列第十位。

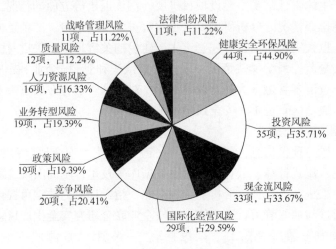

图2-3　2018年中央企业十大风险排序结果

根据我国重点石油石化企业2008—2020年重大风险管控成效及内外部环境变化趋势，当前企业重大风险分布已呈现长期性、间歇性、集中性等特征。按照管控效果（见表2-1）和环境变化引发的风险出现频率，研判未来的重大风险及管控重点，我们将未来可能发生的风险分为："需重点管控的、需重点关注的、需持续观察的、未来可能新增的"四大类风险。其中，管控效果一般，需要重点关注的风险群，当属健康安全环保风险。

表2-1　重大风险历史管控成效

管控效果	风险群	风　险
一般	重点关注的风险群一	健康安全环保、价格波动
较好	重点关注的风险群一	地缘政治经济和安全
	重点关注的风险群二	投资、国家产业政策导向、市场需求
	重点关注的风险群三	法律业务、内部改革、舞弊及诚信
	需观察的风险群三	竞争
显著	重点关注的风险群二	资源保障
	需观察的风险群一	公共关系、产品和服务质量、工程项目管理
	需观察的风险群二	业务结构、利汇率、资金流动性

据有关资料，2018年98户中央企业中，共有44户企业认为健康安全环保风险是当前企业面临的重大风险，占比44.9%。从行业分布看，健康安全环保风险主要集中在石油石化、矿业、冶金、电力等行业。汇总各中央企业全面风险管理报告，健康安全环保风险成因主要存在于以下五个方面：一是自然灾害多发，影响企业正常经营。自然灾害风险对企业经营发展和人员资产安全带来极大威胁。二是监管政策趋于严格，增加企业环保合规成本。随着外部监管趋严，工艺改进和减排措施带来的成本费用压力也在增大。三是新业务拓展及新技术应用，扩大企业风险暴露面。随着业务新领域的进入和新技术的应用，安全与环保方面的风险日益增多。四是历史遗留问题解决不到位。部分老企业设备设施陈旧老化、故障频发，安全生产隐患仍然存在。五是安全管理责任不落实，安全管理不到位。部分单位员工违章操作，安全隐患未得到闭环整改，现场安全管理不到位。

据国家工业和信息化部信息技术发展司有关负责人透露，我国油气管道2018—2021年共发生各类险情1000余起，安全生产事故的发生严重危害了人民生命财产安全，严重影响了我国社会经济的正常发展。作为石油石化企业、管道企业而言，油气长输管道、城市燃气、油气储库业务仍是三个重大安全风险领域，特别是"11·22"青岛输油管道泄漏排水暗渠爆炸事故、"6·13"十堰燃气爆炸事故、"7·16"大连原油库输油管道爆炸事故先后发生，三个重人特人事故更加引起重点关注、重点管控。

防范风险是个永久的话题，更是制度建设的根本。某石油集团按照国务院国资委上述文件要求，梳理出2022年36类风险与预评估结果情况，见图2-4。其中，投资风险、地缘政治经济和安全风险、国家产业政策导向风险、业务结构风险、市场需求风险、价格波动风险、资源保障风险、技术与工艺风险、生产中断与产能不匹配风险、健康安全环保风险、信息风险、人力资源风险、法律风险等14类为2022年预评估风险。健康安全环保风险依然是需要重点关注的风险。

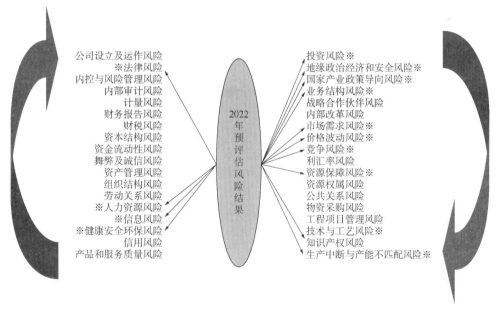

图2-4 2022年某石油集团36类风险预评估结果图

三、全面风险管控工作措施

国家管网进入新时期，企业管理的核心是风险管理，要管住重大风险，特别是造成后果不可接受且影响巨大的重大风险。全面风险、动态管理、风险是变化的，因而具有随机性、时效性、多面性、关联性、突发性，必须对内部风险、外部风险两只眼同时看，紧盯才能管住，切不可只顾外部，不顾内部，也不可只管内部、不外看。风险的预知、预测、预判、预警比风险分析、评估、管控还重要，风险无处不在，但是风险等级会发生变化，可能由高到低转化，也可能由低到高调整，全部人员，包括领导干部都必须保持对风险的洞察，对风险的敬畏，对风险的重视，对风险的掌控，对风险的处置，等等。紧扣新时代、新阶段、新形势、新要求，做好以下十个方面的紧密结合，构建全员齐抓共管，全领域覆盖，全过程管控体系。

（1）与加强党建紧密结合。在加强党建的过程中，抓好风险管控，始终坚持党的领导、全面加强党的建设，把提升重大风险管控能力作为加强党的领导与企业经营管理有机融合的重要内容。

（2）与完善法人治理紧密结合。把风险防控作为完善法人治理结构的重要内容，加强对控股公司的治理，切实与"三会一层"的管理、"三重一大"的决策有机结合。

（3）与"改革三年行动"紧密结合。将风险管控涉及的各业务领域重点工作与改革三年行动计划的具体任务有机融合，细化目标责任，抓好贯彻落实，同步推进，同步完成。

（4）与优化调整油气管道运营体制紧密结合。将深化油气体制改革和优化调整后油气管道运营体制下的新要求，融入风险管理的实质内容，推进机构职能优化协同高效，赋予新体制下油气管网各管理层级的风险防控新职能、新机制。

（5）与提质增效、治亏压减专项行动紧密结合。坚定市场意识和效益意识，贯彻落实高质量发展要求，持续提升管理精细化和经营精益化能力，削减风险点，将管住风险的具体要求纳入提质增效专项行动中，同步实施，同步考核。

（6）与依法合规管理紧密结合。进一步强化依法合规意识，完善依法合规经营规则，严守"合规红线底线"，加强监督检查力度，筑牢风险管理防线。

（7）与 QHSE 管理体系紧密结合。强化安全管控提升，建立安全管理理念下的风险防控体系，逐步形成安全管理与风险管理相互支撑、相互补充的管理体系。

（8）与各项监督检查成果运用紧密结合。推进纪检专责监督同内控、审计、财务、法律、舆论等各类监督协作配合，健全信息沟通、线索移交、成果共享、程序衔接等工作机制；将风险防控和管理与应用好各专业线检查、巡视、巡察、审计、纠纷案件成果有效结合，举一反三，切实做好风险防控工作。

（9）与构建大监督格局紧密结合。完善以政治监督为统领的监督体制机制，建立健全大监督格局工作规则等监督制度，发挥好两级纪委协助引导推动作用，完善巡察、执纪等监督统筹衔接机制，充分发挥联合监督的优势，织密、织牢立体式的"大监督"网，形成常态长效的监督合力，建立齐抓共管的体制机制、强化追责问责，倒逼管控落地。

（10）与全面提升公司治理体系和治理能力建设紧密结合。按照国务院国资委的有关要求，在全面梳理治理体系和能力的同时，有效实现各治理主体权责清晰、责权对等、履职有效、监督到位、问责有力的运行和管理体制，将风险防控管理与优化制度流程建设有效结合，融为一体，使风险管控融入日常管理工作之中。

第二节　系统安全设计分析技术

油气管网结构复杂，系统安全性设计是包括油气管道在内的储运工程各项设施系统设计的关键技术之一，也是管道安全设计的重要内容。本节介绍了基于传统设计方法和基于缺陷评估的设计、基于应变的设计、全寿命设计等设计新方法，重点阐述了设计质量保证、安全功能识别、安全功能标准化设计、安全现场标准化施工设计要求、第三方施工方案设计、系统安全功能失效分析等系统安全性设计工作内容，以落实"安全源于设计"的理念和准则。

一、油气长输管道工程设计新方法

(一) 传统的设计方法

油气管网安全性和经济性首先要求油气管道结构的合理设计。目前，常用的油气长输管道的设计方法有两种：一种是以设计指南和规范的设计系数为基础的确定性方法，称为工作应力设计方法；另一种是基于可靠性的设计方法，称为基于极限状态的可靠性设计方法。工作应力设计方法是以承受工作条件下的内压所需的管道承载能力为基础，相关的载荷和载荷效应及材料性能都被看作确定性的量，并明确规定了用于检测管道是否屈服的两个基本方程：环向应力判据和等效应力判据。考虑到制造和运行中的不确定因素，由最小屈服应力除以安全系数(或乘以设计系数)以保证管道的承载能力。这种安全系数是在大量设计基础之上得出的，反映了一定的统计特性。基于极限状态的可靠性设计方法，是采用可靠度理论的分析方法，可对管线在强度、承载能力及疲劳寿命方面的安全性，作出比工作应力设计方法更合理的评估。与基于极限状态的可靠性设计方法相关的设计标准有"《石油天然气工业管道输送系统　基于可靠性的极限状态方法》(GB/T 29167)"。如果设计载荷效应没有超过设计抗力就被认为满足安全水平。设计中与极限状态有关的载荷效应系数、安全等级抵抗系数和材料抗力系数需要采用可靠度的方法对不同的安全等级进行校准。

(二) 基于缺陷评估的设计方法

影响管道安全的主要缺陷有裂纹和腐蚀两种。因此，在设计阶段进行的缺陷评估主要有裂纹缺陷评估和腐蚀缺陷评估，在传统设计方法的基础上，通过缺陷评估，对设计进行改进。基于缺陷评估的设计方法首先承认缺陷设计中是肯定存在的，其实质就是基于安全寿命的设计方法。

1. 基于裂纹缺陷评估的设计方法

在设计阶段，要考虑的油气管道的裂纹缺陷主要包括来自材料本身的裂纹缺陷和预测管道在安装和使用过程中产生的裂纹缺陷。裂纹缺陷评估主要包括剩余强度分析和剩余寿命分析。

基于裂纹缺陷评估管道设计主要包括以下四项，最后根据设计寿命确定可接受的裂纹尺寸。

(1) 初始裂纹的确定。初始裂纹缺陷是指开始计算寿命时的最大原始裂纹尺寸，可以用无损探伤方法测出。在有条件进行破坏试验或从零构件缺陷处取样时，一般采用对疲劳断口进行金相或电镜分析，并使用概率统计方法确定初始裂纹尺寸。

(2) 临界裂纹的确定。临界裂纹缺陷是指管道在给定受力情况下，管道不出现泄漏、断裂等失效所容许的最大裂纹缺陷尺寸。

（3）剩余强度分析。带裂纹管道在使用中任一时刻能够达到的静强度值就是管道的剩余强度。剩余强度分析主要是获得剩余强度随裂纹增长的变化规律，并在要求的剩余强度载荷下，给出裂纹扩展寿命计算所需要的最终裂纹长度；或者根据裂纹尺寸，预测是否满足剩余强度要求；还可以结合裂纹扩展规律，进一步得到剩余强度的时间历程，并根据剩余强度要求决定结构的寿命。

在设计阶段，对含裂纹管道进行剩余强度分析，也可以采用极限载荷法进行评估。计算出带裂纹管道的失效载荷，即极限载荷和管道的设计载荷或者实际工作压力进行比较。

（4）剩余寿命分析。含裂纹的管道寿命分析是先确定裂纹的初始尺寸和裂纹临界尺寸，然后计算裂纹扩展速率，最后计算剩余寿命。

2. 基于腐蚀缺陷评估的设计方法

基于腐蚀缺陷评估的管道设计需要确定管道腐蚀后的最小厚度，建立管道腐蚀模型，最后根据腐蚀模型和设计寿命确定腐蚀的防腐蚀措施和腐蚀裕量。

（1）最小厚度的确定。管道腐蚀后，在工作压力的作用下，保证管道安全运营的最小厚度要求可以根据 ASME B31G 或 API 推荐方法确定。

（2）腐蚀模型。在设计阶段研究管道的腐蚀情况，就是要研究管道的腐蚀随着管道的运营而变化的情况，即需要建立管道以时间变化为基础的腐蚀模型。

3. 基于缺陷评估的设计步骤

基于缺陷评估的设计的具体步骤为：

（1）应用传统设计方法设计初始尺寸。确定管道的载荷，进行强度分析和屈曲分析，确定管道的初始尺寸。

（2）进行基于裂纹缺陷评估的管道设计。应用基于裂纹缺陷评估的管道设计方法，确定管道的选材、裂纹接受尺寸，临界裂纹尺寸，管道的设计寿命，确定管道的检测周期。

（3）进行基于腐蚀缺陷评估的管道设计。应用基于腐蚀缺陷评估的管道设计方法，确定管道的防腐措施和腐蚀裕量。

（4）对初始设计进行修正，得到最终设计方案。

（三）基于应变的设计方法

1. 基于应力设计与基于应变设计方法比较

一般情况下，油气管道均采用基于应力的设计方法，但对于可能经受较大位移的管道，如工作于地震及地质灾害多发区的管道，则适宜采用基于应变的设计方法。

基于应力的设计方法应满足：

$$\sigma \leqslant \phi \frac{2t}{pD}\sigma_y \text{ 或 } \sigma \leqslant \phi[\sigma] \tag{2-1}$$

式中　ϕ——设计系数；

　　　t——钢管壁厚；

　　　p——工作压力；

　　　D——管径；

　　　σ_y、$[\sigma]$——材料屈服强度。

而基于应变的设计方法应满足：

110

$$\varepsilon_d \leqslant \phi \varepsilon_e \qquad (2-2)$$

式中 ε_d——设计应变；

ε_e——许用应变；

ϕ——设计系数。

2. 基于应变的设计思路

1）基于应变设计方法的基本思路

基于应变设计方法的基本思路，如图 2-5 所示。

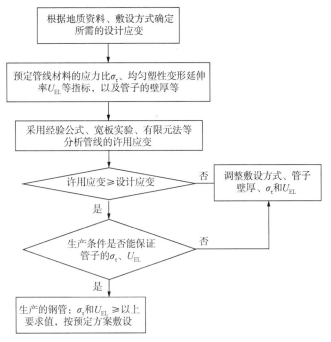

图 2-5 基于应变设计方法的基本思路

2）设计应变及许用应变的确定方法

基于应变的设计方法的关键，是确定管道在地震和地质灾害中将要承受的应变（设计应变）及管道本身所能够承受的应变极限（许用应变）。设计应变根据地质资料确定。如通过地震区管道可根据震级确定位移量，再算出设计应变值。

许用应变可以根据拉伸、压缩、弯曲等实验或有限元分析确定。尽管屈曲后管线并不会马上破坏，但一般要求管线不能发生屈曲变形，所以屈曲应变可以作为管线许用应变的临界值。

根据经验公式也可以确定管线的许用应变，经验公式将材料的力学性能与屈曲应变联系起来，对于工程应用是非常有意义的，但是不一定适用于所有材料，所以很有必要积累一定的数据，如将屈曲应变作为许用应变。

临界应变公式为：

$$\varepsilon_e = \frac{4}{3} \sqrt{n} \frac{t}{D} \qquad (2-3)$$

式中 n——应变强化指数。

X65 及以下钢级的临界应变公式为：

$$\varepsilon_e = \frac{4}{3}\sqrt{0.11\frac{t}{D}} = 0.44\frac{t}{D} \tag{2-4}$$

X65 及以下钢级 JGA 设计公式为：

$$\varepsilon_e = 0.35\frac{t}{D} \tag{2-5}$$

3）基于应变的设计规范

目前，还没有专门、完整的基于应变的设计规范，但有些规范已涉及这些内容，并分别对长输管线、管线钢提出了要求，见表 2-2。

表 2-2　涉及基于应变设计方法的管线标准及规范

国家	长输管线	管线钢标准
加拿大	CSA Z662 CSA Z662 App. C	CSA Z245.1 CSA Z662
挪威		DNV
英国		BS 8010：Part 2
澳大利亚	AS 2885	AS 2018
美国	ASME PD Vol.55 ASME PD Vol.69 API 5L	

地震和地质灾害对管道造成的损害是通过过量塑性变形引起的，主要预防措施为：

（1）在敷设方式上：①尽量避开产生大位移的地层不稳定区域；②由于管道承受轴向拉伸应变的能力远大于承受压缩、弯曲的能力，管道的走向应使其承受拉伸应变；③采用大曲率半径弹性敷设方式，增加管道活动能力；④在断层大位移区应考虑宽沟、松散砂土浅埋或不埋；⑤采用轨道、滑轮减小管道的运动阻力。

（2）提高管道材料本身变形及抗变形能力。

（四）全寿命设计方法

1. 国内外结构全寿命设计理论研究及应用现状

四年一届的有 50 多年历史的国际结构安全性与可靠性领域的学术盛会——第十三届国际结构安全性与可靠性大会（ICOSSAR 2021）已于 2021 年 6 月在中国举行，是对各类基础设施系统和网络等多个领域中共同关心的结构安全性与可靠性共性基本问题、关键技术的跨学科交流平台。近年来，不确定因素对结构可靠性的影响、结构可靠性分析、结构可靠性优化设计、结构可靠性评定与维修理论、结构寿命预测等方面内容是国际上研究的热点。目前，国际上基于功能的结构体系设计代表了结构设计的未来发展方向。我国在以结构可靠性理论为基础对各类建筑结构设计规范修订、影响结构可靠性的不确定因素分析、在役结构的检验、可靠性评定、维修决策、结构诊断专家系统与加固修复技术、结构耐久性和剩余寿命估计、结构防灾减灾与结构抗风、抗震控制等理论和技术多方面已经取得了重要的基础研究成果，并部分应用于工程实践。

2. 管道工程全寿命设计内容

全寿命设计是为了寻求全寿命周期内管道工程的人文、生态、环境、技术、功能和经济效益等综合最优，对结构、材料、耐久性、环保、施工、管养及全寿命成本等进行综合设计的方法；是管道工程建设中最为重要的一个环节，它将满足管道结构体系的性能要求，建立并优化结构方案。为确保管道工程设计寿命周期内的良好性能，全寿命设计应包括以下内容：

（1）使用寿命设计。确定管道设计寿命的目标，将管道的各构件分成不同的目标使用寿命类别，再确定管道在设计使用寿命期内各构件必须更换的次数，并通过对各种使用寿命规划方案的成本的比较进行设计的优化。

（2）性能设计。结构体系和部件的功能设计及其未来可能的灵活性设计；为满足管道安全性能的要求，须进行强度、稳定性等结构设计；为满足管道耐久性能的要求，须在计算中引入时间因素，将抗力设计扩展为耐久性设计；进行管道安全性设计，以满足管道风险控制在可接受水平；风险分析和对策设计，使管道在遭遇一定概率的风险事件后，不造成较大经济损失和人员伤亡。

（3）环境生态设计。开展面向环境生态设计的主要目标是为了满足管道结构物在整个寿命周期内可持续发展的要求。其主要内容包括能源经济设计、施工和使用过程中环境负荷计算、回收再利用设计等。

（4）施工过程控制设计，以确保良好施工质量忠实地表达设计成果。

（5）监测、养护与维修设计。包括管道运营期内的监测、养护、维修、管理等，在设计阶段就要提出寿命周期监测、养护的方案规划，使管道在使用寿命内始终保持良好性能，满足使用功能的要求。

（6）选择最优的设计方案必须进行全寿命周期成本分析，对全寿命周期内发生的所有成本（包括财务成本和环境成本）进行比较，在平衡各种需求的前提下，选择全寿命周期成本较低的方案。

3. 管道工程全寿命设计的阶段划分

管道工程全寿命设计可分为三个管道工程全寿命设计主要阶段（工程可行性研究阶段、初步设计阶段和施工图设计阶段），对主要过程（包括使用寿命设计、环境生态设计、性能设计、施工过程控制设计、监测养护与维修设计及成本分析六大过程）采用各种恰当的方法和措施进行设计，最终实现管道工程良好的全寿命周期质量。

1）可行性研究阶段全寿命设计内容

管道工程全寿命设计理念主要体现在全寿命经济合理性和实施可行性两个方面。本阶段应针对管道项目建设的目的，确定管道工程的功能和设计寿命，调查、研究涉及管道工程全寿命设计的环境条件（包括自然环境和社会环境）的详细情况，分析全寿命周期内环境对管道可能产生的影响及管道建设和运营对周边环境的影响，为保证管道的设计寿命必须进行初步的性能设计研究（尤其是耐久性对策研究），明确运营阶段管理、养护工作的估算指标，进行基于全寿命设计的投资估算、融资方案和经济评价。需要时，可开展一定的专项课题研究。

2）初步设计阶段全寿命设计内容

初步设计的目的是确定工程方案，控制全寿命成本，该阶段应深入调研自然环境条件，分析环境因素对管道结构的影响，管道工程全寿命的确定，进行各方案的性能、生态、施工方案、管养及全寿命周期成本等比选，编制管道工程全寿命周期成本概算，确定管道工程初步设计推荐方案。

初步设计文件是材料机具订购、安排科研项目、征地拆迁准备、编制施工图设计文件、控制投资等的依据。

3）施工图设计阶段全寿命设计内容

根据初步设计文件及其批复意见，进行施工图阶段的管道工程全寿命设计。深化建设条件及环境条件的调查，进行详细的勘察、深化性能、管养设施等设计，计算工程数量，确定施工及控制方案，编制管道工程管理、养护及全寿命成本预算等详细内容。

目前，国外已进入指定寿命下高可靠度主动设计阶段，借助于材料疲劳/断裂性能、载荷/环境数据库，利用结构可靠性设计、优化设计理论和随机数学、疲劳学、断裂力学、工程力学、仿生学、智能工程学、计算机仿真技术等，对指定寿命直接进行结构体系可靠性设计。与此同时，一些先进工业国家都将预定寿命下结构主动可靠性设计理论与失效智能在线预示技术，作为一项重要的系统工程进行研究，其研究思路值得管道工程结构设计研究借鉴。

二、设计质量保证

设计作为管道建设项目的龙头，对项目的质量起着先决性的作用。据国内外相关资料统计，超过40%的工程质量事故是由设计原因引起的，是责任原因主体之首。第一章介绍了"安全源于设计"；设计决定了管道工程项目的成败，设计的质量也决定了工程项目的质量，管道系统的功能安全和工艺安全也主要是由设计决定的。

设计不仅包括管道建设项目的设计，还包括管道系统及其各个子系统的设计阶段的设计，此外还包括管道系统全生命周期里各个阶段里的设计，例如：检测监测规划设计、工艺设计、智能化改造工程设计、维修补救工程设计、废弃工程设计。

在这些设计过程中，安全始终必须是、也必然是需要着重考虑的，影响设计质量的关键因素。如何确保设计质量符合业主、客户其他需求的同时，满足安全关键需求乃是各方共同关注的问题。

设计过程中应以"本质安全"为设计基本原则，按照"综合成套、整体协调、重在实施、闭环控制、持续改进"的工作方针，由工程建设本部负责"三化"工作顶层设计，建立覆盖设计、采购、施工、竣工验收等工程建设项目全生命周期的一体化技术体系。在上述基本原则、工作方针、技术体系下，在设计过程中，要动态识别管道沿线高后果区、高风险段，选用成熟适用的安全防护技术，评估地灾防范、水工保护、水土保持方案及相关安全防护措施，提高应对地质灾害、第三方损害等风险的能力。加强设计与各专项评价的结合，实现动态设计，持续优化设计方案。

设计质量是指在严格遵守法律法规、标准规范的基础上，正确处理资源、技术、资金、环境、时间等条件的关系，使设计产品或服务能更好地满足业主及各相关方所需要的功能和使用价值，为采购和施工提供正确合理和清晰的指导依据。油气管道设计是复杂的系统工程，涉及众多的专业，包括了工艺、设备、防腐、线路、QHSE、公用工程，等等。

油气管道行业的设计质量包括了设计的准确性、合理性、科学性和可采购性、可施工性、可及性。影响设计质量比较关键的几个方面包括：设计输入的质量；各专业之间的条件互提质量；各专业设计产品的质量；材料清单(Material Requisition，简称 MR)等设计文件的质量；厂商技术质量评审质量；设计变更的质量；等等。

设计质量主要体现在以下几个方面：

（1）设计是否符合国家现行的有关法律法规、国家行业技术标准及合同的规定，现行的油气管道设计标准主要包括：《输油管道工程设计规范》（GB 50253）、《输气管道工程设计规范》（GB 50251）、《输油管道工程线路阀室设计规范》（Q/SY 1446）、《输气管道工程线路阀室设计规范》（Q/SY 1445）、《石油天然气工程设计防火规范》（GB 50183）、《石油库设计规范》（GB 50074）、《采空区油气管道安全设计与防护技术规范》（Q/SY 1487）、《输油（气）钢质管道抗震设计规范》（SY/T 0450）、《城镇燃气设计规范》（GB 50028）。

（2）设计过程中所采用的工艺和技术是否先进和经济合理。

（3）设计文件的深度是否能满足相应的技术要求及相应国家规范的要求。

（4）设计文件错误是否很少、工程图纸对设计意图表达得是否清晰，能否满足后续工序（如采购、施工等）及项目建成后的生产运行的需求。

（5）设计是否最大限度地满足顾客及其他受益者的明确和隐含的需求。

设计质量呈现以下主要特征：

（1）可靠性。可靠性是指设计的管道系统在运行时功能稳定而不发生故障。设计时需要考虑设计方案能够保证重要设施的可靠运作，保证管道系统的本质安全。

（2）安全性。安全性是指工程建设及在运行时不发生事故。设计时需要严格遵循国家的有关职业健康安全规范，考虑施工和生产过程中现场工作人员的安全等因素。

（3）可施工性。设计方案必须要考虑施工的可能性和便利性，避免因设计不合理导致施工过程中发生重大设计变更。充分考虑标准化设计和使用预制构件，同时充分考虑了材料、设备的可采购性和施工难易程度。

（4）可扩展性。管道建设项目通常规模大，且分期进行建设，设计必须考虑工程具有可扩展性。例如，进行总平面规划布置时，以及各个专业包括工艺管道、电气、自动化控制、消防给排水等，必须充分考虑扩建的可能性；通过预留空间及容量，考虑好扩建边界的设置，保证将来工程扩建时已建成部分不受扩建的影响，便于施工。

（5）可维护性。设计方案必须考虑设施投用后的维护成本和维护难易程度。在不影响安全的前提下要充分考虑运行维护要求。

（6）环保性。管道建设项目能源消耗大，污染物质多，设计时要充分选用低能耗环保材料和设备；设备布置在满足生产工艺要求的前提下，尽量紧凑布置，以节约土地；同时，考虑采用先进的施工工艺和技术使工程建设周期缩短，减少建设过程对环境的影响。

（7）人性化。管道建设工程设计，尤其是站场设计，需要充分考虑人体工程学因素，考虑使用者在进行生产操作时的舒适、方便和快捷。

（8）经济性。它是指从项目的整体经济效益出发，全面考虑项目整体规划、设计、制造、采购、安装、生产、维修、改造等全过程的造价因素，力求设计方案在满足各方要求的前提下，使得投资最小。

大型长距离输油气管道建设需要遵守以下程序：

（1）根据资源条件和国民经济长期规划、地区规划、行业规划的要求，对拟建的输油气管道进行可行性研究，并在可行性研究的基础上编制和审定设计任务书。

（2）根据批准的设计任务书，按初步设计（或扩大初步设计）、施工图两个阶段进行设计。初步设计必须有概算，施工图设计必须有预算。

（3）工程完毕，必须进行竣工验收，作出竣工报告（包括竣工图）和竣工决算。

一个好的设计必然是符合国家的法规政策、标准规范，且切合实际、技术先进、经济合理、安全适用的设计。做这样的设计，要求我们认真贯彻执行国家的方针政策，加强科学技术研究，借鉴国外一切适用的先进成果，深入现场，精心设计，精心施工。为保证设计工作正常进行，取得高质量的成果，必须遵循一定的程序，包括前期的勘察。

勘察是广义设计工作的一部分，它不仅为设计准备资料，也参与设计方案的确定，勘察与设计两者须密切配合。勘察工作必须走在设计的前面（必要时可有合理交叉），及时为设计提供资料。

设计工作包括编制设计文件、配合施工和参加验收、进行总结的全过程。要在设计工作的全过程中，都要重视"安全"这个最重要的质量要素。大型输油气管道建设的前期工作包括由上级主管部门或管道建设单位委托设计或咨询单位进行可行性研究、编制设计任务书。根据批准的设计任务书，按初步设计和施工图设计两个阶段进行设计。

为了保证设计质量的上述特征，尤其是其中的可靠性和安全性，需要在完善质量管理体系中的文件和各流程接口环节控制程序的同时，严把设计过程质量控制关。

三、安全功能识别

在做好设计过程质量控制的过程中，一项关键的设计工作内容是做好安全功能识别，以确保管道系统的功能安全。

如何做好安全功能识别呢？就是要进行危险辨识和SIL定级。为了确定安全联锁的可靠性目标，并为安全仪表系统（Safety Instrumented Systems，简称SIS）配置提供设计依据，需要确定每一个安全仪表功能（SIF）的安全完整性等级（SIL），借助于风险图/风险矩阵的保护层分析（LOPA）方法是目前国内运用最广泛的SIL定级方法。

首先要建立过程的安全目标，定义什么是可接受风险，什么是不可接受风险。安全目标确定后进行危险和风险分析，评估存在的风险，其中危险辨识，即危险和风险分析评估，最常用的就是危险与可操作性（HAZOP）研究、失效模式和影响分析（FMEA）。

完成SIL定级后，需要进行SIL验证。即基于SIF回路传感器子系统（传感器、变送器和安全栅等）、逻辑解算器子系统（安全PLC）和最终元件子系统（继电器、电磁阀、阀门、MCC等）仪表设备配置搭建可靠性模型，运用国际权威的失效率数据进行计算，确保SIF配置已实现SIL等级目标。

安全仪表系统（SIS）已经广泛应用于石油化工、医药化工及储运设施等行业。通过过程危害分析（PHA），将SIS作为一种保护措施用于降低生产过程中潜在风险发生事故的概率。在石油化工领域，一个项目的安全仪表功能（SIF）需求通常来自三个方面：①工艺包提供的因果表（cause & effect）或联锁逻辑图；②法律法规、标准规范或企业标准里的特定要求；③基于过程危害分析后，为了预防潜在风险所需的SIS。

SIS系统功能安全的实现不仅需要技术手段和先进仪表设备，还需要人员和管理制度的深度融合。功能安全管理体系对于管道行业而言是必不可少和相当急迫的，建立健全企业级功能安全管理体系，可以有效保障SIS系统的功能安全。

但是，工艺包给出的因果表或联锁逻辑图，一般不仅是基于安全需求的联锁，还包括了基于工艺自身需求的联锁及基于设备保护的联锁等；且联锁执行动作亦不明确哪些是主要动作，哪些是次要动作。PHA最常用的方法是HAZOP，虽然HAZOP是识别过程危害的一种非常有效的方法，但它只是一种定性的识别，并没有涉及后续相关活动(例如 SIL 评估)，也存在 SIF 被遗漏或定义不明确的可能。因此，SIF 的识别是非常必要也是重要的，SIF 的识别及确定也是 SIS 全生命周期中重要的一环，若 SIF 设置不合适，则不但无法实现风险削减的目的，还可能会对生产过程的安全运行造成潜在威胁或发生不期望的安全事故。

并不是所有的联锁动作都属于 SIF，其中大部分与安全无关，仅作为连带动作在执行。在实际工程项目中，识别 SIF 回路是一个系统工程，识别的方法有多种，都有其各自的流程及特点，识别结果也和参与工程项目技术人员的工作经验有密切的关系。只要把握住 SIF 是一种安全功能或安全措施，是为了降低某个特定危险场景的发生频率而设立的原则，对生产工艺进行严格的风险评估，一定能准确地识别出生产过程需要的 SIF，从而达到使生产过程安全、平稳运行的目的。

依据 IEC 61511，基于 HAZOP 分析和 SIL 定级结果定义 SIF 回路的功能性要求和安全完整性要求，安全要求规范(SRS)是 SIS 系统设计和操作维护的基础性文件。

四、安全功能标准化设计

为保证设计质量中的安全功能，不仅要做好安全功能识别，还要设计并设置好包括安全仪表系统在内的各个功能安全保护层，是确保油气管道系统在设计阶段里就搭建好安全保障基础的关键。

IEC 61508 和 IEC 61511 是过程安全领域里十分重要的国际标准，这两个标准虽然关注的是安全仪表系统，但均认为实现或保持过程工业的安全状态并不只依赖安全仪表系统。这两个标准对"安全功能"的定义是：针对特定的危险事件，为达到或保持过程的安全状态，由安全仪表系统、其他技术安全相关系统或外部风险降低设施实现的功能。这些安全功能在 IEC 标准中亦称为安全保护层。可以认为过程工业常用的安全保护层，如工艺过程的固有安全设计、基本过程控制系统和物理保护(如安全阀、爆破片)等是最基本的保护层，只有这些保护层不能将风险降低到可接受的水平时，才使用安全仪表系统。因此，安全仪表系统作为保护层与其他技术保护层的互相配合，以及每一保护层的功能正确实施，是 IEC 标准功能安全的核心。

近些年来，以设计、采购、施工(Engineering，Purchase，Construction，简称 EPC)一体化承包为主要特征的工程总承包模式，在缩短建设周期、降低项目造价、减少过程中的纠纷等方面具有明显的优势，在国内石化行业工程建设领域日益兴起。在 EPC 模式下，设计处于一个较为核心的地位，是采购和施工阶段实施的依据。设备要按照设计提供的技术规格书的要求进行采购，施工须按照设计图纸及技术文件进行施工建设。设计环节并非是一个独立环节，采购和施工过程中通常都需要设计人员的参与。设计渗透于 EPC 项目运作的各个阶段，以确保 EPC 项目的顺利实施和交付使用。

用高水平的安全保障理念、技能和管理实操，确保油气管道的设计、采购、施工、试压、验收、运营、维护、延寿、风险防范、隐患消除、及时报废、处置工程等各环节都有良好的安全状态，是我们全行业全社会每个人的共同追求。

五、安全现场标准化施工设计要求

在管道设计的整套方案中，还必须包括对于管道施工的具体要求，即安全现场标准化施工手册。其中的一个关键分册是《施工阶段 HSE 风险管理手册》(以下简称《手册》)。《手册》为油气管道建设项目施工过程对 HSE 风险进行合理控制，促进项目各参与方 HSE 管理体系有效运行提供框架性的指导。培育项目风险管理文化、合理保证项目各项建设目标实现、降低施工风险、减少施工阶段水土流失和环境破坏，进而确保遵守相关法律法规标准。涵盖管道设计和管理部门和机构对于施工项目 HSE 风险管理基本理念、方针、目标等纲领性要求，统一油气管道建设项目施工风险管理的基本要求，明确管道建设业主对于项目各参与方风险管理的职责和流程要求(包括风险评估、风险管理策略制定、风险管理解决方案制定、监控与报告、考核监督等内容)。通过 HSE 的结构化动态风险管理系统，形成自下而上信息汇总及自上而下风险管控目标分解的闭环控制系统，为项目建设各层级的决策行为提供必要的支持。《手册》依据的标准包括：《油气输送管道地质灾害防治工程施工规范》(SY/T 7476)；《油气管道工程项目工作分解结构编码规则》(CDP-G-OGP-OP-019)；《滑坡防治工程设计与施工技术规范》(DZT 0219)；《项目风险管理应用指南》(GB/T 20032，IEC 62198)；《健康、安全、与环境管理体系》(Q/SY 1002)(包括原 Q/SY 1002.1 改为 Q/SY 08002.1，原 Q/SY 1002.2 改为 Q/SY 08002.2，Q/SY 1002.3)。

六、第三方施工方案设计

第三方在管道附近进行施工前，必须经过相关管理部门的审批，各地管道管理部门也要有专门的责任人经常查阅审批数据库，以确保本地区的第三方施工区域与油气管道保持安全距离。第三方施工区域与油气管道距离过近时，应由管道安全保障专家会同管道设计部门对第三方施工方案进行相应的设计改进，否则禁止施工。这样，可以避免第三方施工过程中对于管道造成直接或间接的、即时或后发的损伤破坏，而且可以避免油气管道万一发生泄漏爆燃事故而可能造成的危害。例如，在管道附近建学校的第三方，必须先建好"经过计算并留出足够安全裕量的合格防爆墙"，然后才能开始学校建设工程。

某年，在大连发生的一起原油管道泄漏事件，是一起由建设单位和施工单位违法违规、擅自施工、操作失误，偏离定向深度钻破管道，导致原油泄漏的严重责任事件，事态严重、影响恶劣。事故原因是：第三方施工方案未严格按照属地所在业务主管部门或者其委托相关单位的"联合会审"，输油气单位未及时上报，造成某原油管道被破坏的原油泄漏事件。事故发生单位的输油站对第三方施工不敏感，管道保护意识差，巡线工作不细致。特别是在全国开展油气管道、城市燃气专项治理的"安全生产月"活动期间，没有严格执行管道成员企业第三方施工监督管理有关规定。事故发生单位的输油站人员获悉第三方建设合建站和管道穿越施工信息后，没有按照上级管道地区公司《管道线路第三方施工监督管理规定》的规定向事故发生单位报告，并填写"第三方施工信息表"，没有向施工单位送达"管道设施安全保护告知书"，对第三方施工敏感性不强，没有在准许施工作业前加强巡护，没能及时发现施工单位的违规施工行为。同时，没有认真贯彻执行所在的市政府工程施工联合审批规定。同年 1 月 23 日，所在地级市安全生产监督管理局、发展和改革委员会联合印发了《关于印发＊＊市石油天然气、危险化学品管道相关区域工程施工联合审批暂行规定的通知》(以下简称《通知》)，上级管道地区公司和事故发生单位规章制度和体系文件要求本层级机关法律事务和安全生产部门每年 12 月份对该层级法规识别清单目录更新一次，均没有将国家和属地的法律法规、标准规范进行及时识别，自然没有深入贯彻落实文件精神，没有结合文件要求对第三方施工审批流程作出相应调整。《通知》中明确了穿跨越管道施工、管道中心线两侧埋设地下电缆、光缆作业(第二条)要执行联合审批程序，但事故发生单位的输油站有关人员在施工单位未提供联合审批手续、缺少联合施工审批"通知单"的情况下，与建设单位私下沟通，要求对方按事故发生单位内部规定报批施工方案，在一定程度上给对方提供了错误信号，违反了《通知》中提出的"工程施工申请的联合审批"需要市安监局牵头组织审批的有关规定(第四条、第五条)。按照《通知》要求，建设单位提交的"施工方案"须由施工单位报联合审批牵头单位并组织协商确定(第八条)，待双方同意并签订"安全保护协议"后，出具联合施工审批"通知单"(第九条)，各相关部门接"通知单"按职责进行施工前期审查，然后再以召开联合审查会议的形式进行审批，各方达成一致意见后，以会议纪要印发(第十条)。该起事故实质上与第三方施工方案设计质量与合规性保障有着紧密关系，事故影响之大、事故成本之高、处理结果之重值得深刻反思，甚至可以说是"11·22"青岛黄岛输油管道爆炸事故的翻版，庆幸的是没有造成人员伤亡，但是对环境的严重污染是不可避免的。综上所述，第三方施工方案设计，不容小觑，必须由多方共同参与，必须坚决落实施工前中后全过程的风险全面管控，必须严格按照相关程序，及时办理依法合规手续。

于此，笔者还需指出的是，法律的硬性规定是企业做合规的根本保证，也是企业做合规的最大驱动力。法律法规识别是公司生存和发展之要。如果在法纪问题上犯糊涂、存侥幸，必将栽跟头。管道企业的年度"法律法规识别清单"，需要建立动态、常态化机制，不能是长周期性定期识别，不只是年底或是年初、年中识别，不仅要识别国家、省市自治区、所在属地管辖政府等方面的法律法规，还要全面、及时、完整、准确地识别、收集和整理国家、行业、企业的标准，将法律法规和标准中与企业相关的条款和变化内容进行完整梳理和精准分析，归口部门要牵头组织，业务部门要共同负责，公司上下必须将法律法规、标准规范作为公司管理文件的基础和遵循，并与制度、体系、流程、标准等公司规范性文件进行对标对表、对比分析，及时建立更新滚动"法律法规识别清单"大表，如果能实现信息化为宜，这样公司领导班子、各部门、各所属单位、全体员工齐心协力、共同负责、全力参与，将所涉及的岗位文件进行相应地制定和修订，确保"法律法规识别清单"成为企业管理的、全体员工的、工作和管理的"长明灯""探照灯""警示器""信号塔"。

七、系统安全功能失效分析

安全仪表系统功能失效可能导致两种后果：一是没有危险条件时误停车，使正常的生产过程中断；二是出现危险条件时没有响应，导致安全控制与防护失败，不能避免事故甚至灾难发生。进行 SIS 与设备的失效分析，确定设备的每一种失效表现形式对系统功能的影响，是进行 SIS 安全完整性设计、保证系统功能安全的基础。在明确设备失效对系统失效影响的基础上，采用有效的设备失效控制技术，可以极大地提升设备安全性能，提高系统的安全完整性。

(一) SIS 的失效模式

SIS 的失效模式依赖于组织系统的每一个功能回路，即安全仪表功能的失效模式。SIF 既可以是安全仪表保护功能，又可以是安全仪表控制功能。SIF 的失效模式分为安全失效、危险失效。考虑设备的自诊断功能时，又分为检测到和未检测到的失效。

(1) 安全失效是不会使 SIS 处于潜在的危险状态或功能故障状态的失效。安全失效亦称扰乱性失效、假错误失效、伪错误失效或者故障安全失效。

(2) 危险失效是可能使 SIS 潜在地处于某种危险或功能丧失状态的失效。设计时，通过故障安全型配置、冗余配置等措施，可以极大地减少设备故障导致 SIF 处于危险状态的可能性，减少危险失效。通过内部诊断能检测到的危险失效，被称为检测到的危险失效；通过内部诊断不能检测到的危险失效，被称为未检测到的危险失效。检测失效的能力是系统安全性能的重要特征，通常用诊断覆盖率来表示。共同原因失效，是由一个或多个事件引起一个多通道系统中的两个或多个分离通道失效，从而导致系统失效的一种失效。

进行 SIF 的失效分析时，会把焦点集中在未检测到的危险失效，因为这些失效是可能导致事故发生的。安全失效不一定会导致危险，但安全失效中包括了会造成误停车的失效在内的多种失效，而误停车的经济损失往往很大，SIF 的安全失效模式还应再细分出通报失效、无影响失效等。

（二）安全仪表设备的失效控制

SIF 失效控制的关键是减少未检测到的危险失效率。而对于安全仪表设备来说，失效控制的目的就是提高设备的安全性能，使目标应用的 PFD（要求时失效率）及未检测到的危险失效率足够低。实现失效控制，提高设备安全性能，主要有三个途径：一是提高设备可靠性，整体降低失效率，二是提高设备容错能力，保证一个故障甚至多个故障情况下设备不会失效；三是提高诊断覆盖率，降低未检测到的危险失效率，保证即使出现失效，也要能让系统进入安全状态。

第三节　施工质量安全控制技术

工程建设项目施工过程，犹如缝制衣服，选材用料和裁缝的手艺都至关重要，中国传统服饰不仅仅承载着东方文明，还富有文化底蕴，享誉世界，其根本就在于裁缝很讲究工法和用料，手工艺精湛程度至今都令人称赞叫绝，用料精到、针线粗细都有讲究，裁缝是多年老师傅手把手带出来的，并且历经岁月锤炼的好手艺，还有裁剪缝制都是有板有眼、规规矩矩。曾记得小时候穿一件中山装一穿都是好多年，除非袖子磨破之外，线缝没有自动开裂的，衣服耐久性很强。衣服裁剪制作过程需要精心设计、匠心铸就，冬天穿衣更需要将衣服穿得严严实实，紧扣拉链或衣扣，这样防寒保暖才能到位。

管道施工依然如此，如果工程施工设计合理、本质安全性高、物资材料和装备过硬、施工作业人员素质能力过硬、施工工艺规程和操作规程过硬、施工监理和检测队伍过硬、施工环境和条件过硬、施工监督检查过硬，以及施工管理模式、手段、方法、工具过硬等，施工质量安全控制方可过硬和放心。

同理，油气管道施工质量安全控制技术更是一项系统工程，涉及上上下下、方方面面的因素，需要弘扬精益求精的工匠精神，精益求精、精雕细刻、精耕细作、精打细算，细化并明确质量、工艺、设计、检验和操作人员的岗位职责，并对专用装备、工具、工装、计量器具等按照清单逐一核查、落实，指定专人看管，还要针对施工过程各个环节中每道工序、各个步骤、每个机组、每个节点、每个标段用规章制度、岗位职责、工艺纪律等控制好"规定动作"，尽量减少或避免"自选动作"，在施工装备、施工工艺、施工技术上精益求精，在施工产品品质上高标准、严要求，切实做好全员、全要素、全过程、全方位、全天候的高质量管控。

油气管道工程建设项目实施阶段 HSE 管理内容主要包括：风险辨识与评价、法律法制与制度管理、承包商与无损检测安全投入管理、标准化与样板化，过程能力评估与培训、办公固定场所消防与安全管理、营地安全管理、设备设施安全管理、特种作业人员的安全管理、安全条件确认与作业许可、职业健康管理、环境保护、变更管理、道路安全管理、监督检查、数据统计与分析、交流与分享、重点环节专项安全管理、应急管理、事件事故管理。

油气管道工程项目实施阶段质量管理内容主要包括：质量管理文件、质量计划，标准化与样板化，能力评估与培训，质量监督检查，质量过程监督、质量不符合管理、工程物资进场检查报检验收，工程质量验收，数据统计与分析，质量管理交流与经验分享，关键工序质量控制、重点环节专项质量管理，质量事件事故管理，质量创优、质量考核管理和质量评估报告管理。

工程项目质量监管方面：建设项目管理单位是质量监管的决策层，政府质量监督、项目部(项目分部)、监理、设计、供应厂商、承包商、作业机组、无损检测、中转站等参与单位是质量监管的实施层。推进焊接机组标准化管理，规范焊接质量安全管理行为和流程，纠正工程建设"低老坏"行为，切实提升焊接机组质量安全管理水平，全面落实执行建设项目焊接、无损检测、防腐、土建机组标准化管理。切实做好工程物资进场检查验收，包括但不限于材料进场检查验收、需经现场试验合格和现场交接检查合格、工程设备进场检查验收。工程质量验收，主要包括隐蔽工程检查验收、工程施工试验确认、实验室试验确认、施工检查记录与检查验收、焊接外观检查验收、无损检测指令、无损检测报告、检验批检查验收、分项工程检查验收、单位工程质量验收。建设各方要利用数字化信息化手段强化工程质量管理数据统计和分析，以及无损检测的数据统计与分析。

重点环节专项质量管理，主要包括质量管理底线、手工/半自动/全自动焊机组连续施工质量管理、焊接与防腐补口质量管理、连头口焊接质量管理、大中型穿越焊接与 AUT(自动超声检测)检查、石方段管道下沟、沟下机械化补口质量管理、地震断裂带质量管理、管道阀门维护保养管理、冬季施工特殊管理。利用以往工程质量事故案例管理、项目质量事件管理、项目质量事故管理，把事故、事件作为宝贵资产和资源，做深、做实工程质量事故经验分享。对典型经验和有效做法进行全面总结和推广示范，大力推行质量创优管理，确保工程建设项目优质、绿色、安全、高效。

一、施工质量安全控制技术综述

在本书第一章"安全始于质量"中，介绍了质量管理对于安全的重要意义。本节从介绍质量管理的通用理念和方法入手，着重介绍施工质量的安全控制、安全保障技术。

质量管理的三要素，即产品、流程和人(Product，Process，People，简称三要素)，也是安全保障工作必须关注的三个方面。那么，如何管理好这三个方面呢？要对每个方面都运用"四过程"管理(预防系统、检测能力、问题解决、持续改进过程，即"预防、检测、解决、改进"过程，简称"四过程")的方法和步骤。具体到施工质量安全方面的应用，也同样适用。管道工程建设施工过程的产品就是交付的管道工程成果。

其中，流程，是由两个及以上的业务步骤完成一个完整的业务行为的过程。流程，也就是过程节点及执行方式有序组成的过程。流程，也可以理解为做事的方法步骤。工作流程，是工作事项的活动流向顺序，包括实际工作过程中的工作环节、步骤和程序。工作接口的组织系统中各项工作之间的逻辑关系，是一种动态关系。在一个施工建设工程项目实施过程中，其管理工作、信息处理，以及设计工作、物资采购和施工都属于整个项目工作流程的一部分，其中的各项工作也是整个项目工作流程的子流程。

流程的三要素是：①任务流向，指明任务的传递方向和次序；②任务交接，指明任务交接标准与过程；③推动力量，指明流程内在协调与控制机制。

流程，包括以文件形式规定了的标准流程，以及没有形成文件描述或规定的普通流程。流程，就是"物有本末，事有终始，知所先后，则近道也"里的"事"由始到终之间的先后次序。若流程本身符合事物客观规律，若流程结果符合执行流程者的宗旨目标，就是值得学习、了解、掌握、应用并且持续优化的"好流程"。主动学习、认真遵循"好流程"做事的人就接近"道"的境界了。"好流程"，也必然是比较安全的，而且有益于安全的优质高效流程。

二、施工质量安全预防技术

施工质量包括施工图设计质量、施工建设质量、施工交付质量三个方面。管道施工过程的产品质量就是施工交付的管道系统建设成果的质量。

质量管理的最好水平就是没有质量问题，质量管理最重要的内容就是预防质量问题的发生，因此，预防系统弥足珍贵。预防系统的建立和优化首先要从预防系统的策划开始，再采用各种预防方法，采取预防措施。其目的是尽力第一次就做正确的事情，同时提升第一次做正确的事情的工作能力，做好第一次做正确的事情的各方面的准备，提高第一次就"做正确的事情并且把它做好"的成功率和客户满意度。

管道建设项目开工前，参建各方要汇聚赋能编制建设项目 QHSE 风险辨识清单，并对辨识的风险进行评价，根据风险等级，确定建设单位、项目部（项目分部）、监理、承包商和无损检测等单位的参与程度。项目部的风险辨识与评价活动，根据项目进展情况确定，承包商进场后，应组织制定项目的 HSE 风险辨识清单；在主体工程实施期间，宜每月更新一次风险辨识清单，动态关注项目实施过程风险。项目分部在监理的配合下开展风险辨识活动。监理应组织编制所在标段的 HSE 风险辨识清单并进行风险等级评价，并将风险辨识清单与评价结果上报项目部。中转站、承包商和无损检测应组织编制所在标段的 HSE 风险辨识清单并进行风险等级评价，并将风险辨识清单与评价结果上报监理部。项目部关注的风险，由项目部制定管理程序，实施风险管理。监理和承包商关注的风险，由监理和承包商制定管理程序，实施监管。

笔者认为，QHSE 风险辨识清单应该是开工前制定的一张风险目录清单，相当于适用于该项目或者所在的标段的"风险字典"，根据施工计划，每月或者设定一定周期编制所在作业周期内的有限、实用、精细、精准的风险辨识清单，对应靠实风险防控措施和应急预案、现场处置方案，每日班前喊话前，应对当日的风险识别情况进行提示和告知，并对其中所可能存在的中、高风险进行看板警示，这样就将风险辨识工作落实到具体日常工作和作业活动具体环节。

（一）预防安全问题和质量问题

好产品，设计阶段就要把客户的需求研究明白、把握准确，再正确地把客户需求转化为产品技术特性，进一步做概要设计。概要设计之后，通过质量问题预防工具——设计失效模式及影响分析（Design Failure Mode and Effects Analysis，简称 DFMEA），来分析潜在的质量隐患，并在设计阶段采取措施，避免在生产或者客户使用过程中出现质量问题。在设计阶段，还要考虑设计可制造性（Design For Manufacture，简称 DFM）、设计可测试性（Design For Testability，简称 DFT）等，降低施工过程的安全风险和质量风险、消除安全事故隐患和产品质量隐患，以及考虑管道系统的可维护性，提高现场维护维修的便利性。这些都是施工设计阶段的预防措施。

同样，对于施工过程也要在管道设计阶段就要考虑设备是否可靠，施工的工艺是否有潜在问题影响产品质量；也要评估工人在操作设备、在施工过程中有哪些潜在的人为失误，以便提前做好培训，并从技术上尽可能采取防错法以避免人为失误。如果没有在前期充分考虑设备的隐患，那么在后续使用过程中可能出现严重的质量问题。

施工建设相关的供应商选择和原材料采购也需要充分考虑预防措施，以预防出现所采购设备或材料的质量问题。下面介绍人员相关的预防措施。

（二）预防人员质量问题

对人员失误的预防措施非常重要，可以说这是"三要素"与"四过程"管理相交的12个管理项中最为重要的管理焦点！

关于人员失误的预防系统首先要从人员招聘开始。著名的"搭班子、定战略、带队伍"，就明确地把选人放在定战略之前，就说明选人是第一重要的。搭班子是选拔一批志同道合、有着共同理想并且能力强的人，然后才能基于这批人的特点、优势及共同理想定出合适的战略，战略也才能够被很好地得到实施。人才是对质量影响最大的因素，人才的质量就是管理理念和方法的最直接体现。公司从创业开始到平稳发展的阶段，人才招聘都非常重要。把人才招聘进来之后如何培训、培养，如何选人、用人，如何为人才找到合适的位置，如何帮助人才向上发展等，都是属于人员预防体系。

具体到一个用人部门，如何做好预防系统呢？首先，在招聘选拔过程中一定要坚定选人标准，不合适的人坚决不要。把人招聘进来之后，在试用期过程中要紧密追踪和观察员工是否真正能够适应岗位需要，不合适就要采取果断的措施。

但作为管理人员甚至普通员工，能够做得比较多的是推动员工的培训上岗，引导鼓励主动学习、认真练习，主要是抓好岗前培训和在岗督导。其他关于人员方面的预防就是需要协助人力资源部门辨别员工所需要的关于质量管理方面的知识培训，如必要的质量意识培训或质量方法论和质量工具的培训。要做好人员失误的预防系统，主要是要做好人员招聘、培训、绩效考评，以及工作方法和技巧的辅导等。这些工作最主要的负责人是直接带领各员工的经理人，以及人力部门。

关于人员失误方面的预防体系，除了个体之外，还要关注团体建设，组织架构的建设。设计良好的组织架构也能够增强人的个体和团体的作战能力，对工作质量和产品质量也都影响深远。组织架构的建设和优化就是人员能力的预防体系的形成和发展。

（三）预防流程质量问题

流程的设计和制定一定要考虑人的要素，要站在流程参与者的角度看流程、流程参与者对流程如何反应，以及考虑流程参与者所有的惰性、弱点和局限等。然后，从流程制定之初就考虑如何避免问题，如何为流程参与者服务，从而提高流程参与者的协作性、流程能力和团队工作质量。

1. 流程质量问题的预防

（1）在流程文件具体编写过程中的预防方法，例如，科学合理地设计流程的层级关系、优化文件架构设计、针对流程文件的讨论、起草、评审、会签和发布过程的合理优化，等等，都是流程文件质量问题预防性方法的重要因素。

（2）流程文件宣传、贯彻、落实、调研持续改进，以及做事的过程中的流程问题预防方法，例如，由高层抓起、向中层借力、到基层现场、用骨干助力。

流程除了包括已经有文件规定的程序之外，还包括做事的顺序过程，而且关键是做事的具体过程。其实自古以来，多数的重要流程都是没有明文规定的，是约定俗成的、或心照不宣的、或符合客观规律的重要方法步骤。做事的过程就离不开合理的方法和步骤，这也是影响质量的重要因素。所以，在做事的步骤和方法中，"流程问题预防"非常重要，在计划、准备、实施和验收的全过程中各个阶段，都要深入地、及时地了解现场实际情况，访谈具备实践经验、专业知识、良好技能的一线员工和基层干部（"究因访谈"），做好合理规划、充分准备，征询、倾听反馈意见，记录、整理工作表格（"表格点检"），梳理、优化流程次序，及时发现和解决流程问题，并且积累经验和资料，预防流程问题导致的风险，消除流程问题相关的隐患。

2. 管道施工关键流程质量管控示例解析

以油气管道建设项目施工过程中的关键工程"盾构隧道"和"线路焊接"作为施工流程质量管控为例。

1）盾构隧道主穿越工程关键工序质量管控示例

结合近年来油气管道盾构法隧道穿越工程的建设实践，经调研总结，参考有关国外先进标准和国外先进技术，为了在油气输送管道工程穿越天然或者人工障碍物的盾构穿越设计中贯彻国家的技术经济政策，做到安全、环保、适用、经济，确保质量，《油气输送管道工程水域盾构法隧道穿越设计规范》（SY/T 7023—2014）对材料、穿越位置选择、工程勘察、作用与作用组合、隧道总体设计、管片设计、竖井设计、防水设计、管道安装设计、施工技术作出要求。笔者结合国内某大型天然气管道盾构穿越工程现场调研认为：在利用盾构机进行管道施工建设的工程项目中，在启动使用盾构机的施工前，须熟知《盾构隧道主要分项工程及关键工序质量保证措施》，在严格遵循的基础上，针对新问题认真研究、稳步改进、丰富发展《盾构隧道主要分项工程及关键工序质量保证措施》，确保"一次做对"。在事先准备、事中控制、事后检查过程中，把《盾构隧道主要分项工程及关键工序质量保证措施》中涉及的每个分项工程及关键工序的每个质量保证措施关键点，都作为"表格点检"中的关键项，逐个了解领会、检查核对，使施工质量得到切实保证。

其《盾构隧道主要分项工程及关键工序质量保证措施》的主要内容包括：

（1）盾构隧道施工重点工序控制点包括：盾构始发与到达、隧道轴线控制、盾构推进和管片的拼装、同步注浆量和注浆压力参数确定等。通过优化盾构掘进参数控制地表沉降，减少对地面的影响，同时要紧密依靠施工监测成果，及时调整盾构掘进参数，制定相应的技术方案，采取必要的技术措施，确保工程顺利进行，保证工程质量。

（2）盾构隧道防水的原则是"以防为主、多道防线、综合治理"。其防水施工的主要内容包括：管片自防水、管片接缝防水（弹性密封垫防水、嵌缝防水）、螺栓孔防水、漏渗处理（盾尾充填注浆等）。以混凝土衬砌结构自防水为根本，以衬砌管片接缝防水为重点，确保隧道整体防水。

（3）凡需覆盖的工序完成后即将进入下道工序前，均应进行隐蔽工程验收。项目经理部设质量管理工程师和专职质检人员，跟班检查验收。每道需隐蔽的工序未经监理工程师的批准，不得进入下一道工序施工，确保监理工程师对即将覆盖的或掩盖的任何一部分工程进行检查、检验，以及任何分部工程施工前对其基础进行检查，监理工程师认为已覆盖的工程有必要返工检查时，质检工程师和施工员应积极配合并做好记录。

（4）做好成品保护，避免结构渗漏。

（5）雨季施工质量保证。

（6）质量通病控制和防治。

（7）进度和质量关系的控制。

（8）竣工验收阶段质量保证措施。

（9）风险分析及应急预案。

上述各项内容，都有更细的分项说明，每个分项说明都可以看作"表格点检"的一个检查项，是需要检测、监测、核实的一个控制点。必须每个检查项、每个控制点都确保无误，还要再探讨检查是否有遗漏的未受控安全风险、检查是否有尚未消隐的安全隐患，才算尽心尽力保安全。

2）国内某大型天然气管道工程焊接施工流程质量管控示例

遵循现有的质量文件规定，画成简单清晰表格，主动检查对照，是保证作业活动安全和产品质量安全的基本要求（"表格点检"法）。将执行、检查过程中发现的问题及时汇总，认真讨论研究、找出根本原因和各级原因、彻底妥善解决（"究因访谈"法）、总结提炼，补充到质量和安全管控文件中，是持续改进的主要过程。

比如，根据国内某大型天然气管道工程焊接工艺规程，钢管材质：X80M；管径：1219mm；壁厚：18.4mm/22mm/27.5mm。线路采用全自动焊接，焊接方法：GMAW（内焊机根焊+双焊炬外焊机热焊、填充、盖面）。余高：0~2.0mm，焊缝余高不宜大于2mm，局部不大于3mm的连续长度宜不超过50mm。盖面焊缝宽：坡口上口每侧宜增宽1.0~2.0mm。

（1）施焊环境。温度：≥-5℃；湿度：≤90%RH；风速：≤2m/s。

（2）焊前准备。焊接位置：管水平固定（5G）；对口方式：内焊机组对；对口要求：相邻制管焊缝在对口处错开，距离不小于100mm。

（3）预热及道间温度。预热温度：115~150℃；预热方法：电感应加热或电加热；预热测温要求：距坡口25mm处的圆周上均匀测量4点；加热宽度：坡口两侧各不小于75mm；层（道）间温度：80~150℃。层（道）间温度不包括同时焊接的两焊枪之间的温度。

（4）电特性。电流种类：直流（DC）；极性：DCEP。熔滴过渡方式：短路过渡（根焊）、滴状过渡（热焊/填充/盖面）。

（5）焊接工艺要求。其中：每层单道焊或多道焊：盖面焊1层2道，其余单层单道。焊丝干伸长：10~15m。焊枪摆动方式：根焊—不摆动/热焊、填充、盖面—平摆。起弧或收弧要求：严禁在坡口以外的管壁上起弧，相邻焊道的起弧或收弧处应相互错开30mm以上；根焊结束与热焊开始的时间间隔（进行内补焊的为根焊完成内补焊后与热焊之间的时间间隔）：≤15min。

（6）管道组对与焊接程序共九个步骤，根据国内外大量油气管道安全事故分析结果表明，油气管道环焊缝失效与坡口、焊材管理、管口组对、无损检测四个步骤影响最大，图2-6表示管道组对与焊接程序及相关四步骤质量安全工作要求。

采用自动焊的焊缝质量及性能显著优于半自动焊、手工焊。国内某大型天然气管道工程全线采用以自动焊为主的焊接工艺，如全自动焊、组合自动焊。在无损检测方面，实施严格的无损检测措施：对于一般线路段，采用100%AUT检测+20%RT抽检；对于一般线路百口磨合，采用100%AUT+100%RT复查；对于直管-热煨弯管及变壁厚直管-直管，采用100%RT+100%UT+100%PAUT；对于连头、返修口，也采用100%RT+100%UT+100%PAUT。在

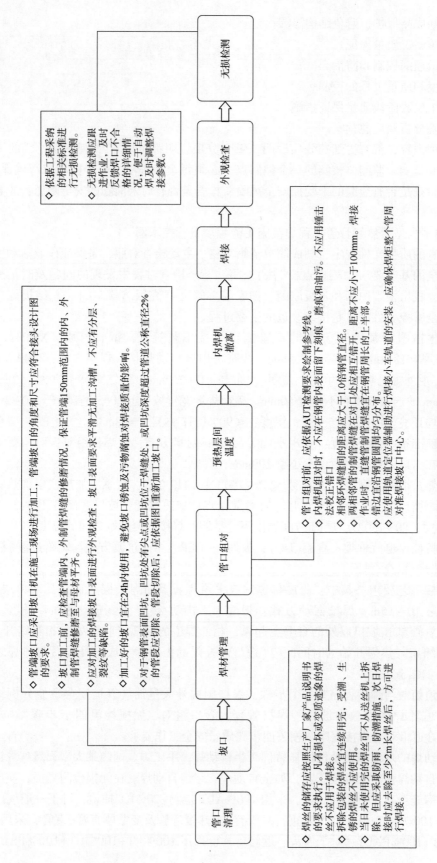

图2-6　管道组对与焊接程序及关键环节质量安全等工作要求

焊接材料方面，对根焊、热焊及填充盖面优选焊材，在保证焊缝韧性的前提下，提高环焊缝的强度匹配。通过严格的过程管控和检验评价，环焊缝焊接质量(环焊缝力学性能、无损检测合格率)得到大幅提升。在中俄东线北段建设过程中，抽查了大量采用全自动 GMAW 焊接的环焊缝，结果表明焊缝冲击功主要分布在 120～170J，均值 155J，冲击韧性十分优异。在几何尺寸方面，为适应现场自动焊接的要求，对钢管管端不圆度、周长差等提出了严格要求。直径 D 为 1422mm 钢管不圆度由 $0.6\%D(8.5mm)$ 严格要求至 $0.42\%D(6mm)$，要求 70%的钢管管端周长差不大于 3mm，便于现场组对焊接，控制错边，提高效率和质量。这些控制要求在国际上也处于领先水平。中俄东线的管材产品全部达到并优于此要求。

国内某大型天然气管道工程"建设项目 QHSE 风险清单"，包括针对"焊接"这个施工关键环节的"作业活动安全"和"质量"两个方面的风险点作业活动规定和风险点质量保证规定，便于焊接操作者和管理者的对照检查。

总之，上述理念和方法，应用到管道工程施工质量安全防控方面也就是：要善于利用"场景识险""表格点检""究因访谈"三大方法，结合上述理念和方法，尤其是要结合施工过程中的具体情况，做好施工质量的安全检测监测，及时发现问题、高效解决问题、持续改进人员流程和管道施工质量效益，同时做好施工质量安全预防。

三、施工质量和安全检测技术

油气管道施工过程中，对于产品、流程和人这三个要素的检测能力也非常重要，即探究能力，通俗而言就是发现三要素问题的能力。当预防系统没能够完全防住失误或者缺陷时，也就是没有第一次把事情做对时，要充分利用"表格点检"等手段，在检查第一时间发现问题，并及时采取纠正预防措施，以避免后续出现更多隐患或者造成损失。

(一) 及时发现安全问题和质量问题

及早发现安全问题及产品质量问题和隐患，是一项非常重要的能力。检测和测试出安全问题及产品质量问题的能力对于保证施工质量非常重要。检测能力强，会有以下益处：一是能够促进质量改善和施工技术的提高；二是及时检测出安全隐患和质量问题，就可以及时采取措施、消除隐患、解决问题、改进质量，可避免造成事故损失或客户投诉等方面的经济损失；三是施工设计方面和施工技术方面就比较敢于大胆创新，因为创新就比较容易出错，若问题能够及时被检测、被纠正，就会促进创新。

(二) 发现人员质量问题

人员决定产品质量和流程质量，因此招聘并留住优秀人才至关重要。但如果未招聘到合适的人员，或者优秀人才受到各种影响变得不适应工作，能够及早发现人员的问题就显然非常重要。

发现人员问题：一是在招聘时能够辨别候选人是否能够胜任岗位需要，是否符合公司价值观，从而确保第一次招聘到对的人；二是第一时间发现新员工是否真正胜任工作要求，从而第一时间解决好新员工是否合格的问题；三是从现有员工队伍中慧眼识珠，发现优秀的人才进行重点培养，并委以重任，从而决胜关键工作；四是从员工队伍中发现人员的异常，及时采取纠正措施，以避免造成不良的工作影响；五是及早发现人员中的工作不足或者能力不足，提供必要的及时支持和辅导等，避免因为员工能力不足或者某项具体的技能不足导致工作失误而影响大局；六是发现员工的特长，充分发挥其优势。

而且，在油气管道行业里，尤其是施工阶段，行为安全非常重要。如何及时发现各环节发生的不标准行为/状态，通过总结、分析、提供管理依据，推广标准行为和值得鼓励的安全行为，请参见本书第四章第五节"油气管道行为安全系统整治实践"。

（三）发现流程质量问题

发现流程的问题，不仅是发现流程本身的不足或者不恰当，还包括做事的方法和步骤所存在的问题，能够及早地被发现。流程不仅指质量管理程序，也包括各种作业指导书、记录及模板、检查清单等，管理制度也算流程。

对于流程和管理制度，最好是从开始就考虑防错功能，考虑可操作性。最好的办法就是请流程及制度的内部"客户"在制定初期就指出不合理或者改进之处，指出之后再去结合着修改，最后发布之前请大家会签确认。这样就可以把各方的意见考虑进去，大家在前期就对该流程及制度进行了检测，就能更好地保证后续实施过程中的质量。

对于流程和制度的问题检测，可以当出现某些典型的管理问题或者质量问题时，也可以在实施改进措施之后。出现问题之后，不仅要就事论事地"救火"，还要反思相应的流程及管理制度是否合理，这样很可能发现流程及制度的缺陷。

在发现产品质量问题或者管理不畅时，就要问流程是否有规定，设计是否规范合理，设计模板或者检查清单（check list）是否有效果。通过询问这些问题就能不断地发现流程的不足，然后不断优化和改进。这样的流程改进也更有针对性，也是一种举一反三的做法。负责人要影响各个部门的经理们具备强烈的流程认知和流程改进意识，调动大家都来重视和建设流程，优化和改进流程，提升公司管理效率和工作质量。

对于流程及制度的质量检测还可以通过定期的评审进行，如对每个流程至少每三年做一次评审。有必要定期评审流程是否过时，是否仍然合理，是否适应当前的产品及过程，是否适合当前的组织架构及人员能力等。

内部审核这样的检测过程中，有一种方法效果非常不错。方法也很简单，就是针对流程当中所涉及的重要条款和内容摘抄下来，记录到 EXCEL 表单里，然后审核员根据流程的要求进行一一对照审核，其实也就是"表格点检""究因访谈"，这样做，可以提高效率、发现每条质量程序所要求的措施是否得到执行，或者检查流程里面所要求的是否合理。针对发现的问题及其根本问题，要加强部门和人员管理，提高质量流程的执行力；要核实是否需要修改程序文件，使程序文件真正指导工作。好的 ISO 9001 管理体系，必须"质量程序文件合理，并且根据文件能确保较高的执行力"，确保管理的一致性和可预测性，以及产品质量的稳定性。

（四）影响发现和暴露三要素问题的因素

要发现三要素（产品、流程和人）问题除了必要的技术手段及合适的方法之外，还需要鼓励每个员工能够坚持原则，有问题就说出来。要从三方面做起：一是要鼓励大家有问题就指出来，就事论事指出来；二是大家要敞开心胸接纳建议甚至意见，把他人的意见当作强健自己的有点苦涩的药方；三是即使有人反映坏消息，即使反映坏消息的同事带有情绪，也要兼听则明，并尽量站在全局的整体的角度思考改善，要思考"为什么其他人不提出问题呢"。鼓励提出问题的同事尽可能客观地描述问题，尽可能去想办法解决问题，对解决不了或者没办法解决的问题要敢于指出。

四、施工质量安全问题解决技术

如前所述，预防能力非常重要，预防是为了提高第一次把事情做正确的能力，但在实际生活和工作中会不可避免地出现失误和问题，因此第一时间发现并解决问题也非常重要。发现问题之后，需要第一时间把问题有效地解决掉。

（一）解决施工安全问题和施工质量问题

解决产品质量问题，有许多种方法。对于一眼就可看出来的比较容易解决的质量问题，通常用立刻解决（just do it）的快速（quick fix）方法。对于复杂的困难的质量问题，要通过一些解决质量问题的工具如 8D、鱼骨图、5Why、DOE 等做比较系统而全面的分析，才能够知道根本原因。

关键是要敏锐地认知问题，快速地反映问题，勇于面对问题，尽快解决问题。

对于公司组织架构复杂、产品复杂、技术难度高的产品质量问题，最好制定一套有效的关于如何解决产品质量问题的流程。解决全公司的质量问题及升级的流程，可以指导大家在遇到什么类型的质量问题时需要如何解决，谁来负责在多长时间内解决，在规定时间内如果不能有效地解决问题，那么就得上报一级，以此类推，可以升级到主要负责人那里。

针对质量问题的管理流程，可以开发或应用一套"质量问题管理流程 IT 管理系统"（简称 PMP）。该系统可以是微信小程序形式或办公应用软件形式，可以有效地记录、分析和解决各种质量问题，以便查询、追踪、统计分析、经验总结和互动分享。PMP 定义了什么样的质量问题必须记录到系统里跟踪和解决，并且清晰地定义了问题发现者、分析者、解决者及措施验证者等各种角色的职责和任务，所以流程和职责都非常清晰明了。而只要问题记录到该系统，系统就可以清晰、明确地追踪每个问题的管理状态。总之，有人会解决问题，因而问题的发现者也非常乐于汇报质量问题，从而确保了凡是该暴露的质量问题都能够及时得以上报。PMP-IT 系统不仅可以极大地促进解决问题的流程完善、效率提高，还极大地提升发现问题并且暴露问题的能力。PMP-IT 系统的另外一个好处就是使质量问题的透明度得到大大提高。每位相关人员都可以清晰地了解公司有哪些质量问题，问题的严重程度如何，问题的解决进度如何，哪些部门或者哪些原因是比较显著的值得警惕和关心的问题。同时，解决质量问题的速度和效率也更高了，因为一有拖延就会有负责人去跟进并升级上报。

解决施工安全问题和质量问题也需要有好的流程、密切的团队配合，以及大家善于识别问题、勇于面对问题、擅于解决问题的能力。

管道施工安全质量问题，也同样存在大量具体的需要解决的产品质量方面的问题，包括管道焊接质量、防腐补口质量、管道下沟回填质量等，问题解决措施将可以从相关的企业标准和参考文献中得到借鉴。

（二）解决人员质量问题

除了产品质量问题需要快速有效地得到解决之外，人员管理方面存在的问题也需要得到有效解决。要以人为本、将心比心地把事情说清楚，然后双方妥善地找到合适的解决方案。一般工作中，对于大多数员工在某些事情上的方法或者态度方面的不足，要及时地指出来并帮助改进或者提高，当好"教练"，帮助下属成长和提高，突破工作中的瓶颈。

（三）解决流程质量问题

流程上的问题是重要而非紧急的，紧迫性没有那么高，但非常重要，当发现流程存在不足时，就要与流程相关人员研究流程改进的方法步骤，明确流程改进的必要性、紧迫性及具体日程。尤其是，对于严重的流程问题或是可能直接导致质量问题的细节问题，要尽快改善。

流程问题的解决要注意以下两个方面：首先，管理方面，要把流程建立和改进放在较高的重视程度，要委派得力干将来制定或者优化流程。其次，制定流程或者解决流程问题时，一定要考虑人的因素，特别是要充分考虑人的各种特点、缺点和弱点，以此通过合理的流程来避免人的弱点影响产品质量。

五、施工质量安全持续改进技术

产品、流程、人(简称三要素)存在的问题是需要得到及时解决的，有些失误可能因为有许多人的行为操作，但又没有合适的"防呆"措施。所以，一般的分析就是人为失误，解决措施就是加强培训，但这样的解决问题方法往往收效甚微。如果能够通过技术措施或者机器人也可较容易地解决问题，但如果不具备技术条件，又没有机器人方案，那么最好的办法就是持续改进质量项目。任何公司都有适合的持续改进项目，持续改进项目适合长期性问题或者难题。

(一) 持续改进产品质量

持续改进产品质量，最好是成立质量改进委员会，由总经理、质量经理及各相关部门经理组成，定期(至少每个季度)组织质量评审会议。在会议上评审公司最近发生的问题及前期质量改进的进展和效果，排出质量改进的优先级顺序，并指定每一个质量课题的改进负责人。会后每个质量课题的负责人指定团队成员，组织攻关改善工作，遇到任何阻碍可以随时寻求质量改进委员会的支持。这样的质量改进是从上而下的，是更加系统和全面的，力度和效果都更容易得到保证。

至于质量改进所用的方法可以用六西格玛的 DMAIC，即针对问题做定义、测量、分析、改进和控制。也可以用戴明 PDCA 循环，即针对问题做计划、实施、检查和下一步改进。形成一套相对固定的公司质量改进模板，可以引导员工朝正确的方向思考问题、分析问题、解决问题，有利于提高整体效率。

由公司管理层发起的质量改进活动，所用工具中比较成熟而且先进的是六西格玛质量改进，但是最重要的不是统计工具质量改进工具用得多么娴熟，而是要善于获取基于事实的数据，以及良好的解决问题的方法(参见本书第五章第四节 TRIZ 理论方法)。所以，即使只用了 QC 七大手法，只要妥善高效地解决了问题，就是好的质量改进。

质量改进不仅要有自上而下的领导推动，更需要自下而上的全员热情。因为，管理层不可能对施工过程质量管理的每个细节都掌握，因此需要发动基层员工从身边的工作改起，从力所能及的改进做起，通过收集和鼓励合理化建议的方式激发大家积极参与，并为每一个合理的改进甚至好点子给予一定的奖励。质量改进只要用心启发，公司真正鼓励和支持，并配备必要的组织和奖励机制，质量改进就可以形成全员参与的质量改进文化。

(二) 持续改进人员质量

对于人员的持续改进主要是提升人员能力，除了到外面参加培训或请外面的老师来培训外，也可以由公司里经验丰富的工程师和经理们组成内部的兼职培训师团队，老员工和技术能手的"导师制"的传帮带也是很好的培训模式。公司所创造的培训条件和学习氛围固然重要，但是对于个人的成长而言，公司的培训机会和内容毕竟是有限的，我们要抓紧时间、抓住机遇、虚心求教、勤于思考、终身学习、提高技能，理论结合实践、持续增强效能，提高工作质量和生活质量。

提升团队能力也很重要。公司需要定期评审管理机制和组织架构，并做适当调整和优化，以改进人员管理水平，加强团队内部的沟通与合作，加强理解和支持，提高无缝合作的能力，可以提升团队效率和员工士气。大型组织架构调整，调整频次低，比较多的局部小调整是合理的、正常的。

(三) 持续改进流程质量

持续改进流程质量，首先要对流程进行系统地识别和诊断，以便系统地发现流程的问题。那种通过对于某个问题所涉及的某个流程的反思，而对此流程进行的改进，只是解决流程的质量问题。系统地识别和诊断流程问题，首先，要有专业、资深的审核团队；其次，要有提前精心准备的有针对性的审核问卷，也可以将关键要求抄写下来——对照（"表格点检"法的灵活应用）；第三，要充分地审核，并且得到管理层的支持和认可，进一步对基层领导和员工进行访谈，了解他们工作中的真实感受和内心的真实想法，从而充分沟通和交流当前流程中可以改进的空间。通过这样细致入微的访谈和审核（"究因访谈"），进一步发现公司存在的问题和改进机会，从而为持续改进流程和管理打下坚实的基础。

施工安全保障和质量管理，是以包括领导在内的所有员工为主体的管理和生产活动，人员素质高、流程合理而且持续优化，交付的管道施工工程质量就必然是优质而且高效益的。

第四节　生产运行安全保障技术

油气管网安全保障的直接目标，就是要把风险中对于导致严重后果的危险事件的发生概率，降低到可接受的水平。油气管网安全保障的根本目的是"管网安全、经济运行"。借助安全检测监测技术，用可靠性评定技术处理检测监测得到的数据，及时做好风险评估，通过可靠性分析、风险分析来综合评价确定生产现场各场所、各设备的安全等级，识别出高后果区；并在风险评估安全分析的基础上做好安全预警；及时采取腐蚀防护与控制、动设备（压缩机、泵等）维护维修等相应措施，做好风险控制，从而把风险中对于导致严重后果的危险事件的发生概率，降低到可接受的水平。后果较轻的危险事件的发生概率可以相对略高，这样既可以保证安全性能，又考虑了经济因素，降低安全相关系统的成本。根据目前国际管道界的最佳实践，油气管道的生产运行安全技术，其实也就包括管道完整性技术。

在运行过程中的油气管道事故具有以下特征：

（1）管道事故通常不是由单一因素引起的，而是多种外力共同作用于内因产生的结果。

（2）尽管在运行初期，管道失效率在一定范围内波动，但是随着对失效管段或设备单元的维修与更换，会形成一种混合寿命期，表现为管道失效率波动幅度越来越小，直至基本维持恒定。

一般地，在役管道失效主要有早期失效、应力失效和耗损失效三种，不同时期（早期失效期、偶然失效期和耗损失效期）的变化和发展趋势各不相同。油气管道失效分析结构，如图2-7所示。

早期失效期一般是管道投入运行后的0.5～2.0a（a即"年"），即图2-7中$[0, t_1]$。这期间，首先暴露的是管道的内在质量隐患，包括管材质量、设计和施工质量等问题。因此，推荐采用FTA方法，重点加强定性分析，兼顾实际情况，适当进行定量分析。

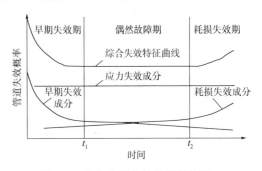

图2-7　油气管道失效分析结构图

重点探讨管道运行的偶然故障期，即图2-7中$[t_1, t_2]$，一般持续15～20a。这期间的故障主要是由一些偶然因素引发的，如操作失误等，且不能通过定期更换故障件来预防或消除偶然故障。因此，推荐依据较完整的管道运行资料和现有的统计资料，将安全评估重点转移到计算可靠度量化指标，确定管道的可靠性水平。

耗损失效期的管道故障主要源于设备或管道等产品内部的物理或化学变化所引起的磨损、疲劳、腐蚀、老化和耗损等，即图2-7中t_2至管道静止运行时刻之间的时间段。因此，通过加强管道剩余强度评估、剩余寿命预测，引入风险评估管理手段，尽可能延长管道使用寿命。

下面结合生产运行过程中的风险分级管控管理体系的建立和完善活动，对于油气管道行业的生产运行安全技术分别给予介绍。

管道生产运行期间的安全检测监测技术，包括在线检测技术、在线监测技术两大类。

一、在线检测技术

(一) 检测技术分类

(1) 依据检测所需人工干预的程度，可将管道在线检测方法大致分为三类：自动化检测、半自动化检测和人工检测(例如人工目视检查)。

(2) 基于常用检测方法技术性特点，又可将检测方法分为三类：基于硬件的方法、基于软件的方法和软硬件结合的方法。

① 基于硬件的检测方法，主要依靠特殊的传感装置检测气体泄漏。根据用于检测的传感器和设备类型，基于硬件的检测方法可进一步分为：声学检测方法、光学检测方法、电缆传感器检测方法、土壤监测、超声波检测和水汽取样。大多数检测技术依赖于对某一物理量或某一物理现象的测量，常用的几种物理参数和现象包括流量、压力、气体采样、声学、光学、多种参数或现象的组合。

② 基于软件的检测方法，主要依赖于实现算法，对管道参数的连续监测，如温度、压力、流量或其他管道参数，基于这些参数的演化，通过数据的比较检测气体泄漏。基于软件的检测方法主要包括质量或体积平衡法、实时瞬态模型法、负压力波法、压力点分析法、统计或数字信号处理。

③ 软硬件结合的方法，是智能硬件检测系统中结合了软件算法的检测方法。例如智能猪、场图像方法(FSM)系统。

(3) 根据检测的部位分类的管道检测技术，包括管外检测技术和管内检测技术。

① 管外检测技术。管外检测是指非开挖情况下，应用专业设备在地面或水底检测管道，确定管道腐蚀缺陷、防腐层破损及阴极保护系统和防干扰系统状况，提出管道开挖和修复计划，指导管道管理维护工作。具体来说，就是对管道的外部及管道在陆地或海底所处状况进行检测，包括管道埋深、管道周围的地理环境(管道周边道路、建筑、山体、河流等)，或海底管道的海水冲刷情况、管道支撑状况、管跨情况、外保护层系统及腐蚀电位读数、管道配重涂层、管道外壁及其损伤情况的检测。通过管外检测，可以了解管道沿线的阴极保护电位大小及其分布，检查管道受保护的程度，检查牺牲阳极环的实际安装状况和消耗程度，了解管子加重层和外防腐涂层状况与损伤情况，检查管道周围的冲刷、淤积状况，了解可能引起的管道悬跨、管道在陆地或海底与原有管道交叉部位垫墩，以及管道近岸和穿越航道地段的保护覆盖层状况等。对于海底管道的管外检测，通常由潜水员和潜水器在水下完成，技术方法除了传统的目视检测外，也涉及水下测厚、电位测量及水下磁粉和超声检测等先进方法。

② 管内检测技术。主要是用管内检测器对管道内壁的裂纹、腐蚀缺陷、管道的壁厚、管道的几何形状等进行检测。一般管内检测主要包括管道的几何检测、腐蚀检测、机械缺陷检测、阴极保护检测、检测定位、管道温度检测、泄漏检测等内容。管道内检测主要利用各种内检测仪器设备来完成。由于管道内检测通常还兼有清理吸附在内管壁上的油污和石蜡的任务，因此这类内检测设备亦称作清管器。

如前所述，管道的管内检测主要是对管道的几何变形、几何损伤、内外管壁腐蚀、泄漏、裂纹、壁厚及焊缝等进行检测，还包括管道内部的照相或摄像等，同时还需要清理吸附在管壁上的残屑、油污、淤泥和蜡状物质，以便于管道检测，促使管道畅通，提高输送效率。

（二）油气管道内检测技术

管道内检测的设备主要是各种管内检测器，需要说明的是，管内检测器是一个比较笼统的概念。内检测器，亦称智能检测器（Smart pig or lligence pig），是一种集成了检测及信息采集、处理和存储等先进技术的装置。内检测器在管道内由输送介质推动，在移动过程中检测管壁，不需要中断管线运行。内检测可以完成对管道缺陷的全面检查，达到对管道缺陷的识别、定位并量化的目的，从而为在役管道的维护或大修提供可靠依据。

1. 内检测技术的必要性

（1）符合政府法规、安全和环境保护要求。

（2）适用于基线检测和周期性检测：基线检测是建立管道基本资料；周期性检测是对缺陷监控的重要手段。

（3）为管道安全运行和合理维护提供科学依据。

2. 内检测技术的功能作用

智能检测器是一个检测系统，要完成对管道的检测，除了各种检测信号的发射和接收单元外，还需要配有包括驱动装置、存储记录装置、里程记录单元、控制和通信系统及其他的辅助设备。此外，智能检测器系统还要包括数据分析处理软件等。智能检测器在沿管道移动的过程中，利用某种或几种检测原理来对管道进行检测。智能检测器一般是在不停输的情况下来检测管道状况，不仅成本低而且可靠性高。现在应用智能检测器时，多是将检测器放入管内，利用管内流体的流动推力使检测器在管道内移动。在管道上还需要设置发放和接收检测器的装置，检测进行过程中，管道上的阀门需要完全打开，以保证检测器能够顺利地从管道的一端到达管道的另一端。管道检测前，智能检测器种类和型号的选择需要根据每条管道的具体情况、所检测缺陷的类型等来确定。

智能检测器可以用来检查管壁的整体损失情况，检查管道底部壁厚的损失情况，检查管道局部点蚀情况，检查焊缝的腐蚀情况，检查管道的几何变形，检查管道的弯曲情况，检查管道的泄漏情况，检查管道的裂纹情况，对管道内部的温度、流量、压力进行记录或对管道内部进行摄像检查。用管内智能检测器对管道进行检测可以得到比较准确的信息，还可以利用所得到的检测数据对管道的内腐蚀、裂纹、损坏或管道内部几何形状等进行定量分析。但是，这些检测器大多只能用于检测管道壁厚，不能直接测定管道涂层状况或管道阴极保护水平。

3. 国内外内检测技术应用情况

近年来，智能清管器已越来越广泛地应用于管道内部状况的在线检测。虽然各种检测器的名称不一样，但其本身所应用的原理和检测损伤的原理却是类似的，所以，本章中将这些具有缺陷检测功能的管内检测器统称为智能检测器或内检测器，而将具有管内清理功能的管内装置称为清管器。

在进行管内检测前，多数情况下，必须先对管内进行清理后才能进行检测，这是因为如果沉积物中含有水和二氧化碳，这些物质结合在一起很快就会形成酸，而对沉积部位产生影响。同样，沉积物当中的磷状物质和软泥聚集在一起很快就会产生细菌，从而造成管壁的腐蚀。对于原油管道和天然气管道，也很容易在其较低位置产生水和其他腐蚀性介质的沉积，这些沉积物都会对管壁产生腐蚀。并且，在沉积物中的蜡、磷等物质还会掩盖腐蚀的真实情况，给检测造成困难，影响检测的有效性。因此，为了得到更精确的检测结果，在检测之前需要先进行清理作业。管道清理的目的大致包括：清洁管道，提高管道的输送效益；清除管内异物（包括污垢、锈垢等），便于管道检测和维修；利用清管器确保管道的圆度；隔离清管，驱出管内空气及残留水等。

进行管内清理常采取的清管设备有清管球、清管器等。有很多类型的清管器可以用于管道的清洗，主要应用于磁性及非磁性材料的清除。根据其清管的目的可分为三大类：导向清管器、清洁清管器和隔离清管器。

1）导向清管器

导向清管器的主要目的是确保管道从起点到终点管径的圆度，使用导向清管器也可以清除一些垫土块、焊条等建管时残留在管道内部的杂物。美国某公司的某导向清管器便是其中一种，该清管器本身携带一套记录管径变化的变形位置的仪器，能检测出管道的变形、坍塌、扁平等缺陷。

2）清洁清管器

清洁清管器的目的是为了清除管道内的外来物质、沉积物和由腐蚀而产生的锈垢。清洁清管器种类很多，如刮刀清理机、硬毛刷清理机、刮削清理机、水压清理机、聚合物清蜡塞、凝胶清管器和旁通清管器等，具体采用哪一种，则要考虑诸多因素，如管径、管长度及清理目的等。

3）隔离清管器

该清管器属于密闭型清管器，既可达到清管要求，又能起到隔离介质的作用。常见的有清管球、双向清管器和锥面形皮碗清管器，等等。

清管球无缝，可膨胀，属浇注型的聚氨酯橡胶球，能通过其他清管器所无法通过的最小曲率半径的弯头。双向清管器在管内运行不受方向控制，液压试验时，放在水头前面，排走管内空气，使水流入管道，试验结束后使其反向运行，排出试验用水；清管器的前后皮碗像个圆盘，其外径大于管道内径。锥面形皮碗清管器由聚氨酯橡胶浇注而成，皮碗能通过较大的障碍物及管道的椭圆变形，不损害管道，又能保证密闭效果，可用于排出管内空气或液压试验用水。

4. 内检测器的分类

按内检测器采用的技术原理可分为漏磁检测、超声波检测、涡流检测及光学检测。

按内检测器实现的功能可分为金属损失、裂纹、集合和测绘四大功能系列。即金属损失检测，腐蚀缺陷等；裂纹检测，应急腐蚀裂纹等；几何缺陷检测，管壁凹陷、压扁；测绘检测，路径。

1）金属损失检测

金属损失是指管壁的质量损失，一般由腐蚀造成。

（1）漏磁检测器。

基本原理：如果管壁没有缺陷，则磁力线封闭于管壁之内，均匀分布；如果管内壁或外壁有缺陷，磁通路变窄，磁力线发生变形，部分磁力线将穿出管壁产生漏磁，见表2-3和表2-4。

表2-3　漏磁检测的主要影响因素

序号	影响因素名称	影响因素内容
1	磁化强度	一般以确保检测灵敏度和减轻磁化器使缺陷或结构特征产生的磁场能够被检测到为目标
2	缺陷方向和尺寸	缺陷的方向对漏磁检测的精度影响很大。当缺陷主皮毛与磁化场方向垂直时，产生的漏磁场最强
3	提离值	是指管道内部检测器的探头与检测表面的距离。当提离值超过缺陷宽度2倍时，随着提离高度的增加，漏磁场强度迅速降低。提离值一般要小于2mm，常取1mm
4	检测速度	在检测过程中，应尽量保持匀速进行，速度的不同会造成漏磁信号形状的不同，但一般不至于造成误判。最佳运行速度为1m/s
5	表面粗糙度	表面粗糙度的不同使传感器与被检测表面的提离值发生动态变化，从而影响检测灵敏度的一致性
6	氧化皮及铁锈	表面的氧化物、铁锈等杂物，可能在检测过程中产生的伪信号，在检测过程中，应及时予以确认或复检

表2-4　漏磁检测器的检测范围

序号	检测范围
1	腐蚀相关金属损失（环焊缝附近、凹陷相关、套管下）
2	划伤相关金属损失
3	修补夹板下面的金属损失
4	制造缺陷相关的金属损失
5	焊缝：环焊缝、直焊缝、螺旋焊缝
6	包括环焊缝内切向裂纹在内的环焊缝缺陷
7	凹陷
8	制造/材料型缺陷
9	施工损坏
10	标称管壁厚度不符
11	管道设备和配件，包括三通、支管、阀门、弯管、阳极、止屈器、外部支撑、地面锚固装置、修复套筒、阴极保护连接件——铁磁性
12	管道附近可能影响输送管保护防腐层或阴极保护系统的铁金属物体
13	包括偏心度可能影响输送管保护防腐层或阴极保护系统的偏心管在内的套管
14	参考标记磁铁
15	破坏管道表面的分层

注：漏磁检测技术具有的优点是，应用相对较为简单，对检测环境的要求不高，具有较高的可信度，而且可兼用于输油和输气管道。缺点是，对于很浅、长且宽的金属损失缺陷，难以检测；测试精度与管壁厚有关，厚度越大，精度越低。其使用范围通常在12mm以下；运行速度影响检测结果的准确性。

（2）超声检测器。

基本原理：利用超声波的物理特性，通过超声波作用于被检测物体，根据超声波在介质传播过程中出现的声波衰减、阻抗变化、声速变化、反射、透射、散射等物理特征，进而判断被检测工件有无缺陷，对其应用性能进行评判，见表2-5。

表2-5　超声波检测器典型性能规格

轴向采样间距	3mm	
环向传感器间距	8mm	
最大速度	2m/s（当速度大于2m/s时，轴向分辨率随着速度增大将降低）	
检测能力	一般深度精度：±0.5mm； 平板和壁厚策略精度：±0.2mm； 轴向分辨率：3mm； 环向分辨率：8mm； 最小可探测腐蚀深度：1mm	
	最小可探测点蚀	仅废除腐蚀区域，不报告深度时： 直径：10mm； 深度：1.5mm
		需报告深度时： 直径：20mm； 深度：1mm
定位精度	轴向（相对于最近的环焊缝）：±0.1m	
	轴向（相对于最近的地面标记）：±1‰	
	环向：±5°	
置信水平	80%	

（3）漏磁与超声检测技术比较。

① 漏磁检测属于间接测量，对于管道介质、环境等因素要求较超声波方法宽松，目前普遍采用。

② 超声检测直接测量管道壁厚，虽然检测结果精确度较高，但其对管道的清洁度要求较高，同时还要求有耦合剂，限制了其应用范围。

2）裂纹检测技术

裂纹缺陷失效机理为裂纹的非稳定扩展，是典型的低应力破坏，对油气管道危害极大。常用的裂纹检测技术包括超声、横向漏磁通、弹性波、超声导波、远场涡流。

（1）超声波阵列检测器。

超声是唯一取得成功的管道裂纹检测技术。超声波探头呈阵列布置，探头发射的超声波方向和管壁呈45°角。

（2）电磁超声波（EMAT）检测器。

根据超声导波在管壁中的传播特性检测裂纹。EMAT检测器具有如下特点：

① 激发和接收超声波过程，都不需要耦合剂，简化了检测操作。

② 电磁超声波环能器能方便激励水平偏振剪切波，或其他不同类型的波，能方便调节波束的角度，为检测提供了便利条件。

③ 对不同的入射角都有明显的端角反射，所以对表面裂纹检测灵敏度较高。

（3）裂纹检测技术存在的问题。

① 裂纹缺陷的检测灵敏度低；数据解释难（大量的假数据显示）；检测的费用高；可靠性有待提高。

② 可靠地检测裂纹，仍然具有挑战性。

考虑到油气管道随着服役时间的增加正趋于老龄化，管道出现裂纹现象是重要特征之一，下面重点介绍管线的裂纹缺陷及检测。

3）几何缺陷检测

几何缺陷主要包括检测凹坑、皱褶、椭圆度等。基本原理：机械测径装置、电磁。

（1）高精度变形检测。

可识别最大偏离、周向位置、曲率、形状、翘曲和皱褶等，具有提供更精确量化管道变形的能力。

（2）几何检测数据。

① 局部变形（如凹陷）用内径与名义管径的绝对偏离百分比度量。

② 常规的测径器能够用于确定尺寸、壁厚变化及其他潜在的变形限制。

③ 更多成熟的变形工具可识别最大偏离、周向位置、曲率、形状、翘曲和皱褶等，具有提供更精确量化管道变形的能力。

需要说明的是，几何缺陷检测是管道工程建设企业投运交接和运行单位日常运行维护需要重点关注的管道本体风险。依据《石油天然气工业管线输送系统用钢管》（GB/T 9711—2017）"9.10 表面状况、缺欠和缺陷条文"，阐述了缺陷深度对管道服役寿命的影响。一旦管道最深点超过限定阈值，就会易于破损泄漏，存在安全隐患，容易造成管道失效，威胁管道安全运行。笔者针对管道凹坑缺陷评定规范，梳理出国外对管道本体存在凹坑缺陷的两个主要评定指标：凹坑的最大深度和最大应变，通常将管道外径的6%和应变值的6%作为控制性评定指标，见表2-6。

表 2-6　管道凹坑缺陷相关国际评定规范

评定规范	缺陷类型		
	约束凹坑	非约束凹坑	腐蚀凹坑
ASME B31.8—2010	临界深度为管道外径的6%		依据腐蚀评估，且凹坑深度不超过管道外径的6%.
API 579—2007	在管道不受循环应力及考虑腐蚀裕量的情况下，临界深度为管道外径的7%		—
CSA Z662—2007	管道外径>101.6mm 时，临界深度为管道外径的6%；管道外径<101.6mm 时，临界深度为6mm		当腐蚀的最大深度为壁厚的40%时，可以依据 ASME B31.G 单独进行评估
AS 2885.3—2001	临界深度为管道外径的6%		进一步评估
EPRG	临界深度≤7%管道外径，且环向应力<72%最小屈服极限（SMYS），凹坑判定为安全		不允许

评定规范	缺陷类型		
	约束凹坑	非约束凹坑	腐蚀凹坑
PDAM	临界深度为管道外径的10%	临界深度为管道外径的7%	不允许
UKOPA	临界深度为管道外径的7%		腐蚀深度不超过20%壁厚时，可按单缺陷进行处理

国际标准规范均将管道缺陷最大深度作为评价管道剩余寿命的特征参数。由表 2-6 可知，当凹坑深度达到管道壁厚6%时，就需要立即启动维修工作，提升维护质量，保证管道安全可靠运行。因此，选用适当的测量工具、执行严谨的测量规程、精准快速测量出管道缺陷最大深度是管道风险评价的关键前提。

4）测绘检测器

（1）采用精密惯性制导仪器，测量管线路径的地理坐标。

（2）检测管道极微小的移动。

（3）用于测绘管道的纵断面和路径。

（4）与 GPS 联合使用，能为地质断层、沉陷区、永冻土地区等提供优良的监测。

5. 内检测技术存在的问题

（1）所有的内检测器对于缺陷的探测、描述、定位及确定大小的可靠性仍不稳定。

（2）检测器的工作环境极其苛刻(高压、低/高温)，检测器不可避免地由于运行速率、杂质等引起检测结果偏差或设备损坏。

（3）分析检测结果的方法不一致。

（4）完成检测是一个多步骤的过程，取决于算法与判读人员的经验。

（5）目前还没有针对如何诊断、分析、识别三维缺陷大小的推荐做法。

6. 检测作业应考虑的因素

油气管道不仅要选择合适的检测器，还要评价管道系统自身对检测作业的适用性。须考虑的因素包括：结构特征；介质类型、流量和速度；检测方式；清管；检测过程的准备、测前自查、测中的问题应对、测后收尾和总结汇报，以及其全过程信息记录和收集。

（1）结构特征。管道结构特征，有收发球筒、弯头、三通等多种形式；这些结构的特征，可能妨碍内检测器的通过；必须详细检查管道结构特征，防止内检测器受到损害或被堵塞。

（2）管道结构特征检查项见表 2-7。

表 2-7　管道结构特征检查项

序号	检测范围
1	收发球筒有效的工作空间；装、卸检测器的作业空间
2	收发球筒足够长容纳检测器
3	如有必要，收发球筒设置临时性的收发球筒
4	内径变化(如凹陷、缩径、单向阀等)

序号	检测范围
5	探针
6	管壁厚度(通过土壤移动的区域)
7	厚壁管道比薄壁管道需要更大的压力差
8	弯头(大多数能够通过 3D 的弯曲半径)
9	反向弯曲(弯头之间没有直管段)存在障碍或卡住危险
10	阀门应全开
11	河流穿越处
12	内涂层：某些工具对内涂层有损害
13	三通易使检测器失速
14	管道上安装的设备：如孔板流量计(气体管道)、压力罐(原油管道)、y 型分支接头和斜接弯头等
15	自燃材料，若有硫化亚铁，应防止火灾

（3）介质类型、流量和速度方面，包括：某些介质可能损坏检测器(如腐蚀性介质)；不充足流动；限制正常产品流量；速度调节：加旁通。

（4）检测方式。

① 漏磁检测(MFL)：可以在气体管道和液体管道内进行，但应该考虑输送介质的组分。

② 超声波探伤检测(UT)：最适合液体管道，在检测之前，应验证检测工具对液体的适配性。

（三）管线的裂纹缺陷及检测

为了正确理解裂纹缺陷检测仪对管线完整性的检测，就需要分析管线的裂纹和缺陷的类型和性质。由智能检测仪器所检测到的裂纹和缺陷一般位于管壁或者内外涂层。管线的裂纹和缺陷通常可分为两类：直接裂纹和缺陷、间接裂纹和缺陷。直接裂纹和缺陷是指和管壁状态直接相关的裂纹和缺陷。这些裂纹和缺陷对管线或管段的完整性有直接影响，如腐蚀、裂纹或擦伤。间接裂纹和缺陷是指与管线的完整性有关的材料的损坏或系统的故障。随着管线服役时间的增加，可能会导致管线出现直接裂纹和缺陷。典型的例子是管线阴极保护系统的故障或内外防腐涂层的损坏。管线的裂纹和缺陷可分为几何形状异常、金属损伤、裂纹和类似裂纹的缺陷。

1. 管线裂纹

对管线裂纹和类似裂纹缺陷的成因、传播过程，以及避免方法已进行了大量研究。包括，在原子能和航空航天工业进行了广泛的断裂力学研究，如在液体管线上，循环荷载可能会使管线形成纯疲劳裂纹或腐蚀疲劳。当管线某处的局部应力强度超过材料的实际承受能力时，就会产生应力腐蚀裂纹(SCC)。影响 SCC 的敏感参数有管壁的应力状态、管线钢的特性、管线周围的环境条件(如涂层情况、土壤特性等)。作用在管线的环向应力对管线完整性影响最大。由其引起的裂纹都是沿轴向分布的，但也有例外情况，特别是在环向焊缝处，管线会从圆周应力腐蚀裂纹处产生疲劳。

管线在使用过程中最可能出现下面各类裂纹：疲劳裂纹、应力腐蚀裂纹(中度或高 pH 值应力腐蚀裂纹)、氢感应裂纹、硫化物应力腐蚀裂纹、热影响区焊缝裂纹。以上裂纹可根据管线金属、环向焊缝和热影响区（HAZ）来判断。

另一种材料缺陷是鳞片结构，主要存在于无缝钢管中。在检测时，它可以看作类似裂纹的缺陷。它一般存在于管壁的中间位置。鳞片结构表示一类裂纹缺陷，它通常是在管线的制造过程中引入管壁的。由于鳞片结构这类缺陷的方向通常都平行于管线表面，即平行于作用的环向应力，所以它是和裂纹没有关系的一种缺陷。然而，一旦鳞片结构向管壁表面倾斜或者进入环向焊缝，它就会危害管壁的完整性。如果出现前一种情况，鳞片结构会在通向管线表面处断裂；如果出现后一种情况，它会与其他管线缺陷相互作用或破坏环向焊缝区的完整性。

氢感应裂纹（HIC）通常出现在酸性环境中，当氢原子融化到金属中时，它们就会在金相的空穴内重新组合，形成氢分子，压力就会增大。由于金属空穴或裂纹边缘三维应力的相互作用，金属的脆化度就会增大，裂纹也就扩大。这些裂纹的方向通常平行于管线表面，因此如果尺寸超过超声波腐蚀检测仪的最小测量范围，就会被检测出来。但这类氢感应裂纹的径向部分却检测不出来，其原因是超声波光束与氢感应裂纹的径向部分平行，故检测不到。

裂纹也可能和其他缺陷（如凹陷、擦伤或腐蚀）一起产生。为了更好地理解与管线有关的裂纹知识，以进行合理计算和完整性评价，须采用断裂力学知识。

上述各类裂纹存在较大的区别：它们在管壁中产生的机理不同，在管壁中的传播方式不同，最后造成的后果也不同：泄漏、大漏或破裂。

2. 管线裂纹检测

管线裂纹的几何形状有：沿纵向延伸的径向内外表面裂纹（大多存在于纵向焊缝的热影响区，包括应力腐蚀裂纹）；沿圆周方向延伸的径向内外表面裂纹（如果管线承受附加的弯曲荷载，大多存在于环向焊缝的热影响区）；不同形状的内表面裂纹，大都沿圆周方向分布（酸性气体管线中的氢感应裂纹的逐步扩展）。

至今仍未研制出一种裂纹检测仪能可靠地检测所有可能出现的裂纹及其形状，各种检测仪都具有一定的适用性。如目前市场上使用的超声波裂纹检测仪是用来检测管壁、焊缝处应力腐蚀区的环向裂纹的；存在于管线环向焊接区的径向圆周裂纹，需要一个可以安装在不同方位的超声波变频器和一个修正的传感器载波信号进行检测。

智能检测仪能够检测到的裂纹最小尺寸取决于材料特定的临界裂纹长度。该长度是指某裂纹在出现灾难性后果之前能扩展的最大长度。此外，要保证管线的最大裂纹在远远小于这个临界裂纹长度时就能采用NDT技术检测出来，这样不但留有安全余地，而且还有足够的时间制定出合适的维修方案并进行优化。

3. 不同裂纹缺陷检测仪的选择

裂纹缺陷检测仪可作为几何形状或金属损伤的测量工具或裂纹检测工具。随着不同缺陷检测仪的出现及不同NDT的应用，按照不同的检测要求选择合适的检测仪，但存在检测仪与之能够检测出缺陷种类的问题。如金属损伤测量工具也能检测特定类型的裂纹，而裂纹检测仪在一定测量条件下也能确定凹陷或其他几何形状的变形。下面分析如何选择裂纹缺陷检测工具的类型。这些检测工具能进行检测和定位，也能检测裂纹和类似裂纹的缺陷，确定其尺寸。

在最终确定采用哪种检测仪前，应分析其检测功能，并进行详细的比较。特殊类型的检测仪能够检测的裂纹或类似裂纹的缺陷类型，不同在线检测仪的检测裂纹能力见表2-8。

表 2-8　不同在线检测仪的检测裂纹能力

裂纹类型	检测仪类型				
	角度光束超声波检测仪	弹性波检测仪	横向磁场漏磁检测仪	轴向磁场漏磁检测仪	金属损伤超声波检测仪
应力腐蚀裂纹	※	※	※①		
圆周应力腐蚀裂纹	※				
氢感应裂纹					※
鳞片结构					※
疲劳裂纹/焊缝边缘裂纹	※	※	※①		
箍圈裂纹	※	※	※		
收缩裂纹	※	※	※		
环向焊缝裂纹	※②	※③		※	
未熔透裂纹	※	※	※		
轴向重叠裂纹	※	※	※		
麻点裂纹	※	※			
凹陷裂纹	※		※		
切割裂纹	※	※	※		

注：※表示检测仪基本属于金属损伤检测仪，也有一些检测裂纹的能力，但不是裂纹检测工具。

　　① 表示相对于成角光束检测仪和弹性波检测仪的大裂纹。

　　② 表示需要传感器的不同排列，即一个特殊的传感器载波信号。

　　③ 表示设计用来检测纵向裂纹的传感器排列；相对于轴向裂纹的最小检测尺寸，圆周方向的裂纹尺寸达到一定范围才能检测到。

二、在线监测技术

在役管道的在线监测技术(On-line detection technology)，包括直接监测和间接监测。

直接监测(Direct detection)，包括实时图像监测、场图像方法、光纤感应监测、声发射在线监测(声学检漏法)，等等。

间接监测(Indirect detection)，包括管内油气介质的压力监测，流量监测，管道阴极保护的电压电流监测，等等。

（一）直接监测

1. 实时图像监测

实时图像监测(Real time image monitoring)，包括对于简支管道的摄像头实时监测、利用卫星图像对于陆基管道区域和海底管道区域的准实时监测，等等。

视频安防监测预警技术是一种较为有效的油气管道预警技术，对于油气管道的高后果区、库区、站场、隧道等重点区域，较适合应用视频安全监测预警技术，能够对外部入侵进行有效监测并及时预警。

2. 场图像方法

场图像方法(Field Signature Method，简称 FSM)即电指纹法，是一种以欧姆定律为理论基础，敏感而且非介入式地，通过探针电极感应管道电流来监测金属腐蚀的多频管中电流测绘技术。FSM 的设计依据：当电流馈入管道或其他钢结构时，会显示一个唯一的电场"指纹"——场图像。所产生的电场指纹表征了结构局部几何形状，从而可用监测电场指纹的微小变化，检测出结构与原始的、正常状态的任何偏离。将探针或电极在待测区布置成阵列，然后测量通过金属结构的电场的微小变化，用测得的电压值与初始设定的测量值进行比较，依此来检测由于腐蚀等引起的金属损失、裂纹、凹坑或凹槽。基于该原理研制的设备监测示意图如图 2-8 所示。

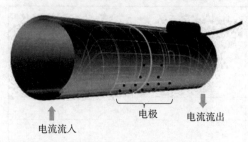

电流流入　电极　电流流出

图 2-8　FSM 技术原理示意图

FSM 可安装在实际的、任何形状的钢和其他金属结构、管道系统和压力容器上。在所选的结构断面导入电流，FSM 可监测由于腐蚀坑或常规的腐蚀、侵蚀、疲劳与其他裂缝现象的产生与增长所引起的电场图图形的任何变化。基于这些变化，FSM 就能在显示屏上显示起坑与裂缝的位置及其严重程度，以及实际腐蚀的趋势和速率。FSM 是用一对电流馈入接线柱的结构部位。此时，电流分布即形成电场图形。该图形由结构的几何形状与材料的导电率决定。结构内的损伤与缺陷，例如腐蚀坑与裂缝将引起图形的畸变。同样，全面腐蚀所形成的壁厚的减小，将形成电位降的增大。

FSM 以众多小探针或电极在监测区上形成阵列，用以监测该区电场图形的变化。测量任意两选定电极之间的电位与参考电极对(用以补偿温度和电流的波动)之间电位进行比较，对照监控开始，通过相应的原始数据即可得到监测的结果。

检测区域一般选择腐蚀或裂纹危险性大的部位，或在故障情况下可发生严重问题的部位。一般选择以下有代表性的部位：管线的环焊缝、管线或设备的底部位置、易受 CO_2、H_2S 或生物腐蚀的区域、管子的 T 形接头或弯头处、结构交叉点、容器的入口或出口处。每个所选择的部位都要安装电流互感器和 24~64 个探针。探针在监测的关键区域上阵列地分布，根据检测较小凹坑所需要的灵敏度，探针的布置间距可在 2~3cm 至 10~15cm 的范围内变化。当探针的布置间距为 2~3cm 时，系统能检测和监视焊缝内直径与深度均小至 1~2mm 的凹坑。在检测宽而浅的凹坑时，可采用 10~15cm 的布置间距。每个仪器组件覆盖的面积在 0.1~1.1m^2 范围内。

FSM 综合了侵蚀探头与无损检测两种技术的优点，具有高灵敏度和对实际管壁腐蚀引起的变化实时响应的能力，并能对实际监测结构进行较大范围覆盖。它可以减小智力管道猪检测失败概率。它能提供可靠的、灵活的在役监测，虽然不能完全替代以管道猪为主的检测技术，但可以补充和大大减少费用昂贵监测技术的应用。在国际石油石化工业管道和压力容器检测中，有着迅速取代普通监视系统而独居鳌头之势。FSM 主要优点：(1)没有元件暴露在腐蚀、磨蚀、高温等环境中；(2)没有将杂物引入管道的危险；(3)不存在监测部位损耗问题；(4)在进行装配或发生误操作时，没有泄漏的危险；(5)腐蚀速度的测量是在管道、罐或容器壁上进行的，而不是用小探针或试片测试；(6)敏感性和灵活性要比大多数非破坏式的检测技术高。

3. 光纤感应监测

光纤感应监测(Optical Fiber Sensing Monitoring)，就是基于光纤散射及干涉原理，从而实现对管道情况进行有效的监测，并在发现问题时，及时进行预警。在油气管道中，应用光纤传感安全监测预警技术时，能够利用该技术对油气管道的重点区域及沿线进行有效的安全监测，包括监测油气管道的温度、应力、振动等方面的变化情况，并对其进行有效的识别，还能够对异常事件进行准确定位，从而有效保证油气管道的安全。

"分布式传感"是指将光纤作为线性传感器提供光纤全程的测量信息，以激光脉冲沿光纤传播产生的反向散射光分析结果为基础，进而使用单一的光纤取代成千上万个单点传感器，可节省大量安装、校准、维护成本。光在光纤材料中传播时，会发生布里渊散射，布里渊散射是光波和声波（光纤材料分子布朗运动产生）在光纤中传播时相互作用产生的散射，散射光的频率相对于入射光有布里渊频移。通过测定脉冲光的背向布里渊散射光的频移可实现温度、应变测量。基于布里渊散射原理的温度、应变测量技术主要有两类：基于光时域反射（BOTDR）的分布式光纤传感技术和基于光时域分析（BOTDA）的分布式光纤传感技术。为增强信号强度，BOTDA 分布式光纤传感技术采用两个相向传输的光来增强布里渊散射，从而使得测量得到的温度和应变精度更高，测量距离也更大。

中俄东线天然气管道，采用基于光时域分析（BOTDA）技术的 DiTeSt（分布式温度和应变监测系统），温度测量最小空间分辨率为 0.1m，温度精度为 0.1℃。该设备相较于其他设备特点是采用受激布里渊反射光来探测定位，测量距离可达 120km，与此同时，若光纤由于意外事件发生中断，可切换至基于光时域反射（BOTDR）模式继续工作，方便用户有时间响应去维护。

4. 声发射在线监测（声学检漏法）

油气田中存在的酸性气体以 H_2S 为主，H_2S 溶于水后对油气管材形成腐蚀，主要形式有电化学腐蚀和硫化物应力腐蚀。通过累计声发射命中次数可以早期检测腐蚀情况，声发射的累计命中率显著增加，则对应于腐蚀的开始。

声发射在线监测（声学检漏法）（Acoustic Emission On-line Monitoring），就是利用声发射技术在线监测酸性环境下的油气管材腐蚀，同时需要注意声发射检测技术是动态检测方法，对材料敏感，极易受外界环境噪声干扰，对一些微弱的腐蚀信号造成漏检，因而需要降噪和去噪技术研究及丰富的现场检测经验。

声发射（AE）技术作为一种针对管道介质中含 H_2S 酸性的管道无损检测方法，具有动态监测、对线性缺陷敏感、能够整体探测和评价整个结构中缺陷活动状态、可提供缺陷随外参数（载荷、温度、时间）变化的实时或连续信息，以及对新设备进行验证性加载试验和潜在的现场应用等优势。为了能够在不损坏油气管道结构的情况下进行高效监测，选择声发射（AE）在线监测技术，对以 H_2S 为主的酸性环境下的油气管道进行腐蚀监测，具有广泛价值。

5. 音波管道泄漏监测法

音波管道泄漏监测法（Acoustic Pipeline Leakage Monitoring Method），也称为"声学检测法"，或是"声学方法"。原理是：声波会在管道泄漏点处产生，且沿泄漏点上游、下游传播。声波会被安装在管道上的声音传感器捕捉到，处理捕捉到的数据后，可判断该管段是否发生泄漏并找到相应的泄漏点位置。

在管道的首端和末端分别安装一台检漏仪，当泄漏发生时，检漏仪能检测到从泄漏点传出的次声波信号，并且能够将检测到的信号传送给现场的站控计算机，最后主控计算机通过联网收集站控计算机所传输的信号并分析处理。根据信号分析得到的结果及同一信号在管道首端、末端被检测到的时间差，可判断管道是否发生泄漏及泄漏后的具体泄漏位置。为使首站、末站和各中心站的时间保持一致，在各站上均安装 GPS。管道会因泄漏点处的管道内外压力不同而在泄漏点发生局部振动，振动产生的各种声波向泄漏点上游、下游传播，其中次声波信号会被检漏仪捕捉到。

由于在不同介质中传递的次声波速度各不相同，而且多数在役天然气管道经常会发生微小泄漏，但就目前技术水平而言，此类微小泄漏很难被检测到或者检测不准确，而且只适用于管道泄漏的检测，不能检测管道缺陷，因而普适性不高。

6. 油气管道管跨弹性波监测技术

油气管道管跨的形成、发展到管跨破坏是一个逐步发展的过程。为了防止悬空管段可能引起的管道破坏，需要对出现的管跨采取预防措施。首先应辨识油气管道的管跨是否存在，以及管跨所在的位置。通过常用的检测方法可以发现管跨状况，但检测实施的周期往往较长，而且很难及时掌握油气管道的管跨状况。监测管跨振动诱发和产生的弹性波，通过对所获得的信号的分析，在管道管跨发展为管道破坏的一定时间段之前，判断出管道管跨是否发生，甚至进一步判断出管道管跨所处的危险状况。弹性波管跨监测方案不仅可用来监测油气管道的管跨，对于河流穿越等其他水下穿越的管道监测也具有明显的意义。

工程材料中，构成声发射源，产生声发射事件的原因有多种，包括塑性变形、裂纹及断裂、相变、磁效应、表面效应等。油气管道管跨弹性波监测技术（Elastic Wave Monitoring Technology for Oil and Gas Pipeline Span）的基本思想是：管道振动导致裂纹的形成与扩展，通过在一定长度的管段的两端设置声发射检测传感器，在线检测裂纹产生和扩展造成的声发射事件，以此来监测管跨的发生与否，以及确定管跨发生的位置，可实现管跨安全预警。

采用弹性波监测油气管道管跨，如果能判断出管跨振动引发的声发射等弹性波信号，就能采用一种较简单的方法实现管跨的定位。在某一段油气管道的两端各自安装一个传感器获取声发射信号，对发生在该管段上的同一个声发射事件，两个传感器接收到的时间分别为 t_1、t_2。若沿管道长度方向建立一维坐标系，两个传感器的位置坐标分别为 x_1、x_2，坐标系的方向由 x_1 指向 x_2，则油气管道管跨的定位方程为：

$$x = \frac{x_1 + x_2}{2} + \frac{t_1 - t_2}{2} V \tag{2-6}$$

式中　x——发生管跨的位置在所建立坐标系中的坐标；

　　　V——声发射的弹性波在管道中的传播速度。

油气管道结构中弹性波传播有限元分析理论。由固体中的弹性波及其传播理论可知，如果仅考虑一维的纯压缩或纯剪切情况，可得无限介质中的一维波动方程为：

$$\frac{\partial^2 u}{\partial t^2} = c \frac{\partial^2 u}{\partial x^2} \tag{2-7}$$

式中　c——波速。

对于油气管道中的弹性波传播问题，通常认为二维甚至三维模型更加合理，但大大增加了分析的难度。如果在理论分析上辅以某些合理的假设与近似，将油气管道简化为一维弹性体模型，则可使油气管道中的弹性波传播问题大大简化，而且分析结果往往也可以满足工程应用的需要，并可将由此得到的弹性波传播规律用于管道缺陷检测等技术中。

7. 其他监测技术

管线外壁敷设一种特殊的线缆，以进行第三方破坏的预防，比如泄漏检测专用线缆、半渗透检测管等。该检测方法不受管道运行状态影响，灵敏度很高，能够检测出微小的泄漏。加拿大在输油管道建设时，曾将一种能与油气进行某种反应的电缆沿管道敷设，利用阻抗、电阻率和长度的关系确定泄漏的程度和泄漏的位置。当泄漏发生时，泄漏油气使电缆的阻抗特性发生改变，并将此信号传回检测中心以供做决策。日本曾采用非透水而透油性好的绝缘材料(多孔 PTFE 树脂)作电缆的保护层，将这种电缆靠近输油管道敷设，当管道有泄漏发生时，油质通过多孔树脂电缆，使得该部分的阻抗降低，表明泄漏的发生。原中国石化管道储运有限公司开发的智能防腐层监控系统也属于此类该产品一层双用，既能防腐又能防盗，线路具有较强的隐蔽性，能抗外接电磁干扰和施工破坏，采用逆向双通道监控线路，当第三方破坏触及防腐层时，将及时报警。

(二) 间接监测

油气管道的间接监测，包括：利用对于管内油气介质的实时压力监测、实时流量监测，及时发现泄漏之类的事故，以便及时采取关闭阀门之类的应急措施；利用管道阴极保护的电压、电流监测，及时发现管道电化学腐蚀环境的变化，以便及时采取相应的维护措施。针对管道途经的各类自然与地质灾害，重点介绍北斗终端监测系统及预警功能。

图 2-9 所示的北斗微位移监测模块用于采集、存储及向数据平台回传卫星观测数据。监测模块采用高精度北斗微位移监测设备，由北斗天线、北斗接收机、通信设备、避雷针、市电避雷器组成。其中，接收机、市电避雷器、通信设备布设于防雨机柜中。通过与周边地面基准增强网的北斗地面基准站的卫星观测数据进行后处理解算，可实现高精度监测。

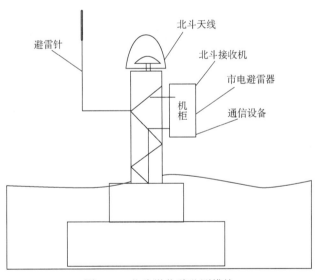

图 2-9 北斗微位移监测模块

常用的北斗地面基准站有两种形式：一是国家建设的地基增强网，由若干台遍布全国范围的地面基准站组成；二是自建用户基准站。为保证监测精度，要求监测点距离北斗地面基准站在 10km 以内，如果监测点距离国家设立的基准站较远，则需要自建地面基准站。

北斗微位移监测模块每小时采集一次自身位置与北斗卫星的距离和对应时间，根据所在区域北斗卫星网在天空的分布情况的不同，每次接收来自三颗或更多颗北斗卫星的信号。该信号通过解算获得地质灾害监测点在三维空间中的位置，用坐标 $[x_1, y_1, z_1]$ 表示，此时位置信息包含的误差为时钟差、电离层误差、大气折射误差、卫星轨道误差等，监测精度为米级。

地面基准站在布设时精确位置已知，也可用于接收多颗卫星信号，获得的观测值与标准值对比，即可获取基准站位置的时钟差、电离层误差、大气折射误差、卫星轨道误差，得到校正值。监测站与基准站位置相近，各类误差也大致相等。监测站在接收卫星信号时，也同步接收基准站发送的校正。

图 2-10 所示的北斗监测站和基准站的数据、校正数据，可通过通信网络实时传输至监测结算模块，利用差分算法，消除电离层延时、对流层延时、接收机和卫星的钟差等，以获取监测点高精度的三维坐标信息$[x_1, y_1, z_1]$，此时精度为毫米级。

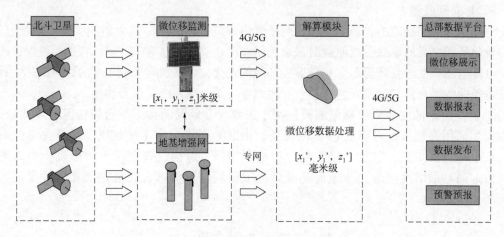

图 2-10　北斗监测数据传输及计算方法示意图

监测结算模块将获得的坐标信息$[x_1, y_1, z_1]$，通过 4G 或 5G 信号发送至油气管道指挥调度中心数据平台，频率为每小时一次。平台将最新坐标信息与历史坐标信息进行对比，研判滑坡监测点在三维空间的微小位移情况。根据滑坡体性质、历史、现状及监测结果，三个坐标所代表的位移情况，平台以每小时一次的频率，向 PC 端、手机 App 端推送位置信号和实时监测数据。

根据灾害体发育情况和工程岩性，在三个维度设定蓝、黄、橙、红四个预警阈值，当滑坡体在某一个或某几个维度的位移量超过设定阈值时，则平台立即向各终端发送报警信号，提醒工作人员采取应急措施。

三、安全评估分析技术

（一）安全风险评估技术

正如本书第一章里所介绍的：根据 IEC 61508，"安全（Safety）"就是不存在不可接受的风险。所以，安全评估的关键就是风险评估。安全分析的关键就是风险分析。

风险分析的关键，就是：①前面小节所述的检测监测，及其检测监测过程中获得的基于事实的大量准确数据。②选择正确的风险分析模型方法，及其精密准确的计算和推演。

风险评估，就是对各风险事件的后果进行评估，并确定不同风险的严重程度顺序；是要系统地辨识企业经营活动中的安全、健康与环保危害因素，评估其风险，并制定相应的控制措施，把风险降到最低、合理、可行的程度。

风险评估的范围包括：

（1）所有作业活动，以及产品和服务。

（2）所有人员在作业场所和设施完成中的活动和服务（包括承包商）。

（3）常规、非常规和应急状态下的活动。

（4）资产/设施全生命周期内的活动：从可研、施工、投产、运营直至废弃/退役。

具体生产运行过程中的风险分级管控管理体系的建立操作过程中，也要遵循 PDCA 流程。在计划（P）过程中，要做好规划和准备工作，包括：成立组织机构，明确主要职责，组织专项调研，制定工作方案，组织专项培训。其中，包括专项调研过程中的安全评估、风险评估。具体技术和过程如下：

（1）按照国家安全风险分级管控和隐患排查治理双重预防性工作体系的思路，根据 ISO 31000 风险管理标准和 OHSAS 18001 职业健康安全管理体系的具体规定，以及国家全面推行管道完整性管理有效做法的统一要求，为进一步深化油气管道基层现场巡检标准建设工作，建立一套适合于企业现场风险管控的基层现场巡检制度和巡检标准，形成完善的检查表，持续提升巡检标准化、规范化水平，以互联网、信息技术（IT）与信息通信技术（ICT），采用"互联网+管道巡检"技术手段，研发出"巡检应用平台"。

（2）利用"巡检应用平台"和日常工作中已有的检查表，以及根据现实需求和风险识别、隐患排查、随机观察的具体需要而制作的检查表，通过"场景识险""表格点检""究因访谈"等形式进行定期/不定期的隐患排查检查和随机观察。

（3）将"识险"和"访谈"结果录入"巡检应用平台"，并用"基于可靠性的极限状态方法"中介绍的可靠性分析方法、失效模式分析法等（参见本书第一章第四节）进行安全评估和安全分析。即根据大量采集的检查结果数据，归纳总结现场频繁出现的问题，从而推导出管理上存在的缺陷，以便制定有针对性的改进措施。

安全风险评估的常用方法是 HAZOP 分析法、层次分析法、事故树分析法。

HAZOP 分析法，是对分析系统进行风险识别，通过资料收集及统计分析，找出风险发生频率和后果严重性等级，运用相对指数法进行一定的定量计算，得出事故风险大小的计算结论；同时，结合"层次分析法"对 HAZOP 分析进行合理性验证。

层次分析法（Analytic Hierarchy Process，简称 AHP），是将定性和定量分析相结合而形成的一种系统化、层次化的多目标决策的方法；是将需要进行研究的或者进行分析的项目进行不同层次的划分，将造成最终的安全事故的直接原因进行分类，也就是中间事故，然后再找出造成中间事故的直接或者间接因素，按层次划分，构造出多层次事故模型。确定底层因素对上层因素的重要性的相对权重或相对优劣次序排序，然后再进行数学原理计算分析，最终得出合理结果。

事故树分析法（Fault Tree Analysis，简称 FTA），是将系统中各个安全风险因素构建事故树模型，来描述项目事故发生过程，通过获取最小割集与最小径集得出项目事故发生的一系列途径，以及预防事故发生的最佳防御措施。继而进行定量计算，计算出概率重要度、临界重要度及顶上事件概率，来说明各个风险因素对最终事件的影响程度，以及最终事故发生的可能性。

正如本小节首段所述，安全评估的关键是风险分析、风险评估。风险分析的关键是"检测监测过程中获得的基于事实的大量准确数据，选择正确的风险分析模型方法，进行精密准确的计算推演判断。"风险评估的范围包括：①所有作业活动，以及产品和服务；

②所有人员在作业场所和设施完成中的活动和服务(包括承包商);③常规、非常规和应急状态下的活动;④资产/设施全生命周期内的活动。因而可知,安全评估的主要内容之一是缺陷评估。

(二) HSE(健康、安全、环境)评价技术

1. HSE 评价技术内涵

笔者认为,构建的 HSE 评价技术是以 H、S、E 为三角搭建一个集成评价平台,其中 S 为评价的重心,并与 H、E 紧密结合,突出 H、S、E 评价的主次和重点。因此,在制定环境保护措施时,应同时考虑安全因素。同样,在考虑人的安全、健康时,也应考虑环境保护的要求。推行和实施 HSE 评价技术是我国油气长输管道行业发展到一定阶段的必然产物,它的形成和发展是油气长输管道行业多年工作经验积累的成果,它得到了世界大多数大管道公司的广泛认可和采纳,应成为我国油气管道行业的行为准则。油气长输管道工程 HSE 评价是通过对油气管道运行中面临的风险识别和评价,制定相应的风险控制对策,不断改善识别到的不利影响因素,从而将管道运行的风险水平控制在合理的、可接受的范围内,达到减少管道事故发生,以及经济合理地保证管道安全、经济、环保运行管理技术的目的。因此,HSE 评价的实质是,评价不断变化的管道系统的风险,并对相应的安全维护活动作出调整。由于风险本身随着时间不断发生演变,故 HSE 评价是一个动态的、循环的反馈过程。作为油气长输管道保障技术体系中重要一环的 HSE 评价技术,由于灾害与结构系统的相互依存性,必然包含工程系统评价、结构评价的内容,但并不等同于结构评价。系统开展油气长输管道生产运行所涉及自然灾害和非自然灾害的评价技术研究,并针对油气长输管道服役特点,建立起火灾、爆炸、生态、职业卫生等 HSE 评价技术体系,有效地评价各类自然灾害、工业灾害对设备安全运行的影响,识别出各类风险,从而对油气管道的安全生产起促进作用。

2. HSE 评价技术特点

基于理论研究和工程实践,采用系统分析方法,建立了油气长输管道 HSE 综合评价指标体系。指标体系是从系统角度考虑,从不同方面构建整体结构。该结构体现了复杂、相关、递进的关系。各指标内涵明确,由这些指标构成的体系具有各指标在单个状态下所不具备的整体功能,在指标体系的设立上力求全面、完整、准确地反映油气长输管道事故影响的各个方面,尽量使指标的冗余减少至最低程度。指标体系的设立力求排除指标间的兼容性。油气长输管道安全状态与油气长输管道生产系统的运行状态及其变化存在密切的关系,是整个管道系统的子系统,并同其他构成的子系统共同存在并发展变化。油气长输管道事故系统的运行特性与状态直接影响到管道安全状态,因此管道 HSE 分析模型是建立 HSE 评价指标体系的基础。充分吸纳安全原理和环境原理的经典理论,如"事故致因理论""事故频发倾向理论""事故因果连锁论"等,为了清晰地表明事故诱因的逻辑关系,采用层次分析方法与人—机—环境系统分析方法相结合建立事故现象、本质及事故诱因的分析模型,从而建立 HSE 评价指标体系及后续的 HSE 评价过程。

1)职业病危害评价特点

根据《中华人民共和国职业病防治法》、《石油化工企业职业安全卫生设计规范》(SH 3047)、《石油化工企业总平面布置设计规范》(SH/T 3053)、《石油化工企业卫生防护距离标准》(SH 3093)等法律法规的要求,建设项目的职业病防护设施应与主体工程同时设计、同时施工、同时投入生产和使用。

根据输送油品的种类，按照《职业病危害因素分类目录》及《项目职业病危害预评价报告》等，对原油、成品油管道工程存在的职业病危害因素进行分析。

2）安全评价特点

由于油气长输管道从总体上来讲是一个衰退的结构，材料的性能发生很大的变化，管道内外的状况随着服役时间的增加，其实际状况难以得到清晰的把握，因此必须借助一定的检测工具。油气长输管道安全评价主要考虑可检测安全评价和不可检测安全评价两种方式。如何对油气长输管道开展安全综合评价，首先与管道本身的状况有极大的关系，如果所评管道的工程地质资料现已缺失，将导致管道评价工作中工程背景不明确，如穿越地震带、塌陷带的情况不可知时，需要求助相关部门提供地质资料，这样的工作将耗费相当大的时间和财力，为后来安全评价的信息搜集带来困难。同时，由于管道在长时间服役过程中遭受各类第三方破坏，管道可能还有很多的残留的障碍物，致使管道壁厚不规则，并且管道穿越一些地带，检测装置不能进入所检测的区域，难以采用当前先进的各类管道内外检测装置，这样直接造成了检测的可行与否，管道检测方式的不同，以及检测精度和准确的差异等。因此，必须从检测的角度出发，综合考虑评价的信息来源和评价精度，选取不同的评价方法，这就是油气长输管道安全评价所具有的一个新特点，也是一个难点。

油气长输管道安全评价可以是对一次事件的安全评价，也可以是对一个地区或一个区域危害水平的评价。因此，油气长输管道安全评价的空间范围具有很大的伸缩性。据此，把油气长输管道安全评价大致分为三类：①点评价：对一个独立的部位或管段进行评价；②面评价：对一个有限地区(如黄土地域、一条大型的江河湖等)的安全状态进行评价；③区域评价：对跨区域、跨省(市、区)区域性长输管道安全状态进行评价。这三类评价的基本内容一致，但参与评价的基本要素的精确度和进行评价前的信息获取方式不尽相同。点评价的各种基础信息最具体，并具有最高程度的定量化，所取得的评价目标最准确细致。例如，在点评价过程中，采用管壁厚、埋深、管土摩擦角、土壤属性、穿越角等多方面量化指标分析管段的潜在危险性；根据人口密度、交通、断裂带及地震等分析油气长输管道的灵敏度。

根据油气长输管道所处的地面位置，可分为埋地管道和地上管道；根据管道系统的构成可分为干线输油管道、穿跨越段、泵站和油库。故管道安全评价须明确管道的研究目的，采用第二种分类方法对油气长输管道进行安全综合评价。考虑到油气长输管道系统各个部分的风险等级的差异，以管道的主干管道、穿跨越段和油库为评价的重点。其中，主干管道是研究核心；穿跨越管道由于所处的位置非常特殊及其高危险程度，可进行详细的结构安全分析；站场安全评价方法较成熟。

3）环境影响评价特点

长输管道工程施工期对环境的影响主要表现为非污染型生态影响，运行期以环境风险为主。与此相对应的长输管道环境影响评价具有以下四个特点：

(1)评价的重点应为施工期的生态环境影响评价和运行期的环境风险评价。长输管道工程中输油管道与输气管道的环境风险评价重点略有不同，输油管道环境风险评价重点为管道破裂、油品泄漏对周围环境(土壤、植被、水体等)的影响、事故预防措施及事故应急预案，评价重点区段为管线穿越的饮用水源；输气管道重点分析事故泄漏天然气对周围居民点和影响区域内动植物的生长、生存的影响，并提出事故风险的防范措施和应急措施，评价重点区段为生态敏感区段和人口密集区段。

(2)生态环境影响评价重点内容为工程对植被、动植物资源、土壤侵蚀、土壤环境、土地利用的影响，以及保护对策与措施。

（3）管道工程由于其线路长，经过的地区多，经过不同的生态区域、地貌类型、地质构造等，其技术方案不同；再加上考虑社会因素、市场情况、工程造价等，一般都有多个线路走向方案。在环境影响评价中，应对比分析工程的推荐方案和各比选方案在生态环境方面的影响差异，特别是对于可能影响生态敏感区域的方案，应给出管线线由的明确结论。

（4）由于长输管道工程为线路工程，评价应按"点段结合、以点为重、突出主要"的方法开展工作。

3. HSE 评价技术适用性分析

为了确保油气长输管道工程 HSE 评价科学、合理、高效，杜绝各类事故的发生，让 HSE 评价与工程项目结合得更紧密，应有针对性地开展工程子系统综合评价。由于不同地理位置、不同时期建设、不同类型管道的油气长输管道工程所具有的特点不同，因此所采取的 HSE 评价方法差异度很大。现有的石油天然气工业及油气管道系统 HSE 评价方法应用较多的有 30~40 种。每种方法有其适用的范围和应用条件，其评价推理过程、所得的结果，以及评价所需的资料、数据等有所不同。需要根据评价对象的特点、要求的评价目的及投入的资源等衡量，选择合适的 HSE 评价方法。油气长输管道工程 HSE 评价的特点及其推荐方法，如图 2-11 所示。

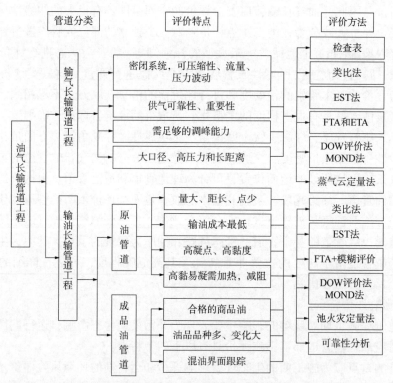

图 2-11　油气长输管道工程 HSE 评价的特点及其推荐方法

（三）管道失效多层次模糊综合评价方法

油气长输管道系统的"故障"或"失效"本身就具有模糊性，这是个动态的变化过程。利用故障树分析能描述引起管道系统失效的各个因素的逻辑因果关系，建立以"管道失效"为顶事件的油气长输管道失效故障树，通过定性和定量分析，求出故障树的各阶最小割集、管道的失效概率和各个基本事件的概率重要度系数及临界重要度系数，从而找出管道系统存在的薄弱环节，制定合理的管理和维修方案等。但是，故障树分析给出的是影响油气长输管道失效的一些共性因素，较难分析实际运行的管道系统又有其特定的个性因素和不确定性因素（模糊性因素）。笔者综合考虑共性因素和个性因素同时存在的客观实际，把模糊理论引入油气长输管道失效分析中，实现故障树分析和模糊综合评价分析组合集成，建立一套较完善和实用的管道失效分析和评价体系，并对实际运行管道进行动态的失效分析。

1. FTA 和模糊综合评价集成方法

1）油气长输管道失效故障树分析

油气长输管道故障树顶事件定为"管线失效"，主要包括管线的泄漏和断裂。引起管道泄漏的原因有内外腐蚀、存在的缺陷；引起管道断裂的原因有第三方破坏、腐蚀开裂、误操作、材料机械性能差。依次类推，直至分解到代表各种故障形式的基本事件为止。采用的董玉华研究结果，长输管道故障树有 24 个逻辑门和 40 个基本原因事件。其结构形式如图 2-12 所示。

通过定性分析，故障树由 21 个一阶最小割集和 21 个四阶最小割集组成。由于割集阶数越少，故障发生的可能性就越大。因此，可先考虑发生概率较大或危险性较大的一阶最小割集（X1、X2、X3、X4、X5、X6、X7、X8、X9、X10、X11、X12、X13、X14、X15、X16、X17、X18、X19、X20、X21）和在四阶最小割集中都出现的基本原因事件 X6。定量分析一般包括对顶事件发生概率的计算及底事件重要度分析（包括概率重要度分析和临界重要度分析）。重要度分析是故障树分析中的重要组成部分，表现为系统中某一个底事件失效时对顶事件发生概率的贡献大小。通过对基本事件概率重要度的分析，就可定量评价基本事件发生概率对顶事件发生的概率的影响程度，在用有限的人力和物力去减少事故的发生时，应优先考虑从概率重要度大的基本事件入手。而临界重要度表现为基本事件发生概率的变化与顶事件发生概率的变化之比，它综合了结构重要度和概率重要度的结果。油气管线故障树概率重要度分析得较大的基本原因事件有：X1、X2、X3、X3、X4、X5、X14、X15、X16、X17、X18、X19、X20、X22、X29、X30、X31、X32、X33、X34、X35、X36、X3、X4、X5、X22、X32、X33、X34；油气管线故障树临界重要度分析得较大的基本原因事件有：X14、X15、X16、X17、X18、X19、X29、X30、X31、X35、X36、X3、X4、X5、X22、X32、X33、X34。综合概率重要度系数和临界重要度系数可得，X14、X15、X16、X17、X18、X19、X29、X30、X31、X35、X36、X3、X4、X5、X22、X32、X33、X34 共 18 个基本原因事件应作为防止油气管道失效的故障的主要依据。这与割集阶数越小的最小割集越重要的结论是一致的。

2）油气长输管道失效多层次模糊综合评价方法

（1）综合评价指标体系。

关于油气长输管道失效的因素，我们确定了一级指标：第三方破坏、误操作和存在缺陷。但目标层因素过于笼统，增加了失效评价的难度和不确定性，因此有必要对油气长输管道失效的二级因素进行分析。由于油气长输管道失效的具体情况不同，在评价过程中会有不同的二层评价因素，因此应根据具体情况加以确定。油气长输管道失效综合评价指标体系，如图 2-13 所示。

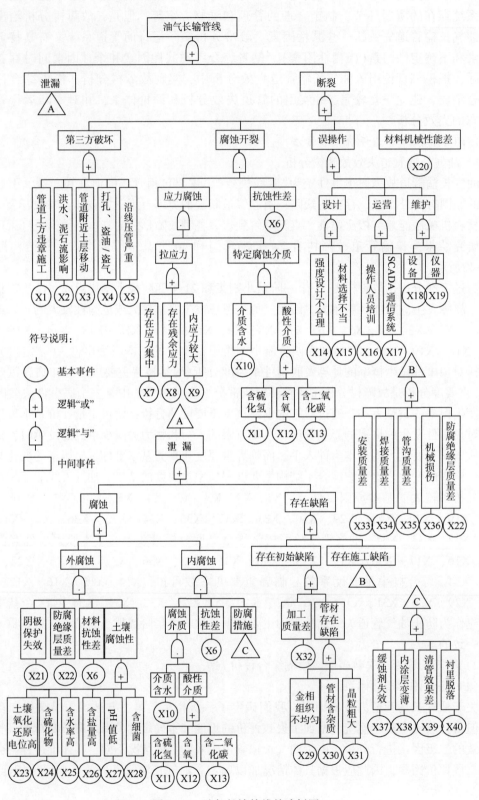

图 2-12　油气长输管线故障树图

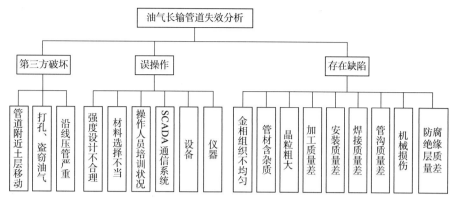

图 2-13　油气长输管道失效综合评价指标体系

（2）多层次模糊综合评价法及流程图。

多层次模糊综合评价法的步骤如下：

第一步：将因素集 $U=\{x_1, x_2, \cdots, x_n\}$ 按某种属性分成 s 个子因素集 U_1, U_2, $\cdots$, U_s，其中 $U_i=\{x_{i1}, x_{i2}, \cdots, x_{in}\}$，$i=1, 2, \cdots, s$，且满足：① $n_1+n_2+\cdots+n_s=n$；② $U_1\cup U_2\cup\cdots\cup U_s=U$；③ 对任意的 $i\neq j$，$U_i\cap U_j=\phi$。

第二步：对每一个因素集 U_i，分别作出综合评价。设 $V=\{v_1, v_2, \cdots, v_m\}$ 为评语集，U_i 中各因素相对于 V 的权重为 A_i：$A_i=(a_{i1}, a_{i2}, \cdots, a_{in})$。若 R_i 为单因素评价矩阵，则一级评价向量 B_i：

$$B_i=A_i\circ R_i=(b_{1i}, b_{i2}, \cdots, b_{in}), \quad i=1, 2, \cdots, s \tag{2-8}$$

由故障树分析结果，按临界重要度系数可得各个主要基本原因事件的权重 A_i 为：

$$A_i=I_i^{GR}\left[\sum_{j=1}^{10}I_j^{CR}\right]^{-1} \tag{2-9}$$

式中　I_i^{GR}——第 i 个基本原因事件的临界重要度，$I_i^{GR}=q_i/(Q_sI_g(i))$；

　　　q_i——第 i 个基本原因事件的概率；

　　　Q_s——顶上事件的概率；

　　　$I_g(i)$——第 i 个基本原因事件的概率重要度。

第三步：将 U_i 看作一个因素，记 $R=\{U_1, U_2, \cdots, U_s\}$。这样，$R$ 的单因素评价矩阵为：

$$R=\begin{bmatrix} B_1 \\ B_2 \\ \vdots \\ B_s \end{bmatrix}=\begin{bmatrix} b_{11} & b_{12} & \cdots & b_{1m} \\ b_{21} & b_{22} & \cdots & b_{2m} \\ \vdots & & & \vdots \\ b_{s1} & b_{s2} & \cdots & b_{sm} \end{bmatrix} \tag{2-10}$$

U_i 反映了 U 的某种属性，可以按它们的重要性给出权重 A：$A=(a_1, a_2, \cdots, a_s)$；

于是得到二级评价向量 B 为：

$$B=A\circ R=(b_1, b_2, \cdots, b_m) \tag{2-11}$$

第四步：对该模型所得的二级评价向量再进行量化，以便于比较和排序。对各等级都按照评分等级给分 V，见表2-9。

表2-9　可靠性级别评价表

分数	0.9	0.8	0.6	0.3	0.1
可靠性级别	好	较好	中	较差	差

设 V 为转化矩阵，则 $C = B \circ V^T$ 为模糊综合评价值。由所得的评分对照评语等级 V，可知所评管道所属的可靠性等级。

以上所述的油气长输管道失效多层次模糊综合评价方法可用流程图表示，如图2-14所示。

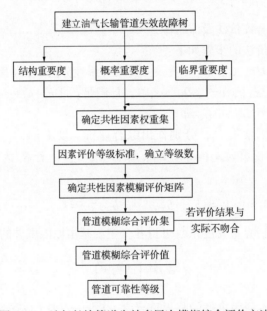

图2-14　油气长输管道失效多层次模糊综合评价方法

2. 计算举例

表2-10列出了油气长输管道失效故障树分析中临界重要度比较大的18个基本原因事件，以此作为模糊综合评价的基本因素，即：

$$U = \{u_1, u_2, \cdots, u_{18}\} \qquad (2-12)$$

式中　U——因素集；

　　　u_i——因素集中第 i 个因素。

即为 X14，X15，X16，X17，X18，X19，X29，X30，X31，X35，X36，X3，X4，X5，X22，X32，X33，X34 共18个作为防止油气管道失效的故障的主要依据基本原因事件。

表2-10　油气长输管道故障树定量分析部分结果

序号	基本事件代号（最小割集）	基本事件名称	概率重要度 Δg_i	关键重要度 I_i^{GR}
1	X14	强度设计不合理	1.000000	0.0670220
2	X15	材料选择不当	1.000000	0.0670220

序号	基本事件代号（最小割集）	基本事件名称	概率重要度 Δg_i	关键重要度 I_i^{GR}
3	X16	操作人员培训状况	1.000000	0.0670220
4	X17	SCADA 通信系统	1.000000	0.0670220
5	X18	设备	1.000000	0.0670220
6	X19	仪器	1.000000	0.0670220
7	X29	金相组织不均匀	1.000000	0.0670220
8	X30	管材含杂质	1.000000	0.0670220
9	X31	晶粒粗大	1.000000	0.0670220
10	X35	管沟质量差	1.000000	0.0670220
11	X36	机械损伤	1.000000	0.0670220
12	X3	管道附近土层移动	1.000000	0.0314460
13	X4	打孔、盗窃油气	1.000000	0.0314460
14	X5	沿线压管严重	1.000000	0.0314460
15	X22	防腐绝缘层质量差	1.000000	0.0314460
16	X32	加工质量差	1.000000	0.0314460
17	X33	安装质量差	1.000000	0.0314460
18	X34	焊接质量差	1.000000	0.0314460

由以上公式计算可得因素权重集为：

$A = (a_1, a_2, \cdots, a_{18}) = (0.0700, 0.0700, 0.0700, 0.0700, 0.0700, 0.0700,$
$0.0700, 0.0700, 0.0700, 0.0700, 0.0700, 0.0328, 0.0328, 0.0328, 0.0328, 0.0328,$
$0.0328, 0.0328)$

评语集分成 5 个等级，即

$$V = \{好，较好，中，较差，差\}$$

记为：

$$V = \{v_1, v_2, v_3, v_4, v_5\} = \{0.9, 0.8, 0.6, 0.3, 0.1\}$$

由此，由故障树分析可以得到主要影响因素的权重集，根据经验可以确立评语集。对于某实际的油气长输管道，由专家和现场工作人员实际的测量值进行统计，针对各个因素对评语 5 个等级的隶属度确定评价矩阵 R 为：

$$R = \begin{bmatrix} 0.6 & 0.4 & 0.8 & 0.6 & 0.7 & 0.5 & 0.6 & 0.4 & 0.6 & 0.4 & 0.7 & 0.8 & 0.7 & 0.6 & 0.3 & 0.5 & 0.7 & 0.6 \\ 0.2 & 0.4 & 0.1 & 0.2 & 0.1 & 0.2 & 0.3 & 0.4 & 0.2 & 0.4 & 0.2 & 0.1 & 0.2 & 0.3 & 0.5 & 0.1 & 0.1 & 0.1 \\ 0.1 & 0.1 & 0.1 & 0.2 & 0.1 & 0.2 & 0.1 & 0.2 & 0.2 & 0.2 & 0 & 0.1 & 0.1 & 0.1 & 0.1 & 0.1 & 0.2 & 0.1 \\ 0.1 & 0 & 0 & 0 & 0 & 0.1 & 0 & 0 & 0 & 0 & 0.1 & 0 & 0 & 0 & 0 & 0.2 & 0 & 0.1 \\ 0 & 0.1 & 0 & 0 & 0.1 & 0 & 0 & 0 & 0 & 0 & 0 & 0 & 0 & 0 & 0.1 & 0.1 & 0 & 0.1 \end{bmatrix}^T$$

则，模糊综合评价的结果 B 为：$B = A \otimes R = (0.5790, 0.2420, 0.1313, 0.0309, 0.0239)$；模糊综合评价的结果 C 为：$C = B \circ V^T = 0.8051 \in (0.8, 0.9)$，由表 2-10 可知，所评价的油气长输管道可靠性属于"较好"水平。

由此可见，所提出的故障树分析和模糊综合评价进行组合集成方法，对油气长输管道失效进行分析和评价是合理的，而且实例计算表明、该方法评价直观、简明、可行。故障树分析和模糊综合评价方法都是很成熟的评价方法，充分利用二者的优点进行组合集成并不是简单地凑在一起。通过故障树分析得到主要的因素集，并由临界重要度计算得到客观的权重集，本身就是对模糊综合评价方法做了很大的信息完善和补充，使模糊综合评价方法的评价结果更接近于客观实际。故障树分析的结果直接决定了整个方法的准确度，如何真实地反映油气长输管道失效的情况主要取决于故障树的建立和完善，这是一项基础性工作。该方法连同故障树的建立和模糊综合评价程序化编制出的通用软件，在油气管道风险分析中具有工程实用价值，其评价结果亦为管道安全运行提供可靠的决策依据。

四、油气管网全生命周期缺陷评估

油气管网全生命周期缺陷评估，就是指在油气管网全生命周期各环节、各阶段、全过程中，需要全方位、全领域、全时段地尽可能地考虑可能产生的缺陷及已经产生的缺陷，对上述缺陷进行安全可靠性能系统性评估，从油气管道的安全性、经济性、环保性、生产效率、节能等各个方面指标，统筹分析并精准判定缺陷的安全等级及对缺陷的维修维护和隐患整治，确保缺陷存在的风险"识得出、找得全、评得准、管得住"。

国外大量统计数据表明，油气管道三种主要缺陷形式为焊接缺陷、腐蚀缺陷和机械损伤，分别占比为 15%、70% 和 15% 左右。进入 20 世纪 80 年代后，西方发达国家对缺陷管道的断裂失效评定开展了系统研究，如美国相继开展了"老龄管道研究计划"（1984—1989年）、"管道和管道焊缝中短裂纹研究计划"（1990—1995 年）；八个国家和地区联合成立了国际管道完整性研究工作组（International Piping Integrity Research Group，简称 IPIRG），也先后开展了两项研究计划，即 IPIRG-1（1987—1991 年）和 IPIRG-2（1991—1995 年）。多个国家和地区探讨了油气管道缺陷评定方法，以计算含缺陷油气管道承载能力、裂纹张开面积和介质泄漏速率等，并提出相应的油气管道先漏后爆（Leak Before Break，简称 LBB）准则，以防止灾难性事故的发生。

（一）缺陷评估的常用方法

1. 数值计算法——有限单元法

采用数值计算法（又称有限单元法）对含缺陷油气管道进行弹塑性断裂分析，可在现有的弹塑性分析程序（如 ADINA、ABAQUS、ANSYS 软件）基础上加以扩充，能得到较详细和精确的结果，但需要耗费较长的时间和较高的费用，同时使用者须具备较深的理论知识，因此它常用于理论方面的研究，即使工程应用也只限于缺陷评定中的"高级评定"阶段。

2. 断裂力学工程评定方法

1）线弹性断裂力学评定方法

线弹性断裂力学评定方法以《焊接管道及有关附件标准》（API 1104）附录 A《管道焊缝验收的另一标准》为代表。它是根据线弹性断裂力学的分析方法，以材料性质和应力分析为基础的安全评定方法。该标准对应于不同的最大轴向应变和直径与壁厚比，分别以曲线形式给出了允许裂纹极限深度和长度。由于该方法是建立在线弹性断裂力学的基础上的，而常用油气管道大都是由韧性较好的材料制成的，因此采用该方法评定所得结果显得过于保守。

2）弹塑性断裂力学工程评定方法

油气管道通常由韧性较好的材料制成，在进行断裂力学评定时，常采用以 J 积分为参量的弹塑性断裂力学评定。它是通过管道在载荷作用下产生断裂的推动力与管道材料对撕裂的阻力进行比较，从而得出裂纹起裂和塑性失稳失效的判断。由于不同学者对弹塑性条件下，结构载荷、位移的关系方面有不同的见解，因此提出了不同的计算模型，从而得到不同的评定方法。

3. 双判据评定准则

1）英国 R6 评定法

该方法是由英国中央电力局提出，已被广泛接受的缺陷评定方法。自 1990 年起，其附录 9 中就提出了受压部件的 LBB 评定方法，近年来，该方法又有了新的进展，主要体现在两个方面：一方面，提供了简化和详细的两种评定方法，前者类似于美国的 EPRI 方法，后者用于表面裂纹的扩展评定；另一方面，附录 9 中将 LBB 评定方法用于高温蠕变场合，提出了与时间有关的 LBB 失效评定图。

2）美国 ASME 规范第 XI 篇 IWB-3640、IWB-3650

目前，一些国家和地区相应提出了用于油气管道缺陷评定的规范、标准和技术文件，其中以美国 ASME 规范第 XI 篇 IWB-36405 及附录 C《奥氏体钢管道缺陷评定规程及验收准则》和 IWB-3650 及附录 H《铁素体钢管道缺陷评定规程及验收准则》最具代表性，其特点之一是根据双判据准则，将断裂参量 K_r 与塑性失效参量 L_r 之比值 S_C（$S_C = K_r / L_r$）作为失效模式的筛选参量，并认为：当 $S_C < 0.2$ 时，管道失效模式为塑性失效；当 $S_C \geqslant 1.8$ 时，失效模式为脆断；当 $0.2 \leqslant S_C < 1.8$ 时，管道以弹塑性撕裂的形式破坏。然后，根据确定的失效模式用不同的方法进行脆断、塑性失效和弹塑性撕裂失效评定。另一特点是在大量理论分析、数值计算和试验研究的基础上，将复杂的计算简化成计算公式和表格，在塑性失效模式的评定中，只要根据缺陷的相对长度 $[l/(\pi D)]$ 和外加载荷产生的应力与管材许用应力比值（$\sigma/[\sigma]$），就可查表得到允许缺陷相对深度，在弹塑性撕裂评定中，提出了载荷乘子 Z，大大简化了复杂的弹塑性断裂计算，只要将外加载荷应力乘以 Z，然后采用塑性失效评定方法查表，同样可得到弹塑性断裂时的允许缺陷相对深度。该规范已在工程方面得到广泛应用。

4. 简化的工程评定方法

弹塑性断裂力学安全评定方法虽比有限单元法简便，但仍需较多的断裂力学知识，为了更适合工程中的应用，许多学者从简单的材料力学和塑性力学出发，在大量试验基础上，提出了更简单的工程计算公式，以进行缺陷管子承载能力计算，归纳起来，可分为塑性极限载荷法和局部最大应力法。

1）塑性极限载荷法

该方法认为带环向缺陷管子，当缺陷所在管子横截面进入全面屈服（即达到材料的流变应力）时，管子产生失效，此时所对应的载荷为管子的最大承载能力（弯矩）。

2）局部最大应力法

该方法认为带环向缺陷管子，当缺陷所在管子横截面中的最大应力达到材料失效应力（强度极限 σ_u）时，管子的承载能力为最大承载能力。从大量管道试验结果看，这两种工程方法都存在一定的适应性。对材料韧性较好的管子，采用塑性极限载荷法评定较吻合，而对材料韧性不佳的管子，或缺陷位于管道焊缝中，则用局部应力法更合适。

5. 失效评定图

基于失效评定图的 R6 评定法，能进行含缺陷管道的脆性断裂、弹塑性断裂和塑性失稳分析，工程使用简便，因此该方法已形成标准。采用失效评定图评估含缺陷油气管道安全可靠性已得到成功应用。

含缺陷油气管道断裂失效评定技术可考虑时间因素，充分借鉴以时间相关失效评定图为核心的高温结构缺陷"三级"评定技术，不需要预先确定结构的失效模式，可避免高温结构发生蠕变裂纹扩展断裂失效、含裂纹截面上垮塌失效，以及介于二者之间的失效模式，能够解决服役历史对结构失效破坏的影响，具有极大的优越性，是一种适合于油气管道工程实际的安全评定方法。

（二）全生命周期油气管道缺陷评估的主要内容

1. 设计阶段的缺陷评估

在设计阶段，油气管道缺陷评估是基于油气管道的安全寿命设计的。油气管道无论是选用的材料，还是检测精度，以及运营过程中环境的影响，缺陷是不可避免的。因此，在设计阶段，假定油气管道在初期允许有缺陷，但要求这些缺陷必须在一定的范围之内。有缺陷的油气管道必须在相应的载荷下，有足够的剩余强度，在油气管道的下一次检测或者大修之前不会造成灾难性事故。

对于裂纹缺陷，假定有初始裂纹尺寸 a_0，则需要对油气管道进行剩余强度评价和剩余寿命预测。通过剩余强度分析，用以确保油气管道在破坏前有足够的承载能力，即确定临界裂纹尺寸 a_c。

$$a_c = \frac{1}{\pi}\left(\frac{K_{IC}}{\gamma\sigma}\right)^2 \tag{2-13}$$

式中　　K_{IC}——平面应变断裂韧度；

γ——形状因子，可由应力强度因子手册查出；

σ——应力。

通过剩余寿命预测，确定可以接受的初始裂纹 a_0，以及相应制定检修周期。管道从初始裂纹 a_0 扩展达到临界裂纹 a_c 的裂纹扩张寿命 N_p 除以安全系数 n（n 取值 2~4），即得油气管道的剩余寿命。

$$N_p = \int_{N_0}^{N_f}\mathrm{d}N = \int_{a_0}^{a_c}\frac{\mathrm{d}a}{C\left(\Delta K\right)^m} \tag{2-14}$$

对于腐蚀缺陷，通过对已有的近似油气管道的腐蚀历史数据进行统计分析，得出油气管道腐蚀速率，预测油气管道的腐蚀剩余寿命，以及相应地确定防腐措施及腐蚀裕量。

在设计阶段，以安全及有限寿命为目的，对油气管道可能出现的缺陷进行评估，达到设计的最佳效果。

2. 施工阶段的缺陷评估

在油气管道的施工过程中，会产生变形、擦伤、凹陷和复合凹陷等缺陷。最主要的缺陷是由油气管道焊接产生的。油气管道系统的规范都对焊接缺陷的合格限度有明确的规定。从20 世纪 70 年代初开始，针对焊接缺陷评估技术提出了一些工程评定技术和方法，如英国标准学会（BSI）于 1991 年颁布的《焊接接头缺陷验收标准》（PD 6493）。在施工过程中，主要是要进行含缺陷的油气管道的剩余强度分析及剩余寿命预测，主要是考虑焊接裂纹。对于焊接缺陷，首先对油气管道进行检测，将缺陷理想化处理，然后根据材料确定临界裂纹尺寸，将两者相比较，就可以判断裂纹是否允许存在。

3. 运营阶段的缺陷评估

油气管道在运营过程中，会产生腐蚀缺陷、疲劳裂纹、外力产生的偶然损伤，这些缺陷会影响油气管道的安全运营，进而造成经济巨大损失、环境污染等。因此，运营期油气管道的缺陷评估是管线安全平稳运营的保证。

在运营期内，对缺陷的评估主要表现在对油气管道的剩余强度的评估及油气管道剩余寿命的预测两个方面。剩余强度的评价主要是判断管线所含有的缺陷是否安全，是否会影响到油气管道的安全运营，从而决定管线是否需要维修或替换，以及以何种方式继续运营。而剩余寿命的评价则是对油气管道所含有的缺陷的发展趋势进行分析，确定油气管道在以后何时会影响管道的安全运营，从而确定管道缺陷的等级，以及制订检修计划。

对于带有缺陷的油气管道的剩余强度的计算，主要有断裂力学计算方法和极限载荷方法。随着完整性评价和适用性评价的发展，剩余强度计算的相关规范和指导性文件也很多，如英国标准学会的 BS 7910、美国的 ASME B31G 准则、API 579 的推荐方法、挪威的 DNV RP-F101、中国常用的 SY/T 6151。

随着有限元技术的发展，可以通过有限元直接模拟缺陷，对管线进行非线性分析，可精确地计算带有缺陷的油气管道的剩余强度。

对于带有缺陷的油气管道的剩余寿命的计算，则发展得不够完善。对于裂纹缺陷，主要是利用 Paris 公式 $\dfrac{\mathrm{d}a}{\mathrm{d}N} = C\,(\Delta k)^n$ 来预测管线的剩余寿命。对腐蚀缺陷而言，由于影响腐蚀速率的因素较多，腐蚀速率很难确定，常用的计算腐蚀速率的方法是统计分析。对腐蚀管道剩余寿命的研究，有学者建立了不同的腐蚀模型来预测腐蚀的剩余寿命。需要指出的是，灰色模型对于预测腐蚀管道剩余寿命具有很好的效果。其基本思想是通过有限的检测数据，即最少四次检测数据，就可以建立一个灰色模型。通过对数据进行处理和信息加工，从而发现数据中隐含的规律，计算腐蚀速率，进而预测腐蚀管道的剩余寿命。

4. 废弃处置阶段的缺陷评估

废弃处置阶段油气管道的缺陷评估，就是在油气管道达到其设计寿命时，对油气管道的全程范围内的缺陷进行统计分析，作出危险缺陷在管道全程范围内的分布图。若危险缺陷分布范围广，达到全程的 50%，则管道不再使用。在这一阶段，缺陷评估的主要内容是对缺陷管道进行剩余强度分析，确定各种缺陷等级的临界尺寸，对管道全程范围内的危险缺陷进行统计，确定管道是否继续运营。若继续运营，则对管道进行剩余寿命计算，确定其延长使用年限和检修计划。

老龄管道允许的延长服役期，由所评估管道系统的剩余寿命决定。基于 GB/T 31468—2015/ISO 1247，统筹考虑覆盖设计施工、投产试运、生产运行、废弃处置等全生命周期各阶段和各环节，定性分析管道上述各阶段环节的时间关联性。其中，老龄管道延长服役期与剩余寿命的关系如图 2-15 所示。若管道系统的所需寿命超过剩余寿命，可考虑实施补救措施，评估管道剩余寿命。有关补救措施包括：管道部件更换；异常限定值的再评估和异常的矫正；管道系统的降级使用；可以分阶段执行管道延寿。

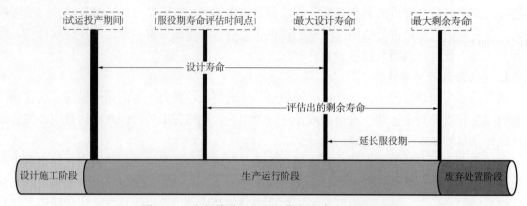

图 2-15　老龄管道延长服役期与剩余寿命的关系

(三) 基于 FAD(失效评定图) 和 Monte-Carlo 含缺陷高强度输气管道结构可靠性评估实例

当前，长距离输气管道工程所使用的高强度 X80 管线钢具有更小的壁厚、更大的直径、更高的运行压力，从而达到减少用钢量、节省资源的初衷。在国内大范围规划使用高强度的 X80 管线钢对其结构可靠性评估，是长输管道安全可靠性评估工作的重点。笔者全程参与了西气东输二线的选线、踏勘和安全预评价现场工作，特别是负责编制项目可研报告中 HSE 篇章和"一干八支"的安全预评价报告，于 2008 年开展了含缺陷高强度输气管道结构可靠性评估，以确定西气东输二线管道的实际可靠度和目标可靠度，可根据其计算结果有针对性地开展风险控制。现将具体评估方法和计算过程予以简要介绍。

1. 管道可靠度计算

长距离输气管道在运行一段时间后，其强度会逐渐减弱，其安全性和可靠性也会降低。影响管道可靠性的因素主要包括腐蚀缺陷尺寸(缺陷深度和长度)，以及腐蚀缺陷区域应力因素、材料参数(屈服应力)、断裂韧性等。将各影响因素看成随机变量，运用概率断裂力学等方法计算管道可靠性。

1) 管道可靠性分析各参数及其概率模型

(1) 管材力学参数。

① X80 钢力学参数。

在国外，X80 管线钢的开发应用历史已超过 30 年，我国输气管道工程对 X80 高强度管线钢也具有很大需求。长距离输气管道工程项目大、跨度长、用管量巨大，为了降低成本、提高运输效率，迫切需要解决高等级管线钢的应用问题。近年来，国内主要钢材制造企业对开发应用 X80 管线钢极为重视，开展了大量的实验研究，取得突破性研究进展，对 X80 管线钢的相关力学性能有了较全面的掌握。

国外标准对 X80 管线钢的屈服强度、抗拉强度和屈强比最大值有关力学性能做了规定，见表 2-11。

表 2-11　X80 管线钢力学性能范围

标　准	钢级	$\sigma_s(MPa)$	$\sigma_b(MPa)$	$(\delta_S)_{min}(\%)$	$(\sigma_s/\sigma_b)_{max}$
API5L	X80	551~769	620~827	18	0.89~0.93
ISO3183-2REN10208-2	L555MB	555~675	625~750	18	0.88~0.90
DIN17172DIN2470 part2	GRS5550TM	550	≥690	18	0.80~0.93

在国内，宝钢生产的 X80 管线钢热轧板卷，制成直缝埋弧焊管和螺旋缝埋弧焊管后，其力学拉伸性能试验结果显示，热轧板卷抗拉强度达 710~740MPa，屈服强度达 588~650MPa，屈强比 0.83~0.91，伸长率达 33%~40%，卷制成直缝埋弧焊管后伸长率为 26%，远高于国外标准，故宝钢开发的 X80 级管钢韧性较高。

② X80 钢材料性能参数。

对于大管径、高压输送管线用高强度钢管，从安全性角度考虑必须满足最低屈服强度的要求，从经济性角度考虑又不宜要求过高。为保证管线使用的安全性，技术条件中要求屈强比不得超过 0.92。通过对国内 5 家钢管厂 X80 管线钢进行性能试验和数据分析，得到其性能参数的统计分布。

母材屈服强度、母材拉伸强度和焊缝拉伸强度服从正态分布，标准差 σ 和均值 μ 分别为：

母材屈服强度：$\sigma = 18.57$MPa，$\mu = 630$MPa；

母材拉伸强度：$\sigma = 27.17$MPa，$\mu = 790$MPa；

焊缝拉伸强度：$\sigma = 12.42$MPa，$\mu = 800$MPa。

取显著性水平 $\alpha = 0.05$，利用 χ^2-检验法（一种非参数检验法）验证了母材屈服强度、母材抗拉强度和焊缝抗拉强度分别满足正态分布 $N(630, 18.57^2)$、$N(790, 27.17^2)$ 和 $N(800, 12.42^2)$。因此，对于管道钢材的力学参数，一般均可以认为服从正态分布。

以 -20℃ 作为焊管的冲击性能试验温度，将 5 家钢管厂的焊管 -20℃ 的母材冲击功、焊缝冲击功和热影响区冲击功进行统计分析，母材冲击功、焊缝冲击功和热影响区冲击功为正态分布的均值 μ 和标准偏差 σ：

母材冲击功：$\mu = 233$J，$\sigma = 73.85$J；

焊缝冲击功：$\mu = 163$J，$\sigma = 42.39$J；

热影响区冲击功：$\mu = 232$J，$\sigma = 48.09$J。

（2）输送压力。

管道在运行过程中，随着输送气量的变化，管道所承受的压力会发生波动。经统计国内在役天然气长输管道发现，压力基本满足正态分布规律，变异系数取 0.1。若输送压力为 12MPa，且管道内压高于 12MPa 的概率为 0.1%，则压力均值为 9.0MPa、标准偏差为 0.97MPa。即输送压力满足正态分布 $N(9.0, 0.97^2)$。

（3）缺陷尺寸。

确定初始缺陷尺寸分布和统计分布函数也是准确计算结构失效概率的重要前提。大量计算表明，初始缺陷尺寸及其分布对失效概率的计算结果影响较大。本次计算缺陷分布采用威布尔分布和对数正态分布两种形式。

若采用威布尔分布，则有：

$$f(a) = \frac{A}{B}\left(\frac{a}{B}\right)^{A-1} \exp\left(-\frac{a}{B}\right)^A \tag{2-15}$$

式中，$A = 0.54$，$B = 0.481$mm。

若采用对数正态分布，则有：

$$f(a) = \frac{1}{\sqrt{2\pi}B_a} \exp\left[-\left(\ln\frac{a}{B}\right)^2 / (2B^2)\right] \tag{2-16}$$

式中，$B_a = 0.294$mm，$B = 1.61$。

但在一些要求不太严格或者缺乏数据的情况下，也可采用正态分布来描述缺陷尺寸的分布。

2）管道目标可靠度

调研分析国内外相关资料，发现国际上主要采用基于可靠性理论的计算和基于历史数据的分析预测两种方法分析管道可靠度，并对应提出了两种目标可靠度。两种目标可靠度的形式并不一致，成为管道适用性评价和风险分析需要研究解决的难题。采用上述第一种方法，即在完整管道可靠度计算和含缺陷管道可靠度计算中，采用基于可靠性理论的计算方法，见表2-12。

表2-12　管道目标可靠度

提出组织和机构	目标可靠度			可靠度分析方法	适用范围
	低风险	中风险	高风险		
API（API 579）	0.99（10^{-2}）	0.999（10^{-3}）	0.99999（10^{-5}）	基于可靠性理论	油气输送管道、压力容器及炼化装备
DNV（DNV RP-F101，DNV OS-F101）	0.999（10^{-3}）	0.9999（10^{-4}）	0.99999（10^{-5}）	基于可靠性理论	油气输送管道
加拿大 C-FER	1次/（10^3km·a）	10^{-1}次/（10^3km·a）	10^{-4}次/（10^3km·a）	基于历史数据的分析预测方法	油气输送管道

2. 含缺陷管道可靠度计算

1）基于FAD含缺陷管道结构可靠性评估

输气管道存在的缺陷类型包括但不限于腐蚀、裂纹、气孔、孔洞、焊缝未熔合、未焊透、凹坑、夹渣等，其中焊接缺陷或其他由腐蚀等因素生成的微裂纹，在管道敷设及管道服役过程中受外部因素的作用会在其局部产生应力集中的现象，导致裂纹扩展，最后使管道失效及破坏，因而裂纹是输气管道安全运行的最危险的缺陷之一。失效评定图（Failure Assessment Diagram，简称为FAD），是一种综合考虑断裂破坏和塑性失稳破坏的含缺陷结构安全评定方法，如 ASME XIIWB 3650，以及带缺陷结构的完整性评定 R6 和 ASME ODE Case N-494 等。它是目前国际上含缺陷管道完整性评估中应用最为广泛的方法。评价时，首先计算 K_r 和 L_r 的值，并在评估图上描点，若评估点位于评估曲线的内侧，则认为结构在给定载荷下安全，否则，认为不安全。

$$K_r = (1-0.14L_r^2)\left[0.3+0.7\exp(-0.65L_r^6)\right]，L_r \leqslant L_{r(max)}$$

$$K_r = 0，L_r > L_{r(max)} \tag{2-17}$$

式中　$L_{r(max)}$——防止局部塑性失稳而限制的最大塑性失稳系数。若材料有屈服平台，则该系数取 1.0，C-Mn 钢取 1.2，不锈钢取 1.8，其他类型的材料按照式（2-18）计算：

$$L_{r(max)} = (\sigma_{ys} + \sigma_{ult})/2 \tag{2-18}$$

式中 σ_{ys} 和 σ_{ult}——材料的屈服强度和抗拉强度。

给予参数的不确定性，例如输送压力、缺陷尺寸、管道材料力学参数等均为随机变量，故评估结果（L_r，K_r）也是随机变量，管道的可靠度率即评估坐标位于评估曲线外的概率，若已知 L_r 和 K_r 的联合概率密度函数 $f_{L_r,K_r}(L_r，K_r)$，则其管道的失效概率为：

$$P_f = \iint\limits_{\Omega} f_{L_r,\ K_r}(L_r，K_r)\,\mathrm{d}K_r\mathrm{d}L_r \tag{2-19}$$

式中 Ω——随机变量区间。

L_r 和 K_r 的联合概率密度函数 $f_{L_r,K_r}(L_r，K_r)$ 很难用解析形式给出，因此，以上积分在数学上很难实现。为了解决这个问题，可采用 Monte-Carlo 模拟方法进行数值模拟计算。

2）基于 FAD 的 Monte-Carlo 含缺陷管道结构可靠性评估

（1）Monte-Carlo 法。

可靠度（Reliability）亦称可靠性，指的是产品在规定的时间内，在规定的条件下，完成预定功能的能力，它包括结构的安全性、适用性和耐久性，当以概率来度量时，称可靠度。蒙特-卡罗（Monte-Carlo）方法，亦称计算机随机模拟方法，以数理统计原理为基础，是一种基于"随机数"的计算方法。采用 Monte-Carlo 计算结构可靠度的具体方法，如直接抽样法、重要抽样法、方向抽样法和基于神经网络的 Monte-Carlo 法等，此方法能够得到较精确的可靠性指标，还常用于检验其他近似方法的精确性。含缺陷管道的可靠度计算采用 Monte-Carlo 法。该方法的基本思路：当已知状态方程中随机变量的统计分布，以安全状态为条件，即 $Y=f(X_1，X_2，\cdots，X_n)>0$，利用 Monte-Carlo 法产生一组符合随机变量分布的样本 X_1，X_2，$\cdots$，X_n，代入极限状态函数 $f(X_1，X_2，\cdots，X_n)$，判断随机数 Y 是否大于零。按此方法计算 M 次，若 M 个 Y 中存在 N 个大于零，当 M 趋于无穷大时，则 N/M 即结构可靠度：

$$Y=P[f(X_1，X_2，\cdots，X_n)>0]=\frac{N}{M} \tag{2-20}$$

Monte-Carlo 法模拟计算可靠度的流程，如图 2-16 所示。

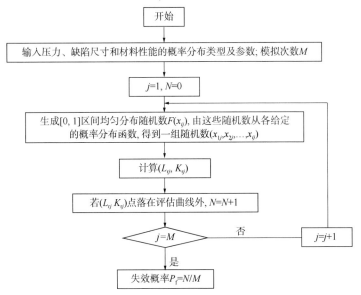

图 2-16 Monte-Carlo 法模拟计算可靠度流程

（2）基于 FAD 的 Monte-Carlo 模拟技术。

基于 FAD 技术，利用 Monte-Carlo 法计算可靠度时，选取管道压力、裂纹尺寸、屈服强度等为随机变量。根据前面的统计分析结果，屈服强度、焊缝抗拉强度分别服从正态分布；焊缝冲击功选用-20℃的数值，也满足正态分布；管道输送压力也满足正态分布；管道裂纹尺寸也服从正态分布；二次应力主要考虑焊接残余应力，对螺旋焊管，残余应力取焊缝处的最大值，对直缝埋弧焊管，残余应力取 0.15 倍的屈服强度。

（3）可靠度计算结果。

采用基于 FAD 的 Monte-Carlo 模拟技术，计算出长距离输气管道工程各种尺寸管道在四类不同地区级别下的可靠度，其结果见表 2-13。对管径为 1219mm 的 X80 管线钢在一类至四类地区，基于 FAD 的 Monte-Carlo 模拟计算 10^3 次所得管道可靠度，如图 2-17～图 2-20 所示。

表 2-13 X80（管径 1219mm）管道运行期间可靠度计算结果

地区等级	一类地区	二类地区	三类地区	四类地区
模拟次数	10^6	10^6	10^6	10^6
失效次数	312	2	0	0
失效概率	0.000312	<0.000002	<0.000001	<0.000001
可靠度	0.999688	0.999998	>0.999999	>0.999999
目标可靠度	0.999	0.9999	0.99999	0.99999

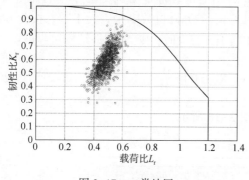

图 2-17　一类地区

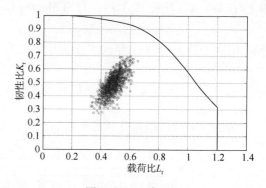

图 2-18　二类地区

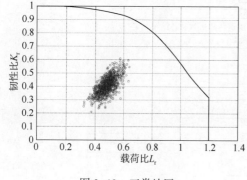

图 2-19　三类地区

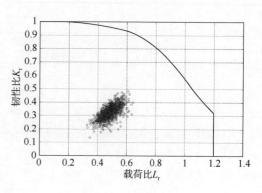

图 2-20　四类地区

X80 管线具有严格的无损检测程序，现代无损检验方法可检测出绝大多数缺陷，漏检概率一般很低，且随缺陷尺寸增加而降低。综合考虑因现有检测技术所限存在一定的漏检情况下，将表 2-13 中计算所得可靠度与目标可靠度进行对比，管道结构可靠度亦满足实际运行需求。

由图 2-17~图 2-20 可知，对于 X80 钢级的输气管道，考虑漏检概率，存在缺陷时的管道系统均能满足结构可靠性要求。

通过对含缺陷输气管道结构可靠性评估，可得出以下结论和建议：

（1）对输油管道的结构与力学数据进行统计分析，可较好地得到各参数的概率描述。管道失效概率的 Monte-Carlo 模拟，可在失效评定图上直观地给出评定点的随机分布情况，并能判定影响失效概率的敏感因素，从而提出合理的改进方法。

（2）考虑到管道存在漏检缺陷，计算得出一类至四类地区 X80 级高强度管道的最大失效概率分别为 3.12×10^{-4}、2×10^{-6}、1×10^{-6} 和 1×10^{-6}，均低于 DNV 推荐的最大值。因此，即使存在缺陷漏检的情况，钢管的结构可靠性仍然完全满足要求。

3. 油气管网全生命周期缺陷评估发展方向

油气管网全生命周期缺陷评估是对油气管道从设计到废弃处置所有环节进行分析计算与预测，统筹系统功能、结构可靠性、系统安全性、完整性、内外部检测、维修维护决策、经济效益、数字化转型、智能化发展，以及国家油气管道运营机制深化改革等因素，保证在最大经济效益的基础上，管线安全、平稳运营，是油气管道检测与缺陷评估的发展方向。其涉及的材料学、环境工程、系统可靠性、油气储运工程、风险管理、测控测试、安全工程、工程结构力学、信息工程等学科门类众多、专业面广、业务链长，具有政策性强、法规性严、技术性强、安全性高、创新性足等特征。

1）油气管道的缺陷数据资产集成共享

油气管网全生命周期缺陷评估工作，涉及材料、环境、检测、标准等各个方面数据信息的收集、梳理、分析和计算，数据源的真实性、完整性和准确性，以及数据实时动态的产生与数据迁移、关联和变化，以及数据作为一种资源和资产在缺陷评估过程中，如何对海量数据进行数据挖掘，如何提取评估所需要的关键、有效信息，特别对文本数据、量化数据、非结构性数据、结构性数据等进行数据治理和数据特征技术处理等，数据资产的汇集如何建立"数据池"、"数据库"和"数据湖"，围绕缺陷评估深入推进和精益管理，有序开展数据治理体系和治理能力现代化建设，因此油气管网全生命周期数据资产高质量发展这个主题是实现全生命周期缺陷评估的根基和底层逻辑。

2）油气管道的缺陷监测检测与大监督的融合

油气管道的全生命周期缺陷评估必须有准确的监测和检测技术作支撑、监测和检测手段为基础，系统性、实时性、精准性、费效性、尽可能不影响日常生产调运的缺陷监测和检测，才能保证缺陷评估工作的质量、效率、效能，实现缺陷评估与风险管控、完整性管理、安全监督、质量检验检测、QHSE 体系审核、内控测试等"大监督"的融合和整合。

3）构建系统、科学、现代的缺陷评估技术体系

油气管道缺陷评估涉及设计、施工、运营及废弃处置等各阶段、各环节的专项工作事项，既有法规制度、标准规范、人员资质、技术手段、材料工艺、安全环保、结构工序、作业施工、计划与非计划、线上线下、资金投资、资产资源等技术、管理、工作层面的综合管理体系，也有当前高效、安全、绿色的现代缺陷评价技术体系，受缺陷相关因素众多及缺陷

评估各个环节的不确定性的制约和影响，需要进一步发展缺陷评估所需要专家决策智能评估、基于大数据的缺陷检测硬核技术、构建管道全线及公司层级乃至全国范围内油气管网缺陷评估数据池，或者数据湖等前沿新兴技术和颠覆性技术。

五、安全预警与风险控制技术

（一）安全预警技术

1. 安全预警相关概念

一般地，狭义的预警是指对即将发生的灾害或非正常状态发出警报，广义的预警则包括了从预测到预报的全过程，即包含发现警情、寻找警源、分析警兆、预报警度、排除警患的全过程。

油气管道安全预警（Safety warning）可将预警看作具体和特殊情况下的预测，考虑到预警与预测都是根据历史数据和现有资料预测未来的共同点，预警是在预测的基础上发展而来，是预测、预报的高级形式。数据收集功能虽然是监测系统的主要和基本功能，但许多监测系统都提供了对所获取的数据进行分析、处理、评估甚至是预报的功能，这样的系统已具有了预测的特点。故基于监测是可以实现预警的，即监测可作为预警的前端，预警可作为监测的后续。

广义的油气管道安全预警系统是指对油气管道系统的安全现状进行评估，对其未来安全状况进行预测，预报不正常状态的时空范围和危害程度，对于已有问题提出解决措施，对于可能出现的问题给出防范措施的报警和调控系统。因此，笔者认为油气管道安全预警包括油气管道监测、评估、预测等内容。

2. 长输管道地质灾害监测预警应用

我国是世界上地质灾害分布最严重的国家之一，开展降雨型滑坡地质灾害的研究对于国家开展防灾减灾工作具有十分重要的意义。

地质灾害监测预警模型研究与监测数据都是为了最终的预报、预警，目前预报、预警的研究区域多为地质地貌、气象水文环境相对一致的区域，而长输管道线路的研究较少，由于长输管道沿线所跨区域的地质环境及气候条件差异很大，很难以一个通用的阈值模型对地质灾害进行预警、预报，因此，在管道沿线地质灾害预警工作中，必须结合管道沿线的地质环境、气象水文进行分区域的模型研究。

油气长输管道滑坡监测预警工作可以充分利用现代高新技术（如 GPS、GIS、神经网络技术及雷达探测技术等），建立以地表位移、地下位移、地下水、降雨监测为主要内容的单体滑坡多参数综合监测系统，并建议根据地质地貌环境进行分区预警研究，不可采用通用的预警模型，必要时在重要的监测位置布设北斗等微位移监测系统，弥补遥感卫星数据时间分辨率的劣势，搭建地质灾害预警平台，实现实时监测。

（二）风险管控信息系统

1. 风险管控

风险管控通常的步骤，包括以下 6 个步骤：①获得风险评价的工具；②收集风险数据；③收集管道运行成本数据；④根据资源分配模式作出管理决策；⑤做好执行决策的准备工作，并执行决策；⑥管理决策的执行过程中和结束后，检查管理决策执行效果和结果，并根据基于事实的数据分析出以上过程中各步骤内容里的可改善要点，并加以记录和改进。

2. 风险管控信息系统

风险控制，就是上述步骤中的第⑤和⑥步，是对风险的应对，包括：①采取措施，防患于未然，尽可能地消除或减少风险；②通过适当的风险应急预案和风险转移安排来减轻风险事件发生后对目标的影响；③全过程（闭环）跟踪不符合项的整改落实和关闭：问题—站长—责任人整改—验证—结束。风险管控流程，如图2-21所示。

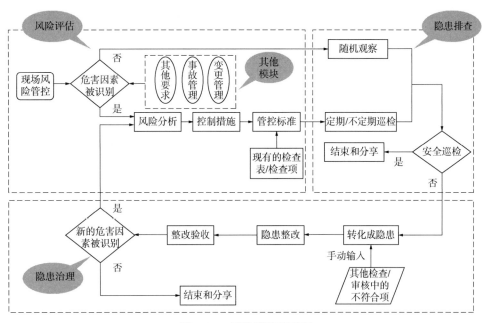

图 2-21　风险管控流程图

风险控制的基本工作内容是正确分析、查明风险的来源、所属类型及其特点，并对风险进行评估，采取防患于未然的措施，制定风险应急预案风险转移计划。

图 2-22 表示风险分级防控系统，由风险管控、安全巡检、隐患管理、系统管理四大模块组成，实现了六大功能："风险管控、安全巡检、隐患管理、统计分析、行为观察、权限设置"。该系统具有如下特点：

（1）模块化：根据某一安全管理要素或分要素的功能要求，基于统一的系统架构（完整性）、兼容的数据库结构（兼容性）、相同的软件开发平台和程序语言（敏捷性），满足国际软件开发接口规范的标准接口 API（连通性）、风格一致的用户界面 UI（易用性）、开发出即插即用（PnP）以实现某一安全管理功能的模块。

（2）个性化：根据安全风险的程度和安全管理的水平，量体裁衣，定制满足安全管理需求的功能，提高安全管理的实际效果。提供精准而非"大而全"的一体化管理咨询，提高企业安全管理的实际效果。具体状况具体分析，重点落实企业现场安全管理制度与标准。

（3）智能化、专业性：远程专业支持答疑解惑，随时随地在线学习。各项检查有参照，如同专家在现场。

（4）实时性：实时采集数据并收集问题，管理层随时掌握现场情况。

原中国石油油气管道成员企业的区域化风险分级管控巡检系统框架，如图2-23所示。

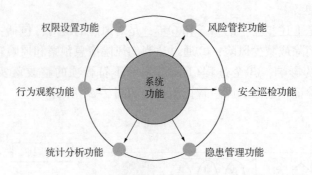

图 2-22　风险分级防控系统

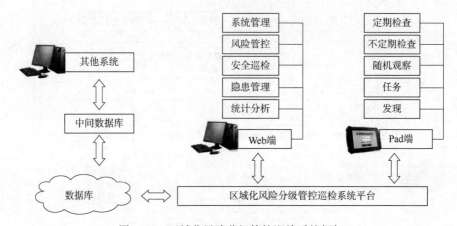

图 2-23　区域化风险分级管控巡检系统框架

　　油气输送管道风险管控和治理是一项基础性、现实性、前瞻性的研究课题，基于深入理论研究，把握油气输送管道发展的本质规律，找到促进油气输送管道健康发展的管控之道，厘清风险与管道、管控与治理、发展与安全等科学内涵、内在关联与底层逻辑，利用创建的覆盖式无漏项危害识别技术、敏感因素事故分析模型、关键节点能量与毒性限值查表量化评价技术，集成构筑起危险物质和危险能量隔离、事件过程防错与失效保护层设置三重防错屏障技术，涵盖油气管道全类型、深挖 HSE 风险内因外延、集成多学科多专业科技成果、揭示风险隐患与事故三者联结之规律，对风险在管控治理中的角色、功能定位、探边找界等做了理论和实践层面的分析，该套技术不仅对油气储运界适用，因运用物理、化学、安全科学与技术、系统工程等专业技术和知识，对储能工艺、设备、设施、装置等均具有开放性、多元性、普适性等特征，管道风险管控适用于"复杂性"范式，应坚持"系统、集成、协同、高效、全面"的治理逻辑与精益精准的管理方式，做实、做细、做到"看住风险一个不能少，评估风险一个不能偏，中高风险一个不能增"，风险管控关键技术为油气企业安全生产高质量发展增值赋能。

　　本书尤其是本小节所述的油气输送管道风险防控系统关键技术，已经在中国石油集团公司质量健康安全环保部、勘探与生产分公司，以及天然气与管道分公司、昆仑能源有限公司、原中国石油西部管道公司、原中国石油西南管道公司、原中国石油西气东输管道公司、中国石油西南油气田公司生产现场中得到应用。

六、系统运行可靠性评定技术

基于可靠性分析、可靠性评估基本理论方法,再根据生产运行安全要求,对于系统运行的可靠性评定做简要介绍。

(一)输送介质损伤风险及控制

含氢油气管道损伤问题是由材料、应力场及氢浓度共同作用引起的,氢的存在致使管线钢的断裂韧性及材料的物理、化学、机械性能下降,从而影响输气管道的使用寿命。基于氢浓度及应力共同作用的环境影响,有含氢致裂纹管道的完整性评定方法,可生成氢致开裂、断裂判据,给出了氢致开裂管道的失效评定关系与失效评定图,以确定在一定输送压力及 H_2S 含量下,含裂纹缺陷管道的安全度及安全范围。

针对管道氢致开裂问题,可依据氢增塑性、氢降低表面能、氢降低分子键合力等理论,建立氢分子或氢离子进入管线钢内部的扩散方程。针对环焊缝、螺旋焊缝、平面型缺陷、体积型缺陷,也有相应的评估方法,已用于管线钢各类固有缺陷、腐蚀缺陷、几何变形等的完整性评估;研究了应力腐蚀发生机理,获得管线钢在近中性土壤、高 pH 值土壤发生应力腐蚀沿晶断裂、穿晶断裂模式,以满足工业化安全评价需求;可建立基于螺旋焊缝、环焊缝内检测信号的高钢级管线钢完整性评估模型,以解决老旧管道螺旋焊缝量化评价难题;根据氢致开裂、断裂判据,可建立含 H_2S 管道安全评价模型及失效评定图,以解决管道完整性评估理论与生产实践脱节的问题。

(二)油气管道地质灾害监测、评估、治理技术体系

在基于风险的可靠性研究方面,提出了基于动力分析的摄动有限元法的管道可靠度分析模型,通过建立动态随机有限元方程,对管道质量及几何特征的随机性进行分析,计算具有非穿透性裂纹的管道结构的动力响应及抗震可靠度。针对在役管道内涂层腐蚀风险,提出一种基于模糊理论的在役管道内涂层寿命评价和风险控制模型。针对地质灾害风险,形成了油气管道地质灾害监测、评估、治理技术体系,解决了地质灾害滑坡、泥石流模拟仿真、数据分析的难题。

针对天然气输送介质泄漏风险,需建立高压天然气管道泄漏危害及潜在影响区域取决于泄漏模式、气体释放、扩散条件、点燃方式,针对城镇管道泄漏燃烧与扩散两种情况,对天然气管道泄漏后果影响进行分析,给出扩散范围,据此可以划定警戒区域,制定应急预案。

针对第三方破坏风险,须建立天然气管道第三方破坏风险评估模型,依据此模型评估得出其第三方破坏风险等级,给出了防控措施与建议。针对原油凝管风险,利用瞬态法测定使用不同年限的泡沫保温材料下整管的导热系数,提出土壤当量导热系数取值对管道的传热计算影响不大。

针对地震灾害风险,须建立天然气管道地震风险综合评估的基本思路与整体框架,提出地震危险性及管道工程易损性(脆弱性)分析模型。针对黄土塬地质灾害风险,根据不同地区黄土特性,结合地形地貌、土体条件,防治坡面径流下泄、侵蚀引起沟头前进、沟道下切、沟岸扩张是重要的控制措施,敷设于黄土崾岘地区的油气管道易遭受由洪水引发的滑坡、坍塌等水毁地质灾害,提出了素土、水泥土及灰土用于崾岘边坡治理的适用范围。

针对洪水灾害,根据汛期降雨实测数据、天气预报数据及管道穿河点历史水毁数据等综

合分析结果，须以管道穿跨越地区的临界降雨量作为洪水风险发生概率指标，提出管道洪水风险预报模型。例如，发生于2021年夏天的郑州特大暴雨，给油气管道洪水风险预报模型提出了新的挑战。

（三）管—土非线性接触有限元模型

随着陕京、西气东输、中缅、西部、东部、川气东送等长输油气管道系统的建成，"全国一张网"布局带来管道沿线区域的经济高速发展，管道设施周边开发与建设规模日益扩大，如煤炭、金属矿山勘探开发导致地面变形。特别是陕京管道系统在山西、陕西、内蒙古等省份地下矿产资源的开发，采矿过程中地面变形波及范围较大，对埋地管道的安全运行产生重大影响。

由于油气长输管道在采空沉陷地带对油气输送和埋地管道平稳运行有很大的威胁，国内外专家学者针对油气长输埋地管道在采空过程中的应力和应变响应以失效为主要行为进行了研究。随着有限元分析方法的发展，国内外管道领域学者们开展了利用非线性有限元软件来模拟采空区沉降作用下管道结构的力学响应。总结上述研究可以看出，采空区地表沉降对管道的影响分析存在如下难点：

(1)由于土壤多样性、材料参数的不确定性、非线性等特性，材料的非线性特性将用数值模拟分析处理。

(2)建立管—土相互作用模型，包括盖土体模型、管道屈曲模型、管土相互作用模型及模型边界条件的创建是重中之重。采用有限元仿真模型对管土相互作用进行分析计算过程中，可以考虑管道屈曲等几何非线性。笔者通过建立管-土非线性接触有限元模型，模拟分析埋地管道在土壤大位移变形下的应力应变响应。以陕京天然气管道为工程实例，研究采空区埋地管道力学性能及采空区的长度和覆土厚度，管道的埋深、内压、径厚比、壁厚等关键因素的影响作用，研究成果可为采空区埋地管道的力学性能分析及安全运行保障提供参考依据。

1. 管材及土壤材料参数的选取

1）管道材料模型

模型管材选择X70管线钢，数值分析模型中的管材本构模型是利用Ramberg-Osgood弹塑性模型。由于充分考虑了管材的非线性、热塑性特性，在对管材进行极限状态分析时，要在数值分析中经常地选取管线钢三折线模型和Ramberg-Osgood模型两种非线性应力—应变的关系，采用了Mises应力屈服准则。其中，两种非线性材料模型的应力—应变关系可以表示为：

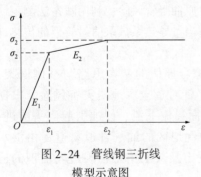

图2-24　管线钢三折线模型示意图

（1）管线钢三折线模型。

管线钢三折线模型如图2-24所示。其中：σ_1、ε_1分别为管线钢材料塑性变形开始点的应力和应变；σ_2、ε_2分别为管线钢材料应力—应变简化三折线图中，弹塑性区与塑性区交叉位置的应力和应变值；E_1、E_2分别为管道钢材料应力—应变简化三折线图中，线弹性区和弹塑性区的切线模量。

表2-14给出X60、X65与X70管线钢在弹性区、弹塑性区和塑性区的有关参数。其中：ε_1为材料塑性变形

开始点的应变；ε_2 为材料应力—应变简化折线中弹塑性区与塑性区交点处的应变值，取 ε_2 为允许拉伸应变；E_m 为材料拉伸极限应力对应的应变；ε_m 为材料拉断后伸长量与原长之比；σ_b 为材料拉断时的应力值。

表 2-14 管线钢的材料性能和允许拉伸应变

钢号	弹性区				弹塑性区			塑性区		
	应变 ε_1	弹性模量 E_1（MPa）	应力 σ_0（MPa）	应力 σ_1（MPa）	应变 ε_2	弹性模量 E_2（MPa）	应力 σ_2（MPa）	应变 ε_m	弹性模量 E_m（MPa）	应力 σ_b（MPa）
X60	0.0024	2.1×10^5	462	465	0.04	1356	516	0.170	0.0	470
X65	0.0024	2.1×10^5	492	496	0.04	1808	564	0.145	0.0	508
X70	0.0024	2.1×10^5	533	537	0.03	1522	579	0.100	0.0	524

（2）管道钢 Ramberg-Osgood 模型。

管线钢 Ramberg-Osgood 模型的应力—应变关系如下：

$$\varepsilon_x = \frac{\sigma_x}{E_0}\left[1 + \frac{n}{1+r}\left(\frac{\sigma_x}{\sigma_y}\right)\right] \tag{2-21}$$

式中 ε_x——工程应变；

$\quad\quad \sigma_x$——工程应力；

$\quad\quad E_0$——初始弹性模量；

$\quad\quad \sigma_y$——管道钢屈服应力；

$\quad\quad n$、r——Ramberg-Osgood 模型参数。

各等级管道钢的 Ramberg-Osgood 模型参数见表 2-15。

表 2-15 各等级管道钢的 Ramberg-Osgood 模型参数表

管线钢等级	Grade B	X42	X52	X60	X70
管材的屈服应力（MPa）	227	310	358	413	517
n	10	15	9	10	5.5
r	100	32	10	12	16.6

图 2-25 表示 API SPEC 5L X60 管道钢的三折线模型和 Ramberg-Osgood 模型应力—应变关系曲线。三折线模型参数为 $\sigma_1 = 465\mathrm{MPa}$，$\varepsilon_1 = 0.0024$；$\sigma_2 = 516\mathrm{MPa}$，$\varepsilon_2 = 0.04$。Ramberg-Osgood 模型参数为 $E_0 = 210\mathrm{GPa}$，$\sigma_y = 413\mathrm{MPa}$，$n=10$，$r=12$。由图 2-25 可知，使用 Ramberg-Osgood 模型能够更为准确地表示管线钢的应力—应变关系，尤其是在管道进入屈服阶段，因此选用 Ramberg-Osgood 模型为管道的材料本构模型，材料参数见表 2-16。

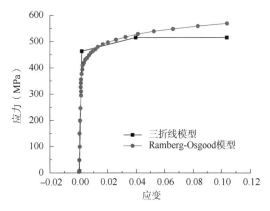

图 2-25 API SPEC 5L X60 管线钢本构模型

表 2-16 土壤材料参数表

序号	土壤类型	容重(kg/m³)	弹性模量(Pa)	泊松比	内聚力(Pa)	摩擦角(°)
1	硬黏土	1800	$1.2×10^7$	0.45	$5.2×10^4$	11.6
2	软黏土	1800	$3.56×10^6$	0.15	$3.2×10^4$	14.0
3	粉质黏土	1800	$4.0×10^6$	0.33	$3.0×10^4$	15.0
4	中细沙	2600	$3.86×10^6$	0.20	$8.0×10^4$	35.0
5	中硬黏土	1800	$8.0×10^6$	0.38	$4.0×10^4$	15.8

2)土壤本构模型

土壤本构模型采用的是 Drucker-Prager 模型,土壤选用管道管沟回填通常使用的中细沙。

2. 采空区埋地管道数值模型

1)管—土有限元模型的建立

(1)管—土模型边界条件的确定。

对于采空区地表沉降的管—土相互作用模型,需要确定有效的数值计算区域和符合实际的边界条件。其中,埋地管道在土体沉降作用下的有效模型区域,需要通过大量试算确定。根据局部效应原理(即圣维南原理)研究成果,远端边界变化对位于沉陷区的管段应力和应变影响微弱,但当管段在沙土区或带套管的基岩区时,对应力—应变影响更明显。

针对陕京天然气管道工程实际,应对边界条件做如下假定:①管线模型两端约束轴向自由度;②土体模型下侧边界为与基岩接触面采用固定约束,上侧为自由边界,两端及侧向加轴向约束;③管道—土壤之间采用摩擦型接触面,考虑管—土之间的摩擦作用。为了在地表沉降影响数值模型中呈现出土体沉陷状态,须挖空处于沉陷区域的管段附近的土体,模拟在管道和土体自重作用下的状态,达到土体漏斗状的沉陷效果,且土体变形连续。

(2)管—土体系计算模型。

采空区埋地管道的管土计算模型示意图如图 2-26 所示,采空区位于埋地管道的正上方,在采空区下端设置挖空的沉陷区,模拟管道在上端填覆土壤重力作用下的应力—应变响应。通过分析确定模型的合理长度,在非沉陷区远端点设置边界条件边界约束轴向位移,保证两端边界对管道应力—应变计算结果的影响。由于土壤沉降过程较缓慢,动力效应很小,因此采用静力分析法可满足计算要求。

为减少计算时间,又因为本模型是对称性模型,建立采空区埋地管道的 1/4 模型如图 2-27 所示。

(3)模型单元的选择。

将建立的管土体系有限元模型进行网格划分,其中土壤单元选择 ANSYS 中的实体单元 SOLID95,管道选择 ANSYS 中的壳单元 SHELL281,接触单元选择 CONTA174 和相应的目标单元 TARGE170。为了保证对管道应力—应变计算的准确性,对采空区地表沉降段管道进行网格加密,通过网格尺寸敏感性分析确定合适的土壤与管道网格尺寸。

2)计算参数的选取

(1)管道几何参数的选取。

对于管径的选取,从 20 世纪 90 年代起,我国采取 API 5L 标准来作为选择油气管道管径的主要标准。依据陕京管道的施工设计文件，表 2-17 给出了陕京管道典型管径参数表，选择常见的管径 1016mm 及厚度 30.4mm 尺寸的管道进行地表沉降影响分析。

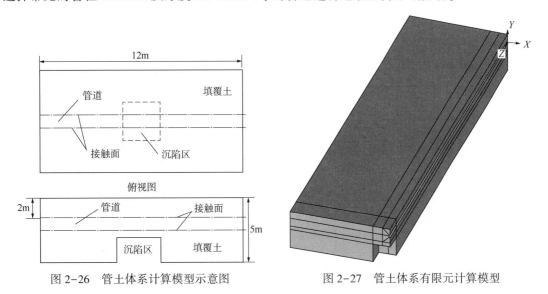

图 2-26 管土体系计算模型示意图　　　　　　图 2-27 管土体系有限元计算模型

表 2-17　陕京管道典型管径参数

序号	管径 ϕ/mm	钢 级	防腐层类型	设计压力(MPa)	典型壁厚(mm)
1	660	X60	3PE	6.4	7.14、8.74、10.3、12.7
2	711	X60	3PE	5.5	7.1、7.9、9.5、11.9
3	1016	X70	3PE	10	14.6、17.5、21、26.2、30.4

（2）管土摩擦系数的确定。

管道外防腐层类型、管土之间摩擦系数会被土壤种类及湿度等因素影响。陕京天然气管道沿线的土壤多为砂土、粉质黏土，在进行数值模拟时，从表 2-18 中选取摩擦系数。

表 2-18　土壤的管土摩擦系数范围

土壤类别	摩擦系数	土壤类别	摩擦系数
砂土	0.7~0.4	黏土	0.60~0.25
粉质黏土	0.55~0.25		

3. 采空区埋地管道工程实例分析

基于表 2-17 的典型管道参数开展数值仿真，设置不同埋深、沉降范围、压力等工况参数，采用图 2-26 所示的模型进行数值模拟。由于管线埋置在填覆土中，在土体沉陷时，管道的顶部、中部和底部会有不同的反应，分别对三个部位进行力学分析。同时，在地表土壤处于自然状态时，因自重在模型数值模拟中会有初始沉降，势必会对管线产生初始位移、应力和应变；在土体沉陷时，不需要考虑管线初始位移、应力和应变，计算单纯的土体沉陷对管线造成影响的数值。计算过程中，选择的基准参数为采空区长度 12m，管径 1016mm，管壁厚度 30mm，埋地深度 2m，沉降处覆土厚度 5m，管内压力 10MPa，中细砂，管材 X70。

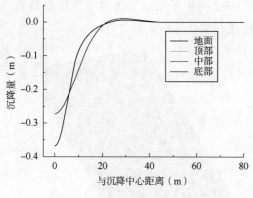

图 2-28 管道及地面的沉降曲线

由图 2-28 可知：①在管道底部、顶部的沉降曲线保持基本一致，但在采空区的中心位置，管道底部沉降量略小于顶部，表明管道在地表沉降作用下在采空中心区附近出现径向变形；②在采空区地表沉降量大于管道沉降量，邻近采空区域管道沉降量大于地表沉降量，可以认为管道沉降曲线较地表土壤更平稳；③管道沉降起点与地表沉降起点相同，由于地面沉降导致邻近管道和地表升高，但地表升高量小于管道升高量，可以认为地表升高主要原因是由于管道升高的作用。

由图 2-29 可知：（1）在距离采空中心较远的采空影响区，管道底部 Mises 等效应力大于管道顶部，底部在此区域的最大 Mises 等效应力为 221.6MPa，顶部在此区域的最大应力为 184.9MPa，均位于沉降中心 16m 处；（2）在采空区中心区域，管道顶部等效应力大于管道底部应力，更容易发生失效，顶部最大应力为 440.2MPa，底部最大应力为 380.3MPa；（3）管道中部 Mises 等效应力受沉降作用影响很小。

由图 2-30 可知：地表沉降作用下，管道的径向应力较小，管道发生沉降后，对管道径向应力影响不大，径向应力最大值仅为 0.6MPa，表明管道径向应力并非影响管道安全的主要因素。

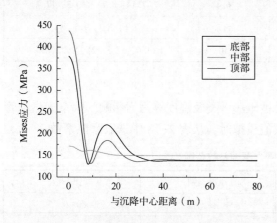

图 2-29 沉降后管道的 Mises 应力曲线

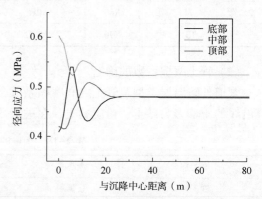

图 2-30 沉降后管道的径向应力曲线

由图 2-31 可知：沉降以后在采空区和采空影响区，管道顶部和底部环向应力均有所降低；管道中部环向应力增大，在采空区最大应力为 194.5MPa，位于沉降中心，在采空影响区最大应力为 179.7MPa，位于距沉降中心的 10m 处。

由图 2-32 可知：在采空影响区，管道底部主要由轴向受拉变为轴向受压，最大轴向压应力为 101.8MPa，在管道顶部拉应力逐渐增大，最大轴向拉应力为 204.5MPa，均位于距沉降中心 16m 处；在采空区中心位置，管道顶部主要轴向受压，最大轴向压应力为 354.6MPa；管道底部受拉，最大轴向拉应力为 429.3MPa；管道中部轴向应力受沉降作用影响很小。

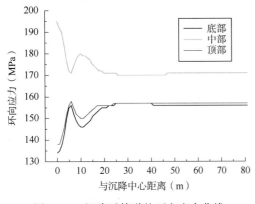

图 2-31　沉降后管道的环向应力曲线

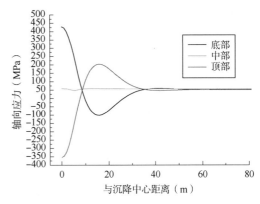

图 2-32　沉降后管道的轴向应力

七、腐蚀防护与控制技术

管道的腐蚀与防护控制，是油气管道完整性管理的核心组成部分，是管道运行期间的关键任务之一。油气长输管道，主要是钢制管道，以下介绍也主要针对金属管道材料，简称管道。

管道的腐蚀类型，按照腐蚀发生的部位，主要包括内腐蚀、外腐蚀、大气腐蚀。其中，外腐蚀包括土壤或海水腐蚀、杂散电流腐蚀；内腐蚀主要受输送介质腐蚀和运行参数影响。按照金属管道腐蚀破坏的形态，可分为局部腐蚀和均匀腐蚀两类。

（1）均匀（全面）腐蚀。

它指基于一定的相同速度，在整个管道表面上基本均匀地发生腐蚀，属于微观电池腐蚀，如强酸中的碳钢腐蚀等。可利用测算的腐蚀速度，根据管道的剩余使用寿命，并在设计和防护中将其考虑在内，一般危害性较小。

（2）局部腐蚀。

只集中发生在管道的某一区域，而其他区域没有发生腐蚀，或是集中腐蚀的区域腐蚀速度和深度大于其他区域的均匀腐蚀，其危害性较大，往往在不易被发现的情况下发生，并造成严重的破坏。常见破坏性大的局部腐蚀有以下几种：

① 孔蚀，亦称点蚀。常发生在表面有保护膜，或是有钝化膜金属管道的局部部位，向着重力或者横向的方向腐蚀，一般深度大于直径，由于发生的部位和时间较难预测，易引起极大的破坏事故。腐蚀的影响因素有腐蚀环境中的阴离子（尤其是氯离子）、pH 值、温度，以及管道性质和表面状态等。

② 缝隙腐蚀。由于金属部件的形状，以及管道中同种或异种金属之间形成的缝隙。在腐蚀环境介质中，介质在缝隙处的聚集状态，引起缝内局部加速腐蚀。缝隙腐蚀比孔蚀更为普遍，常发生在焊缝、螺母、法兰等任何管道金属材料中，且最易发生在腐蚀中性环境里有活性阴离子的介质中，其破坏性不言而喻。

③ 电偶腐蚀，又称接触腐蚀或双金属腐蚀，是一种宏观原电池的腐蚀。它是不同电位的金属，在腐蚀介质环境中接触，产生电偶电流，使电位相对低的金属产生阳极极化，溶解腐蚀速度加快，而电位相对高的金属产生阴极极化，溶解腐蚀速度变慢，即形成阴极保护。就一般情况而言，金属间的电位差越大，其电偶腐蚀越厉害。

④ 应力腐蚀。由于材料本身的缺陷，如内部裂纹，材料不均匀，表面缝隙、划痕等形成裂纹的活性点。在冷热加工、焊接、热应力等残余应力，以及腐蚀产物的楔入应力与腐蚀的共同作用下，尤其当腐蚀介质中 Mg^{2+}、Ca^{2+}、Fe^{3+}、Na^+、Li^+ 等氯化物浓度增加的同时，温度在 $50 \sim 300℃$ 之间时，腐蚀开裂的速度更快，裂纹会在物理腐蚀和拉应力交替反复的过程中不断扩展，最终导致金属失效断裂破坏。应力腐蚀过程中，因为其产物很难发现，金属表面无明显变化，所以它是腐蚀类别中破坏后果很严重的一种腐蚀。

⑤ 除以上几种腐蚀类型外，还有晶间和穿晶腐蚀、磨损腐蚀、微振腐蚀、丝状腐蚀、浓差电池腐蚀等。

按金属管道腐蚀的机理和过程特点又可分为物理腐蚀、化学腐蚀、电化学腐蚀三类。

（1）物理腐蚀。

指由于物理变化，如溶解作用而发生的腐蚀，如熔盐腐蚀、高温熔碱腐蚀，以及腐蚀等。

（2）化学腐蚀。

金属管道直接与非电解质（如水、酸）或干燥气体、高温气体（如氧）发生的氧化还原反应而造成的金属腐蚀破坏。金属与氧化剂的分子之间电子直接传递，整个过程无电流产生，常见的是管道与空气中的氧发生纯化学反应，并在管道的金属表面生成一层薄膜氧化物，氧化膜的性质与化学腐蚀速率有直接关系。很少有单纯的化学腐蚀，往往都是与电化学腐蚀同时进行。

（3）电化学腐蚀。

主要特征是在腐蚀过程中有电流产生。它是由电化学反应而引起的金属管道腐蚀，分为原电池腐蚀与电解质腐蚀。原电池腐蚀是因金属自身的成分或加工方法不同，以及材质中含有杂质等原因，在土壤等介质中，构成不同的电极电位差而产生电动势，从而形成原生电池腐蚀。电解质腐蚀是管道的金属区域与电解质介质构成电流回路，形成共轭反应体系，发生电化学反应，从而引起金属区域中的阳极被消耗腐蚀破坏。

按管道的特定的工作环境也可分为土壤腐蚀、大气腐蚀、杂散电流腐蚀、海水腐蚀、化学介质腐蚀等。

长输管道腐蚀的情况与工况和所处环境有关，呈现如下特点：

（1）由于长输管道跨域的地区广泛，工况和所处环境中土壤腐蚀差异性大，其土壤腐蚀影响因素和大小都不相同，所造成的管道腐蚀分布和程度不均衡，有的区域管道段腐蚀严重，而另一个区域管道段腐蚀轻微。

（2）依据管道的完整性管理和相关规范要求，长输管道除特殊无腐蚀环境情况下，必须使用阴极保护系统，并加上防腐涂层的双重保护防腐措施。但随着管道使用的逐年增加，特别是服役年限已进入"老龄期"的长输管线，其阴极保护不达标，防腐层老化脱落等，反而会造成长输管道的外腐蚀情况严重。

（3）由于长输管道各管线所处的位置不同，管段的输送量和运行工况不同，承受的实际输送压力大小也不同，不同管段区域腐蚀的情况也不同，因此，不同管段区域的腐蚀缺陷影响管段输送的安全性大小是不一样的。

（4）因为油、气等各种能源介质在输送前必须经过脱硫、脱水等工艺处理，其尽可能地消除了内腐蚀的许多因素，但由于长输管道的埋设及施工难免不会造成外防腐层的破损和缺陷，再加上各区域土壤腐蚀影响的不同，所以造成了长输管道外腐蚀相对突出。

因此，在长输管道埋地或海底的条件下，各种类型的腐蚀都可能发生，但腐蚀主要以电化学腐蚀为主，包覆层失效、土壤或海水腐蚀性等外腐蚀相对突出的腐蚀，其腐蚀现象主要表现为局部腐蚀。因此，在长输管道中主要的腐蚀类别有土壤或海水腐蚀、孔蚀、缝隙腐蚀、杂散电流腐蚀等，这些腐蚀都可以造成管道泄漏或破坏。

国内外已制定标准，提出以防腐层为主，以阴极保护为辅的联合保护的长输管道保护体系，且二者的防护作用是相辅相成的。完整无缺陷的防腐层是管道与外腐蚀环境充分隔离的条件，也是管体阴极保护有效性的条件，其不仅改善电流分布，减少阴极极化的时间和阴保电流密度，增大保护范围，反过来有效的阴极保护还可以使受损的防腐层在提供的阴极保护电流下受到保护，但如果防腐层损伤超过一定数量时，则会导致阴极保护效率降低，并可能失效甚至起反作用，造成阴极保护屏蔽或阴极剥离等。

为使长输管道得到有效保护，根据相关标准，如《埋地钢质管道外壁有机防腐层技术规范》(SY/T 0061)要求，防腐层必须具有足够的抗机械强度和韧性，化学稳定性好，耐温、耐阴极剥离、耐大气化、耐水，具有良好的电绝缘性，与管道有良好的黏接性，被破坏后便于修复施工，并且对环境无害。

八、离心式压缩机组失效评估及可靠性技术

(一)离心式压缩机组失效管理

1. 失效数据约定层次

1) 初始约定层次

规定单台套离心式压缩机组为初始约定层次，按照机组位号顺序依次编号 R1、R2、R3。

2) 其他约定层次

规定第二、第三约定层次示例见表 2-19 和表 2-20。

表 2-19　第二约定层次示例

二级系统	功能位置代码	二级系统	功能位置代码
燃气发生器	GG	火灾消防系统	FG
压缩机	CC	燃料气系统	RL
动力涡轮	PT	干气密封系统	MF
进气系统	JQ	电气系统	DQ
…	…	…	…
UCP 控制系统	KZ	UPS/DCP/UMD 系统	DC
冷却水系统	LQ	工艺系统	GY
变频器	BP	PDS 系统	BP
联轴器	CP	正压通风	ZY
启动系统	QD	其他	QT

表 2-20　第三约定层次示例

功能位置代码	三级系统	说　明
01	主元件	如起动按钮等触发件
02	计时器	如机组运行时间、控制器延时、等效寿命、计数器等
03	检测或联锁继电器	对一系列其他器件作出响应的操作
04	接触器	作为 PLC 程序中的运行信号
05	停止设备元件	如停止按钮或紧急停止按钮
…	…	…
08	控制电源断开元件	如用来断开加热器和风扇电源的开关
12	超转装置	如对设备提供超速保护的装置
14	欠速装置	如对设备提供欠速保护的装置
20	阀门	包括各类阀门，但不包含阀位开关、阀位反馈器
23	温度开关	包括温控阀
26	温度变送器	包括热电偶或热电阻
27	失电或欠电压	包括欠压继电器等
33	限位开关	挡板、门限开关等
39	振动、位移	包括探头及前置放大器
43	控制方式	远控、近控、自动、手动
45	火灾消防保护	如可燃气体探测器
48	不完整程序继电器	在规定的时间内，继电器启动或关闭程序没有完全完成时，硬件或程序使设备回到安全状态
54	独立电气元件	PDS、UPS、MCC 系统单体电气元件
…	…	…
62	调节器	设备组件用来调节中间媒介，使发动机实现起动、速度保持、加载或停车的目的
66	多级继电器	如一种装置，能够使一个电路在特定的时间间隔内周期地接通，或者用来使一台机器在低速运转等待加载或间歇性地加载
68	闭锁继电器	在预定的条件下，为闭锁设备的触发和报警提供信号的继电器
71	水平装置	如液位计等
72	DC 电路继电器	控制回路电气元件
74	报警继电器	警报、蜂鸣器等报警设备
75	位置传感器	阀位、LVDT、变频命令、阀开度等
86	保护继电器	当出现非正常情况时，该装置工作，使设备停止工作，直到人工或电子复原
90	供电元件	UPS、DCP
97	专用传感器	湿度、磁性检屑器、电导率等、温湿度一体计等
…	…	…
S2	内部元件	叶片、静子、燃烧室、燃料喷嘴等内部元件
S3	效率	压气机效率、压缩机效率
S4	过滤元件	过滤器、滤网等

续表

功能位置代码	三级系统	说　明
S5	主控制器	主控制器、流量计算机、通信处理器等处理单元
S6	IO 单元	输入输出模块
…	…	…

2. 失效判据

应根据压缩机组第二约定层次或第三约定层次规定的设备性能参数允许极限确定失效判据，具体允许极限值参照设备运行维护规程。

3. 失效模式编码

为了给系统功能和设备规定统一的标志，同时对失效模式起到跟踪作用，根据压缩机组的三级约定层次，表 2-21 对所有失效模式采用统一的编码体系。机组发生失效事件后，将分析得出的故障代码写入失效事件报告中。

表 2-21　失效模式统一编码示例

系统代码	名　称	失效位置代码	失效影响			严酷度	发生概率	备　注
			局部影响（对元件）	上层影响（对系统）	最终影响（对机组）			
GG	燃气发生器	01—99 S1—S8	A 暂无影响	A 暂无影响	A 暂无影响	I 类 II 类 III 类 IV 类	A 级 B 级 C 级 D 级 E 级	
PT	动力涡轮							
CC	离心式压缩机							
…	…		…	…	…			
JQ	进气系统		C 受到严重损伤，不能安全、可靠地继续使用	C 仍然可以工作，但已不能令人满意地实现预期功能	C 需要停机立即进行维护检修			
KZ	UCP 系统							
LQ	冷却水系统							
BP	变频器		D 完全不能工作	D 完全不能工作	D 造成机组故障停机			
CP	联轴器							
QD	启动系统							
FG	火灾消防系统							
RL	燃料气系统							
MF	干气密封系统				E 返厂维修			
DQ	电气系统							
DC	UPS/DCP/UMD 系统							
GY	工艺系统							
BP	PDS 系统							
ZY	正压通风系统							
QT	其他							

179

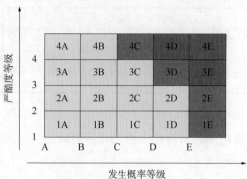

图 2-33 危害矩阵图

4. 危害性矩阵

（1）危害性矩阵用来确定和比较每一失效模式的危害程度，进而为确定预防措施的先后顺序提供依据。

（2）矩阵图的横坐标用发生概率等级表示，纵坐标用严酷度等级表示，如图 2-33 所示。

（3）将失效模式编码参照其严酷度类别及失效发生概率等级标在矩阵的相应位置，绘制的矩阵图可以表明失效模式的危害性分布情况，分布点沿着对角线方向距离原点越远，其危害性越大。

5. 失效识别方法

根据每种设备可以完成的功能，将其逐一列出，并对它们的失效模式进行逐一分析。也可以对单个设备的每种失效模式及其影响进行深入分析。对于复杂的压缩机组各个系统，在具体识别时可综合考虑以上两种方法。

6. 失效数据数据库建立步骤

（1）定义被分析的系统。完整的系统定义包括其内部和接口功能、各约定层次的预期性能、系统限制及故障判据的说明。

（2）绘制功能和可靠性方框图。方框图应该描绘各功能单元的工作过程、相互影响和相互依赖关系。

（3）确定所有潜在的故障模式，并确定它们对相关约定层次的影响。

（4）按最坏的潜在后果评估每一失效模式，确定其严酷度类别和发生概率等级。

（5）根据严酷度和发生概率等级确定该失效的危害性。

（6）对危害性较高的失效给出主动性预防维修周期或者更改建议。

7. 失效分析

（1）根据危害性矩阵图，对危害性指数及建议处理准则定义如表 2-22 所示。

表 2-22　危害性指数评定类别

危害性指数的类别	建议处理准则
第一类：绿色区域	不可接受的失效模式
第二类：黄色区域	不希望有的，须与设备供应商协商的失效模式，建议重新设计，从根本上解决的失效模式
第三类：蓝色区域	可接受的失效模式，是运行中需要重点监测的对象，建议经常做检测
第四类：红色区域	可接受的失效模式

（2）根据失效后果来决定采取何种维修策略。

（3）在从项目初设阶段到最终设定的每一次评审都需要对重要设备进行故障模式、影响及危害性分析，并且利用分析结果为设计的评审和安排改进措施提供依据。

（4）在收集失效零部件的背景数据时，除了失效零部件在设备中的部位和作用、材料牌号、工作状态等基本情况外，还应着重收集以下数据：失效零部件的全部制造工艺历史，包括相关图纸、技术标准、加工工艺及出厂测试等相关数据；失效零部件的服役条件和服役历史，包括投产调试相关测试数据，以及日常生产过程中环境介质、工作温度及负荷状况，特别是非正常工况下的数据。

（5）确定失效性质时，可根据需要进行技术攻关或者其他科研项目。

（6）对于重大失效分析项目，在初步确定失效原因后，还应及时进行重现性试验，以验证初步结论的可靠性。

（7）失效分析的目的在于提出切实的预防措施反馈到生产实践中，用以提高可靠性。如果失效原因涉及系统结构设计、材料选型、加工制造、装配调试及维护保养等各个方面，失效分析结果也要相应地反馈到这些环节。

（8）若某一系统或零部件存在两个以上的失效类型时，应分析和找出主要的失效类型及造成该失效的主导因素。

（9）当对某一系统或零部件进行结构或工艺改进后，该系统或零部件容易失效的薄弱环节有可能转移，要对新出现的失效类型有所预见。

（二）离心式压缩机组设备可靠性技术

动设备，是指油气管道系统中的天然气管道系统里的压缩机、阀门；原油和成品油管道系统里的泵和阀门这样的控制和调节管道内介质的压力、流量之类参数的能动的设备。其中，长输天然气管道压气站使用的压缩机，包括往复式和离心式两种，是天然气管道输送最核心的设备，要根据增压工况和安装地区的环境条件选择适用机型。

（1）往复式压缩机驱动方式包括燃气发动机和变频调速电机，适用于工况不稳定、压力较高或超高、流量较小等场合。优点包括：排出压力稳定，能适应广泛的压力变化范围和超宽的流量调节范围；热效率高；压比较高，适应性强。存在的主要缺点：结构复杂，运动和易损部件多；外型尺寸和重量大；运转有振动且噪声大；需要频繁维护、保养和更换。

（2）离心式压缩机的驱动方式包括变频调速电机直接驱动/增速齿轮箱，定速电机+液力耦合装置/行星齿轮，燃气轮机。其单机功率较大，压比低，适用于气量较大且气量波动幅度不大(变化范围70%～120%)的工况。优点包括：无往复式运行部件，振动小，使用期限长、可靠，运行管理和维护保养简单；转速高、排量大，平稳，可直接与驱动级联动，便于调节流量和节能。缺点包括：压比低，对输气量和压力波动适应范围小；低输量下易发生喘振；热效率低。

考虑到往复式压缩机更多地应用于气田内部、储气库管网及口径较小的支线管道。离心式压缩机更适于输气量大、工况相对稳定的场合。目前，随着国内外新建长输天然气管道的高压、大口径、大流量的发展，离心式压缩机正在得到更广泛的使用。根据《石油天然气工业　设备可靠性和维修数据的采集与交换》(GB/T 20172)、国家能源局电力可靠性管理和工程质量监督中心发布的《风力发电设备可靠性评价规程(试行)》等标准规范，本小节简要介绍燃驱、电驱离心压缩机组设备可靠性的统计和评价办法，以及天然气长输管线离心式压缩机组可靠性评价技术。

1. 设备边界条件

（1）离心压缩机组的设备边界条件是指对压缩机组及其附属系统进行可靠性评价和维护策略等数据采集和分析所规定的边界条件，设备本体及其各级子系统都应定义特定的边界条件。

（2）根据可靠性分析需求和特点，设备边界条件分为设备本体边界条件和站场边界条件，不同的可靠性指标取决于所参考的不同的边界条件。

（3）机组边界条件是指单台套机组和工艺站场之间进行工艺气、循环水、燃料气、放空排污、仪表风、供电和仪电信号等物质和能量交换的界面。

（4）站场的边界条件是指工艺站场同上、下游站场管道、外部供电、外部供水之间进行物质和能量交换的界面。

2. 子系统分级

（1）单台套离心压缩机组子系统共分三级，各级系统规定功能位置代码，对不同的子系统采用不同的可靠性评价标准，可靠性数据重要性及类别取决于各级系统的用途，设备子系统不同等级的可靠性指标应建立依存关系表。所有数据采集、故障诊断等可靠性评估活动都应建立在系统分级的基础上，使用可靠性评价方法综合得到。

（2）功能位置代码由数字 0~9 及大写英文字母 A~Z 表示，第一级、第二级代码由 2 位数字和字母组成，第三级代码由 2 位数字和字母组成。

① 第一级代表机组台套，燃驱机组第一级位置代码按照机组位号顺序依次取 R1、R2、R3、…依次类推；电驱机组第一级位置代码按照机组位号顺序依次取 D1、D2、D3、…依次类推。

② 第二级代表机组本体及机组主要附属系统代码，示例见表 2-23。

表 2-23　二级系统位置代码示例

二级系统	功能位置代码	二级系统	功能位置代码
燃气发生器本体	GG	火灾消防系统	FG
压缩机本体	CC	燃料气系统	RL
动力涡轮本体	PT	密封气系统	MF
…	…	…	…
进排气通风系统	TF	电气系统	DQ
UCP 控制系统	KZ	UPS/DCP/UMD 系统	DC
冷却水系统	LQ	工艺系统	GY
启动系统	QD	PDS 系统	BP
正压通风	ZY	其他	QT

注：GG 为 Gas Generator(燃气发生器)；CC 为 Centrifugal Compressor(离心压缩机)；UCP 为 Unit Control Panel(单元控制盘)；UPS 为 Uninterrupted Power Supply(不间断电源)；UMD 为 Uninterrupted Motor Drive(驱动电机用不间断电源)。

③ 第三级代表位于各第二级子系统下具备相同特征的部件、元器件代码，示例见表 2-24。

表 2-24　三级系统位置代码示例

功能位置代码	三级系统	说　明
02	时间	如机组运行时间、控制器延时、等效寿命、计数器等
20	阀门	包括各类阀门，但不包含阀位开关、阀位反馈器
23	温度开关	包括温控阀
…	…	…

功能位置代码	三级系统	说　明
27	失电或欠电压	包括 MCC 失电等
33	限位开关	挡板、门限开关等
39	振动、位移	包括探头及前置放大器
43	控制方式	远控、近控、自动、手动
…	…	…
52	AC 回路	接触器、继电器、断路器、安全栅等电气元件
54	独立电气元件	PDS、UPS、MCC 系统单体电气元件
59	过流保护元件	如保险管、安全栅等
…	…	…
72	DC 回路	控制回路电气元件
74	报警器	警报、蜂鸣器等报警设备
75	位置传感器	阀位、LVDT、变频命令、阀开度等
…	…	…
90	供电元件	UPS、DCP
97	专用传感器	湿度、磁性检屑器、电导率等、温湿度一体计等
99	速度	转速
S1	外观、外部	外部管线电缆、漏油、外部损伤等
S2	内部元件	叶片、静子、燃烧室、燃料喷嘴等内部元件
S3	效率	压气机效率、压缩机效率
S4	过滤元件	过滤器、滤网等
S5	主控制器	主控制器、流量计算机、通信处理器等处理单元
S6	IO 单元	输入输出模块
…	…	…

一个完整的功能位置按照"一级代码—二级代码—三级代码"的形式表示，如描述"某 2# 燃驱机组压缩机入口过滤器滤网堵塞、差压高"这一故障数据的功能位置，使用代码"R2-GY-S4"表示。

3. 运行状态

1）运行状态划分

离心压缩机组主设备的运行状态划分见表 2-25。

2）辅助设备的运行状态划分

对于不具备冗余功能、故障将直接导致机组不可用或者影响机组正常运行的辅助设备，其运行状态同主机保持一致，故不单独统计。对于具备冗余功能的辅助设备，运行状态划分可依据表 2-26 进行。

表 2-25 典型离心压缩机组的运行状态划分

在使用	可用	运行	带载	
			不带载	盘车
				暖机
				启停
				洗车
				卸载
		备用	冷备用	
			热备用	
			临时运行备用	
	不可用	计划停机	50000h(可根据设备维修规程自行设定)	
			25000h(可根据设备维修规程自行设定)	
			4000h、8000h(可根据设备维修规程自行设定)	
			改进性	
		非计划停机	第1类	自动停机
				主动停机
			第2类	自动停机
				主动停机
			第3类	自动停机
				主动停机
停用				

表 2-26 典型离心压缩机组的辅助系统运行状态划分

在使用	可用	运行
		备用
	不可用	计划停机
		25000h(可根据设备维修规程自行设定)
		4000h、8000h(可根据设备维修规程自行设定)
		改进性
		非计划停机
		第1类
		第2类
		第3类
停用		

3）状态转变时间的界面

（1）运行转为备用或计划停机或非计划停机：以压缩机组降速至 65% 最低连续运行转速、防喘阀全开时间点为界。

（2）备用或计划停机或非计划停机转为运行：以机组启机成功、投入正常运行状态时间为界。

（3）计划停机或非计划停机转为备用：以检修工作结束、故障恢复后，设备上报复役的时间为界。

（4）备用或非计划停机转为计划停机：以作业计划安排及调度批准的时间为界。

（5）备用转为非计划停机：备用机组以发生启机失败时间为界，试运行和临时运行备用状态下发生影响运行的设备损坏时，以设备损坏发生时间为界。

（6）计划停机转为非计划停机：在检修过程中发生影响运行的设备损坏时，以计划检修工期终止日期为界；在检修完成后以发生启机失败的时间为界。

4）机组可靠性数据采集要求

（1）将机组每次发生状态切换的起始和结束时间、节点、机组累计运行时间及相关情况说明都填入机组状态表。

（2）计算或用标准模板自动生成状态持续时间。

（3）每台机组单独设立一个状态表，所有时间节点及发生事件必须连续、周期性记录，不能有重复和遗漏。

（4）每个表自动生成设备实际运行时间、备用时间、计划停机时间、非计划停机时间、自动停机次数、计划外主动停机次数等参数。

（5）机组状态综合记录表由经过培训的专人负责填报及存档管理。

5）运行统计指标

非计划停机（UO）：是指设备处于不可用（U）而又不是计划停机（PO）的状态。对于机组，根据停机的原因发生部位不同分为以下三类：

（1）第1类非计划停机（UO1）——燃驱压缩机设备边界条件之内的故障导致的机组停机。

（2）第2类非计划停机（UO2）——站场边界条件之内、燃驱压缩机设备边界条件之外的故障导致的机组停机。

（3）第3类非计划停机（UO3）——站场边界条件之外的故障导致的机组停机。

上述第1~3类非计划停机各包括自动停机（ASD）和主动停机（MSD）两种情况。

停用（IACT）：机组按国家有关政策，经规定部门批准封存停用、报废或进行长时间改造而停止使用的状态，简称停用状态。机组处于停用状态的时间不参加统计评价。

第1类、第2类非计划停机运行统计指标计算公式：

$$可靠率 = 1 - \frac{机组故障停机时间}{统计期内总消逝时间} \qquad (2-22)$$

第1类、第2类、第3类非计划停机及计划停机运行统计指标计算公式：

$$可用率 = 1 - \frac{机组故障停机时间+计划检修时间}{统计期内总消逝时间} = \frac{设备可运行时间}{统计期内总消逝时间} \qquad (2-23)$$

$$机组平均无故障做工量 = \frac{\sum_{i=1}^{n}(机组功率 \times 设备实际运行时间)}{故障停机次数 + 1}（其中，n 表示机组台数）$$

$$(2-24)$$

$$机组平均无故障运行时间 = \frac{设备实际运行时间}{故障停机次数+1}（加入主动申请停机） \qquad (2-25)$$

$$利用率 = \frac{设备实际运行时间}{统计期内总消逝时间} \qquad (2-26)$$

6）运行统计指标要求

（1）为反映机组的工作的稳定程度，可以用可靠性指标进行评价。

（2）为反映在统计期内机组能够提供使用状态时，可以用可用率进行评价。

（3）为反映机组的复杂系数和工作时间，可以用机组平均无故障做工量指标进行评价。

（4）为反映机组连续运行能力，可以用机组平均无故障运行时间指标进行评价。

（5）为反映设备使用程度，可以用利用率指标进行评价。

（6）每月对机组的运行情况进行统计，定期进行分析，压缩机组分析的主要内容包括停机报警；应急处理、故障原因分析、问题查找及处理过程；备件消耗及使用情况；问题处理结果等。

（7）当设备数量发生变化时，要在次月统计中进行更新。

第五节　延寿报废阶段处置技术

一、国内外管道延寿与废弃处置标准分析

管道延寿问题，首先是要做好管道完整性检测评估，然后才可以根据检测评估结果、现实和未来需求、维修维护能力等方面因素，综合判断管道是否可以延寿使用。所以，管道延寿方面的标准，首先是要建立和完善管道完整性标准，其次才是针对管道延寿的专业标准。

美国 API 提出了一个统一的工业标准，最初版本为"《严重后果区的管道完整性》（API 1160）"。该标准为满足美国交通部（US Department of Transportation，简称 DOT）规则，给出了管道完整性管理程序的指导性大纲。完整性管理程序包括：分析所有可能导致失效的事件；检查潜在管道事件的概率和后果；检查和对比所有风险；提供选择和风险控制方案的框架。

国内管道完整性标准，前面已经有了完整的介绍，这里不再赘述。管道延寿标准是：《石油天然气工业管道输送系统管道延寿推荐作法》（GB/T 31468），借鉴了国外管道延寿方面的标准。

二、管道延寿工作流程及技术要点

（一）管道延寿工作流程

根据 GB/T 31468，管道延寿工作流程包括以下步骤：

（1）管道延寿期间的完整性管理，包括基于风险和可靠性的检测、监测和维修、维护。

（2）体系和程序的更新，包括符合法规要求。

（3）老龄管道延寿应急管理。

（4）如果管道系统的所需寿命超过剩余寿命，可考虑施行补救措施，对管道剩余寿命进行再评估；如果管道系统的所需寿命小于或等于剩余寿命，进入管道废弃阶段停止使用。

其中，管道延寿评估流程，包括以下步骤：

（1）确认需要管道延寿。参照上述标准中的51总则，当仍有可采石油和天然气，或有

其他的运行资产接入管道系统时，而且通过与可替代方案进行经济比较后确定的最佳方案是：需要延长管道的运行寿命。

（2）管道系统的现状完整性评价。

（3）确定延寿要求。

（4）延寿评估，以证明管道系统延寿后，不会产生不可接受的社会风险。

（5）若延寿可接受，将评估过程形成文件；如果延寿不合理（或者新建管道是更经济的解决方案），管道应在设计寿命到期时停止使用。

（二）技术要点

现状完整性评价，管道延寿评估流程中的步骤（2）应包括，但不限于：

（1）管道系统运行历史记录评审。

（2）管道系统目前技术完整性的详细评估。

管道延寿评估步骤（4）应包括，但不限于：

（1）管道延寿运行的风险评价。

（2）管道系统设计评审，包括现行设计标准和原设计标准的差异分析。

（3）系统剩余寿命评估，包括：

① 结合缺陷评价对累积的和将来的腐蚀作出评估；

② 对累积的和将来的疲劳损伤作出评估；

③ 防腐层劣化和 CP 系统退化评估；

④ 管道上其他与时间相关的劣化机理的识别和评估；

⑤ 在延寿期内进行的 PIMS 的修订或实施，包括对异常的限定值更新；

⑥ 确认与权属相关的问题或者法规要求，包括管道设计寿命期内新增附加法规的差异分析；

⑦ 安全和操作系统的适用性评审；

⑧ 运行维护、应急响应、安全与环境保护程序的适用性评审。

对减缓管道系统危害因素（预期在延寿期内出现）所需要的维修措施，必要时需另行研究。

管道失效与系统的整体失效相关联，如存在腐蚀缺陷、涂层老化、灾害环境、腐蚀速率增长都可能导致管道腐蚀损伤。腐蚀损伤不是简单的腐蚀破坏，而是腐蚀控制系统的失效。因此，必须从危险源辨识角度防控管道失效。同时，由于受人和环境因素的叠加影响，有必要进行管道耐久性评估和相应的风险分析。

三、管道耐久性评估与延寿技术要点

为了确保超过最初设计寿命的管道，在未来运行期间的完整性，也必须进行管道耐久性评估，并且据此耐久性评估结果而采取必要的延寿技术。

管道耐久性评估，主要取决于超过设计寿命管线的高精度检测数据。要获得高精度检测数据，需要针对管道本体进行全面检测，包括内检测和外检测在内的基线检测。基线检测应包括：

（1）对管线系统（干线、站场、穿跨越段、库）和管段的检测计划；检测计划目的是了解管道的完整性，判别管道检测的地点、时间和方式。

（2）基于风险和可靠性的检测分析，对管线/管段排序。

（3）使用如下至少一种方法对管线/管段完整性进行评估：在线检测、水压试验、"直接评估"（如内外涂层检测）、其他新技术。

（4）管段的管理方法，包括修复或增加必要的检测。

（5）周期性检查、检测计划时间间隔为5~8年，必要时检测频率可更高一些。

（一）基于风险和可靠性的检测

为确保计划有效实施，必须采用可靠性评估方法来识别威胁管道完整性的不利因素，并分析与之有关的风险和确定风险的检测技术与设备，指导可检测的老龄管道结构退化的失效模式分析。图2-34表示基于检测的风险和可靠性分析方法、基于风险和可靠性的检测策略。

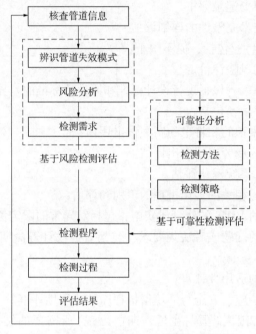

图2-34　基于风险和可靠性的检测策略

1. 基于风险的检测

1）管道信息核查

通过管道老化速率预测未来时间管道老化发展状况。检测数据越准确，不确定性就越小，则可预知的风险就减小。管道信息包括设计数据、施工信息、运行历史数据和实时数据、检测信息的合理性、载荷和环境信息。

2）失效模式分析

由于管道沿线处于不同的社会、自然环境影响区域，因此所存在的风险概率和后果不同。如管道主干段通常受到腐蚀损伤，弯管比直管更易受腐蚀。为了辨识出风险和影响管道完整性的潜在因素，管道可分成如下部分：阀门和焊接接头、弯管；干线管段（风险可接受段和高风险段）、穿跨越段。通过采用危险源辨识，理论上都可检测出影响管道完整性的各类风险。在焊接接头处，采用故障树分析法（Fault Tree Analysis，简称FTA）、事件树分析法（Event Tree Analysis，简称ETA）和集对分析法（Set Pair Analysis，简称SPA）都可识别出失效模式。

3）风险评估

为了识别出管道系统各种失效模式，系统风险公式如下：

$$系统风险 = 事故发生的概率/频率 \times 事故造成的后果 \tag{2-27}$$

极限状态下的失效事件包括但不限于：管道主干段失效、子系统失效、可操作性、可维修性。通过综合评估管段失效模式的概率和后果，确定其风险。

4）检测临界分析

通过识别出高风险管段的失效模式，评估检测的结果。通过检测和修复管道结构退化速率，可识别出管道内部的腐蚀状况，则所采用的检测技术实用性强；反之，固定墩处的腐蚀风险难以检测到，则所采用的检测技术实用性差。

5）检测技术和设备

临界失效模式能提供反馈结果，确定缺陷类别，检测出威胁管道完整性的缺陷临界尺寸。按照可容忍缺陷的类别和大小，选用合适的检测技术和相关的设备，辨识出管段所有的失效模式。

2. 基于可靠性的检测

风险评估可精确地分析对管道系统构成最大威胁的失效模式。基于检测的可靠性分析便能获取当前失效概率的大小及其管道系统的剩余寿命。同理，还可估算出不同类型的检测技术、设备和检测时间间隔的效果。可靠性分析的数据繁多且相当耗时，因此，应基于最大可能的失效模式，采用精确的数据消除所存在的不确定性。

1）概率分析

通过概率分析输入参数的统计模型，确定特定的失效模式，以及失效概率随时间的变化趋势。采用 Monte-Carlo 法预测缺陷的增长。

2）检测方法及其设备

不同的检测方法及其相关设备所具有缺陷检测的功能是不同的。因此，可以调整管道的失效可靠性，根据检测时间间隔，优化检测方案。检测方案包括检测范围、检出概率、校准精度、可重复性和定位精度。

3）检出概率

不确定性的概率方法要求管道管理人员在给定的失效概率下确保管道本质安全。例如，管道的失效概率在其设计寿命内不允许超过特定的安全标准。因此，当失效可靠度达到特定标准时，检测将影响失效可靠性。

失效管道的最终概率为：

$$P_{\mathrm{f}}(\mathrm{Pipeline}) = \left[1 - (1 - P_{\mathrm{i\_flowing}})^{N_{\mathrm{flowing}}}\right] + \left[1 - (1 - P_{\mathrm{i\_stagnant}})^{N_{\mathrm{stagnat}}}\right] \tag{2-28}$$

式中　　$P_{\mathrm{f}}(\mathrm{Pipeline})$——失效管道的最终概率；

　　　　$P_{\mathrm{i\_flowing}}$——运行情况下的单个缺陷的最终概率；

　　　　N_{flowing}——运行情况下缺陷的个数；

　　　　$P_{\mathrm{i\_stagnant}}$——停运情况下单个缺陷的使用或最终概率；

　　　　N_{stagnat}——停运情况下缺陷数。

考虑到存在两种可能的"失效"：一种是"最终"的失效，此时管道处于不安全状态。如断裂导致管道失效。另一种是"使用"的失效，此时管道不能有效运行。如压力超过管道的屈服强度，计算既要求检测又要求专家评判出期望缺陷。当清管器检测受式（2-28）影响时，不仅需要评估期望缺陷的长度和深度，还需要估算出检测设备的阈值范围。

4）确定清管器类型

采用概率论说明不同清管器的效果。假设有两种不同的清管器，评判出管道应采用的适用类型。两种清管器分别如下：

类型1：该检测设备的腐蚀深度检测阈值适于全面腐蚀缺陷。如缺陷长度>3t时，取其为0.1t，其中t为管壁厚。在特殊管段中，对于长度≥857mm的任一缺陷，取其为29mm。该设备的精度为±0.1t和±29t。

类型2：该检测设备的检测阈值深度为1mm，则精度为±0.5mm。

值得注意的是，上述检测精度范围是以现有的检测技术为基础。期望检测技术是指在低阈值范围内开发出新的检测技术。基于管道失效概率，预测管道存在缺陷的数量、大小及检测费用等因素，优选出最适宜的检测技术。

5）确定检测周期

检测周期取决于以下基本变量：整个时间内失效概率的变化、可接受的失效概率、缺陷的增长速率和检测技术的选择。

通常采用确定性方法确定检测周期。当缺陷深度到达失效状态时，设定检测周期，这样通常偏于保守，在最终失效计算时，采用合适的安全裕量。因此，在缺陷预测深度超过可接受缺陷大小时，就存在简易检测的情况，以及确定性地给出检测周期。

当应用概率论时，采用相同的失效方程，可计算出失效概率。若计算得出的失效概率超过预期可接受的失效概率时，则需要进行检测。可接受的失效概率是由多因素决定的。表2-27给出了一些可接受的腐蚀失效概率。

表2-27 可接受的失效概率

海底管道	可接受的失效概率(每年)	
极限状态	安全区域	水域
最终状态	$10^{-6} \sim 10^{-5}$	$10^{-4} \sim 10^{-3}$
使用可靠性	$10^{-2} \sim 10^{-1}$	$10^{-2} \sim 10^{-1}$

由表2-27中的可接受的失效概率，计算出最适合的检测时间。因此，在管道系统设计寿命期间，使其低于最大的失效概率。通过上述检测策略，管道系统检测程序将更可靠。

（二）老龄管道动态复核及延寿方法

管道设计的复核可用来估计它的合于使用和说明它未来的完整性。复核将限制在原设计范围。如果有管道运行的更新的历史数据，原始设计就可能需要发生改变。

1. 变更设计条件

变更设计条件可分为：设计阶段的失误和不确定信息；基于运行参数的预期修正设计；延长设计寿命。

2. 设计阶段的失误和未知信息

在设计过程中，考虑影响设计的各个方面。在管道运行寿命期间，可能出现同类事件在设计阶段是不可知的。主要包括江/河环境、热膨胀、管跨（管道跨越河流、沟渠等）和屈曲。

3. 基于运行参数的预期修正设计

在设计阶段，通过如江/河环境信息，以及管道输送介质信息或外载荷等不完整的原始信息作出确定性预测评估。管道寿命评估为未来提供可使用的、更精确的工程数据。

收集管内输送介质的信息，有助于管道预测评估。压力、温度、流速和成分变化将影响管内腐蚀的速率、热膨胀和管道配件的可使用性。

4. 延长设计寿命

失效模式是动态的，通常管道寿命设计趋于保守。基于管道设计，延长管道寿命，动态的失效模式需要重新评估。运行参数的有效性允许采用真实的数据和实际的未来老化预测信息替代保守的预测老化速度和安全因子。

例如，在管道需要回调桥梁跨越河流、峡谷或道路的管段，将允许一些运动的角度，因此就承受疲劳载荷。疲劳失效是动态的，且在预期寿命内必须评估剩余疲劳寿命的增量。如混凝土覆盖层材料随时间推移老化必须进行评估，否则将不利于管道的平稳运行。大多数防腐蚀系统是以耐腐蚀层和采用牺牲阳极保护阴极为基础的。设计寿命的延长要求对于阳极的剩余寿命和耐腐蚀层进行条件评估(conditional evaluation)。

(三) 老龄管道分级分类延寿方法

任何检出缺陷可采用"合于使用"评估，评估分析重点和维修取决于如下方面：①缺陷特征因素，包括位置、深度、长度、方向；②管道目标可靠性等级；③对环境和公众的威胁；④故障后果。考虑到评估类型对输入参数的可用性，建议不宜使用低精度的数据信息。

1. 评估方法

对管道缺陷进行评估时，要注意并不是所有的缺陷都是管道缺陷，对一些结构异常(如无支撑的管跨)需要进行设计分析和结构评估。"合于使用"评估方法适用于油气管道工程设计阶段。

2. 评估过程

缺陷检测标准，包括从简易分析方法(如 ASME B31G)到有限元结构分析或风险分析方法。所采用的方法取决于检出缺陷、管道类型及操作人员的水平。图 2-35 给出了不同等级的缺陷评估和所要求的信息。"合于使用"评估方法通常要求至少达到第 3 步。如果缺陷仍保持在不可接受的水平，就需要进行精细评估或维修。精细评估要求进行风险分析。风险是失效概率和失效结果的函数。同理，难以计算失效概率的极限状态分析。概率论方法包括失效的概率和后果。虽然定性方法重视失效后果和所推荐的安全系数，但"合于使用"缺陷分析不需要进行风险分析。"合于使用"评估通常包括缺陷可靠性分析。若存在严重失效后果的缺陷，须进行风险评估。

现有的技术和方法：估算老龄管道失效风险、识别和采用合适的检测技术、设定经济的检测周期、限制风险至可接受的最低水平、定量分析管道完整性现状和预测管道未来完整性状况。基于此，油气管道企业可以安全地延长老龄管道的使用寿命，通过有计划地采用风险分析、可靠性分析和管道完整性管理手段，以确保油气管道持续安全可靠运行及碳氢化合物的高效输送。

(四) 老龄管道寿命预测及延寿方法

1. 老龄管道经济寿命预测

应考虑已服役期间的各种信息对老龄管道后继服役期可靠性的影响，实现老龄管道的可靠性更新。但是，这些信息仅仅反映管道已有信息对老龄管道可靠性分析的影响，若要实现老龄管道在后续服役期的有效延寿，需要对管道进行合理的检测和维修。因此，需要后续服役期内检修措施对老龄管道可靠性及寿命管理的影响。尽管检修措施可以保证老龄管道可靠

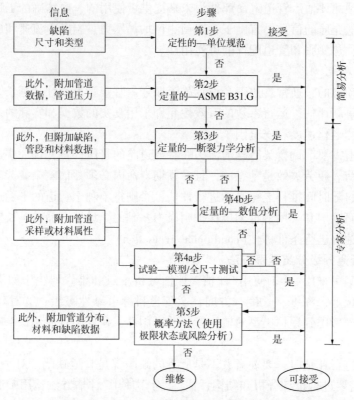

图 2-35 "合于使用"评估的不同等级

性维持在较高水平，实现老龄管道结构的有效延寿，但需要投入大量的检修费用。

基于风险分析，在保证老龄管道设计寿命期内的可靠指标不低于最低目标可靠指标的前提下，分别以寿命周期成本和效益-费用比值为决策优化目标，建立基于寿命周期成本最优的检修决策模型和基于效益-费用分析的检修决策模型，并通过计算分析各参数对最优检修决策方案的影响。同时，需要从经济学角度，建立基于边际效益的老龄管道最优经济寿命模型，统筹设计寿命、服役寿命、剩余寿命、检修费用等多种因素，最终决定既安全、又经济期望管道继续运行所需的寿命。

2. 老龄管道延寿的局限性

如果管道系统的所需寿命超过剩余寿命，可考虑施行补救措施，对管道剩余寿命再评估，补救措施可有：管道部件更换，异常限定值的再评估和异常的矫正，管道系统的降级使用。或者可以分阶段执行管道延寿，可参照如下两个示例：

示例一：某管道系统，由于新增资产的关系，需要延寿 20 年，但由于立管腐蚀严重，管道系统的剩余寿命仅有 5 年。在这种情况下，可先延寿 5 年，在剩余寿命末期替换立管后，再延寿 15 年。

示例二：某管道系统，需要延寿 20 年，但是根据预测的腐蚀速率，2 年后需要降低最大允许操作压力（MAOP）。按照与示例一相似的模式，可先延寿 2 年，随后的 18 年延寿取决于内检测结果。如果内检测确认了预测的腐蚀速率，为了达到要求的 20 年延寿，2 年后需要降压运行或者修复不可接受缺陷。

3. 老龄管道延寿应急管理

为确保老龄管道系统在延寿期的安全运行，同时减小失效对公众和环境的影响，应评估风险控制程序、隐患治理方案和应急管理体系。

1）应急响应程序

应评估延寿期间应急响应程序的充分性，必要时考虑老龄管道系统补救工作并进行程序更新。

2）运行和安全系统

应通过检测和测试来确定操作和安全系统的适用性，应进行必要的维护，以确保延寿期间系统的适用性。

4. 管道报废处置

管道判废与废弃处置，作为管道全生命周期管理的最后环节，涉及经济、技术及安全环保等多个方面，要根据下面介绍的相关标准规定，遵循：管道判废、封存管道风险评价、封存管道维护管理、报废管道处置的"四步工作流程"，形成配套的管理、技术及标准体系，科学封存管道，实现管道管理安全性与经济性的统筹兼顾及最优匹配。

（1）管道判废。《管道延寿推荐作法》（GB/T 31468）。在完整性评价的基础上，结合管道经济寿命分析，准确识别老旧管道存在先天性螺旋焊缝与环焊缝缺陷、管道老化严重等重大安全隐患，及时、科学地确定判废管道范围，综合考虑管道物理寿命和经济寿命，制定判废改造方案。

（2）封存管道的风险评价。遵循风险预控理念，强化对封存管道的风险识别与评价，编制封存管道风险分级准则，每年对封存管道开展风险分级，识别其安全隐患。按照分级管理原则，持续更新封存管道 5 年处置滚动规划，确定隐患治理项目、时限，有效防控封存管道风险。

（3）封存管道的维护管理。根据长期封存管道线路管理规定，规范和加强长期封存管道线路的管理，明确管理责任，对封存管道防腐管理、巡护管理、防汛管理等进行详细规定，避免封存管道发生腐蚀穿孔、第三方施工损伤等事件。

（4）报废管道处置。根据报废油气管道处置与管理规程、《报废油气长输管道处置技术规范》（SY/T 7413），尤其是其中的：陆上报废油气输送管道的处置流程、处置方式选择、残留物清理、管道拆除、就地弃置等技术要求，有序地完成老旧管道停输封存和无害化处置工作，彻底消除报废管网本体安全隐患。

第六节　维抢修与应急处置技术

管道维抢修与应急处置技术，包括用于隐患消除的管道系统缺陷修复维修，以及现场抢修的应急处置两大方面。

一、管道维抢修安全技术

用于隐患消除的管道系统缺陷修复维修，包括焊接、套管、夹具、复合材料修复及管道更换。

应急处置的基本流程，包括应急预案的制定演练、接警出警执行、群众疏散救援、抢险人员现场抢修、恢复输气及防腐和地貌恢复。

应急处置具体技术，包括夹具堵漏、补板抢修、带压开孔封堵、管道智能封堵等。

二、管道预防性维修技术

管道预防性维修技术，不仅包括发现缺陷或隐患后的消除隐患，预防隐患变成事故的维修技术，也包括根据可预见的风险，增强管道抗风险能力，预防风险变成隐患的维修技术。例如，对于出现道路河流穿越的管段进行的管道补强技术。

管道缺陷的修复方法，多数属于预防性维修技术。由于不同管道缺陷的修复方法在经济性上存在差异，所以对于薄弱管道补强时，应同时考虑管道运行与管理的安全性和经济性。一般在完成管道检测后，须对发现的缺陷采取适当的管道补强技术进行管道修复。

（一）焊接修复

管道焊接维修应选择在管道停止供气期间，假如在管道运行期间进行，则必须选择适当的监测和安全防范措施，严防爆燃事故，还要避免焊穿等问题，所以推荐优先选用复合材料缠绕技术或环氧钢壳复合套管。

1. 焊接中的临时维修

使用全环绕焊接两半夹具或局部焊接盒作为临时维护使用时，管道焊接处全焊接夹具必须保证管道厚度完好无损，纵向裂纹的维护不采用此法。临时维修应该在下一次大修中去除，但如果管道业主同意，临时维修可保留相当长的时间。在大多数情况下，如果临时维修保存较长时间，则临时维修前应进行总体设计。临时维修大致可分为三种方法：焊接套管法、局部盒状焊接法和焊接间距补丁法。

2. 焊接中的永久维修

对于较小的缺陷，可通过去除填充补疤的焊接方式永久维修；对于局部腐蚀区域，可通过去除表面不规则的形状或腐蚀产物，然后通过补焊的方法恢复至原壁厚，从而实现永久维修。

镶入凹坑式的补片可在永久维护中使用，但必须满足：使用全渗透凹坑焊接方法；焊接后经过射线和超声探伤；补丁应有最小一寸的圆角；保证嵌入的补片曲率半径与管道相同，避免应力集中。

在上述所有情况中，为了保证质量，必须进行无损探伤，对焊缝进行射线或超声检查，同时进行水压试验或磁粉泄漏探伤检测，其他焊缝进行选择性的射线或超声检查。

3. 堆焊维修

堆焊维修简单、直接，对在役管道的修复具有一定的吸引力，同时可应用在环形套管修复法不可能应用的地方，如管道配件和弯曲等部位的缺陷补强。在役管道上进行焊接应考虑因焊弧导致管壁穿孔焊穿(或有时称为烧穿)的风险性与管道修复后的完整性，所以尽量避免堆焊维修。

（二）环氧套管修复

环氧套管修复法，是利用环绕在有缺陷管道的外围上方后再焊接好侧缝的钢制填充外壳，形成环绕着距离输送管道表面用多个螺栓固定保持几毫米间距的管套，并通过涂抹填充物密封管套两头末端的缝隙，在末端密封材料固化后，将环氧树脂送入环形空隙中，直至其从管套顶部的溢出孔渗出；环氧树脂材料固化后，便可限制缺陷的放射性扩展倾向，其产生作用的方式与管套直接接触缺陷一致。环氧树脂填充套管法还可以修复补强异常但尚未泄漏的环焊缝，固化了的树脂把管套与管道间牢固粘接在一起，可以传递轴向应力，把环焊缝两边的管道固定连接在一起（简称环氧套管）。

环氧钢壳复合套管（简称环氧套管）主要用于各类钢质材料管线缺陷的永久性修复，环氧套管的钢壳不是紧贴钢管外壁，而是宽松地套在管道上，且在周向上与管道保持一定距离，以留有足够的缝隙。对环隙两端进行封闭，再向封闭空间内灌注环氧填胶，以此构成的复合套管对管道缺陷进行补强，环氧套管的优点：

（1）环氧套管无须在管壁上直接焊接，无须具备太高的焊接技能。

（2）环氧套管无须在管壁上直接焊接，可避免直接焊接的热操作带来的焊穿、爆管、焊接热、降低管道强度、费时费力等各种风险。

（3）环氧套管无须在管壁上直接操作，管道无须降压运行，对管道工作几乎没有影响。

（4）环氧套管钢壳与管道间的间隙可进行大幅调整，不要求焊接钢套管紧贴钢管外壁，对产生缺陷的异型管段和有较高焊缝的直管，也可实现特殊管道补强。

（5）环氧填胶具有很强的耐腐蚀性，在管壁腐蚀穿孔后，由套管中的环氧填胶接触腐蚀介质，可抑制管道内腐蚀的发展。

环氧套管，适用于天然气管道和成品油管道，较为经济、安全，在国外非常成熟，广泛用于管道抢修。从2005年陕京管道、西气东输管道和西南油气田公司管道抢修作业开始采用该技术，管径为406~1016mm。四川科宏石油天然气工程有限公司的钢质环氧套筒的设计压力达10MPa，管径为108~1620mm。

（三）复合材料修复

1. 复合材料湿缠绕修复

复合材料缠绕修复技术，就是将复合修复材料缠绕在存在缺陷的管道外表面，与强力胶和填料一起构成复合修复层。国内外各公司及研发单位各自的产品性能有所差异，但其复合材料修复体系主要包括以下三部分材料：高强度的玻璃纤维、碳纤维或芳纶纤维增强材料；固化速度快、性能高的基体胶黏剂材料；传递载荷的高压缩强度管体缺陷填充材料。

修复完成后，缺陷部位管道承担的部分应力就会传递到复合修复层，复合材料修复技术利用增强纤维和基体树脂在管道外形成复合材料补强层，以此来分担管道载荷，限制在管道缺陷处由内压产生的径向膨胀和环向拉伸应力，从而达到管道补强目的，恢复管道的承压能力。

湿缠绕法复合材料修复钢质管道结构是20世纪90年代发展起来的一种结构修复补强技术，该项技术在国际上深受重视，已广泛应用于化工厂、民用建筑、桥梁等特种结构的补强作业，成为钢质管道结构修复补强的重要技术之一。随着复合材料补强技术的不断应用，该技术已逐渐趋于成熟，在管道生产管理工作中因其投资量大、技术含量高而具有显著优势。与传统的修复技术相比，复合材料补强修复技术具有以下独特的优点：适用于各种缺陷类型，有腐蚀缺陷、机械损伤、管材材质缺陷等；灵活剪裁、组合铺设；总成本低，具有良好的经济效益；几乎无须任何设备，现场施工非常简单；无须焊接、不动火，降低了管道维修的危险性；不停输补强，能避免停输造成的巨额损失；耐腐蚀性能、耐蠕变性能优异；适用于各种管道形状，不受几何形状的限制，不影响管道智能检测。

纤维增强复合材料可以隔绝外腐蚀和外界环境，从而抑制外腐蚀的发展。常见的用于增强管壁的修复系统包括玻璃纤维、芳纶纤维和碳纤维复合材料，而碳纤维复合材料性能优于玻璃或芳纶纤维，抗腐蚀性能更高，可显著提高管道强度和使用寿命。使用碳纤维复合材料的管道修复系统比焊接钢套修理耗费低24%，比更换损坏的部分完全钢管耗费低73%。

碳纤维复合材料，是由高强度碳纤维、高强度填平树脂及高性能环氧黏结剂三部分组成的。该项技术利用增强纤维和基体树脂在管道外形成复合材料补强层，以此分担管道载荷，限制管道缺陷处由内压引起的径向膨胀和环向拉伸应力，从而达到对缺陷补强的目的，恢复管道的正常承压能力。碳纤维复合材料与玻璃纤维复合材料的显著区别在于弹性模量和抗拉强度。抗拉强度是表征补强技术安全性的一个重要指标，而碳纤维复合材料的抗拉强度比玻璃纤维复合材料更优，为补强可靠性提供有效保障。弹性模量决定了复合材料与含缺陷管壁所分担的内压比例，补强复合材料的弹性模量越大，则其分担的内压载荷越大，而含缺陷管壁所承担的压力越小。

采用湿缠绕法复合材料修复钢质管道的过程中，手糊成型是在修复现场缠绕干增强纤维材料，同时涂刷树脂，现场制作成修复的复合材料，但受人为或环境等不可控因素影响比较大，如低温时，树脂黏度太大，纤维布不容易被浸透，浸胶量不均匀，环境湿度和风沙影响等因素，会导致复合材料性能损失，影响修复效果。

碳纤维复合材料补强技术，可用于修复长输管道、工艺管道、集输管道和城市管网中的缺陷修复，被修复管道的材料，可以是金属、非金属和复合材料管道。缠绕式碳纤维复合材料补强技术同样适用于弯管、大小头、三通等异型管件的缺陷修复。

碳纤维复合材料补强技术，可用于修复的缺陷种类，包括：含腐蚀、裂纹、轻质损伤、焊缝缺陷、几何缺陷和材质缺陷；机械损伤（凹陷、沟槽、磨损等）；内腐蚀管道的临时加强；对无缺陷管道的提压增强加固；单点腐蚀补强和整体管段大面积腐蚀补强。

碳纤维复合材料修复技术的优点，与前述复合材料补强修复技术优点相似：不动火，无须管道停输或降压；施工简便、快捷，无须使用吊装设备，对施工空间要求低，操作时间短；碳纤维弹性模量与钢的弹性模量十分相近，有利于复合材料尽可能多地承载管道压力，降低含缺陷管道的应力水平，限制管道的膨胀变形；碳纤维的抗拉强度高，用于管道修复具有极高的安全性；施工温度范围广：$-15 \sim 60 ℃$。可在各种恶劣的环境状况下施工（潮湿、阴雨、风沙等），在含水介质中，碳纤维复合材料性能稳定。

复合纤维材料的力学性能十分优异，弹性模量大，能有效地抵抗拉伸和断裂。复合纤维材料的环境适应性强、材料性能稳定，可用于恶劣环境下的管道修复补强作业。同时，复合纤维材料对管道腐蚀的发展有很好的抑制作用，还可用于部分管段的提压增强处理。在管道补强技术中，复合纤维材料的修复方法具有很强的优势，发展前景广阔。

2. 微漏封堵技术

管道干线与站场连接处的设备，由于设备老化、密封材料老化、环境变化或气压波动等因素，经常出现气体微漏现象。这些微小的泄漏点与干线相连，可能引发管道事故，属于必须整改的安全隐患，需要选用适当的封堵技术，进行隐患消除，并验证管道完整性。

管道微漏的封堵技术，包括选择适当的密封材料和封堵两大步骤。

密封，包括静密封、动密封两大类。其中，静密封包括金属垫片密封、胶密封、填料密封、法兰密封。动密封包括接触型、非接触型。接触型动密封包括填料密封、成型填料密封、油封、防尘密封、机械密封；非接触型动密封包括迷宫密封、离心密封、浮环密封、螺旋密封、磁流体密封。

在各种密封材料中，通过试验研究比较，选择一种或多种高效的堵漏材料（例如，选择适当的密封胶），用简单、易行的操作方法，在管道不停输状况下修复泄漏点，可以尽可能地降低对管道正常运营的影响。

密封胶是同时具有黏接和密封性能的一种多用途高分子材料，它以沥青、焦油、橡胶和树脂等干性或非干性的高分子黏稠物为基料，添加选配不同的硫化体系、补强体系、填充体系及其他配合剂组成的高分子复合材料经特殊混炼的制成品。

密封胶的主体材料的高分子化合物大体上分为橡胶和树脂两类，其中以橡胶为主体的材料居多。密封胶的辅助材料主要包括固化剂、交联剂、增塑剂、偶联剂、填充剂、促进剂、防老剂、增黏剂、溶剂等。密封胶的品种繁多，组成复杂，性状各异，用途广泛，因此有多种分类方法，但总体上可分为弹性体密封胶、液体密封垫料、密封腻子和密封灌封胶等。

高分子密封材料选择的原则：能够形成强度高、具有良好的承压能力和耐介质性强的黏接；固化温度在常温范围内；固化速度快；密封堵漏选用黏度较大、结膜致密的密封胶，砂眼、气孔及微漏填充选用填充剂较多的密封胶；对被黏物体无腐蚀性；具有一定的耐久性能和初始强度；材料使用后易移除，方便设备的恢复、检修。

三、管道带压封堵维抢修技术

管道带压密封封堵技术，可以在不停止油气输送的过程中，完成维修和抢修工作。带压密封封堵技术，包括夹具堵漏、补板抢修、开孔封堵、智能封堵等。

（一）夹具堵漏

利用夹具和专用密封剂的不停输的带压密封封堵技术，业内俗称"包盒子填胶"，应用特殊的包容物（盒子，就是夹具），在不破坏原密封结构的情况下，包容生产设备、法兰、管道、阀门等装置的泄漏部位，建立新的密闭空腔。以高于原系统压力的推力将具有弹塑性的专用密封剂注入空腔内并填满压紧，同时在一定时间内通过温度热作用使密封剂固化形成一个新的密封结构，从而达到封堵泄漏的目的。

封堵操作的主要步骤：

（1）包容泄漏点：在保证原密封结构不被破坏或改动的前提下，根据封堵的基本技术原理将泄漏点包容起来，并确保留有一定的空间形成一个完整的密封空腔。不停输带压密封技术中专用的包容物主要是固定夹具。虽然固定夹具能够覆盖整个泄漏点，但夹具和泄漏部位接触面之间的间隙和配用注射孔洞还是会产生微小泄漏，不能实现泄漏点的完全密封。

（2）向空腔内注入填充物：按规定的操作程序向空腔内注入不停输带压密封技术专用的密封剂，通过高压注射枪的强大推力，使具有弹塑性和热固化特性的密封剂注入并填满整个空腔。

（3）形成新的密封比压力：压实密封空腔中的密封剂，使密封剂成为致密整体，对新的密封空腔各内壁面形成一定的挤压力。挤压力应高于泄漏点原系统压力，最终形成相当或超过泄漏点原来实现密封的比压力。

（4）使密封剂实现固化：在新的密封空腔中填满、压实专用密封剂后，还必须在一定的温度和时间条件下，通过密封剂物理性能的改变和密封剂对空腔的挤压，使密封剂在空腔内能够保持已取得的固化形状，形成新的密封结构，实现对泄漏点的封堵。

夹具堵漏技术是在管道泄漏部位安装夹具，夹具与泄漏部位形成密封空腔，实现管道堵漏和补强。夹具抢修操作简便，无须采用焊接作业，避免焊接残余应力，适用于因裂纹、腐蚀穿孔导致的较小油气泄漏情形，但管道形变应在夹具精度允许范围内，且在压力等级较低的管道中应用。

目前，国内陆上油气管道夹具技术成熟，常用夹具类型有链式封头夹具、单面锁式夹具、套袖封堵夹具和对开式(弧板型)夹具等。代表性产品有上海光本公司的 T 型抢修夹具、M 高压抢修卡具；北京管通公司的拆耳浮环夹具、局部双层夹具等。

海洋管道抢修夹具发展趋势是研发新型密封材料，以适应高密封压力，适用于深水管道，借助水下机器人或机具完成夹具安装，实现远程可靠控制操作。

(二) 补板抢修技术

补板抢修技术是先采用漏点处理装置(形式有木楔式、机械顶针式和引流补板式)初步封住管道漏点区域，再用链式紧固器将具有一定弧度的堵漏板与管道紧密贴合，最后焊接为一体堵住泄漏点。该技术简便、快捷，适用于管道腐蚀穿孔、微小泄漏、表面金属损失或规则的小面积机械损伤缺陷抢修。目前，欧洲和北美洲不推荐这类技术，特别是在输气管道中禁止使用。国内管道工程实践证明，补板抢修技术的安全隐患是补强板与管壁间的角焊缝可能由于应力集中引发疲劳破坏。

(三) 带压开孔封堵技术

管道开孔封堵技术是先在维修管段或阀门两侧安装机械三通、夹板阀与开孔机，利用开孔机及筒刀进行管道开孔作业，最后注入封堵头完成封堵。国内管道行业主要配备塞式(盘式)封堵器和挡板–囊式封堵器，还应用了悬挂式、筒式和折叠式封堵技术。塞式封堵设备为美国 TDW 公司产品，挡板–囊式封堵器适用于低压力管道(施工压力不超过 0.3MPa)，作业前须降低管道运行压力。悬挂式封堵利用管内介质压力使皮碗膨胀实现密封，适用于多种介质、高压力、管内清洁度差的管道情形。筒式封堵适用于中低压气体管道，开孔直径大于管径，成本较高，只适用 DN500 以下管道。折叠封堵适用于大口径(720～1219mm)、低压力(施工压力低于 1.1MPa)管道，开孔直径仅为管径的1/3。通过引进美国设备和自主研发，国内已具备管径 34～1219mm、运行压力 1.2MPa 以下油气管道的不停输开孔封堵维修能力，有效降低了油气停输造成的经济损失，目前正在开展管径 1422mm 管道抢修设备研究。

带压开孔封堵技术在管道抢修中发挥着重要作用，存在的问题：开孔机刀具振动导致鞍形板掉落；封堵器密封性能不能得到根本保证，开孔封堵作业存在安全风险；开孔机开孔作业效率、精度和筒刀寿命还需要提高。未来研究方向：一个方向是研发高性能开孔机和新型筒刀，提高开孔作业的效率与精度，保证开孔作业安全；优化改进封堵头注入机械结构，解决封堵器密封问题，特别是大管径封堵头在重力作用下的橡胶变形；另一个研究方向是研发清管器式受控封堵头，即管道智能封堵技术。

(四) 管道智能封堵技术

管道智能封堵技术，突破了封堵器由开孔进入管道的结构性局限。封堵器从管道清管器发球端进入，在管内介质压力推动下向前运行，到达指定位置时，在超低频电磁脉冲信号(ELF)控制下启动微型液压系统进行刹车并完成封堵，在 ELF 控制下启动自动解封，在管内介质压力下，移动至收球端取出。该技术无须采用管道开孔、焊接作业，适用于管道干线截断阀更换维修。目前的代表性产品，适用管径 254～1067mm，最大工作压力 2.0MPa。智能封堵器运行及定位准确可靠，并实时监控管道压力、温度参数，可应用于管道抢修和清管作业，不需要降低管道运行压力，待维修管段也无须放空，既降低了开孔、焊接的风险，又降低了管道维修成本。管道智能封堵技术的发展方向：封堵器制动装置准确定位，实现快速制动封堵；通信系统可靠，提高处理速度，实现检测和控制功能，应用于管道清管和内检测等。

四、应急处置关键技术

正如本书序言中所述，技术包括管理技术和操作技术；应急处置关键技术，也包括应急处置管理技术和应急处置操作技术两个方面。

（一）应急处置管理技术

应急处置管理技术方面，包括：

1. 组织方面

参与完善国家应急管理指挥系统，尤其是基层应急管理组织建设、发展和应急能力提高。包括报告接警、预警、解除警制度、管道应急抢修、善后处置技术与应急管理体制完善的结合和应用、应急预案的编制和演练、应急物资的准备配备和日常保养维护等方面的组织协调等。

2. 法规和预案方面

参照国家标准《生产经营单位生产安全事故应急预案编制导则》（GB/T 29639）、原国家安全生产监督管理总局的《陆上石油天然气储运事故灾难应急预案》、《突发事件应急预案编制指南》（Q/SY 1517）和《应急演练实施指南》（Q/SY 1652），建立遵循并演练完善各自单位的安全事故应急预案。例如，原中国石油北京天然气管道公司在编制《突发事件总体应急预案》的同时，还有《储气库井喷突发事件应急预案》《输气站库突发事件专项应急预案》《管道线路突发事件专项应急预案》《压缩机突发事件专项应急预案》等专项应急预案；原中国石油西南管道公司有《站外管道突发事件专项应急预案》；原中国石油西部管道公司有《长输管道防恐专项预案》《长输油气管道中大事件专项应急预案》；昆仑能源有限公司有《火灾爆炸突发事件专项预案》《管道燃气不明泄漏应急处置原则》；原中国石油管道公司有《站外管道专项应急预案》及所属的大连输油气分公司的《瓦房店市人口密集区管道突发事件现场处置预案》等。借鉴国家标准，按照《突发事件应急预案管理办法》（国办发〔2013〕101号），参考原国家安监总局组织的管道应急预案范样，结合本单位具体情况，制修订相应的总体应急预案和专项应急预案。

应急管理体系中应急预案分为四个级别，由低到高为基层（站队级）、中层（基层输油气单位级）、高层（地区公司级）、顶层（集团公司级）。不同级别掌控的资源不同，抢险的能力也不同，高级大于低级，高层预案涵盖低层预案，低层服从高层指挥。

管道发生危险最初都是由基层发现，而后层层上报升级，最后依据险情确定启动到哪一级别的预案，但不管启动哪一级预案都少不了基层预案的内容和基层人员的参与，很多问题都是在前沿现场进行处理。以往管道发生的事故大都启用的是四级、三级和二级，低级的启动数量多于高级，所以加强基层应急管理更为重要。如果在管道出现险情时，基层能及时发现、准确判断、能处置的快速果断处置、处置不了的迅速上报，就能防止事态的扩大，减少更大的损失。所以，抓好基层的管道监测检测、风险识别预警、应急预案的制定和演练至关重要。

基层应急预案的制定原则：应以实用为主，越简单越直接越好，易记易操作。基层应急预案制定的基本内容：一是基础资源情况，如各相关组织的电话、联系人等；二是险情发生后的应急抢险管理流程，一般来说是固定不变的；三是抢险的技术手段，不同环境、不同险情，其抢险措施各有不同，例如不同地方的漏气、漂管、悬空等；四是对周边环境的了解，以及风土民情、自然环境等，这是个软指标，也是基层平时基础工作的一部分。在基层应急预案中，还应当包括：日常工作应该怎么做；怎样组织当地资源，建立有人员、机械、物资的松散组织；在区域性灾害发生时，怎样快速传递信息，第一时间参与抢险；抢险时，怎样进行现场与高层沟通。基层应急预案应主要考虑对发生点破坏、面破坏时，面对周边环境复杂等特殊情况怎么处置，要尽可能具备实战性，与实际抢险的应用场景相吻合，以便预案演习时可用和事故发生时能用、管用、很实用。

3. 应急管理评估技术

用长输油气管道突发事故应急管理能力评估指标体系[包括事故预防与应急准备、监测与预警、应急响应、应急恢复4个一级指标、19个二级指标(管道有效性管理、管道隐患排查治理、应急培训、应急管理制度、应急保障、信息监测、信息接收与报告、事前预警、指挥决策能力、组织协调能力、风险研判、应急处置、信息上报、信息公开、恢复重建、事故调查及报告、损害评估、应急预案修改完善、责任与奖惩)和15个三级指标(风险识别与控制、检查与监控、防范措施、应急预案编制与修订、专业培训与演练、通信与信息保障、应急队伍保障、物资装备保障、技术保障、经费保障、警戒疏散、管道抢修、环境治理、医疗救治、应急联动)]，以层次-熵权法确定评估指标的权重，建立各评估指标的经典域与关联函数，计算关联度，进而得出长输油气管道突发事故应急管理能力水平等级。

4. 应急管理平台

是以应急管理主体为主导，依托应急信息管理系统软件和应急管理主体所能支配的应急管理资源，建立起来的实现应急管理的"事故预防与应急准备、监测与预警、应急响应、应急恢复"各阶段全过程中各项应急功能的综合管理平台。根据应急管理主体所处的管理层次，可分为全国应急管理平台、区域应急管理平台、集团公司应急管理平台、企事业单位应急管理平台。例如，中华人民共和国应急管理部官方网站中的"服务"选项中的"业务系统"里，包括"企业安全生产标准化信息管理系统""生产安全事故统计信息直报系统"等16个管理平台，是2018年3月成立了中华人民共和国应急管理部之后，逐步建立完善起来的。特别是国新办于2021年11月8日举行加快推进应急管理体系和能力现代化发布会宣布：全国安全生产工作处于爬坡期、过坎期，总体上是稳定下降的曲线，但这个曲线是锯齿波动的，在一定期间内有小幅度的波动反弹。建成部、省、市、县四级贯通的应急指挥信息网，搭建应急物资全程监管溯源平台，构建应急管理"一张图"、大数据平台和卫星监测系统，实现危化品重大危险源、煤矿等全面联网监测。新时代应急事业才刚刚起步，将不断推进应急管理理念变革、制度变革和管理方式变革，全力推进应急管理体系和能力现代化。

其中，全国应急管理大数据应用平台是支撑应急管理工作的"智慧中枢"，通过感知网络，将安全生产领域、自然灾害防治领域基础数据、共享数据、感知数据接入、汇聚，形成全国应急管理数据资源池。在此基础上，利用大数据、云计算、人工智能等信息技术，深入挖掘数据价值，实现安全态势智能感知、风险隐患精准预警、突发事件分析研判、应急指挥辅助决策等，全面提升事前、事发、事中和事后的全业务链应用支撑能力。

依托互联网、云计算、大数据等技术，整合各方应急基础信息资源，推进共享共用，实现对重点行业企业及各种类自然灾害风险和隐患的智能监控和大数据监控，全面提升监管执法精细化、科学化、规范化水平。

一是风险和隐患信息全面接入。要求各地区、各有关部门分级分类建立安全生产领域覆盖所有行业和重点企业及自然灾害防治领域覆盖各灾种的风险和隐患信息数据库，并全部接入全国应急管理大数据应用平台。

二是灾害事故信息限时报送。要求各地区、各有关部门、各行业企业严格按照有关法律法规和规范性文件中的时限要求，依托全国应急管理大数据应用平台，分级分类做好灾害事故信息报送工作。

三是应急基础信息统一发布管理。明确应急管理部建立健全应急基础信息发布制度，要求各地区、各有关部门及时发布传播应急基础信息，严格管理应急基础信息发布行为，严禁各地区、各有关部门未经授权擅自发布有关信息。

总之，应急处置管理技术，从应急组织、法律法规、运行机制、应急平台及应急策略五个方面，全面提升我国油气管道对重大突发事件的应急处置能力，做到：应急信息共享及时全面、风险研判准确、现场指挥恰当、处置措施有力、应急准备充足。其中，运行机制和应急策略，主要是在应急组织、法律法规和应急预案、应急平台建设、演练实战过程中，得到持续优化和应急能力提升。

（二）应急处置操作技术

应急处置操作技术中的管道带压封堵维抢修技术，如夹具堵漏、带压开孔封堵、智能封堵等，已经在前面做了简要介绍。

近年来，管道维修技术发展迅速，提出了穿插内衬管方案修复钢制管道，确定了承压能力及套管流量参数，研制了具有较高承压能力的 PE 复合结构材料，可用于替代钢制管道；开发液态环氧填充剂，全面测试了其性能指标，包括环氧收缩率、黏接强度、抗压强度、压缩变形率、抗 25°弯曲性能等，设计了焊接及螺栓夹具，形成了环氧套筒注入修复配套技术；开发了玻璃纤维复合材料及碳纤维复合材料修复技术，并与堆焊、打补丁、打套袖、夹具、夹具中灌注环氧等维抢修技术进行对比，结果表明：复合材料修复补强技术综合性能最优，是目前最有应用前景的维修补强技术之一。

当前，国外发达国家的应急管理体系相对完善，主要表现为：各级政府职能部门与运营企业、其他相关组织的协调管理更便捷；事故应急及抢险救援方面的标准、法规较为完备，针对不同原因、规模、地理位置、复杂程度的事故建立有针对性的处理方法，并配置不同的人员数量与设备规模。

目前，相对完善的管道泄漏维抢修操作技术包括开孔封堵、管内智能封堵、外卡夹具封堵，以及可用于尚未发生泄漏的含缺陷管道的复合材料修复技术。此外，厌氧型密封胶密封连接、针孔泄漏修复夹具等新型修复技术也为管道维抢修提供了更多选择。

第七节　本章小结

始终遵循"以人为本，安全第一，环保优先，质量至上"HSE 理念，坚守"风险管控为核心，风险隐患双重治理机制"HSE 管控方略，实施安全高质量发展战略，把安全生产贯穿于规划、设计、建设、管理、生产、经营等各环节，有效控制事故风险。其核心思想包括：

（1）基于风险：所有管理元素及其内容都是从风险出发。

（2）系统化：以风险控制为主线，提出了安全的系统化管理内容。

（3）以规范化为管理思想，强调管理工作的系统性、管理过程的规范性。

（4）以持续改进为目标，不断提高安全生产的绩效。

国家油气管网安全离我们并不遥远，我们与管网"相关"的每一个人都是国家油气基础设施安全的一道防线。只有每一个人都能加强安全意识，严守风险防线，筑牢风险堤坝，主动揭发、勇于纠正那些损害国家油气管网安全、破坏管网的行为，才能让不安全行为受到道德的谴责、法律的严惩，才能让风险防范于未形、隐患消除于初萌。

推进管道企业安全风险预控体系建设，建立安全风险分级预警管控制度，以及油气管道安全系统集成和高效协同管控机制，落实油气储运设施设计单位、施工单位、工程监理及油气调运企业、管道成员企业、油气销售企业等各方面的安全责任。健全油气储运系统安全风险分级、分类、排查管控机制，完善油气管道突发事件情况下应急会商决策和社会联动机制。健全油气管道事故警示教育和安全经验分享制度。

第三章 油气管道安全监控与数字化技术

油气管道安全监控与数字化技术，是自动检测技术、监测监控技术、自动控制技术、自动化技术在管道行业的具体应用，该技术涵盖了管道全生命周期的各个阶段，并与管道行业中的各个细分领域相结合，提高了管道管理技术和操作技术的整体水平，全面实现管道系统智能化数据采集、风险因素精准识别、系统自适应反馈与控制、高精度的完整性检测评价等，可以最大限度地降低失效概率，减少次生灾害发生。

油气管道工程建设项目涉及质量监督、建设单位、业主项目部、设计单位、PMC（项目管理承包）、监理单位、检测单位等各参建方，需要系统性优化有限核心资源配置、作业机组资源的标准化配置、资源统筹协调、项目人力资源动态管理，严细项目管理文件，强化项目关键环节的 QHSE 监控和数据信息开发利用，保障数据安全。

油气管道工程建设项目管理、安全监控的数字化应全面覆盖项目质量、HSE、进度、投资、采购、风险、文档等管理内容，落实数据收集、存储、使用、加工、传输、提供、公开的全生命周期安全管理，以及无线信息链路建设、机组信息物联、生产调度指挥信息系统等管理内容，主要包括数字化设计、智能工地建设、数字化移交、数字化管理界面，以及借助信息化、数字化和智能化手段实现智能管道和智慧管网建设。

油气管道运行阶段，站场和阀室均采用数据采集与监视控制系统（Supervisory Control And Data Acquisition System，简称 SCADA 系统）进行监测与控制，现场站控系统/阀室经由站控 HMI（Human-Machine Interface，人机界面系统）系统，通过 RTU 与 PLC 控制器通信；调度中心 SCADA 系统服务器通过出站路由器与 PLC 通信。油气管道远程维护系统大多采用分布式结构、数据存储、按需传送方式，主站不设大规模的数据存储服务器，数据仅在通道建立时按需传输，设有监控平台，从汇聚点服务器读取前端站场监控数据；故障检测与报警采用振动电缆周界监视系统、微波防侵入装置等应用模式，且发生火灾、油气泄漏等状况时，触发本地报警，但不具备完善的远程报警功能。

以上仅是油气管道信息化、自动化建设过程的部分方面已取得的阶段性成果，下面分别从工程建设智能化（包括设计、供应链和施工管理的智能化），以及油气管道的质量安全、运营维护、审核评估诊断可视化技术及平台等方面，简要介绍油气管道系统信息化、自动化、数字化、智能化建设。本章主要内容及其相互关系，参见图3-1。

第一节 工程智能化安全管控技术

一、管道系统工程建设智能化总目标和重点内容

管道系统工程建设主要包括管道系统设计、供应链、管道系统施工三个方面的内容。这里所述的管道系统设计和施工，也是包括管道线路设计施工和站场设计施工。

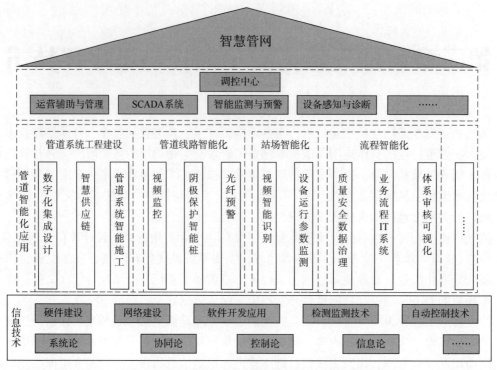

图 3-1　油气管道安全监控与数字化智慧管网

　　管道系统工程建设智能化以"全面支撑智能化运营"为总体目标，开展数字化协同设计平台和智能工地建设，实现设计、施工全过程管控，实现数字化虚拟资产的实时交付和具备泛在感知能力的实体资产的同步交付。

　　管道系统工程建设智能化的整体数据流向，是通过数字化集成设计子系统、智慧供应链子系统和施工管理子系统，实现工程建设过程中的数据采集；集成管道设计、采购、施工等工程建设数据，传输到数字平台，为数字孪生体提供基础静态数据；基于工程建设智能化系统，建立管道工程建设的大数据分析和智能辅助决策模型，实现管道设计、物资采购和工程施工等关键业务的动态监测和智能化分析。

　　管道系统工程建设智能化方案按照业务维度分为管道系统设计、供应链、管道系统施工、全数字化移交等多个智能化方向。其重点内容是：

（一）管道系统设计智能化提升

1. 数字化集成设计云平台建设

　　通过自主研发或引进定制的方式，部署数字化集成设计平台；完成内部、外部系统集成及云化部署，深入推进初步设计、施工图设计的数字化建设和应用，确保数字化设计全过程管控。

2. 国产化集成设计软件研发

　　目前，有些管道设计单位还在使用国外的工业设计软件，随着国产设计软件企业在数字化集成设计平台的研发能力的提升，数字化集成设计平台的性能正在迅速追赶和超越，也正在逐步替代国外设计软件。例如，中望软件当前的第三代产品，在三维立体建模和二维制图等方面，即在 2D/3D 的 CAD(计算机辅助设计)到 CAE(计算机辅助仿真)，再到 CAM(计算机辅助制造)，中望软件的产品线十分完整，对于 AutoCAD 和 SolidWorks 软件等行业软件的赶超，已经得到了建筑、电气、电子、航空、船舶等行业的普遍认可。

（二）智慧供应链

1. 物资材料编码建设

制定集团公司物资材料编码规则，开发物资材料编码管理平台；实现物资材料编码管理平台与数字化设计平台、业务管理平台的接口开发。

2. 物资采购全过程智能管控

应用二维码、RFID等技术，实现物资的实体信息、物资需求、采购执行、工厂监造、物流的全过程管理；实现物资采购、库存调剂、备品备件等资源智能仓储管理；通过与集团公司其他系统的联动，实现招投标、合同等数据的共享。

（三）管道系统施工智能化提升

1. 管道系统智能工地建设

智能工地现场过程管控、施工数据治理和施工过程的数字化移交管理，实现线路、站场等施工数据和工况数据的全过程智能管控，实现工程施工数据采集、审核和考核的标准化、规范化。

2. 环焊缝焊接质量大数据分析

建立焊接工艺、焊接电流、电压、焊接速度、预热/道间温度、与无损检测信息之间的关联模型，开展大数据分析、焊接质量施工预控和后果预测。

3. 数字化无损检测智能辅助评判

管道X射线等底片标准图谱数据库与缺陷模式智能识别。

4. 安全行为智能监控

开展管道施工过程中安全行为、违章作业的智能监控。

（四）管道全数字化移交管理

1. 概述

全数字化移交是指将前期、定义、实施、验收和投产试运行阶段产生的结构化与非结构化数据录入全生命周期系统的过程。各阶段需要录入内容具体如下：

（1）前期阶段。（预可研）可研各专业技术数据，勘察、测量技术数据，（预可研）可研委托、编制、审查、批复等管理文件。专项评价中各专业评价技术数据，专评委托、编制、审查、批复等管理文件。项目核准中规划选址、用地预审、项目核准等文件，核准委托、编制、审查、批复等管理文件。

（2）定义阶段。初步设计各专业技术数据，勘察、测量技术数据，各专业涉及的技术规格书、数据单、材料表、设计图纸等文件，初设委托、编制、审查、批复等管理文件。

（3）实施阶段。施工图设计各专业技术数据，勘察、测量技术数据，各专业涉及的说明书、安装图纸、技术规格书、数据单、三维模型成果等文件，施工图会审、交底、变更等管理文件。采办业务中物资本体技术参数数据、试验报告、质量证明、安装手册等文件，招标、采购、监造、调拨等管理文件。外协业务中的手续及文件。施工作业过程工序技术数据、开工准备、施工组织、过程记录文件及相关管理文件。竣工测量中水工保护技术数据与管道在线、离线技术数据。

（4）验收阶段。专项验收中各类专项验收的环节节点数据，专项验收申报、审核、验收等文件。竣工验收中竣工验收实施方案、总结报告、审查意见等管理文件。

（5）投产试运行。投产试运行中专项验收手续和协议、投产组织管理、投产申请与实施等管理文件。

2. 智能工地建设

智能工地建设包括工况数据自动采集设备、作业面监控设备、棚内监控设备、项目管理助手。各工序智能工地配置清单，需要搭建智能工地的施工工序包括开挖、焊接、检测、返修、防腐、下沟、连头、试压、回填。各工序智能工地实现的状态：

（1）开挖需要配置的智能工地功能为作业面监控。

（2）焊接需要配置的智能工地功能为工况采集、作业面监控、棚内监控、项目管理助手。

（3）检测需要配置的智能工地功能为作业面监控。

（4）返修需要配置的智能工地功能为作业面监控、棚内监控、项目管理助手。

（5）防腐需要配置的智能工地功能为工况采集、作业面监控、项目管理助手。

（6）下沟需要配置的智能工地功能为作业面监控、项目管理助手。

（7）连头需要配置的智能工地功能为作业面监控、棚内监控、项目管理助手。

（8）试压需要配置的智能工地功能为作业面监控。

（9）回填需要配置的智能工地功能为作业面监控。

3. 视频监控系统设置

项目部及项目分部调度室设置工况调度大屏，实时监控工况数据及视频监控施工现场。各工序施工机组须在施工前打开配有的视频监控设备，保持网络通信通畅，且摄像头的摆设角度符合施工管理要求。监理须每日检查现场视频监控开启状态，督促施工单位对不符合管理要求的摄像设备进行调整。项目分部应统计各机组视频监控每日开启状态，并了解施工机组未开启视频监控的原因。

4. 数据采集

数据采集的途径分为三种：工况数据自动采集、施工助手现场填报、PC 端数据录入。

（1）工况数据自动采集。改造现场施工设备，将温度、电压、电流、送丝速度等施工数据实时地自动上传至项目部服务器。运用工况数据自动采集的方式采集数据的工序包括焊接、防腐。监理单位督促并抽查施工单位数据采集设备的开启与设备网络的联通，督促施工单位在每一步工艺工序前进行扫码（人员二维码、机具二维码）。项目分部定期检查数据的及时性、完整性、真实性、准确性。

（2）施工助手现场填报。通过配备的移动式数据采集设备，现场将施工数据录入全生命周期数据库系统。施工单位须在现场将施工情况实时上报，要求填写项目管理助手中的所有信息项，按照要求录入相关影像资料。被监理审核退回的数据，应在 24h 内完成整改，再次上报至监理。监理单位须在上报后 24h 内对该数据进行审核，若数据缺项或有误须将该数据做退回处理。项目管理助手(施工版) App 中涉及的数据项均须用助手采集上报至工程项目管理信息系统。

（3）PC 端数据录入。部分数据（指底片、附件、文件及无法使用施工助手采集的数据）须通过 PC 端系统对信息进行逐条添加或批量上传。施工单位须在施工完成后 24h 内整理施工信息并将其上传至全生命周期系统。被监理审核退回的数据，应在 24h 内完成整改，再次上报至监理。检测单位须在检测完成后 24h 内（RT 检测为 48h）通过 PC 端录入方式，将检测数据及检测底片上报至系统。被监理审核退回的数据，应在 24h 内完成整改，再次上报至监理。设计单位产生的结构化数据须通过 PC 端录入的方式，将设计数据录入系统。监理单位将在上报后 24h 内对施工数据、检测数据、设计数据进行审核，若数据缺项或有误，须将该数据做退回处理。设计、施工、检测、监理、建设单位将非架构化文件录入系统。未要求用项目管理助手采集的数据均使用 PC 端上传的方式进行数据上报。

5. 机组定位

利用 GIS 系统实时显示施工机组所处位置与该机组所进行的工序。安装作业面监控的机组均应配有该功能。GIS 系统中的数据关联全生命数据库中数据，焊口信息显示在管线地图上。

6. 数据审核

须定期对全生命周期数据库中的数据进行全面审核，要求各参建单位的数据按照及时性、完整性、准确性、真实性的要求上报。全面检查指对所有录入的数据进行 100% 检查。定期统计焊口、防腐补口、返修口、RT 检测、AUT 检测数据，要求数据数量与工程施工进展相同，所填信息必须完整准确，其填写须符合现场情况及 DEC 文件要求。

7. 全生命周期数据库数据移交

全生命周期数据库所录入完成的数据最终须移交于集团层面的数据中心。数据移交方式包括但不限于管道数据库、虚拟管道模型、竣工资料等。

二、管道线路智能化

（一）管道线路智能化目标

管道线路智能化以"全面感知，风险可控"为总体目标，从风险源头全面感知管体、重点部位及周边环境状况；以业务为驱动，实现管理智能化提升，动态、实时和准确地识别管道内外风险，实现安全预警交互可视和决策智能反馈，使管道风险全面可控。

管道线路智能化的整体数据流向是通过视频监控、光纤预警、阴极保护智能桩等多种手段，实现管道线路管理数据的感知和采集；集成管道保卫、腐蚀防护、本体和地质灾害等监测数据，传输到数字平台，为数字孪生体和资产完整性管理系统提供动态数据源；建立管道管网线路关键业务的大数据分析和智能计算模型，实现高后果区与风险管理、检测评价、腐蚀防护、灾害防治、管道保卫等关键业务的动态监测和智能化分析。

（二）管道线路智能化重点内容

管道线路智能化方案按照业务维度分为风险识别、检测评价、腐蚀防护、灾害防治、管道保卫五个智能化方向。

1. 风险识别智能化

（1）高后果区识别自动化与管理可视化：基于在线 GIS，实现高后果区自动识别；融合无人机巡检和视频监控等视频影像，实现高后果区可视化动态管理。

（2）管道动态风险评价与隐患远程识别：研发基于多源数据的风险评价技术模型，实现在线动态风险评价及隐患远程识别与诊断。

（3）管道泄漏监测预警：攻克油品管道泄漏监测误报率偏高和天然气微弱泄漏识别困难的问题，解决泄漏监测瓶颈问题。

（4）光纤预警：利用管道伴行光缆，通过分布式光纤传感技术感知管道周边振动、温度等物理量，监测管道周边的异常信息，识别第三方损坏风险。

2. 检测评价智能化

开展漏磁内检测环焊缝异常数据信号识别分析，通过大数据分析提升检测缺陷评价准确性；开展基于管道内检测大数据的失效风险分析。

3. 腐蚀防护智能化

（1）腐蚀防护状态全面在线感知：建立腐蚀防护数据在线监测，实现腐蚀防护全面感知，制定腐蚀防护智能化配套标准。

（2）腐蚀失效大数据管理和腐蚀增长智能预测：建立管道和储罐腐蚀失效大数据管理系统；利用大数据挖掘、知识图谱等技术，实现腐蚀增长智能预测和辅助决策。

（3）高压直流干扰智能监测：建立全国高压直流干扰智能监测系统，实现高压直流干扰自动监测、智能分析。

4. 灾害防治智能化

（1）管道本体与地质灾害一体化监测：制定管道本体与地质灾害一体化监测方法，明确各项技术适用对象、布置原则。

（2）管道地质灾害多源数据智能分析与预警：建立管道地质灾害多源监测数据耦合作用智能分析方法；建立基于多源监测数据的管道地质灾害预警准则。

5. 管道保卫智能化

（1）智能化视频监控：实现特殊作业现场合规性、线路安全监管等智能监控。

（2）无人机智能巡检：采用无人机开展日常巡检、专题巡检和应急巡检，通过照片、视频等融合分析智能识别管线存在的潜在危害。推动无人机巡检标准化，实现设备配备、作业管理和数据管理标准化。

（3）第三方损坏监测预警：综合视频监控、光纤预警等，实现第三方损坏行为报警与定位。例如，自 2019 年以来，原中国石油西部管道酒泉分公司依托河西走廊内中国铁塔架设远距离（覆盖半径 2km）高清摄像机，通过采用人工智能监控技术，较好地实现了"智能化视频监控"，解决了"以传统的人力巡护方式无法适应快速变化的外部安全风险"这个难题。已经实现 30 个高后果区段监控全覆盖，并对 10 个监控点配套安装远程喊话设备，实现远程喊话功能。投入运行 1 年多期间：系统报警总数约 6 万条，其中白天报警数量为 4.86 万条，夜晚报警数量为 1.18 万条；通过不断完善和添加识别规则，共识别到进入高后果区管线电子围栏区域人员 673 人、挖掘机 1.2 万辆、推土机 3.3 万辆，其他车辆及其他信息 1.4 万条。系统运行报警准确率由最初不足 50% 提升到 92%；共发现高后果区管线周边施工 150 起，做到了提前预警，同时通过远程喊话功能，制止违法施工行为，随后派人前往现场核查违法施工情况，提高了管道保护质量，降低了隐患整治成本。

三、站场智能化

（一）子目标与业务架构

站场智能化以"全面感知，风险可控"为总体目标，综合采用视频智能识别、设备运行参数监测等技术，实现对站场安全状态的全方位感知；集成大数据、人工智能技术，对站场感知数据融合分析，实现站场环境的安全管控；以风险管控为核心，建立健全设备完整性管理体系，实现关键设备的智能诊断。

站场智能化的整体数据流向是通过在线监测、离线检测、智能巡检等手段，实现站场数据的采集；集成站场泄漏、周界安防、设备关键参数等监测数据，传输到数字平台，为数字孪生体和资产完整性管理系统提供动态数据源；基于关键设备远程监测平台和维修平台，建立压缩机组、输油泵机组等设备故障诊断模型，实现关键设备的智能诊断。

（二）站场智能化重点内容

未来主要规划站区管理、设备感知与诊断两个智能化方向。

1. 站区管理

泄漏监测与预警：在重点区域和关键设备位置安装泄漏监测探测器，通过物联网进行数据采集和传输，与 SCADA 系统数据进行综合分析，智能分析出是否发生泄漏。

视频智能识别与巡检：利用站场摄像机，通过设计巡检路径、巡检时间等，实现对站场的自动巡检；利用视频智能识别算法，对站场人员聚集、烟火报警、未戴安全帽、未穿工服、翻越作业坑围栏、气瓶摆放不规范等不安全状态或行为进行识别，进而根据设定的报警规则进行报警。

2. 设备感知与诊断

（1）压缩机组感知与诊断：将各公司离心压缩机组运监数上传至远程诊断中心系统平台，深入研究故障产生与劣化的机理，逐步建立运行参数、特征指标与故障模式的对应关系，实现对离心压缩机组的运行状态集中监测、诊断分析和超前预警。

（2）输油泵机组感知与诊断：基于输油泵机组多源监测数据，进行数据挖掘，开展泵机组状态动态预警，开发智能诊断算法，现对输油泵机组的运行状态集中监测、诊断分析和超前预警。

（3）计量系统感知与诊断在现有诊断技术的基础上，研究计量装置在线校准方法和管道输差因素分析与控制措施，利用监测检测等多手段，多途径获取计量系统数据，深度挖掘，实现计量系统智能诊断。

（4）电气系统感知与诊断：对标智能变电站系统，结合集团公司电气设备高发故障类型，对站场重要电气设备和系统增加在线监测系统；对监测信号进行分析，从而达到"主动维护，事前预控"的目的。

（5）油库储罐感知与健康管理：针对储罐沉降、腐蚀、变形、机械损伤、泄漏等构建储罐安全状态一体化监测体系，动态监控储罐健康状态，实现油库储罐区风险可视化管理。

第二节　数据治理及流程优化技术

实现全社会的本质安全的理想，需要有良好的量化数据管理和数据治理系统支撑，需要对上述这些方面的情况进行准确、实时的量化测量描述，迅速、有序、大容量的数据存取，智能化的高速计算，及时、适当、恰当形式的反馈，从而得到各方面的持续提高。安全的源头治理理念与量化数据管理、数据治理、流程优化的关系非常密切，如图 3-2 所示。

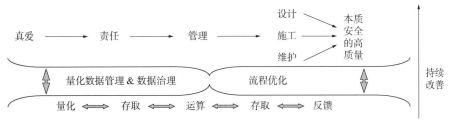

图 3-2　安全的源头治理理念与量化数据管理和数据治理关系图

图 3-2 中上半部分的内容，不仅右侧的设计施工维护等方面可以通过量化存取运算和适当的反馈，得到相应的改善提高；而且对于责任的重视与落实，以及对于各层面本质安全的重视和真爱，也可以通过量化的数据描述，经过智能运算，结合"存取"步骤中对于数据库中适当内容的提取，给数据管理系统的执行者以指导提示，转换成恰当的文化反馈形式，及时给予正向勉励、鼓励、激励，达到增强责任感和真爱的效果。图 3-2 中下半部分的内容，所说的"量化、存取、运算和反馈"，可以是广义的、双向的、涉及日常生活和工作的各个方面的，也可以是针对企业的，比较狭义的、具象的。例如，量化的狭义理解是模拟信息的数字化，广义的理解是具体事物的信息化描述；存取的狭义理解是数据信息在文件系统中的储存（包括档案整理存放、数据规范化存入、数据保存）和提取（包括搜索检索和显示传输），广义的理解是信息的输入和输出；运算的狭义理解可以是计算机系统的 CPU 运算，运算的广义理解可以是人工智能、大数据分析挖掘之类的高科技、深谋远虑之类的大智慧；反馈的狭义理解可以是自动控制过程中的反馈，包括正反馈和负反馈，反馈的广义理解可以是所有信息处理过程中对于输入信息的相应输出的送达及其作用过程。

一、数据治理基本内涵

（一）数据概念定义

数据是基于一定物质、事物的，人为的信息描述，包括定性描述和定量描述，图文描述和数字描述，具体的表现形式往往是前述两种类型的综合描述。数据都是应用在一定的场景中，与具体的业务背景关系紧密。一般来说，某一类数据从哪来，在哪存，到哪去，是一种运行过程与轨迹。根据数据采集来源，比如天然气管网运行数据可划分为运行日报数据、基础维度信息数据、时间序列数据、SCADA 瞬时数据、仿真模拟计算数据、压缩机动态效率监测数据和非结构信息七大类。研究数据应用：一种是研究如何利用数据反映或表征物质事物的过程，以解释物质事物的现象或本质规律的研究；另一种是研究应用数据的具体技术与手段，即在一定的场景中，如何把数据运作以流程化、可视化的方式呈现给数据处理和应用人员。

由于多阶段、多期次不同目标的，不规范、不标准的数据建设，造成了目前多元异构数据难以融合的局面，导致现在数据"既难取又难用"，只有通过"数据治理"消除数据间的隔阂，才能让数据方便、快捷地得到应用。

（二）数据治理概念定义及关键点

1. 数据治理概念定义

关于"数据治理"，目前国内外尚未有统一的定义，笔者根据中国通信标准化协会编制的《数据治理标准化白皮书》（2021 年），简要介绍有关数据治理概念的典型定义。

（1）《信息技术 大数据 术语》（GB/T 35295—2017）中将数据治理定义为对数据进行处置、格式化和规范化的过程。认为数据治理是数据和数据系统管理的基本要素，数据治理涉及数据全生命周期管理，无论数据是处于静态、动态、未完成状态还是交易状态。

（2）《信息技术 服务治理 第 5 部分：数据治理规范》（GB/T 34960.5—2018）中将数据治理定义为数据资源及其应用过程中相关管控活动、绩效和风险管理的集合。

（3）国际数据治理研究所（DGI）的数据治理框架中，数据治理是指行使数据相关事务的决策权和职权。而更加具体的定义则认为数据治理是一个通过一系列与信息相关的过程来实现决策权和职责分工的系统，这些过程按照达成共识的模型来执行，该模型描述了谁（Who）

能根据什么信息，在什么时间（When）和情况（Where）下，用什么方法（How），采取什么行动（What）。

（4）国际数据管理协会（DAMA）认为，数据治理是建立在数据管理基础上的一种高阶管理活动，是各类数据管理的核心，指导所有其他数据管理功能的执行，在 DMBOK2.0 中，数据治理是指对数据资产管理行使权力、控制和共享决策（规划、监测和执行）的系列活动。

（5）《数据资产管理实践白皮书（4.0 版）》中数据资产管理是指规划、控制和提供数据及信息资产的一组业务职能，包括开发、执行和监督有关数据的计划、政策、方案、项目、流程、方法和程序，从而控制、保护、交付和提高数据资产的价值。

基于此，可以总结认为数据治理是对数据资产管理所行使的权力和控制活动的集合，用于指导其他数据管理工作。通俗地说：数据治理工作是数据管理的核心部分，是用来明确相关角色、工作责任和工作流程的，确保数据资产能长期有序地、可持续地得到管理；是思想理念与技术相结合的一个体系工程，由此而构成了一种行之有效的数据治理体系。这一数据治理体系是从思想、理念入手；从数据、技术上实施；从人员、组织建制上落实，构成数据治理的基本机制。可以说，数据治理是数据管理质量持续改善的关键。

2. 数据治理的关键点

（1）数据治理的机制是贯穿在数据治理过程中的一套办法与机理，这套机理将数据治理目标（目的）、数据战略、数据管理、数据技术、数据治理内容贯穿到一起，最终将凌乱的数据有效地治理后实现"好用"。好用是数据管理中"三好"原则，即"建好、管好与用好"之一。通过数据治理，让过去不好用的数据变得好用。

（2）数据治理的核心目的是让数据快速增值，就是让数据资产创造价值。数据治理的难度在于数据格式太多、分布分散、相互孤立，以我们现在的技术和条件难以"统一化"，而且需要确保数据的准确性、高质量和数据安全，以及能够实时便利分享。因此，目前不仅要在管理层面上强调数据标准化与标准化建设，如对元数据、数据元等的统一管理，以便有效地实现数据的共享，而且在技术层面上，需要做好良好的数据治理构架，包括数据治理的理念、方法和技术手段，形成一种标准的数据治理体系。

（3）数据治理就是对数据资产的治理，它属于公司智力的范畴，是对数据资产所有相关方利益的协调与规范，具体内容包括很多个方面：①数据资产化；②数据确权合规化；③价值创造；④人才培养等。由此可以看出，数据治理完全可以提升到所有拥有和生产数据企业治理层面上研究。也就是说，数据治理不仅是一个数据问题，还是公司资产问题。

（4）数据治理的科学方法，就是按照数据的三大规律，即"数据从哪来，到哪去"规律；数据"采、传、存、管、用"规律；数据"转化"规律，进行研究。其中，数据"转化"规律最为重要，因为一切数据都遵循着从物质（事物）到数据的过程。人们利用一定的技术手段对物质（事物）进行测试或描述，转化为信号，如电信号，再转化为数字，信号变成数字，数字再转化成数据（数字组合），数据再转化成信息，最后形成各种成果报告与图件。我们大多是通过阅读报告和图件来获取共享信息，信息经过提炼后再总结而转化为知识，知识再凝聚转化为智慧，智慧再辅助决策、指导实践。遵循这些数据规律研究数据治理，为数据的转化、为形成智慧提供条件。

（5）数据治理的本质就是建立、完善一套让数据管理能够持续动态改善的机制，涉及组织架构、技术方案、制度规定、数据标准、业务流程、审计考核等方方面面，确保正确、有序地执行数据管理中的各项职能，让数据资产得到有效管理。

（6）数据资产管理是对数据资产进行规划、收集、控制和提供应用服务的一组业务职能，这其中包括了开发、使用和监督有关数据的建设规划、使用方案、应用流程、使用方法和访问程序等，目的是提高数据资产的价值。企业通过有效地管理其日益重要的数据资产，再通过业务领导和技术专家的合作，能够安全、有效地控制数据资产并快速让数据资产增值，提高企业运行效益。

（7）数据资源管理是通过数据管理工具及数据库管理、数据仓库等技术手段来组织管理数据，以满足企业上层决策管理信息需求。当数据库管理方法出现之后，人们采用文件处理的方法进行数据资源管理的低效率得以变革突破和提高。目前，数据资源管理中还存在很多技术与机制问题，需要加以研究和解决。由此，数据之所以称之为资源，是因为数据中蕴藏着巨大的价值，数据资源之所以需要管理，是因为可以将数据作为资源不断地开发利用，挖掘数据资源中蕴藏的价值。

（三）国内外标杆企业数据治理简况

在数据资产管理、数据资源管理、数据安全、数据治理等方面，目前的国际一流企业里的华为和西门子值得学习借鉴。

1. 华为

从 1987 年创业成立之初，就重视数据资源、数据资产的管理，参照军方保密规定，制定了严格规范的数据资产管理流程和对于数据格式、编程格式、数据存储媒介管理、数据流向管理和上网权限管理等方面的相关规定，使华为的数据治理始终保持在行业内较高水平。而且，伴随着华为管理变革和流程优化工作的持续进行，华为的数据治理水平也得到了不断提升。

2. 西门子

从 1847 年创业，最初主要生产西门子发明的指南针式电报机，到现在业务遍及数字化工业、智能化基础设施、医疗、能源、轨道交通等领域，其中部分领域分拆独立上市，一直是以信息化、自动化为主业，积累了丰富的技术和管理经验。

二、西门子和华为的信息化经验分享

国务院国资委 2020 年启动的对标世界一流管理提升行动，明确提出包括信息化管理在内的"八大能力"作为管理提升的重点和难点。通过总结分析近年来所开展的对标工作，从众多国内外知名企业中筛选了西门子和华为两家标杆单位。

（一）两家标杆企业发展变革简况

1. 西门子公司发展变革

德国西门子股份公司创立于 1847 年，是全球电子电气工程领域领先的、拥有 170 多年历史的、罕见的世界 500 强知名企业。自 1872 年进入中国，西门子以出众的品质和令人信赖的、领先的技术成就，以及不懈的创新追求和变革管理，确立了其在全球市场各个领域的领先地位。在当今热门的全球数字化和智能化时代，西门子是德国工业 4.0 的领导者企业。西门子股份公司大致经历了五个阶段：

（1）第一个阶段是从 1847 年到 1890 年共 43 年，是以技术为优势的创业阶段。这期间主要体现了创始人维尔纳·冯·西门子（Ernst Werner von Siemens）的创业精神及他的技术天赋，为公司的发展奠定了坚实的技术基础。1890 年，创始人西门子从公司退休。

（2）第二个阶段是从 1890 年到 1966 年共 76 年，这是西门子逐步从家族企业走向股份制企业的阶段。这期间西门子的发展不仅依赖于自身的技术创新，同时也通过收购外部企业扩展产品线和公司规模。同时，期间还参与了两次世界大战，公司的发展经历了繁荣，也经历了危机。但公司最终走出了危机，并于1966年正式成立西门子股份公司（Siemens AG）。

（3）第三个阶段是1966年到2005年共39年，这是西门子公司新旧世纪和新旧管理思路转换的阶段。从成立一直到20世纪90年代，西门子公司都是工程师思想占据统治地位，这在全球化浪潮来临之前，西门子公司凭借技术创新一直持续领先。但随着20世纪90年代市场自由化浪潮的来袭，以及真正意义上的全球竞争，西门子公司遇到了经营困难，因为西门子公司的工程师文化致使产品研发非常保守，产品比对手上市晚、卖得贵。股价跌落超过50%，企业处于被分割的边缘。

（4）第四个阶段是2005年到2020年共15年，这是西门子公司数字化和智能化转型的阶段。2005年1月，克劳斯·柯菲德接过权杖。这是西门子公司历史上首位教育背景是商业，而非工程的CEO。这也标志着西门子公司企业文化的偏移。柯菲德的继任者是罗旭德（Peter Loescher），也是外部的非工程师背景的商业人士。这期间西门子公司把很多与数字化和智能化关联较弱的业务都进行了剥离，同时还收购了很多与数字化和智能化相关的业务，特别是收购了很多软件公司。2013年8月，凯飒（Joe Kaeser）从西门子公司的CFO岗位上接任CEO职位。2014年，西门子公司发布了"2020公司愿景"，其中主要内容有三条：①专注于电气化、自动化和数字化增长领域；②取消"业务领域"层级，新组织架构更加扁平；③每年安排最高4亿欧元用于更多员工的股票分享计划。4年之后的2018年，西门子公司在成功实施"2020公司愿景"的基础上发布了"公司愿景2020+"，重新确立公司新的发展方向，以求通过加快业务增长、提高盈利能力和精简组织架构，面向长远未来创造价值。

（5）第五个阶段是从2020年开始，西门子公司成功实施"公司愿景2020+"，跨入数字化和智能化阶段。在"公司愿景2020+"的基础上，更进一步地精简和调整了公司业务，更大范围地调整了公司变革。现在西门子公司重点发展两大业务，即DI和SI，分别是数字化工业（Digital Industries）和智能化基础设施（Smart Infrastructure）。将医疗、能源等独立上市，也准备将轨道交通在时机成熟时进行剥离。现任西门子公司的CEO是技术出身的博乐仁（Roland Busch）博士。相信，在未来数年的全球数字化和智能化时代，西门子公司将在全球处于领先地位。

正是因为西门子公司业务转型快，紧跟时代需求，所以即使170多岁的公司仍然活力四射，而且经营状况良好，安然度过了两次世界大战、金融危机及近两年的新冠肺炎疫情危机等。与西门子公司对应的是美国老牌企业通用电气公司（GE, General Electric Company），GE公司因为转型慢，而且战略上有失误，导致这家昔日美国的顶尖企业变成了今天的困难户。GE公司的业务领域包含医疗、航空航天、交通运输、企业安防、能源、金融等，可以说涵盖了国家经济的各个主要方面。但就是这么一家美国的著名企业，2018年6月19日遭遇了历史上的"奇耻大辱"，被"踢出"了坚守了111年的道琼斯工业指数。GE公司遭遇的情况，值得各大世界500强公司引以为戒。

2. 华为公司发展变革

华为公司在1998年请IBM提供业务流程与IT的战略与规划咨询前，为自行开发管理信息系统，并主要围绕着协同办公自动化系统等IT系统。当确定由IBM提供业务流程咨询后，同时就引进IT系统对业务流程进行固化和自动化处理，以提高业务流程的执行方便性和效率。

具体而言，华为公司伴随着企业的发展，其信息化管理也大致经历了五个阶段：

（1）零散阶段（1988—1997年）：基于分散的组织和功能型流程，IT服务主要是办公自动化OA、MPRⅡ、全球化DDN。

（2）集中化阶段（1998—2002年）：引进IBM的IT战略规划，基于IPD变革、财务四统一、采购管理变革、PDM平台、HR管理平台、IT基础设施统一整合、IT标准化、企业数据中心等流程变革和业务需要实施信息化管理。

（3）国际化过程（2003—2007年）：基于ISC变革、ERP全球覆盖、APS、全球物流管理、PO贯通/业务智能、全球协同办公、AD和LDAP平台、企业WEB/集成平台、安全架构与实施、全球网络/虚拟、区域RDC/IT全球运维等实施信息化管理。

（4）全球化过程（2008—2013年）：基于EA规划、集成财务服务IFS变革、CRM变革、LTC E2E打通、全球移动办公、统一文档管理、企业集成ESB推广、主数据管治、端管云IT安全体系、业务连续性和容灾能力、IT云战略、BSM实施信息化管理。

（5）IT2.0阶段（2014年—至今）：基于五个一战略（合同签署率周期一周、订单录入系统一天、制造周期一周、从订单录入到现场安装完成一个月、相关软件下载一分钟）、从经营组织的视角驱动流程集成、端到端数据治理支撑公司数据化运营、基于角色和场景的IT服务、云数据中心、信息安全打造国际企业安全的第一梯队等要求实施信息管理。

（二）两家标杆企业信息化管理经验分享

1. 西门子公司的信息化管理经验浅析

西门子公司的信息化管理随着IT技术的进步和业务需求一直在发展和完善，因为西门子公司本身就有许多软件，其是欧洲仅次于SAP（思爱普）公司的第二大软件公司。信息化管理不是独立存在的，而是依托于业务需要，所以信息化管理的重要目的是为业务服务。

简单说来，西门子的信息化管理主要由两大模块的软件产品实现的，一是与产品相关的软件，比如与产品相关的研发、采购、供应链和财务相关的软件。

与供应链和财务等相关的是SAP软件，在生产现场使用的有MES软件，仓库软件有WMS软件等。以上都是与西门子公司的业务直接相关的信息化软件。

实现西门子公司信息化管理的第二类软件是与事务性相关的软件产品，比如与员工出差和报销相关的软件，与员工上下班打卡、考勤、请假和调休相关的软件，以及与前面所说的西门子公司风险和内控RIC相关的管理软件。这些软件是为了帮助员工更便捷地开展相对标准化的工作，提高工作效率，节省人力和时间成本。

信息化管理可以无止境，可以把软件应用到所有地方。西门子公司在应用信息化管理时，也并没有无止境地追求所有地方都采用IT工具或者数字化产品。比如，西门子工业自动化产品（成都）有限公司（SEWC）是德国西门子工业4.0在全球的第二个示范工厂，其信息化和数字化管理应用就非常先进，但信息化管理的投入成本也很高。这样的成本投入对于小批量生产和销售企业而言就太高了，因此，在西门子公司的其他工厂的信息化和数字化投入就没有那么大。西门子公司即使有先进和全套的信息化和数字化解决方案，但是在其自身的公司中也是因地制宜地开展解决方案。

2. 华为公司的信息化管理经验浅析

华为在BP&IT的战略规划是一个系统工程，仍然是围绕着PPT（Process流程、People组织、ToolIT工具和技术）三个方面。该战略规划主要从1998年持续到2013年，期间对集成产品开发流程IPD及其衍生流程市场与组合分析、集成供应链ISC、财务四统一及IFS、问题解决流程 ITR、客户关系管理 CRM 及其升级版流程 LTC 七大流程进行变革和持续优化。其中,针对集成产品开发流程的变革和优化的投入最大,更新的版本数和优化次数也最多。在对流程进行变革和优化的同时,也对组织架构进行设计和调整优化。另外,为支持这些流程变革和运行,几乎每个流程都有配套的 IT 系统,比如支持 IPD 的 PDM 系统,当然研发管理不仅只有 PDM 系统,但 PDM 系统最为庞大,同时还需要各种专业的 IT 工具支撑研发各方面工作。

华为公司的信息化管理由华为公司的一级管理部门(质量与流程 IT 管理部)负责。华为公司的组织安排非常合理,质量与流程本身是相关的,质量管理要求体系化,质量管理的 ISO 9001 本身与流程是有联系的和相关的。另外,流程管理的固化需要 IT 手段,所以把流程与 IT 两个部门放在一起。基于这两个原因,华为把质量管理、流程和 IT 三个职能部门进行集成,充分发挥集成化和一体化的优势。

华为 IT2.0 持续流程信息化管理变革紧贴业务全球化,有效支撑创新和卓越运营。华为公司每年都要根据 3~5 年在业务变革与信息化建设规划,确定下一年信息化建设的规划,一般包括业务变革举措、业务流程举措、IT 举措,然后确定管理流程和 IT 需求,最后管理 IT 业务服务。华为公司业务与 IT 紧密结合,到了一种言必谈 IT 的状态,针对业务部门碎片化的 IT 需求,华为公司发明了年度版"木火车",一年开四趟车,且都有相应的版本。

从 2016 年开始,华为公司在关注通过变革提升企业效率的同时,也开始思考面对企业的快速增长,如何实现从中央集权模式转变为"听得见炮火的组织"的需求拉动供给模式。面对未来的挑战,坚持信息化管理 ROADS(Real-time、On-demand、All-on-line、DIY、Social,即适时、按需、全上线、自助、社交)体验驱动,提升内部效率和效益,让客户、合作伙伴和华为之间交易更快捷、更安全,提升客户满意度。以下是华为公司信息化平台 ROADS 体验示意图,如图 3-3 所示。

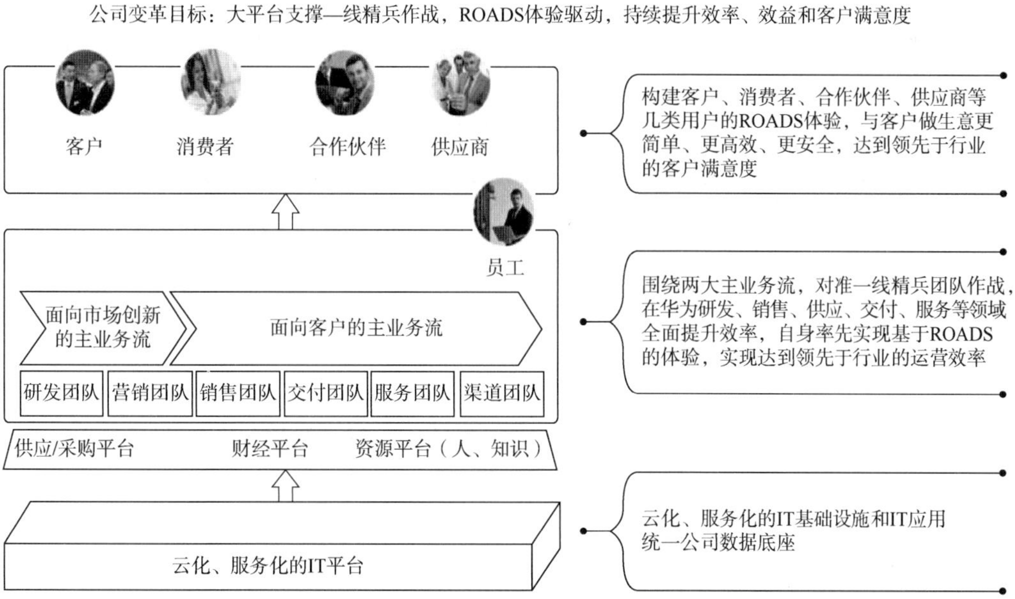

图 3-3 华为公司信息化平台 ROADS 体验示意图

华为一直在推动业务变革和持续优化,IT 系统为业务服务和赋能。华为公司的业务变革目标对准的是"内外合规、多打粮食和提升土壤肥力",为实现该目标,华为公司的 IT 已经或者正在完成三个转变：首先，将传统垂直、封闭式的 IT 架构转变为云化、服务化的开放架构；其次，从关注"内部流程运作"向关注"用户 ROADS 体验"转变；最后，将 IT 系统从服务于企业内部管理转向与用户连接的实时服务系统。

（三）西门子公司和华为公司信息化管理的启示

西门子公司和华为公司的信息化管理对我国管道企业信息化管理的启示有：

（1）厘清公司战略、流程与 IT 之间的关系，并组建或优化相应的跨专业的信息化建设和管理团队。

（2）IT 信息化和数字化发展日新月异，要时刻保持与头部标杆企业进行信息化技术和管理对标，以适当引进或者开发新的、更先进的 IT 系统。

（3）信息化管理为业务服务，因此，在信息化之前需要厘清业务战略、需求及流程，避免盲目投资 IT 建设。

（4）针对现有的 IT 系统，考虑用新的方法和技术进行整合，实现统一共享、平台统一，提高 IT 应用效率。

借鉴西门子公司和华为公司的信息化源管理方法对我国管道储运企业信息化管理的建议有：

（1）对现有信息化管理的顶层架构和运行效果进行定期评估，确保信息化管理方向能够跟上未来数字化智能管理趋势，并提高当下信息化管理的数字化专业水平。

（2）持续提高信息化管理水平，更好地支撑企业经营决策和运营管理体系，让公司的油气调运、工程建设、资产管理等核心业务及规划计划、财务管理、资本运营、风险管控、安全环保、合规保障、科技信息、标准管理、行政事务、人力资源、管理创新等支撑保障工作能够高效地运转。

（3）对企业现有信息化的软硬件设施、信息化接口标准、信息化数据质量等进行盘点，加大力度提升信息化管理的软硬件水平。

（4）在数字化和智能化转型升级过程中，同时把信息安全和网络安全的要求纳入信息化体系建设工作。

（5）借用城市网格化管理方法，利用油气管网影响力与城市多部门管辖的管网和设施等信息建成统一的地下设施信息网格化平台，以提升跨部门合作水平，减少因盲目施工导致的油气管线破坏事故。

（6）在建设高质量信息化过程中，同时考虑油气产业供应链的上下游环节，从而提高整个供应链的信息化和数字化水平，与上、下游绑定成稳固的同盟关系，提升整个供应链的竞争水平。

第三节　工控与网络安全防护技术

一、SCADA 系统简况

以远程数据采集和监控为主要功能的 SCADA 系统，与 DCS 和 PLC 一起作为构成工业控制系统的基本组件，是现代过程控制自动化和信息化不可或缺的基本系统。SCADA 系统由人机界面系统(HMI)、工业控制计算机、远程终端单元(RTU)、可编程逻辑控制器 PLC 和通信基础设施组成。人机界面 HMI，供操作员及工程师监控过程使用，主要实现过程及其数据可视化；工业控制计算机，汇集过程数据并处理数据后向过程发出命令；远程终端单元 RTU，连接测量过程参数的变送器和传感器，并将采集到的信号转换成数字信号并发送到工业控制计算机；可编程逻辑控制器 PLC，由于通用性强、可灵活配置等特点，可用作现场设备代替通信基础设施底层终端，将现场设备与监控计算机系统连接。

SCADA 系统的发展经历了集中式 SCADA 系统、分布式 SCADA 系统和网络式 SCADA 系统三个阶段。其中，第一代 SCADA 系统是所有的监控功能依赖于一台主机，采用广域网连接现场主机，系统安全性差。第二代 SCADA 系统是以分布式计算机网络实现大范围联网的系统，称为分布式系统，广泛采用通用计算机或工作站，其监视、操作功能由主机实现，控制功能等由专用控制器实现这一阶段可采用分布式技术，多个 RTU 通过局域网相连接，每个站都执行特定的数据采集及监控任务。大多数仍然采用专用网络通信协议，系统开放性差。第三代 SCADA 系统，以各种网络技术为基础，采用分散化的控制结构，集中式的信息管理模式。系统普遍以浏览器/服务器（B/S）结构和客户机服务器（C/S）结构为基础。多数 SCADA 系统结构上包含着这两种结构。网络式系统利用开放的标准和协议，而非由供应商控制的专用环境，能很方便地用于在主站和各种通信设备间进行通信。但由于使用标准开放式协议，网络式系统大多都可以接入互联网，使得系统越来越多地暴露在互联网上，尽管在物理上设置了硬件防火墙，也难以避免遭受远程的黑客攻击。

现在的 SCADA 系统正沿着更加标准化、开放化的方向发展，依据标准的网络技术，以以太网为基础的通信协议逐步取代旧的专用协议，可以通过或虚拟私人网络（VPN）技术实现对系统的远程访问。同时，SCADA 系统将加大与管理信息系统（MIS）、地理信息系统（GIS）等应用系统的深度融合，实现 SCADA 系统的二次开发，但是这使得 SCADA 系统安全漏洞也越来越多，给 SCADA 系统带来巨大的安全风险。

二、SCADA 系统建设安全管理

（一）安全规划设计

安全规划设计是指对 SCADA 系统总体安全建设规划、近期和远期安全建设工作计划、安全方案等进行设计、编制。

安全方案设计是指根据 SCADA 系统的定级情况、承载业务情况，通过分析明确信息系统安全需求，设计既满足自身需求，又满足等级保护要求的、合理的安全方案，包括总体安全方案和详细设计方案。

总体安全方案包括总体安全策略、安全技术框架、安全管理框架，详细设计方案包括技术措施实现内容和管理措施实现内容。

（二）信息安全产品采购管理

采购的防火墙、IDS、防病毒软件等信息安全产品必须具有公安部下发的"计算机安全产品销售许可证"，采购的密码产品必须符合国家密码管理部门的相关规定。

（三）工程实施安全管理

工程实施安全管理是指对 SCADA 系统集成或网络改造等系统建设项目实施过程的安全管理。油气调控中心自动化与通信部门负责对 SCADA 系统集成和网络改造建设项目的进度、质量进行监督。委托第三方工程监理配合自动化和通信处对项目实施各阶段进行质量、进度控制，并形成监理报告。

三、系统运行维护安全管理

（一）安全运行监控管理

安全运行监控管理是指实时监测和管理 SCADA 系统广域网、通信服务器、实时服务器、历史服务器、防病毒服务器、路由器、交换机、防火墙的运行状态、网络流量、病毒事件及入侵行为，实时监测各条油气管道监控画面、趋势图及报警事件，以及对运行监控终端的管理。

运行监控的终端应单独配置，不得与其他运行操作终端互用。未经授权不得擅自调整监控范围或更换监控设备。监控人员在 SCADA 系统监控过程中发现异常，应立即通知 SCADA 系统运维人员，运维人员处理故障且通知 SCADA 系统工程师，并记录相关信息。监控人员定期对 SCADA 系统监控和报警记录等内容进行分析总结，填写 SCADA 系统运行周报和 SCADA 系统运行月报，并根据系统变化及时调整监控的范围和内容。

（二）服务器安全管理

系统管理员负责 SCADA 系统服务器的日常运行管理和维护，包括操作系统和数据库系统各项安全参数配置、账户管理、补丁安装、审计日志分析、例行检查、故障处理、数据备份等。严禁无关人员对服务器进行任何操作。安全管理员负责 SCADA 系统服务器的定期漏洞扫描工作。

（三）网络安全管理

自动化与通信部门负责 SCADA 网络系统规划、新建、更新改造、大修理方案的编制或委托有资质的单位编制、评审、合同签订、实施及验收。网络管理员负责 SCADA 网络系统的日常运行管理及维护，包括网络设备系统的各项安全参数配置、安全策略部署、网络运行日志分析、报警信息处理、账户管理、补丁安装、故障处理等。安全管理员负责 SCADA 网络系统的定期漏洞扫描工作。

（四）病毒防范管理

自动化与通信部门是 SCADA 系统的病毒防护工作的技术管理部门，负责落实病毒防范的各项工作。值班人员实时监控防病毒软件防控情况，一旦发现可疑情况，应及时记录并报告相关部门或人员。安全管理员定期汇总所截获的危险病毒或恶意代码情况，并形成书面总结报告。

（五）变更管理

按照变更涉及内容的不同，SCADA 系统可能发生的变更包括但不限于：各类硬件及基础设施的变更、系统软件的变更、应用软件的变更、数据的变更及网络的变更。根据变更活动对系统的影响程度，变更等级可划分为重大变更、较大变更和一般变更。

（六）备份和恢复管理

备份和恢复是指对 SCADA 系统内网络设备的配置文件、服务器的配置文件、应用程序、重要业务数据和系统数据进行数据备份及备份数据的恢复。

（七）用户终端安全管理

用户终端安全管理是指对调度操作终端的日常使用、维护和管理。

系统管理员负责调度操作终端的日常运行管理和维护，包括操作系统各项安全参数配置、账户管理、补丁安装、病毒库更新、审计日志分析、例行检查、故障处理等。

用户终端的最终用户负责其日常使用管理，包括设备硬件完整性、离开时锁屏或关闭终端等。

（八）SCADA 系统事故应急处理

当 SCADA 系统发生事故，经分析、判断达到 SCADA 系统应急预案启动条件时，应立即启动事故应急预案。预案的启动、应急响应及事故处理，须严格执行《自动化与通信保障应急预案》。

四、SCADA 系统网络安全技术

SCADA 系统的网络安全技术，成为现代 SCADA 系统各项技术中的难点和重点。比如，2021 年 5 月 7 日到 13 日美国发生的勒索软件侵入美国最大的成品油管道运营商 Colonial Pipeline 的 SCADA 系统中的油气管道运营管理数据库，导致的美国东部大批加油站停止运营事故，就是现代 SCADA 系统的网络安全技术在油气管道安全保障体系中的典型事故案例。2012 年 10 月至 2013 年 3 月期间，美国工业控制系统网络应急响应小组 ICS-CERT 监测到多起工业控制系统安全事件，其中主要集中在能源、关键制造业、交通、通信、水利、核能等领域，而能源行业的安全事故则超过了一半，而且还有逐年递增的趋势。

SCADA 系统采用纵向集成结构，主站节点设备与终端节点设备是从属关系，传统 IT 系统各节点是对等关系，两者在脆弱节点的分布不同；SCADA 系统安全问题大多集中在物理层面，安全防护要拓展到物理层，并且要防止关联的控制关系之间产生多米诺骨牌效应。所以，适用于 IT 系统的安全防护方案不能生搬硬套地直接用于工控领域的 SCADA 系统安全中。

五、互联网工控安全技术及实践

大型油气管网的调度控制中心通过 SCADA 系统在全国范围内，在中国自主建成的"西北、东北、西南"三大陆上跨国通道、三纵四横管道走廊，贯通东南西北、连接陆路与海洋的全国性骨干油气管网中，调运油气资源，满足各类工厂生产和居民生活需求。因此，油气管道 SCADA 系统网络必须具备极高的可靠性、极好的韧性：任何单点故障均不能影响生产数据，所有网段必须具有快速复原的能力，生产数据不允许有任何长时间的中断。

为确保油气调控业务连续不中断，即使其中一个部位出现硬件或软件故障，也不会影响整个系统的正常工作，提高 SCADA 系统的韧性，大型油气管网的调度控制中心一般设有两个功能完全一致的调度控制中心，两个中心通过多条专线连接，彼此间有实时生产数据交互，并且分别与油气管网的各个油气站场通过同步数字体系（Synchronous Digital Hierarchy，简称 SDH）链路、数字数据网（Digital Data Network，简称 DDN）链路、卫星链路等与主控、备控中心连接，形成了一套完整的双备份高可靠冗余结构的 SCADA 网络系统。从而实现：

（1）网络正常时，站场访问主控中心（MCC）的数据从连接主控中心的链路传输，访问备控中心（Backup Control Center，简称 BCC）的数据从备控中心的链路传输。

（2）当主控中心到站场的链路不可用时，主控中心可以通过备控中心的链路对站场进行访问。

（3）当备控中心到站场的链路不可用时，备控中心可以通过主控中心的链路对站场进行访问。

（4）主控中心和备控中心之间的数据不能通过站场传输。

（5）生产调度与监控系统可以访问各 SCADA 系统及站场（例如，对于液体管道，在正常情况下，水击保护系统通过专用链路访问各个站场，水击专用链路中断后，水击保护系统通过站场到主中心、备中心的链路访问各个站场）。

SCADA 系统的安全保障，无非是硬件和软件两个层面，内部和外部两个方面；通过物理措施、防护软件实现对控制外来入侵风险、内部系统风险的监测防控，对控制系统的安全态势进行实时动态防护，利用管理制度规避内部威胁，通过网络安全评估及时评价控制系统的网络安全状态，可以确保工业控制网络安全、可控。如何全面做好上述工作，可以借鉴中俄东线天然气管道工程建设和运营的经验。

第四节　信息化、数智化安全新技术

管网安全监控与信息安全保障模型涉及三个层面，分别是信息系统的生命周期、信息安全的保障要素及信息安全新特征。更强调信息系统所处的运行环境、信息系统的生命周期和信息系统安全保障的概念。其中：生命周期分为规划组织、开发采购、上线交付、运行维护和废弃处置；保障要素分为智能感知与风险智能管控决策技术，数据采集与调控系统安全层，数字与应急技术融合，网络、数据、平台安全技术体系，安全防护标准技术体系，信息人员行为安全治理技术六大方面；安全新特征则是指"融合性和整体性、完整性和可用性、敏捷性和高效率、安全性和韧性"。

油气管道安全监控与数字化技术的实施可以划分为边缘层、平台层、决策层三个主要层面。边缘层聚焦与现实物理世界和社会系统紧密联系的感知、采集、预警等技术系统及产品领域，关注对底层风险点的监控、识别、报警等需求；既是油气管道安全监控与数字化的终端层面和门户，也是管网信息安全实现"智慧"的基本神经元。如果把这三个层面放在一个立方体上，顶面就是生命周期，正面就是六大安全保障要素，侧面则是四大安全新特征。

该模型呈现如下五个主要特点：

（1）将风险和策略作为管网信息安全保障的核心和基础。

（2）模型强调持续发展的动态安全特性。管网信息安全保障在油气管道安全监控与数字化系统的整个生命周期中，每一个环节都离不开安全保障。从规划组织、开发采购、上线交付、运行维护到管网安全监控与数字系统的废弃处置，安全保障始终贯穿其中。

（3）模型强调综合保障的观念。就是通过六大安全保障要素实现安全目标，通过对六大要素的安全评估，为油气管道安全监控与数字化系统的安全保障提供信心。

（4）以风险和策略为基础，在油气管道安全监控与数字化系统的生命周期中实施六大安全保障要素，实现安全新特征，达到保障组织机构执行其使命的根本目的。

（5）油气管道安全监控与数字化系统不仅需要应对自然灾害、重大森林火灾、工业事故、网络安全事故、环境紧急情况等物理系统方面的紧急突发状况，更要充分考虑公共卫生、公共安全事件、黑客入侵、网络攻击等社会系统存在的风险点；有必要在物理系统的数字化转型基础上，加快构建和完善针对社会生活的数字化油气管道安全保障体系，形成功能完整、广泛覆盖的管网安全保障支撑平台，如图 3-4 所示。

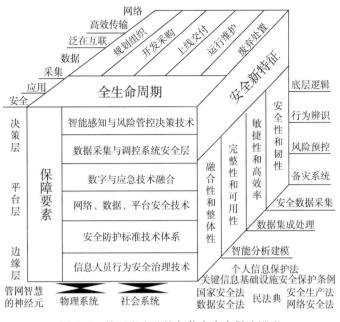

图 3-4 管网安全监控与信息安全保障模型

一、油气管网信息化与工业化建设

国家《中长期油气管网规划》中提出："加强'互联网+'、大数据、云计算等先进技术与油气管网与信息等领域新技术创新融合，加强油气管网与信息基础设施建设的配合衔接，促进'源—网—荷—储'协调发展、集成互补。完善信息共享平台，推动全国天然气主干管道互联互通、统筹调度。加强信息技术、管网仿真技术应用。"到 2025 年，油气管网倍增式发展对管道本质安全和卓越运营提出更高的要求，新一代信息技术与两化融合，正在引发影响深远的产业变革，大数据、云计算、物联网、人工智能等技术的创新应用，促进管道企业向智慧化迈进。走创新驱动的发展道路，向数字化、网络化、智能化转型是管网安全发展的必由之路。

随着信息化、自动化、数字化、网络化、智能化技术的更新迭代，油气管道工程建设正在加速向智能化管道发展新阶段迈进，油气管道工程建设安全保障技术自始至终伴随着管道技术发展不断升级，中国油气管网安全保障技术与数智化技术的演进如图 3-5 所示。

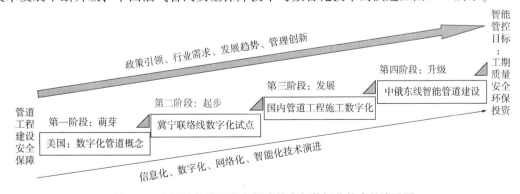

图 3-5 中国油气管网安全保障技术与数智化技术的演进图

221

(一) 管道数字化建设

数字化管道(Digital Pipeline)就是信息化的管道,它包括全部管道及周边地区资料的数字化、网络化、智能化和可视化的过程。数字管道、科技管道、人文管道及和谐管道是管道建设者追求的最终管道建设目标。

1. 数字化管道的概念

数字管道可以定义为:"数字管道是管道的虚拟表示,能够汇集管道的自然和人文信息,人们可以对该虚拟体进行探查和互动。"具体地说,数字管道是应用遥感(RS)、数据收集系统(DCS)或 SCADA 系统、全球定位系统(GPS)、地理信息系统(GIS)、业务管理信息系统、计算机网络和多媒体技术、现代通信等高科技手段,对管道资源、环境、社会、经济等各个复杂系统的数字化、数字整和、仿真等信息集成的应用系统,并在可视化的条件下提供决策支持和服务。

2. 数字化管道的意义

长输管道是跨省市的复杂大系统,所涉及的地理信息、环境参数、运行参数、资源等都是庞大的,在没有应用 GIS 对这些数据进行管理之前,很难做到科学的决策和管理。GIS 将 RS、GPS、DCS 和 PS 等多个数据源统一集成,建立基础地理信息数据库,保持了数据的完整性和现实性,在数字管道中发挥了核心功能。数字化管道建设将在确定最佳路线走向、资源优化配置、灾害预测预警和运营风险管理中发挥极大的作用。

管道运输在世界上已经有 130 多年的历史。在欧洲和北美洲,数字化技术在长输管道建设勘察选线、中期建设实施和后期运营管理中已经被广泛应用了。相比之下,虽然我国是世界上最早利用管道运输的国家,但是数字技术的应用和发展却比较缓慢。国外对于管道自动化的研究,从 1931 年开始到 1951 年初具规模,已有成熟的 SCADA 系统硬件及软件,普遍采用了先进的自动化数据采集与控制技术,对生产工艺过程的实时监控已成为惯例,实现全线集中控制。如美国阿拉斯加原油管道在 1974 年 4 月开始动工,1977 年 6 月 20 日竣工。通信方式以微波通信为主,卫星通信作为备用。阿拉斯加原油管道建设了 SCADA 数据采集和控制系统,软件包括数据采集及控制软件、报警显示、水力模型、泄漏检测、历史报告、仿真培训等系统。国内数字化管道建设始于 2004 年冀宁联络线工程。

3. 数字化油气管道系统实现框架

2007 年,笔者初步提出了数字化油气管道系统的实现框架以供参考:首先得到数字化油气管道的 CAD 模型,将 CAD 模型以 STEP(Standard Exchange of Product Model Data)的文件格式表示出来,再将 STEP 格式的文件导入产品数据管理系统中,产品数据管理系统能够识别 STEP 格式的文件,并从 STEP 文件中抽取出以 STEP 格式表示的特征,从而实现以特征为对象将产品信息存储到面向对象的数据库中。产品数据管理系统主要包括对管道信息的收集、加工、存贮和输出(含信息的反馈)五种功能。通过建立以技术部门为信息处理中心(中央处理机),以各专业部门为终端的管理信息系统网络,由信息反馈来进行信息处理(包括分析、辨别、分类、汇总),最后再以各种专业报表的形式输出至各部门的终端上,以数据的形式存入管理信息系统数据库。结构分析系统通过产品数据管理系统获得有关数字化油气管道的 CAD 模型,并从数字管道子系统中获得油气管道受到的载荷,对油气管道进行力学分析。数字管道子系统包括穿跨越管段、主干管网、油气储库、站场(输油泵站、输气站)等,结构分析系统包括疲劳分析、风险评估、寿命预测等。数字化油气管道系统通过 PDM 系统从面向对象的数据库中获得所需要的数据,实现对油气管道的漫游、虚拟构建

CAD 模型、虚拟装配、虚拟训练、力学分析结果的虚拟现实（VR）表示。

4. 首条数字化管道工程

中国数字化管道首条管道工程是西气东输冀宁支线工程。冀宁支线是西气东输工程的续建工程，是国内长输管道建设的又一重点工程。

西气东输冀宁支线在设计之初就提出了"建设国内首条数字化管道"的设想。勘察设计期间利用卫星遥感与数字摄影测量技术进行选线，获取了管线两侧各 200m 范围内的沿线四维数据，并应用地理信息系统与全球定位系统，初步建立起包括管道沿线地形、环境、人口、经济等内容的管道信息管理系统。该系统在施工阶段可提供多种服务，如管道建设者可以通过互联网查看不同比例管道及其沿线周边环境的直观信息，也可查看某一天、某一道工序环节的进度，甚至每道焊口的焊工信息、无损检测影像。冀宁支线上的每根钢管都有完整的数据记录，从炼钢厂炉坯出厂到钢管厂制管，再到中转运输，最后到施工现场，每个环节都有可追溯性数据跟踪，可以查出焊工档案、X 射线底片档案、焊口的坐标值及埋深等基本信息。这些数据全部存储在管道信息管理系统中，一旦出现问题，即可查出源头。

冀宁管道建设与管理的数字化平台具有八大功能，包括设备采购及储运管理、施工进度管理、质量监控管理、总体调度管理、施工进度展示及空间数据管理、系统管理维护、信息发布及数据输出。其中，施工进度功能较传统方式能够提前 8h 展示进度日报，完全避免了手工计算日报产生的误差；空间数据管理功能通过采集站场、阀室、标志桩等实物的三维坐标，将它们转变成可视模拟图形，随时进行监控。

因此，冀宁支线数字管道的建设具有里程碑式的意义，它是国内第一条"数字化管道"，它的顺利实施将为今后数字管道建设提供参考和规范，可以编制出一套完整的管道管理新标准。数字管道实现了管理的数字化、信息化、实时化，不仅确保了安全、优质、高效的管道工程，还确保了科学、规范和及时的管道运营，大幅提高了管道安全生产水平。

（二）管道智能化建设

在大数据、云计算、物联网等新一代信息技术的推动下，预计 2020—2030 年油气管道行业将陆续进入智能化时代。据报道，2014 年，通用电气和埃森哲公司联合推出全球首个"智能管道解决方案"。该方案可帮助管道运营商全面了解管道的安全性和资产完整性状况，从而作出更为科学的决策。2015 年，哥伦比亚管道集团在 24000km 的洲际管道上就应用了此方案。相对于世界工业发达国家，我国推动管道行业智能转型，所面临的环境更为复杂、任务更加艰巨。因此，按照国家《中长期油气管网规划》总体部署，继续深入推进智能化油气管道和智慧管网工程实施，集中力量攻克关键技术装备，夯实发展基础，完善技术和标准体系，推动研发、生产、管理、服务等模式升级，提升管道行业质量和效益，加快形成我国油气管道行业竞争新优势。

1. "工业互联网+安全生产"行动

为深入实施工业互联网创新发展战略和从根本上消除事故隐患，国家出台了《"工业互联网+安全生产"行动计划（2021—2023 年）》，围绕建设新型基础设施、打造新型能力、深化融合应用、构建支撑体系四个方面提出了重点任务，其中建设新型基础设施是基础，建设新型能力是核心，深化融合应用是重点，构建支撑体系是保障。制定"工业互联网+安全生产"行业实施指南，旨在释放数据要素红利的重要引擎，建设安全生产快速感知、实时监测、超前预警、应急处置、系统评估五大新型能力，推动安全生产全过程中风险可感知、可分析、可预测、可管控，提升工业生产本质安全水平。

国家层面的油气管道"工业互联网+安全生产"建设已经启动，通过油气管道行业龙头企业的示范引领，通过应用场景研究和问题攻关，计划在"十四五"期间完成试点任务，并且在 2023 年前建成油气管道"工业互联网+安全生产"管理平台。该平台将利用人工智能、物联网、大数据等先进技术，从管道行业风险控制和安全管理的实际需求出发，以构建五种新型能力为目标，实现油气管道线路管理、站场管理、应急管理等多个场景智能化，打破"信息孤岛"，实现资产完整性管理系统、应急指挥平台等广泛的互联互通。

油气管道"工业互联网+安全生产"平台将依托国家工业互联网大数据中心与应急管理部"工业互联网+危化安全生产"行业分中心数据共享，提升跨部门、跨层级、跨区域、跨行业的安全生产联动联控能力，实现安全生产全过程、全要素的链接和监管。

未来，该平台还将打通企业广域网与互联网的数据通道，将管道行业工业互联网安全生产管理平台和大数据中心打造成为面向全国油气管道的服务平台，为国内、国际其他管道企业提供开放的数据标准、数据资产及工业 App 资源池，实现油气管道数据"全国一张网"，赋能全国管道企业"工业互联网+安全生产"整体发展。

通过中俄东线等管道和相关省区油气管道企业应用，2023 年基本实现国家管网集团管理的管道、站场、LNG 接收站和地下储气库全覆盖。届时，油气管网将具备五种新型能力，即管道行业数字化管理、网络化协同、智能化管控全面落地，以及有效巩固提升管道本质安全水平和数字化变革。

2."工业互联网+危化安全生产"试点建设

坚持系统谋划、试点先行，打造一批应用场景、工业 App 和工业机理模型，力争通过三年时间的努力，构建"工业互联网+危化安全生产"的整体框架，按照感知层、企业层、园区层、政府层"多层布局、三级联动"的思路，推动企业、园区、行业、政府各主体多级协同、纵向贯通，覆盖危险化学品生产、储存、使用、经营、运输等各环节，实现全要素、全价值横向一体化。

1）行业和企业层面

一是行业层面。依托国家工业互联网大数据中心，建设"工业互联网+危化安全生产"分中心。依托国家骨干网络，完善危险化学品领域工业互联网标识解析二级节点布局，与国家顶级节点对接，建设危险化学品工业互联网数据支撑平台、安全监管平台。推动危险化学品安全管理经验知识的软件化沉淀和智能化应用，扎实推进工业互联网与危险化学品安全生产的深入融合应用。以信息化推进危险化学品安全治理体系和治理能力现代化，提高监测预警能力。

二是企业层面。以信息化促进企业数字化、智能化转型升级，推动操作控制智能化、风险预警精准化、危险作业无人化、运维辅助远程化，提升安全生产管理的可预测、可管控水平。强化企业快速感知、实时监测、超前预警、动态优化、智能决策、联动处置、系统评估、全局协同能力，建设企业标识节点并与行业二级节点对接，实现提质增效、消患固本。

2）应用场景

一是企业应用场景。(1)企业安全信息数据库建设与数字交付；(2)重大危险源管理；(3)作业许可和作业过程管理；(4)培训管理；(5)风险分级管控和隐患排查治理管理；(6)设备完整性管理与预测性维修；(7)承包商管理；(8)自动化过程控制优化；(9)流通管理；(10)敏捷应急；(11)工艺生产报警优化管理；(12)封闭管理；(13)企业安全生产分析预警；(14)人员不安全行为管控；(15)作业环境、异常状态监控；(16)绩效考核和安全审计；(17)能源综合管理。

二是集团公司应用场景。立足集团层面危险化学品安全生产全流程经营和管理需求，覆盖各层级企业安全生产信息、重大危险源管理、作业和作业过程许可管理、培训管理、风险分级管控和隐患排查治理管理、设备完整性管理与预测性维修、能源综合管理等应用需求，按照统一的数据、模型、接口等建设标准规范汇聚各级子(分)公司数据，建立集团层面统一的工业互联网调度、安全管理和联动应急指挥平台，依托骨干企业建立二级节点的分节点，服务安全生产全要素、全流程在线智能分析和管理，实现集团内外、政企之间信息共享、上下贯通。

三是行业应用场景。(1)企业安全管理体系运行状态监控；(2)重大危险源安全生产风险监测预警平台应用；(3)提升安全生产许可、监管、执法信息化水平；(4)探索第三方评价评估云端化和动态化；(5)诚信体系管理；(6)封闭化管理；(7)易燃易爆有毒有害气体预警报警；(8)园区、区域安全生产分析预警；(9)园区敏捷联动应急。

3）工业 App

包括：(1)化学品安全技术说明书 MSDS App；(2)设备完整性管理与预测性维修 App；(3)控制系统性能诊断 App；(4)自动化过程控制优化 App；(5)重大危险源管理 App；(6)作业许可和作业过程管理 App；(7)培训管理 App；(8)风险分级管控和隐患排查治理管理 App；(9)承包商管理 App；(10)人员定位 App；(11)智能巡检 App；(12)智能事故与应急处置 App；(13)应急资源目录及数据库管理 App；(14)应急救援仿真模拟推演 App；(15)多主体协同应急处置模拟仿真 App；(16)智慧化园区安全应急管理 App；(17)封闭管理 App；(18)安全生产预警指数 App；(19)人员不安全行为管理 App；(20)视频智能预警 App；(21)危险化学品全生命周期、全流程监管 App。

4）工业机理模型

包括：(1)重大危险源安全生产风险评估和预警模型；(2)培训效果评估模型；(3)承包商表现评估模型；(4)设备健康评估模型；(5)设备预测性检维修模型；(6)控制系统性能诊断模型；(7)优化控制模型；(8)全流程监管模型；(9)安全生产预警指数模型；(10)人员异常智能分析模型；(11)作业环境、异常状态识别分析模型。

5）技术性文件

包括：《"工业互联网+危化安全生产"体系架构》《"工业互联网+危化安全生产"安全框架》《"工业互联网+危化安全生产"行业数据接入指南》《"工业互联网+危化安全生产"网络部署指南》《"工业互联网+危化安全生产"边缘计算架构》《"工业互联网+危化安全生产"数据分析指南》《"工业互联网+危化安全生产"工业 App 设计指南》《"工业互联网+危化安全生产"工业 App 培育指南》《"工业互联网+危化安全生产"试点项目管理规范》等。

6）标准体系

包括：《"工业互联网+危化安全生产"管理体系基础和术语》《"工业互联网+危化安全生产"管理体系要求》《"工业互联网+危化安全生产"管理体系实施指南》《"工业互联网+危化安全生产"管理体系评定指南》等总体性标准。编制《"工业互联网+危化安全生产"工业 App 分类分级和测评标准》《"工业互联网+危化安全生产"企业端数据接口规范》《"工业互联网+危化安全生产"监管平台端数据接口规范》《"工业互联网+危化安全生产"大数据采集规范》《"工业互联网+危化安全生产"数据标准化规范》等关键基础共性标准，明确各地建立、实施、保持和改进实施过程中管理机制的通用方法，可规范、指导各地建设应用过程，并使其持续受控，形成获取可持续竞争优势所要求的信息化环境下的新型能力。

7）感知层/边缘层建设

结合人员、设备、物料、工艺和环境等方面安全风险清单，编制针对性好、操作性强的企业安全风险感知方案，全面接入企业的液位、温度、压力、料位、流量、阀位和介质组分等工艺参数，可燃气体浓度、有毒气体浓度或助燃气体浓度等气体浓度参数，气温、风速、风向等环境参数，明火和烟气，重要物料机泵状态，接地电阻及相关监测设备供电状态，消防泵状态和消防水池水位等消防重要参数，周界报警信号，音视频和人员进出信息等关键参数；基于 5G、北斗和激光速扫等技术，开发和部署专业智能感知设备及边缘计算设备，兼容、支持通用串行通信协议、用户数据报协议/传输控制协议（Modbus UDP/TCP）、过程控制的对象连接与嵌入标准、实时数据访问规范/统一架构（OPC DA/UA）、消息队列遥测传输（MQTT）、WebSocket 等标准协议和私有协议，构建具备敏捷连接、精准感知、低延迟的感知监测能力，实现不同格式、不同维度的数据融合，满足企业安全风险管控在全局协同、优化控制和敏捷应急等方面的关键需求。

8）安全保障

着眼于工业互联网安全防护，遵循相关安全规范，设计安全防护策略与安全管理体系，全面考虑装置及设备安全、监测感知安全、处置恢复安全、网络和通信安全、物理主机及环境安全、虚拟化安全、应用系统安全、用户安全及数据传输与存储安全等重点安全防护对象及场景，提供安全保障软硬件配套设施及服务，确保工业互联网健康、有序发展。通过固件安全增强、漏洞修复加固、补丁升级管理、硬件安全增强、安全监测审计、加强认证授权、部署分布式拒绝服务（DDoS）防御体系、工业应用程序安全、主机入侵监测防护、漏洞扫描、资源访问控制、信息完整性保护等安全措施保障核心数据的安全流转及各业务区的正常运行，对物理、网络、系统、应用、数据及用户安全等实现可管可控。

9）重大危险源管理

研究优化完善重大危险源安全生产风险监测预警模型；研究评估重大危险源安全生产风险监测预警系统运行指标体系；优化重大危险源安全生产风险监测预警系统功能；不断提升重大危险源安全生产风险监测预警系统数据稳定性、完整性、准确性、实时性。

10）智能巡检

研究不同岗位现场巡检重点内容清单；研发复杂环境下智能巡检终端；研究巡检信息远程、可靠、双向实时传输技术。

11）人员定位

基于 Wi-Fi、蓝牙、超宽带（UWB）、射频识别技术（RFID）等相关技术及差分基站、全球定位系统（GPS）、北斗定位标签等信号终端设备，研究企业室外、室内和受限空间人员定位技术，实现在净空区域高精度（亚米级）和复杂装置、室内区域连续定位功能；研究人员定位数据长距离、高精度、连续传输技术；研究人员定位相关可穿戴设备。

12）设备状态诊断

研究建立不同类别设备故障预测性维修的专家知识库；研究基于多源数据融合分析的故障特征提取技术；研究确定不同设备运行健康状态监控关键指标参数；研发相关高可靠性状态监控设备。

13）培训管理

基于岗位、层级、行业类别、区域差别，研究、分类建立各岗位重点培训范围；研究建立培训效果评价指标体系。

14）相关方管理

研究建立评价机构、检测机构、设计单位、施工单位、监理机构、行业专家、技术咨询单位及从业人员的表现评价指标体系和分级分类标准。

15）危险作业无人化

研究确定各行业类别的企业存在的小概率、高风险作业清单；基于上述清单，探究基于工业互联网的危险作业无人化的可行性及解决方案，研发相关无人化作业的系统及装备，并进行能力验证。

16）风险分级管控和隐患排查治理管理

研究建立各细分行业类别的企业不同岗位的风险辨识清单；研究建立不同安全风险分级管控标准；研究建立各细分行业类别企业不同岗位的隐患排查标准。

17）敏捷应急

将现有文本岗位应急处置卡进行数字化设计，提炼重构并云化处理，利用工业互联网平台汇聚相关岗位、重点工艺、关键设备知识库，并形成覆盖危险化学品生产、储存、使用、经营和运输等全产业链的系列化微服务组件，为危险化学品事故应急救援提供云端设计知识及工具服务。

18）应急资源信息化

针对目前企业、政府应急资源管理环节多，缺乏统一接口及现有的应急物资管理信息系统数据掌握不全面、数据更新速度较慢，供需双方信息对接不畅，容易出现应急物资种类、时间上的供需失衡等问题，利用大数据解析、信息整合等手段，由传统的数据孤岛转为信息化协同管理，推动企业及政府应急资源的并行组织和协同优化。

3. 智能管道的概念

智能管道（Intelligent Pipeline），是智慧管网的基础单元。管道智能化建设将传感测量、工业控制、移动通信、物联网、运行仿真等技术应用于管道工程建设、生产运行、维护维修及管道保护等过程，形成智能感知、可自适应、高度自动化、优化平衡的管控一体化系统。

管道完整性管理及智能分析决策技术得到了国家工业和信息化部的鼓励推广。中国石化开发了管道完整性管理及智能分析决策成套技术，管道不同批次检测数据对齐覆盖率100%；有效提高了管道维修决策可靠性，降低检维修费用15%以上；提高管道数据关联性和利用率，可以有效提升管道完整性管理的专业化、科学化、智能化水平。该技术已在部分原油管道、成品油管道、天然气管道、集输管道及厂际管道得到应用。中国石油适应管道"区域化管理"模式，从安全管理的本质需求出发，充分考虑当前技术发展现状与实施的可行性，运用成熟的工业控制与信息技术，深化管道基础数据与实时数据的应用，智能化管道的建设预期实现六个方面的目标，率先启动了中俄东线天然气管道作为我国首个"全数字化移交、全智能化运营、全生命周期管理"的智能管道样板工程，引领与带动了管道行业技术与管理水平的提升。

近年来，通过推进管道智能化建设，对油气管网中的老旧管道进行高质量、高水平的技术改造，提高管道本质安全水平，是有效控制油气管网安全风险的根本措施。据报道，以"保障国家能源安全"为主题，2021年8月6日，国家应急管理部、工业和信息化部、国务院国资委联合启动油气管道行业"工业互联网+安全生产"试点，通过融合应用新一代数字化、智能化技术，构建快速感知、实时监测、超前预警、联动处置和系统评估五种新型安全能力，实现安全生产全过程、全要素的链接和监管，试点预计2023年底实现在我国油气主干管网全覆盖，努力打造覆盖全国的油气管道安全智能物联数据网络，最终将管道基础设施"全国一张网"升级成为智慧数据"全国一张网"，全力推动油气管道行业企业数字化、智能化转型升级。同时，智慧管网建设，正在使全国的省级天然气管网从"物理联通"到生产运营管理的"互联互通"，天然气"全国一张网"的规模将进一步扩大。预计到2025年，将形成6.9×10^4km的天然气大管网。

4. 智慧管网的概念

智慧管网(Intelligent Pipeline Network)，是在标准统一和数字化管道的基础上，以数据全面统一、感知交互可视、系统融合互联、供应精准匹配、运行智能高效、预测预警可控为目标，通过"端+云+大数据"体系架构集成管道全生命周期数据，提供智能分析和决策支持，用信息化手段大幅提升质量、进度、安全管控能力，实现管道的可视化、网络化、智能化管理，最终形成具有全面感知、风险预判、自我诊断、自主防范、智能优化的能力，且安全、高效运行的智慧油气管网。

5. 智慧管网建设工作目标

智能管道是智慧管网的建设基础，智慧管网是智能管道的最终目标。通过推进管道数据由零散分布向统一共享、风险管控模式由被动向主动、运行管理由人为主导向系统智能、资源调配由局部优化向整体优化、管道信息系统由孤立分散向融合互联的"五大转变"，实现油气管网"全数字化移交、全智能化运营、全生命周期管理"，建成具有思维能力与创造能力的油气管网，完成数字管道向智能管道和智慧管网演进。

（1）智能管道建设阶段：以信息系统集成和标准化体系建设为基础，通过中俄东线智能管道试点建设和在役管道数据智能化逆向恢复，逐步实现工程项目全数字化移交和实物资产全生命周期管理，通过中油管道数据中心建设支持各业务领域数据可视化、专业分析、辅助决策，在部分领域实现智能化运营突破，进一步强化管道本质安全。

（2）智慧管网建设阶段：在智能管道建设基础上，通过大数据、人工智能等技术综合运用，依托中油管道数据中心构建智慧管网的大脑，推动油气管网优化运行，管道风险高效洞察，生产经营科学决策，实现管道全智能化运营管理，促进油气管网的经济高效运行。

通过对智慧管网全业务链需求分析，并结合国内外管道技术现状调研与分析，以及对人工智能技术发展现状与趋势调研和深入分析人工智能技术与管道技术结合性，通过科技顶层设计形成了"智慧管网"攻关。

6. 智慧管网建设初步成效

近年来，中国石油原管道成员企业"标准化、模块化、信息化"优秀成果，推动了管道传统型向数字型的转化，加快技术攻关突破，提升自主创新能力和核心竞争力，科技信息支撑保障作用进一步凸显。2017年，启动了中国石油智慧管网建设工作，智慧管网总体设计方案已于2018年底编制完成，并确定了实施时间表和路线图，通过有序组织智慧管网建设关键技术重大科技专项研究和现场应用，中国石油智慧管网建设将迈向快车道。为扎实推进智慧管道建设，优选中俄东线北段为试点，在国内首次采用"一体化项目管理团队+监理+设计+采购+建设"的管理模式，发挥建管一体化优势，综合开发工况实时采集传输系统、现场智能监控系统、全生命周期项目管理系统、机组通及工程项目管理平台等一系列工具，并成功应用数字化设计、智能工地、关键数据采集等技术，特别是中俄东线冀鲁项目部率先编制形成智能化手册——数智化管理与效率革命成果展望，同时在PIM系统中，施工数据管理模块实现了施工数据质量治理功能展示，一系列管理变革、技术革新和基层首创纷纷为智能管道、智慧管网聚智赋能。同时，在中俄东线过境段控制性工程依托全生命周期数据库和PIM系统，借助物联网和DT动态化率先在盾构工程中的智慧应用，建成智能识别、立体感知的数字化施工现场，实现了物与物、人与物、人与人的全面互联、互通、互动。统筹多方资源，组织制定数字孪生体构建实施方案，在中俄东线中段开展试点，工程开工后将同步实施。

二、管道自控安全技术建设

（一）管道自控安全技术建设现状

（1）将手动截断阀室改造为远控截断阀室，控制管道泄漏事故状态下的泄漏量过大风险。

在以往工程建设中，由于管道沿线线路截断阀室供电条件差（有的地区供电电源距离远），而配置具有远程监控功能的RTU（Remote Terminal Unit，远程终端设备）费用较高。为了控制成本，部分原油、成品油管道的线路截断阀室设计为手动截断阀室，未按照RTU阀室设计。在管道发生泄漏事故状态下，不能立即从调控分中心远程关断事故点上下游的截断阀，只能通知输油站管理人员或阀室看护员、当地巡线工赶到现场手动关断。手动关断与远程关断相比，存在漏油量增大的风险。随着太阳能供电效率提高和蓄电池系统储能容量增大，为没有外电供应的阀室提供了供电条件，且柜装RTU设备和供配电设备占地面积也比较小；采用"电液联动"阀门执行机构，使远程快速关闭线路截断阀的耗电量也大大降低。这些技术的进步，为现有手动截断阀室改造为RTU阀室创造了条件。

（2）完善"水击超前保护"功能，控制管道超压运行风险。

部分成品油管道SCADA系统中，有的因管道输送条件发生了变化，需要对水力系统、水击保护参数和水击保护逻辑等重新计算分析；有的水击超前保护系统未连续运行或运行不正常，需要对水击保护逻辑控制程序重新分析检查与调试。完成这些工作，可以确保水击保护功能完善、保护系统灵敏可靠，控制在发生水击工况下管道超压运行风险。

（3）加快对老旧SCADA系统的国产化改造。用国家管网集团自主研发的SCADA系统替换引进的在役SCADA主机软件系统和站控PLC软件系统；用国产PLC替换老旧的在役国外品牌PLC，重新修改完善（编制）站控控制程序，重新完成主机和站控系统对现场设备监控操作的两级调试等。

（4）探索地形起伏较大的输油管道线路截断阀自动保护关断技术，控制破管泄漏污染环境的较大风险。

输油管道截断阀室目前没有采用"输气管道RTU阀室在检测到运行压力下降速率过大（或运行压力过低）时，阀室自动保护关断，以便控制管道发生事故后的影响时间和程度"这一技术，主要原因是没有成熟可用的触发RTU阀室自动保护关断的检测判断技术，相关工程设计标准中也没有这方面的规定和要求。在地形起伏较大的大高差和大落差区域内，一旦管道发生破管漏油事故，如果调控中心（或调控分中心）调度员没能在最短时间内停运管道和远程关断RTU阀室，漏油总量将会增大，造成的环境污染风险也更大。

中缅原油管道线路截断阀室破管泄漏自动保护关断技术，是在地形起伏较大的RTU阀室，安装精度相对较高和稳定性较好的外夹式超声波流量计，阀室RTU将检测数据和运行压力等数据传输给设在输油管道首站的"全线水击保护PLC（Programmable Logic Controller，可编程逻辑控制器）"，在排除某阀室上游泵站不存在启泵操作影响的情况下，如果超声波流量计检测到的油品流量（流速）突然增大，运行压力突然下降，则判断该阀室的下游段发生了泄漏。水击保护 PLC 同时向该阀室及其下游阀室的 RTU 发出关阀指令，两个 RTU 完成自动保护关阀操作，同时触发水击保护系统自动保护顺序操作，停运全线输油泵，及时将泄漏量控制在两座阀室间距的"可自然泄漏量"内，避免叠加泄漏。当然，这一技术路线是否可行、可靠，还需要从水力分析、控制逻辑设计、超声波流量检测等方面进行大量的测试才能确定。因此，通过智能化手段，可以有效控制输油输气管道失效和减轻失效后果，显著提升管道本质安全。

（二）管道自控安全技术建设展望

除了通过技术改造推动管道智能化建设外，还要通过技术创新持续提升管道运行自主可控能力，提升关键设备仪表、控制系统、通信系统的国产化、标准化水平。

目前，通过"用户自动分输技术""天然气管网 SCADA 系统国产化替代""SCADA 系统软件 PCS V2.0 研发及工业试验研究""与 SCADA 系统深度融合的高精度液体管道泄漏监测软件系统研发与应用""大型天然气管网在线仿真系统软件国产化研发及应用""压气站'一键启停'功能改造全面推广"等科研项目实施，借助现代信息技术，变革传统的业务管理模式，解决业务管理效率低、人员需求多等传统生产经营难题，保障国家管网设施安全、高效运营。

（1）通过研发与 SCADA 系统深度融合的输油管道高精度检漏系统，提高防控输油管道泄漏风险的能力和水平。

目前，国内输油管道基本都配备了泄漏监测系统（检漏系统），但检测设备的厂家和品牌多，检漏误报率较高，泄漏位置定位不准确，应用效果不理想。主要原因包括：计算模型粗放和理想化，导致沿线压力分布的计算精度不高；其结果又影响流量平衡（流量平衡分布）计算的精确性；检漏系统独立运行，没有充分利用 SCADA 系统实测数据来修正校准压力分布和流量平衡分布计算模型，不能自动排除"运行工况突然变化"对检漏分析判断的干扰。

为了提高检漏系统运行的稳定性，降低检漏误报率，研发与 SCADA 系统深度融合的输油管道高精度检漏系统，技术设想是：

① 建立多类标准化压力计算单元模型，包括输油泵站出站到下游第一座 RTU 阀室之间的计算单元；两座 RTU 阀室之间的计算单元；干线分输点到分输点下游第一座干线 RTU 阀室之间的计算单元等；以便按模块化方式建立全线压力分布计算模型。

② 建立压力分布和流量平衡自动修正校准计算模型。新研发的检漏系统可直接从 SCADA 系统读取各进出站、RTU 阀室、减压站的运行压力和油温等参数，与模型计算结果进行对比。当计算结果与实测参数有差异时，调整计算模型相关修正系数，直到计算结果与实测数据趋于高度吻合。

③ 建立"单元、站间及全线"流量干扰修正动态平衡计算模型，以排除运行干扰因素影响。在管道输入和输出流量不变的情况下，一座或几座泵站突然启（停）泵，或执行先启泵后停泵操作，或变频调速泵转速调整等，都会产生"管道充装"变化现象，进而影响"单元、站间及全线"流量平衡计算精度。将 SCADA 系统监测到的这些设备运行工况变化，作为启动排除运行干扰因素影响的"流量干扰修正动态平衡计算模型"的条件，计算生成相应的"单元、站间及全线"流量干扰动态分布线。

④ 基于前述模型计算结果输出的流量平衡"异常单元内"及"相邻异常单元之间"的"流

量不平衡"提示和不平衡量的大小，判断分析"异常单元内"是否发生了泄漏；根据压力模型计算结果和 SCADA 系统实测数据变化，分析判断"异常单元内"或(及)"相邻异常单元之间"的压力分布是否发生了"突变"(产生了负压波)，分析负压波的传递过程，计算判断泄漏点的位置。

(2) 通过抓好"全线一键启停"自动化升级改造，推进输油管道智能化建设。

1997 年 6 月投产的库(库尔勒)—鄯(鄯善)大落差输油管道，实现了从调控中心"一键启停"全线和全线自动保护停运的高水平自动化，其自动化功能到目前都发挥正常，对保障输油管道的安全运行发挥了重要作用。中国石油原北京油气调控中心正在和西部管道公司一起实施西部成品油管道(长度 2041km，设置 19 座输油站场，32 座监控阀室)"全线一键启停"自动化升级改造，优化全线设备精准启停顺序和提升启停输过程的平稳性，大幅降低调度员的操控工作量，为其他输油管道的自动化升级改造及智能化建设提供参考。

(3) 扩大"压气站一键启停"自动化升级改造成果，推进天然气"全国一张网"智能化建设。

2018 年，大(大连)—沈(沈阳)输气管道盖州压气站建成我国首座具有"一键启停"功能的高度自动化压气站。随后，中国石油原北京油气调控中心和有关管道企业对中卫、高陵等6 座在役压气站实施自动化升级改造，实现了从调控中心远程"一键启停"压气站的智能化控制，随后推广在役压气站进行"一键启停"自动化升级改造。随着实施范围扩大，天然气"全国一张网"智能化建设将取得较大进展。

(4) 通过综合应用天然气管网在线仿真、集中远控和机器学习技术，推进天然气管网智能调控建设。

天然气管网在线仿真，在指导天然气管网运行方案编制，管网运行故障或上游气源变化对生产运行和供气影响的分析与前景预测，优化调整管网压缩机组运行匹配并实现节能，以及执行运输收入计算等方面，都发挥了很好的作用。调控中心在压缩机组动态运行效率曲线分析与精准计算系统的基础上，正在开发基于机器学习的管网压缩机组运行优化技术。设想的技术思路：将各压气站压缩机组动态运行效率曲线分析计算系统采集和计算的数据集中储存到几台服务器上，服务器上的机器学习系统对某一区域管网内的若干座压气站的压缩机组在过去一段时间内的运行参数和机组输出功率与能耗等进行分析计算，得出在当前运行工况下对应的区域管网内机组优化运行方案；再将该方案输出给管网在线仿真系统复核计算。如果复核计算的结果是按照该机组优化运行方案，在一定时段内能够完成输气计划，而且区域管网内机组总体能耗小于目前能耗总量，则仿真系统向 SCADA 系统反馈并提示重新调整该区域管网内机组运行配置方案，由 SCADA 系统在调度员的确认下完成机组运行配置优化调整。通过这些技术的综合应用，提升调控中心对天然气"全国一张网"的智能调控水平。

第五节　体系建设和审核数智化技术

数字化、智能化转型发展已经成为国家战略和发展趋势，油气管网应顺应数字化变革大势，宜以数字化改革为引领，以科技创新、管理创新和体系制度创新为动力，努力营造业务变革和数字化建设互促共进，使数智化赋能管网全业务，并在筑牢"全国一张网"高质量发展进程中，把握好"时间、力度和效果"，正确认识和把握"双碳"目标，统筹优化配置资源、资产和资本，加快推进"两大一新"，积极推动"X+1+X"油气市场体系建设，扎实推行体系化管控和常态化体系审核，引领管道"人"在意识中深化、在流程标准中固化、在行为中强化，助推油气储运企业早日实现治理体系和治理能力现代化。

一、一体化综合运营体系数智化升级的探思

（一）一体化综合管理体系的有关建议

一体化综合管理体系的建立和完善不仅对我国油气管道企业管理质量的提升、成本的降低和可持续的发展等方面具有重要作用，而且更有利于提升我国管道企业国际竞争力。

（1）管理体系建设通常历经起步、发展、规范三个阶段，一体化综合管理体系是体系规范提升阶段的必然产物，也是国际标准化组织的倡导意见，一些国际石油公司积极探索和实践一体化管理体系建设，但国内石油行业全面开展一体化体系建设的企业还不多见，因此有呼吁实践和探索的现实必要。

（2）研究设计适合一体化综合管理体系的模式是整合管理体系应解决的首要问题，旨在将多种管理体系统一成一种模式，并构建出一体化综合管理体系的结构，既要遵循各个管理体系标准的要求，又要保持各自管理对象的需求及其管理过程的完整性，充分协调体系运行的系统性和逻辑性。

（3）建立规范、完善的一体化综合管理体系是管道企业现代管理所面临的一大重要课题。目前，国内外还缺乏相应的规范和标准。因此，通过分析质量、环境、HSE 管理体系的本质和内涵，率先提出了开展一体化的理论基础和现实可行性，同时从工作目标、工作原则和工作方法方面，较为全面地介绍了建立一体化、集约型、综合性的管理体系的工作思路。

（4）通过对比分析多套管理体系的审核和认证工作存在的问题，表明一体化审核和认证的优势更加凸显，从另一个角度也证实了一体化建设是管理体系发展的必由之路。

（二）一体化数智化运营体系的探析

1. 管理体系数智化转型发展的必要性分析

如前所述，目前多数企业的管理体系的特点是数量多、种类杂、未集成、较独立，管理体系的手册性文件、程序文件、作业文件、支持性文件、流程性文件、表单化文件、标准性文件、记录性文件、操作性文件等由最初的纸质"文本化"管理，随着计算机、信息技术的应用基本实现了"电子化"文件管理，部分企业也在探索管理体系"平台化"管控，应该说许多企业的管理体系已经实现了体系管理的信息化。

考虑到企业的管理体系文件的计划、起草、意见征集、会签、审查、审核、审议、审批、签发、实施、运行、审核、后评价、提升等各个环节的工作量大、流转环节多、涉及层面广，特别是机关部门异地办公、基层单位管理层级多、覆盖地域多、合资合作面大、业务类型多、管理幅度大、用工形式多、人员流动性大、国内外布局广等诸多因素，必将导致策划、建设、维护管理体系文件的难度愈加增大、人工成本越来越高、耗时耗能越来越大，甚至难以提高管理质量、效率和动力。尤其是各类体系文件的重叠、关联和互动，难以避免不同体系之间、各类体系中相同文件之间、同体系内部与不同体系文件之间的冲突和矛盾，依靠传统管理方式显得力不从心、难以为继。同时，党和国家的方针政策、法律法规、标准规范等，并且国家各个部门、各个团体，省级、市级、县级、乡镇级等不同层级的制度性文件和管理性文件，均呈现持续不断地改进与新增变化的特征和态势。企业需要对法律法规保持高度关注、准确识别、及时更新，但是由于上述任务的复杂性、随机性、关联性等原因，难

以保证及时性、完整性和有效性，所以，"合规"已经成为依法治企的一个关键性主题，已成为不得不严肃面对的一个管理性问题。合规保障在各个文件中如何予以体现，要求的内容和表述方式的差异性难以把控。为了切实消除上述相关问题，管理体系的"数智化"升级已经成为发展的趋势。

2. 一体化数智化运营体系的发展思路

笔者认为，搭建并不断完善一体化数智化运营体系是一种顺应时代潮流的发展方式。所谓"一体化"和"数智化"，就是将这些管理主题整合为一套数智化的管理模型，并且与实际业务运行系统实现动态关联，构建"策划—设计—建设—发布—执行—治理—优化"的"数字孪生"管理体系闭环，从而实现业务运营管理的数智化转型升级。"搭建并不断完善一体化数智化运营和管理体系"，要经历如下五个阶段：

（1）数智化设计。数智化设计就是采用数智化建模技术构建一体化的数智运营体系模型，并以多维、感知、可视的方式展示出来，例如，采用 Word、Visio、Excel 等编制管理体系的"电子文件"。"数智化建模"就是转变"电子文件"技术手段，构建结构化和要素化的管理模型，这也是管理体系数智化转型的关键一环。一体化运营体系相关的各类文档是否由数智化模型自动生成，是"数智化"和"文档文件电子化"管理体系最明显的区别。数智运营体系模型，是实现一体化运营体系数智化管理的基础。

"数智化"与"电子化"不同，Word、Visio、Excel 形式的文件是典型的"电子化"文件，但还不是真正意义上的"数智化"文件。"数智化"首先要实现"模型化"。即企业管理者撰写管理文件的过程，是在信息化系统中自动构建一个管理模型的过程。此时，文件中的每一个"条款"都是一个模型对象，都可以被别的管理要素引用，也可以引用别的管理要素。比如，某一管理术语发生变化时，所有引用了此术语的文件"条款"都会自动进行更新，而不需要用人工一处一处查寻和对应修改。"模型化"的另一个技术特点：传统的制度文件、程序文件、作业指导、岗位职责书等"电子化"文档将由模型按设定好的格式要求自动产生，而不是人工编制和格式调整；当然，建立模型和自动产生出来的文档仍然需要专业人员或者专家进行设计和审核。

法律法规是外部输入性文件，一体化的数智运营体系模型首先要实现本企业适用法律法规的结构化处理，构建企业管理文件与处理后的结构化的文件，甚至是外部文件条款的承接关联。于此，不但可以检查适用于本企业的法律法规是否完整落实到企业管理体系文件、流程、记录和岗位，使得企业可以更为高效地面对内部、外部的审计和监管。同时，一旦外部法律法规有所变化，可基于数智化模型自动识别哪些企业内部管理体系文件需要"立改废"，涉及哪些层级、业务、部门、岗位，甚至自动识别、主动提示改进和完善的工作流程。

（2）数智化建设。管理手册可以根据标准、规范和所设定的目标和指标，通过一体化的数智运营体系模型建立、搭建内容架构，如果需要输出管理手册、内控手册、合规手册、营销手册、体系审核手册等，程序文件、作业文件、制度文件、标准规范、流程图、岗位风险表等文件，则统一由数智化模型自动生成，不再需要手工编制；特别是对应公司不同层级、不同业务、不同专业、不同岗位所对应的归口管理的体系、制度、标准、流程就自动汇集并将其可视化显示，相关联的文件和图表等也以不同方式予以呈现，不仅相关的文件，如果需要知晓，可以切换到大的平台数据库去查寻。业务之间、文件之间、流程之间、标准之间、管理层级之间、属地单位内外之间、企地之间等，均可以实现物联化关联、数据化贯通、体系化构建、数字化定制、智能化管控。

（3）数智化执行。当前，企业生产经营和工程建设都是在线下开展工作，多数是在独立于所建立的管理信息系统外工作后，再将有关数据和报告上传至系统；要么是在所建立的管理系统中工作，但工作的依据和标准与体系文件完全独立，因此这就造成"体系建设""体系运行"形成"两张皮"，也就失去了体系运行的生命原动力。在数智化模型的基础上，可实现一体化体系工作的数智化运行，真正实现一体化数智运营体系，既是文件管控平台，也是体系工作平台，也是体系审核管控平台的一部分。基于数智化的模型直接运行上述文件、流程、表单、报告，以及相关数据，比如直接从模型库中选择风险和控制措施，直接运行模型中描述的审查和评价流程等，是"数智化"和"文档化"管理体系另一个明显的区别。在新一代数智化技术所支撑的数智化执行体系中，审查和评价流程不再需要技术人员基于 Word、Visio、Excel 形式的文件开发或配置 IT 系统；运行审查和评价流程时，执行人员可以直接从模型中选择已定义过的风险和控制措施，只需要对那些人工审核过程中新发现的问题和相应的控制措施解决方案进行补充式、核查式录入。

（4）数智化治理。体系数智化治理，主要是围绕数据、技术、业务流程和组织变革四个核心要素，从组织（主体）、价值链（客体）、资源环境（空间）出发，不断推进四个核心要素互动创新和持续提升的过程。引入新的管理思维和信息化手段，优化和重构现有业务流程，最大限度地实现技术上的功能集成、管理上的职能协同，打破传统的职能型组织结构壁垒，建立全新的基于业务流程和能力提升的组织结构，更好地为用户创造价值，快速响应市场动态变化，提高可持续发展能力。

（5）数智化优化。利用大数据和流程还原技术，获取流程的实际运行数据，并与虚拟的"数智运营体系模型"对接，构建基于"数智运营体系模型"的优化体系。进行体系顶层设计、总体部署、工作方案、资源配置、职能与业务、管理与工作、成本与费用、质量与效益、风险与内控、合规与创新、科技与信息、战略与规划、安全与事故、应急与调查、党群与文化、审计与监察、监督与管理等方面的职责、流程、内容、措施等方面的优化，从而实现企业一体化运营体系的整体优化。

二、审核评估诊断可视化技术

信息化、数字化的目的是为了提高运营管理效率，进而提高企业整体效益。将信息和数字以可视化的形式呈现给管理者、使用者，并让他们以可视化的形式发出规范的管理指令、进行可视化人机交互、可视对讲，也可以大大减少沟通障碍、避免沟通失误、提高管理效率。

下面着重介绍审核可视化技术及实践，并简要介绍审核的评估诊断的可视化技术及实践。

综合运用现代信息技术、网络技术、通信技术，设计和开发体系审核可视化平台，适用于油气生产全生命周期各个阶段、涵盖体系审核全过程，达到以跟踪审核和监督管理为核心的音频、视频通信技术支持，实现跨地域、跨组织的管理体系现场审核、远程审核、计划性审核、随机审核的目的，避免体系审核的形式主义，增强体系运行的持续有效性，助推体系建设和运行质量提高。

（一）体系审核可视化标准规范

1. 平台功能

平台功能包括但不限于如下主要标准规范：

（1）《物流公共信息平台应用开发指南 第1部分：基础术语》（GB/T 22263.1）；

（2）《物流公共信息平台应用开发指南 第7部分：平台服务管理》（GB/T 22263.7）；

（3）《物流公共信息平台应用开发指南 第8部分：软件开发管理》（GB/T 22263.8）；

（4）《工业控制计算机系统 工业控制计算机基本平台 第1部分：通用技术条件》（GB/T 26806.1）；

（5）《国家突发事件预警信息发布系统管理平台与终端管理平台接口规范》（GB/T 34283）；

（6）《信息安全技术 信息系统安全管理平台技术要求和测试评价方法》（GB/T 34990）；

（7）《全程供应链管理服务平台参考功能框架》（GB/T 35121）；

（8）《物流公共信息平台应用开发指南 信息编码规则》（GB/T 37017）；

（9）《企业移动应用平台管理规范》（Q/SY 10007）；

（10）《应急平台建设技术规范》（Q/SY 25589）。

2. 可视化

可视化包括但不限于如下主要标准规范：

（1）《工业自动化系统与集成 产品数据表达与交换 第46部分：集成通用资源：可视化显示》（GB/T 16656.46）；

（2）《生产现场可视化管理系统技术规范》（GB/T 36531）。

3. 数据库

数据库包括但不限于如下主要标准规范：

（1）《科技平台 元数据标准化基本原则与方法》（GB/T 30522）；

（2）《科技平台 元数据汇交业务流程》（GB/T 32845）。

（二）体系审核可视化平台需求分析

我国管道企业与国际大型石油公司相比，体系文件管理信息化建设相对落后，各类审核、测试、检查、巡查、审计面向企业各个层级，企业机关和基层单位相关部门和人员迎审、准备审核、审核陪护、审核问题分析、验证，审核问题"举一反三"整改等环节多、工作量大，仅依靠手工、传统的审核工作方式和手段已经不能满足当前体系审核监督工作的需要，充分利用音频、视频通信技术，积极推进体系审核可视化平台建设和应用，既是顺应当今管道企业日益增长的精细化管理需求发展趋势，更是体系审核管理提升、管理手段转型升级的客观要求。体系审核可视化平台设计路线主要包括业务流程分析、业务调研、国际安全评级系统调研、移动设备调研四个方面。

1. 体系审核业务流程分析

管道企业体系审核业务流程分析涉及系统运维人员、审核管理人员、审核组成员、企业人员多个层面人员。其中，系统运维人员重点开展系统平台搭建和基础信息维护，基础信息维护主要包括企业录入基础信息，信息中心对基础信息进行维护；审核管理人员重点开展确定审核标准、编制审核方案、制订审核计划，审核管理人员与企业共同制订现场审核计划。审核组成员重点开展现场审核发现问题记录、问题追溯、编制审核报告，审核组成员可以利用移动应用开展现场审核工作，记录发现问题；企业人员重点开展问题整改和问题验证，针对问题进行整改验证，实现闭环管理。审核管理人员、审核组成员、企业人员共同利用报表、仪表盘统计对审核数据进行直观展示分析，实现对审核发现问题的统计分析。

2. 体系审核业务调研情况

体系审核业务调研采用"PDCA（计划—执行—检查—改进）"工作模式，分审核步骤、用户角色、操作说明三个方面进行。通过体系审核业务调研发现：

（1）审核人员信息掌握不全面，每次审核人员不固定，审核组管理人员对审核成员情况不了解，审核组人员多，审核计划难安排。

（2）现场审核信息以手工记录问题，通过拍照等方式进行，整理工作量大，不便于对现场信息采集汇总。

（3）现场审核完全以审核人员经验为主，审核人员对历年来的审核情况及企业内审情况不掌握，不便于对审核成果的积累与问题的分析。

（4）对审核发现的问题重点在于原因的分析、责任部门的落实及整改验证过程的持续跟踪，需要能够提供问题追溯的工具。

3. 国际安全评级系统调研

国际安全评级系统（International Safety Rating System，简称 ISRS），是一个全球领先的衡量、改进和展示组织的健康、安全、环境及业务绩效等方面的水平，旨在帮助企业管理风险，推进持续改进的评价体系，实现标准化管理并建立国际标杆，代表了安全与可持续发展管理的最佳实践经验。

ISRS 是挪威船级社（DNV）以事故损失因果模型为基础，在大量管理实践的前提下，针对安全管理，和世界各地的核工业、化学工业和石化工业以联合工业项目形式共同开发的系统、客观测量企业安全绩效的评价系统。目前，广泛使用的主要是 ISRS 第 9 版、ISRS-PIP-IELINE、Summit 评估软件、BSCAT 事件/事故调查工具，基于事件管理和风险管理的 Synergi 软件等。ISRS Summit 是用来支持开展 ISRS 工作的软件系统，其包括 Web 应用与记录工具两部分。

DNV 作为一家全球专业风险管理咨询服务机构，先后对超过 25%的世界 500 强企业采用 ISRS 进行安全评级，利用 ISRS 系统帮助其对现有的 QHSE 管理体系进行梳理与完善，并取得很好的效果。其中，从 2006 年开始，中国石油天然气与管道分公司在全系统内启动了国际安全评级工作，通过与 DNV 合作开展国际安全评级先进水平对标，并采取建立 QHSE 一体化管理体系、推进隐患项目治理、深化资产完整性管理等措施，提高管道安全运行等级。

4. 移动设备调研

本次重点对在石油行业有较好应用的固特牌移动 PDA，以及华为 Pad 样机进行专题调研。经调研发现，固特牌移动 PDA 品牌为美国 Goult（G71EX），防爆（ExibIICT4），操作系统 Android 4.2.1，质量约 650g，屏幕 7 英寸，分辨率 1024×600，具备 2G/3G/蓝牙/GPS/WIFI/FM/指南针/陀螺仪/重力感应/加速度感应器的基本功能，5 点全钢化高强度电容触摸屏，支持 GPS 导航、定位，电池容量 5900mA·h；华为 Pad 样机品牌为华为（S8-303L），非防爆，操作系统 Android 4.2，质量约 329g，屏幕 8 英寸，分辨率 1280×800，网络制式 3G、4G，多点触控、电容式触摸屏，支持 GPS 导航、定位，续航时间为连续上网时间约 7h；连续视频播放约 8h，待机时间超过 500h。

（三）体系提升及可视化研究工作思路

按照"统一体系、统一业务、统一标准、统一职责、统一流程"要求，坚持以业务活动为主线、以风险管控为核心、以质量保障为根本、以流程完善为手段，围绕管理体系调研、优化管理模式、体系架构设计、体系要素设置、PDCA 循环机制、业务能力分析、业务流程建设标准、管理手册编制、体系可视化顶层设计框架等方面，全面开展体系提升及可视化工作，工作思路如图 3-6 所示。

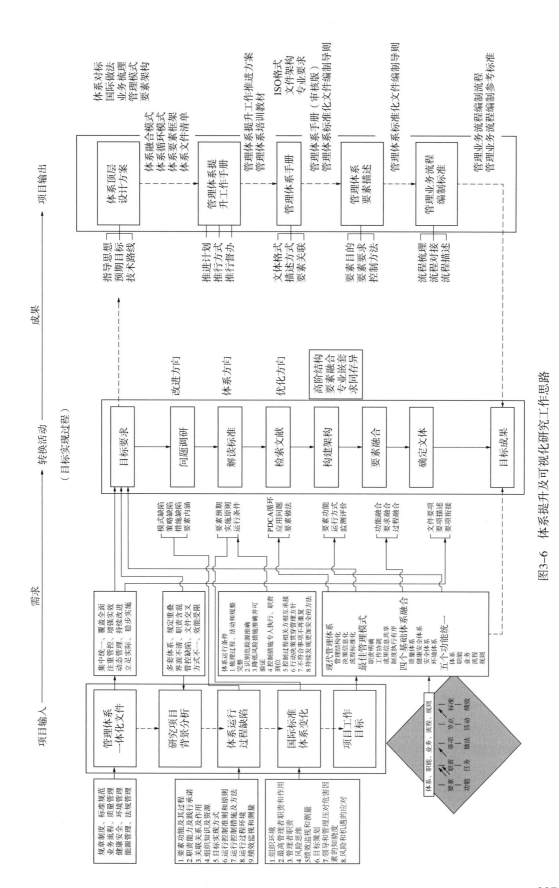

图3-6 体系提升及可视化研究工作思路

237

（四）体系审核可视化平台功能简况

利用信息化、智能化的手段，建立自主运行检测、自主完善管理要素，智能指引异常信息应急联动、问题处置，以及操作界面友好的体系审核可视化工具。体系审核可视化实现途径如图 3-7 所示。

可视化目的	可视化理念	可视化对象	可视化内涵	可视化方式	可视化途径
·数据、信息、状态及演变 ·与资产、实物、场景实时动态互动关联 ·指示链接途径 ·指引全流程分析 ·指导全过程推进 ·提升审核质量与效率 ·……	·目视化 ·视频化 ·看板化 ·检索化 ·指引化 ·虚拟化 ·图形化 ·列表化 ·标准化 ·自动化 ·数字化 ·智能化 ·……	·文件 ·流程 ·数据 ·风险 ·业务 ·诀策 ·行为 ·作业 ·操作 ·管理 ·工作 ·……	·数据 ·编码 ·视觉 ·图形 ·符号 ·颜色 ·流程	·动画 ·展示 ·模型 ·测试 ·数学 ·感知 ·培训	·图示 （平面、立面） ·虚拟空间 ·动画 ·视频 ·音频 ·互动 ·触摸 ·……

图 3-7　体系审核可视化实现途径

1. 设计原则

（1）功能使用方便，非常规操作需要明显提示。

（2）有防止误操作的明显提示。

（3）对于业务流程有一定引导。对不满足条件的业务进行提醒，对下一步业务进行提醒。

（4）尽量减少用户操作次数，对于同类操作设置批量功能。

（5）尽量减少数据录入量，相同数据不重复录入，有限变化的数据尽量采用选择方式，系统自动为用户生成一些有规律的数据，大段文字可采用套用模板的方式录入。

（6）业务批量操作要确保数据的安全性、完整性、可靠性，可采用事务方式。

（7）文件上传功能支持进度显示，批量操作。

2. 交互界面

（1）常用的功能导航应放置在最显眼的地方，描述符合常人习惯。

（2）界面风格统一。

（3）数据验证不通过，需要给予准确提醒及修改意见。

（4）界面中使用的标识颜色需要符合通用习惯，录入项文字后面的红星表示必填项、不可填写的输入框使用灰色背景色等。

（5）等待操作需要给予用户明确等待时间的提醒。

3. 数据库

（1）符合中国石油管道数据一致性需求。

（2）相同含义数据存储在一起，保持一致性。

（3）业务流程相关信息可互相查看。

（4）数据精度必须满足需求。

（5）数据满足业务量统计性需求。

（6）用户操作信息有据可循。

4．编码

（1）代码格式及注释符合公司要求，尽量做到可读性强。

（2）关键性判断需要说明业务处理的逻辑。

（3）兼容常用、通用的浏览器。

（4）可维护性、可扩展性、可重用性好。

（5）服务设计符合 SOA。

5．硬件及网络

（1）服务器性能满足系统用户访问量需求。

（2）服务器存储空间必须满足系统数据量需求。

（3）网络需要满足系统中大量文件上传的需求。

管道企业体系审核可视化平台功能架构如图 3-8 所示。

图 3-8　管道企业体系审核可视化平台功能架构

（五）体系审核可视化平台应用实践

管道企业体系审核可视化平台功能应用如图 3-9 所示。

1．可视化平台主要作用

管道企业体系审核可视化平台实现了指导、共享、便捷、管控的全面结合，审核检查数据经过不断积累，可进行大数据分析，也是各企业填报数据的最终应用。

（1）指导作用。平台提供系统操作手册，以及集团总部、各专业板块、管道成员企业的审核检查标准编制说明、主要内容、审核方式等方面的介绍，为各层级开展体系审核工作提供指导参考。

（2）共享作用。各企业可查看集团总部量化审核通用标准、各专业板块量化审核标准规范、常规作业审核表、非常规作业审核表、关键设备设施审核表、辅助设备设施审核表等多专业、多方式的监督审核标准及其表单内容，所有企业体系审核、监督检查表内容，根据实际现场需求，可直接复制应用该平台中所有审核检查表。

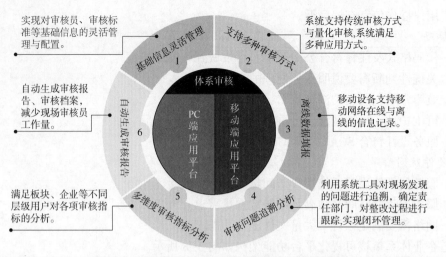

图 3-9　管道企业体系审核可视化平台功能应用

（3）便捷作用。平台设置了关键词、关键字自动匹配，较好地解决了审核发现问题录入过程中大量输入文字的难题。移动应用"一说一拍"轻松搞定问题记录，有效收集现场问题记录。问题录入和记录具有选择、智能关联功能。完成一条问题的全部信息录入，提供保存复制功能，为类似问题提供便捷录入方式。

（4）管控作用。考虑到现场审核无时间录入，只能快速拍照的实际应用场景，平台支持快速拍照处理。针对现场监督人员的管控，对每个应用平台的监督人员所在地理位置进行定位管理。在工作时间内，可随时掌握监督人员工作位置。针对现场监督人员发现的问题统一归类，统一进行原因分析，对问题形成有效管控，为后续大数据分析奠定数据基础。同时，提供了有效的领导管控界面，为领导决策提供辅助支撑。

2. 可视化平台功效分析

（1）审核员库的建立更好地掌握了各审核员的基本情况，为审核策划安排提供支持，特别是后期重点开展的专项审核工作更需要了解审核员的专业背景。

（2）对法规标准的梳理与展现，便于审核员通过 PC 或者移动终端随时随地查阅标准制度等，较好地实现了知识共享（包括接受审核企业制度、标准、规范）。

（3）对集团公司或专业板块制定的复杂且内容众多的审核标准，特别是各类专项标准，按树状层级进行管理，能根据审核需要进行筛选，方便现场查阅与问题记录。

（4）对现场审核全过程的支持，包括现场照片与问题的直接关联对应，问题自动记录与合并，快速生成问题清单，便于集中对问题进行讨论与追溯，快速打分与统计，准确生成总分，扣分项也易于追查原因。

（5）能对历次审核的数据进行积累汇总，能分析出突出的问题与管理的短板，能形成企业的审核档案，有针对性地提出改进意见，提升企业管理水平。

第六节　本章小结

油气管道安全监控与数字化技术是一项复杂的系统工程，其技术体系涵盖总体技术、感知技术、边缘处理技术、软件技术等，亦涉及物联网、区块链、云计算、大数据等类别，尤为关键的是各类技术之间协同配合以构成高效技术体系，是实现"零事故""零死亡""零伤害""零损失""零污染""零缺陷""零投诉"目标的技术和管理支撑。

本章从工程建设智能化、数据治理及流程优化、SCADA 系统工控安全与网络安全、以智慧管网为发展方向的管道信息化智能化、审核评估诊断的可视化等方面，分别介绍了油气管道安全监控与数字化技术的发展现状和未来趋势。

第四章　油气管道事故致因分析与综合治理技术

事故是意外事件，是一种过失行为，反映从业者(作业者及管理者)素质，事故的发生往往是偶然中蕴含着必然，甚至有规律、可控制和可应用的。错综复杂的地下管网，绝对在考验一个机构或部门的技术实力，因为那些隐藏在地下深处的隐患，很容易从我们眼皮底下一掠而过，很多时候，从隐患变成事故往往只有一瞬间而已。国内外油气管道事故数量众多、致因复杂、地域广泛，其中的深刻教训和丰富知识，值得反复研究学习致灾根因分析技术(简称"致因分析")，深挖出事故的各方面、各层次原因，总结出事故的潜生、引发、蔓延、救治过程中的规律，研究出针对各类事故的识险消患、应急防范、综合治理技术。

大量的、纷繁复杂的国内外油气管道事故相关信息，虽然可能与实际情况存在偏差，但仍然可以帮助我们从各类事故中获取宝贵的经验教训、找出事故发生的规律和各种表面和深层次的原因，帮助我们改进当前工作、发现各种问题、识别各类风险、积极采取措施、预防现在和未来可能发生的各类事故。

应本着"为我所学、为我所思、为我所知、为我所用"的原则，从工程建设阶段材料缺陷和施工质量案例、人和物的因素导致管道运行过程中的事故案例，以及油气田企业、长输管道企业和城市燃气企业的管道安全事故案例等多角度、多维度、多视角的案例描述和分析中汲取价值。全面、系统、深入、高效地阐述和挖掘事故根因，做好事故规避、事故防控、事故处置等方面的工作，为构建油气管网全生命周期安全保障技术体系奠定基础。

笔者从大量的事故事件中精选了一些具有代表性的国内外典型事故案例，分类介绍典型事故，进行针对性致因分析；介绍各种致因分析技术及其应用；从事故调研和致因分析中得出启示，并以安全距离、行为安全、高低压分界点为例，简要介绍实用的综合治理技术。

第一节　生命线工程定义及典型案例简析

一、生命线工程定义

关于"生命线工程"(Lifeline Engineering)的定义和内涵：《破坏性地震应急条例》(中华人民共和国国务院令第172号公布，2018最新版)中第三十八条："是指对社会生活、生产有重大影响的交通、通信、供水、排水、供电、供气、输油等工程系统"；在《工程抗震术语标准》(JGJ/T 97)中的解释是，与人们生活密切相关，且地震破坏会导致城市局部或全部瘫痪、引发次生灾害的工程，如供水、供电、交通、电讯、煤气等。"生命线工程"主要是指维持城市生存功能系统和对国计民生有重大影响的工程，主要包括供水、排水系统的工程；电力、燃气及石油管线等能源供给系统的工程；电话和广播电视等情报通信系统的工程；大型医疗系统的工程；公路、铁路等交通系统的工程；等等。其典型对象包括区域电力与交通系统、城市供水、供气系统、通信系统等。

二、生命线工程内容

"生命线工程"涉及维持城市生存功能系统和对国计民生有重大影响的工程，亦称城市生命线工程。城市生命线工程主要包括：(1)交通工程，如铁路、公路、港口、机场；(2)通信工程，如广播、电视、电讯、邮政；(3)供电工程，如变电站、电力枢纽、电厂；(4)供水工程，如水源库、自来水厂、供水管网；(5)供气和供油工程，如天然气和煤气管网、储气罐、煤气厂、输油管道；(6)卫生工程，如污水处理系统、排水管道、环卫设施、医疗救护系统；(7)消防工程等。这些生命线工程必须具备足够的抗震能力、灵活的反应能力和快速的恢复能力。

"生命线工程"具有三个共性的基本特征：

(1)它们大多以一种网络系统的形式存在，且在空间上覆盖一个很大的区域范围，如高压输电网络、区域交通网络、城市供水管网等。网络系统的功能不仅与组成系统的各个单元的功能密切相关，还与各个单元之间的联系方式(主要表现为网络拓扑特征)密切相关。这种共性特征使得对于生命线工程的考察与分析必须借助系统分析的手段进行。

(2)各类生命线系统都是由一批工程结构构成的，工程结构是生命线工程系统的客观载体。例如：在电力系统中，存在电厂主厂房、高压输电塔、各类变电站建筑等，即使是高压输电设备(如各类电容、互感器、绝缘子、断路器等)，也可以视为一类工程结构；在城市供水系统中，存在供水泵房、水处理水池、输水管线等各类工程设施；其他如交通系统中的道路与桥梁、通信系统中的枢纽建筑与通信设备，无一不具有工程结构的基本特征。生命线工程系统中的结构可以统称为生命线工程结构，其抗灾性能、健康状态、耐久性等是决定生命线工程系统能否良好地发挥功能的重要因素。

(3)不同类型的生命线工程系统在功能上往往具有耦合关联性，如电力系统运行状态的良好与否可以影响到城市供水系统正常功能的发挥，交通系统、输油系统功能是否正常可能影响到电力系统的运行状态等。在强烈灾害发生时(如强烈地震、台风灾害等)，这种耦合关联作用甚至更加显著和广泛。

三、生命线工程典型案例简析

(一)"7·20"郑州特大暴雨灾害

2021年7月20日郑州的特大暴雨灾害，最严重的当天下午16时到17时，1小时降雨量达到了201.9mm，这个数据成为迄今为止，人类设立在陆地上气象观测站测出的单小时最大雨量纪录。相当于1h之内把150个西湖的水量直接倾倒到郑州市！这是对于城市生命线工程质量的特大考验，也是对于城乡居民应对异常风险事故能力的严峻考验！为我们平时和异常情况下"减少脆弱性，增强坚韧性"提出了更高要求：平时"未雨绸缪"增强坚韧性，战时"沉着应对"减少脆弱性！因此，须高度重视水安全风险，加快构建抵御自然灾害防线。要立足防大汛、抗大灾，针对防汛救灾中暴露出的薄弱环节，迅速查漏补缺，补好灾害预警监测短板，补好防灾基础设施短板。要加强城市防洪排涝体系建设，加大防灾减灾设施建设力度，严格保护城市生态空间、泄洪通道等。

（二）兰成渝输油管道在汶川地震中彰显了实实在在的"生命线工程"的作用

兰成渝输油管道（简称兰成渝管道）干线途经甘肃、陕西、四川、重庆三省一市，是我国第一条长距离、大口径、高压力、大落差成品油密闭顺序输送管道。全线设计最高输送压力 14.76MPa，设计年输油能力 500×10^4t，自 2002 年 9 月 29 日投产运行以来，承担着川渝地区 70% 的油品供应重任。2008 年汶川地震，重震区与兰成渝管道平行长度超过 500km，垂直距离在 100km 以内，最近处只有 20~30km，兰成渝管道相当于遭遇了 7 级左右地震的考验。大震灾中，救灾车辆用油，救灾发电用油，救灾通信用油，抢救生命用油，灾区人民生产生活离不开油……毫无疑问，供油就是救命！

从 2008 年 5 月 12 日 14 时 28 分地震发生到 6 月 20 日，兰成渝管道累计向灾区供应油品超过 50×10^4t。由于兰成渝管道仅仅短暂停输不到两天时间，因此四川成品油供应趋于正常。当地政府高度评价说："兰成渝管道是一条摧不垮的'生命线'。"

（三）新冠肺炎疫情下的武汉"城市燃气生命线"功不可没

自新冠肺炎疫情发生以来，城市燃气企业通过加强与上游供气企业、下游用气单位紧密衔接，做好供销统筹管理工作；通过合理调度、强化监控系统数据分析、加强全方位监管，确保燃气管网设施整体平稳运行；通过多渠道筹集防疫物资，加强员工健康防护，采取视频会议、车辆巡线、线上服务、线下封闭作业等措施，确保各类业务正常开展。

疫情防控期间，昆仑能源、华润燃气、港华燃气、新奥能源、中国燃气、北京燃气、津燃华润、上海燃气、重庆燃气、深圳燃气和武汉燃气等一大批燃气企业通过重点保障定点医疗机构用气、创新服务模式等一系列举措，全力保障燃气设施运行平稳，确保安全供气和用气安全、降低疫情对群众日常生活的影响。

生命线工程，看似与油气管网全生命周期安全保障技术无关，实则具有非常紧密的联系，可以相互借鉴、相互支持。主要因为城乡油气销售管网是油气管道的末端，包括各家油气用户（加油加气站和管道天然气用户），油气管道的安全保障也需要与这些油气用户配合，需要生命线工程建设者、运营者的理解、配合。生命线工程中的一些与油气输送存储相关的工程中，安全保障技术相同或相似。（1）在研究对象上，生命线工程研究包括生命线工程结构、生命线工程网络、复合生命线工程系统三个基本层次。（2）在研究问题上，生命线工程则可以分为抗灾设计与性态控制两大基本领域。综上所述，生命线工程很重要，理念值得借鉴，技术可以利用。

第二节　国内外油气管道典型事故及分析

借鉴挪威船级社（DNV）对上百万件工业事故的分析结果，以及国际安全评级系统（ISRS）和 RISK、SAFETY 等享誉全球的分析工具，笔者筛选出 19 个国内外典型事故，在事故信息呈现上主要突出安全保障关键技术研究及应用的必要性和紧迫性，为管道规划设计、工程施工、生产运维企业及相关科研、技术咨询等服务机构提供分享、学习和参考，也是出于"事故是宝贵的资源，事故也是宝贵的资产，以事故教训为鉴，以事故经验为指导，警钟长鸣，防微杜渐，避免事故覆辙重演"的初衷。如需了解事故全部信息请以官方公布的事故调查报告和事发单位提供的信息为准，对于书中提及事故可能涉及的管线工程和相关单位，在此也表示歉意，希望予以谅解。

一、典型事故分类

（一）国内外输气管道泄漏爆炸事故典型案例及其分析

1. 国外典型案例及其分析

1）数起国外典型案例简况

（1）美国和苏联输气管道事故。据有关资料不完全统计，美国 2016 年总计发生了 206 起天然气管线"重大泄漏"事故，将天然气送往各家各户的支管线发生的重大泄漏事故约占其中的 46%。管线老旧和随意开挖施工是引发这类事故的主要原因。输气管道，尤其是高压输气管道，一旦破裂，压缩气体迅速膨胀，释放大量的能量，引起爆炸、火灾，会造成巨大的损失。例如，1960 年，美国 Transwestern 公司的一条 X56 钢级、直径为 762mm 的输气管道破裂，破裂长度达 13km。1989 年 6 月，苏联拉乌尔山隧道附近由于对天然气管道维护不当，造成天然气泄漏，随后引起大爆炸，两列铁路列车被烧毁，死伤 800 多人，成为 1989 年震惊世界的灾难性事故。

（2）"4·22"墨西哥瓜达拉哈拉成品油泄漏后下水道爆燃。

据有关媒体报道，1992 年 4 月 22 日，墨西哥瓜达拉哈拉市发生了一起严重的地下管道爆炸事故，导致爆炸的主要原因是一条成品油输送管道发生了泄漏，泄漏油品进入下水道后形成可燃气体混合物并达到爆炸极限，被不明火源点燃后引起连通的下水道发生连环爆炸，持续时间 4h14min。此次事故共造成 15000 多人无家可归，1470 人受伤，206 人死亡，大量人员失踪，1124 座住宅、450 多家商店、600 多辆汽车、8km 长的街道及通信和输电线路被毁坏。2010 年 12 月，墨西哥国家石油公司发表声明称，公司位于墨西哥中部地区的一条油气管道发生爆炸，造成人员 29 死 50 伤。

（3）"7·30"比利时布鲁塞尔输气管道爆燃。据有关资料通报，2004 年 7 月 30 日，比利时首都布鲁塞尔南部一工业区的高压输气管道发生大爆炸。事故管道由比利时 Fluxys 公司运营管理，管径 1000mm，日常输送压力 8MPa。事故发生前，该条管道进行过维修作业，运行压力由 8MPa 降为 5MPa。发生爆炸的区域管道途经的地形比较平坦，维修作业过程中在管道正上方的开挖活动损伤了管道，壁厚减薄深度达到壁厚的 75%。7 月 30 日，输送压力由 5MPa 恢复到 8MPa 运行，上午 8：45 发现管道发生泄漏，9：00 消防人员和警察赶到现场，9：01 发生爆炸。爆炸地点位于布鲁塞尔东南方向 30km 的阿特镇吉朗吉安工业区的一条高速公路附近。爆炸威力巨大，当时 10km 以外的人都能感觉到巨大的震动，火焰冲到了数米高的空中，浓烟完全覆盖了现场。爆炸发生前，一些消防人员正在现场检查管道泄漏问题，并有警察维持秩序。为安全起见，比利时政府有关部门对当地居民采取了必要的安全措施，并临时关闭了爆炸发生地附近的高速公路。比利时政府还派出了大批的救护力量，其中包括 5 架直升机和数十辆救护车。同时，比利时政府启动了一个联邦应急中心，负责协调应急机构的运作和各家医院的治疗工作。与比利时接壤的法国迅速派出由 65 名消防员和医护人员组成的紧急救护队前往事发地，协助救治和运送伤员，一架法国救援直升机也迅速飞往现场。此次事故造成 24 人死亡(包括 5 名消防人员和 1 名警察)，132 人受伤(其中重伤 25 人)，多台车辆被毁，摧毁了两家工厂，方圆 1000m 范围内的生态环境受到不同程度的影响。

（4）"10·2"美国加州海岸原油泄漏事故。据路透社报道，2021 年 10 月 2 日下午，美国加州政府部门接到原油泄漏报告，晚间责任方关停了漏油管道，造成了至少 47.7×10⁴L(约合 3000bbl) 原油泄漏，导致了严重的生态污染。调查人员初步判断泄漏原因是在役 41 年历史的离岸 5km 的海岸输油管道老化。据当地居民反映，早在 10 月 1 日傍晚就已经发现漂浮的原油和刺鼻的气味。

2）爆炸影响半径分析

根据理论计算，管径 1000mm、运行压力 8MPa 的天然气管道破裂爆炸影响分成三个区域：1 类区域。辐射热 10kW/m² 持续 30s，致死半径 210m。2 类区域。辐射热 3kW/m² 持续 30s，灼伤半径 710m。3 类区域。轻伤或受影响半径 1000m。一般地，人体承受热辐射的标准：在 1kW/m² 的条件下，就如同夏天一样炎热的感觉；在 3kW/m² 的条件下持续 10s，未受保护的皮肤就会有疼痛的感觉；在 5kW/m² 的条件下持续 5s，未受保护的皮肤就会有疼痛的感觉，2~3min 就会被烧伤；在 8kW/m² 的条件下持续 20s，就会有 0.1% 的致死概率；在 10kW/m² 的条件下持续 20 秒，就会有 1% 的致死概率。

3）国内管道断裂控制试验简况

近年来，长距离输送天然气采用高钢级、大口径、高压力管道已成为世界管道行业的发展趋势。中国石油管道断裂控制试验场是我国首座管道断裂控制试验场，由原中国石油西部管道公司、中国石油集团工程材料研究院有限公司、中国石油规划总院等多家单位组成的科研团队和建设集体，经过三年多的前期策划、研究和设计，于 2015 年 3 月动工建设，吐哈油建、管道局等 10 余家参建单位和科研院所在戈壁荒漠上建成，使得我国成为继英国、意大利、俄罗斯之后全球第四个、亚洲第一个拥有管道全尺寸实物爆破试验场的国家。据中国石油内部新闻报道，2015 年 12 月 30 日 12 时，我国首座管道断裂控制试验场成功投产暨首次 1422mm、X80 钢级、12MPa 天然气管道全尺寸爆破试验成功，标志着中国石油具有战略意义的大输量、高压力、高钢级天然气管道延性断裂控制重点试验平台建成投用。

根据天然气爆破试验和实验模型计算，笔者对地面管道和地下管道发生爆炸的关键参数、信息、数据总结如下：

（1）地面管道。管道爆炸后碎片飞行距离由起始速度和角度决定，速度一定时，45°飞出的距离最远；碎片伤人时，最小的动能不小于 78J；不考虑风速等阻力的状态下，压力 10MPa、管径 1016mm 的管道爆炸碎片最远能飞 7840m。

（2）地下管道。长输管道：不考虑风速等阻力的状态下，压力 10MPa、管径 1016mm 的管道爆炸碎片最远能飞 484m。燃气管道：天然气爆炸空间体积与爆炸威力事关天然气爆炸事故伤亡的重要因素，以"6·13"十堰燃气泄漏爆炸事故为例，根据事故调查报告，假定仅考虑架空层及二楼空间体积 9750m³，按照天然气浓度 10% 计算，最大爆炸威力相当于314.2kg 梯恩梯（TNT）当量，相当于 1600 颗美军的 Mk.Ⅱ香瓜手雷；考虑窗户多造成泄压面积较大，天然气浓度不一定恰好处于 10% 的爆炸威力最大状态，根据初步估算，实际爆炸威力应为 150~300kg 梯恩梯（TNT）当量。

国内学者朱渊和陈国明针对长输天然气埋地并行管道泄漏爆炸造成邻近管道破坏的问题，采用光滑粒子流体动力学方法与有限元方法耦合模型对爆炸冲击波作用下并行管道结构响应及其安全间距进行研究，计算结果表明：①长输天然气埋地管道破裂，射流坑蓄积的天然气爆炸冲击对并行管道破坏的主要形式为土壤塑性挤压破坏，其次为直接的冲击波超压破坏。首先破坏位置为迎爆面，管道顶部、底部受到土壤塑性挤压作用，较易发生屈曲破坏，管道背部较安全。即爆炸对并行管道的破坏形式为直接的冲击波超压破坏和土壤塑性挤压破坏，后者起主要作用；并行管道迎爆面正对爆心处受爆炸影响最大，最易发生失效破坏。②从预防并行管道泄漏爆炸的角度，运行压力 12MPa、外径 1219mm、壁厚 22mm 的 X80 钢管道，其长输天然气埋地管道安全并行间距为 10m；其他条件相同，壁厚为 26.4mm、27.5mm 的长输天然气埋地管道安全并行间距为 9m。

2. 国内典型案例及其分析

1）数起国内典型案例简况

（1）"1·20"某输气管道爆燃事故。据有关媒体报道，2006 年 1 月 20 日，四川某输气站管径 720mm 输气管道发生燃烧爆炸事故。爆炸之前，1 月 20 日 10：30，施工单位完成管径 720mm 管道碰口后的空气置换作业，开始缓慢升压，11：40 压力缓慢升至 1.07MPa，并恢复正常流程。12：17 管径 720mm 输气管线泄漏的天然气携带硫化亚铁粉末从裂缝中喷射出来遇空气氧化自燃，引发泄漏天然气管外爆炸，因管外爆炸后的猛烈燃烧，又引起两次剧烈的管内爆炸。事故发生后，输气调度部门立即通知相关单位关断干线截断球阀并进行放空，13：30 事故现场大火被扑灭。造成人员死亡 10 人，重伤 3 人，轻伤 47 人。损坏房屋 21 户计 3040m²，输气管道爆燃段长 6905m，直接经济损失 995 万元。直接原因：管径 720mm 管材螺旋焊缝存在焊接缺陷，在一定内压作用下管道出现裂纹，导致天然气大量泄漏，泄漏的天然气携带硫化亚铁粉末从裂缝中喷射出来遇空气氧化自燃，引发天然气管外爆炸，因管外爆炸后的猛烈燃烧，又引起两次剧烈的管内爆炸。主要原因及教训：一是管道运行时间长，管材疲劳受损，且 20 世纪 90 年代流向调配、管道压力频繁变化，加剧了管道产生的局部金属疲劳；二是管道建设时期，防腐工艺落后，且长时间输送低含硫湿气，导致管内腐蚀，并伴有硫化亚铁产生；三是输气站周围构（建）筑物过密，逃生通道狭窄，人员不能及时安全撤离；四是第一次、第二次爆炸发生后，在值班宿舍内的职工和家属，在逃生过程中恰遇第三次爆炸，导致多人伤亡；五是安全管理工作不到位，管理部门对役龄较长的输气管道存在的安全隐患重视不够，管道巡查保护不力，对输气站周围建筑密集的问题未能及时发现并予以整改。

（2）"7·2"贵州晴隆输气管道燃烧爆炸事故。据国务院安委会公开通报，2017 年 7 月 2 日 9：50，位于贵州省黔西南州晴隆县的输气管道发生泄漏引发燃烧爆炸，当日 12：56 现场明火被扑灭，事故造成人员死亡 8 人，受伤 35 人（其中危重 4 人、重伤 8 人、轻伤 23 人）。经初步分析，当地持续降雨引发公路边坡下陷侧滑，挤断沿边坡埋地敷设的输气管道，导致天然气泄漏引发燃烧爆炸。

（3）"6·10"贵州晴隆天然气管道燃爆事故。2018 年 6 月 10 日约 23：20，贵州晴隆沙子镇三合村蒋坝营处发生燃爆。2018 年 6 月 10 日 23：13，中缅输气管道贵州段 33 号~35 号阀室之间光缆中断信号报警；23：15，管道运行系统报警；23：16，35 号、36 号阀室自动截断；23：20，发现位于晴隆县沙子镇三合村处管道（35 号、36 号阀室之间，桩号 K0974-100m 处）发生泄漏并燃爆。造成燃爆点附近晴隆县异地扶贫搬迁项目工地 24 名工人受伤（其中 1 人于 2018 年 6 月 30 日经医治无效死亡），部分车辆、设备、供电线路和农作物、树木受损。经调查，因环焊缝脆性断裂导致管内天然气大量泄漏，与空气混合形成爆炸性混合物，大量冲出的天然气与管道断裂处强烈摩擦产生静电引发燃烧爆炸，是导致事故发生的直接原因。现场焊接质量不满足相关标准要求，在组合载荷的作用下造成环焊缝脆性断裂。导致环焊缝质量出现问题的因素包括现场执行 X80 级钢管道焊接工艺不严、现场无损检测标准要求低、施工质量管理不严等方面。可以发现，位于贵州省晴隆县的中缅输气管道此次发生事故的地段，连续两年曾经发生相同的事故，这两次事故发生地非常接近。

2）潜在影响区域分析

针对上述国内外输气管道泄漏引发的爆炸事故典型案例，有必要对输气管道系统发生因管内气体泄漏爆炸，采用标准、软件和模型分别计算潜在影响区域和安全距离。

（1）依据 ASME 标准和国家标准进行计算分析。

依据美国 ASME 标准（ASME B31.8S−2001 Managing System Integrity of Gas Pipelines，输气管道系统完整性管理）或中国石油天然气行业标准《输气管道系统完整性管理》（SY/T 6621—2005），输气管道影响半径按公式（4−1）计算：

$$r = 0.69 \times d \times \sqrt{p} \tag{4-1}$$

式中　d——管道外径，in，1in＝25.4mm；

　　　p——管段最大允许操作压力（MAOP），psi，1psi＝0.007MPa；

　　　r——受影响区域的半径，ft，1ft＝304.8mm。

影响半径是指当管道失效对管道周边物品及人造成明显影响的半径。

依据《油气输送管道完整性管理规范》（GB 32167—2015），输气管道的潜在影响区域按公式（4−2）计算：

$$r = 0.099 \times \sqrt{d^2 p} \tag{4-2}$$

式中　d——管道外径，mm；

　　　p——管段最大允许操作压力（MAOP），MPa；

　　　r——受影响区域的半径，m。

输气管道的潜在影响区域是依据潜在影响半径计算的可能影响区域。

为了全面掌握国内输气管道基本情况，笔者对国内以天然气为介质的典型输送管道做了全面的统计梳理，按照管道建设投运的时间划分，从 20 世纪中叶至 21 世纪 20 年代期间，国内所建设并投运的天然气管道非常繁多，其中部分管道属于刚刚建成的新管道（如中俄东线管径最大为 1422mm）、大部分属于运行时长在 10～20a 的中青年管道（如西气东输管道系统、中缅管道系统、西部原油成品油管道系统、川气东送管道系统、陕京管道系统等），部分属于已经延期服役处于半运行半退役阶段（鄯乌输气老管道、东黄输油老管道等），其管径和压力参数统计情况如图 4−1 所示。依据 ASME 标准和国家标准，采用公式（4−1）和公式（4−2）计算输气管道影响半径结果如图 4−2 所示（由于单位换算过程中四舍五入的原因，会存在误差，但应该在几米范围内）。采用荷兰专业化软件——Saze 软件、DNV 的 Safety 软件，计算输气管道影响半径结果如图 4−3 所示。采用北京理工大学爆炸科学与技术国家重点实验室研究形成的爆炸模型（以下简称爆炸模型），计算输气管道爆炸半径结果如图 4−4 所示。

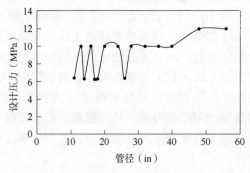

图 4−1　天然气长输管道的管径和压力参数统计情况

注：统计范围主要来自"三桶油"的管道规划和设计院所，难免存在统计范围不全的情况。

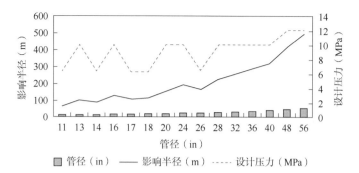

图 4-2　依据 ASME 标准和国家标准计算输气管道影响半径统计情况

注：影响半径属于 ASME 标准通过大量事故统计拟合而成，计算结果与实际相比偏保守。

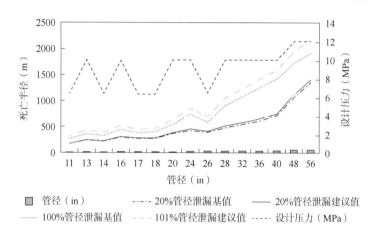

图 4-3　依据软件计算天然气长输管道死亡半径基值与建议值统计计算情况

注：（1）采用荷兰专业化软件—Saze 软件、DNV 的 Safety 软件，进行二次校核，数值接近。

（2）管道长度设定为 8km，计算 20% 管径泄漏和 100% 管径泄漏，取当地风速为 1m/s。

（3）死亡半径建议计算数据取偏安全的数，即以偏大一点为宜，确保人员在安全范围内。

（4）采用在高风险段两端增加截断阀、增加管道壁厚、增加管道埋深等方式，降低管道风险，使其达到 10^{-6} 可接受水平。

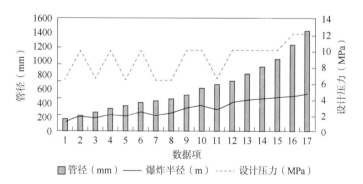

图 4-4　依据爆炸模型计算天然气长输管道爆炸半径统计情况

注：爆炸半径建议计算或者试验数据取偏安全的数，即以偏大一点为宜，确保人员在安全范围内。

（2）依据 Saze 和 Safety 商业软件进行计算分析。

需要说明的是，因为相关软件的参数选取受认知因素影响很大，实际情形复杂多变，输入软件系统的数据是静态数据，也是固定参数，这本身就与现实存在偏差，并且软件所选取的模型也是在一种假定的前提下所建立的，因此，不能完全将软件计算结果作为管道安全分析、评估和管理的唯一依据，但作为参考和决策支持是可以的。也就是说，不能迷信但也不能完全否定计算结果，需要行业专家、企业管理人员等多方进行商讨。

（3）依据爆炸模型进行计算分析。

需要说明的是，笔者引用北京理工大学爆炸科学与技术国家重点实验室研究形成的爆性模型，属于实验模型，该模型对可燃物发生爆炸的影响和后果可以进行模拟分析，对天然气长输管道发生爆炸事故情景进行数据分析具有重要的参考价值，因为输气管道的运行过程对管道周边的建构筑物和管道相关"人"的生命财产产生重大影响和破坏，特别是爆炸致灾半径结果的准确性和影响范围边界的可信度至关重要。有关计算结果对管道运行单位和管道监管部门具有很强的指导意义，更有针对性地开展管道安全防护和应急防控工作。因此，借助爆炸模型进行上述不同管径下的天然气长输管道在不同设计压力条件下的爆炸半径计算分析，其核心要义就是对输气管道发生爆炸所造成的后果是运行条件下最为严重的结果，通常情况下管道是低于设计压力参数进行安全可控运行，诚然该模型也不是完全符合管道复杂的结构和多变地形、地貌、地质和人文气象等自然与社会环境的真实条件下的全面、客观和真实的反映和呈现，计算结果也需要管道各方结合实际情况进行再分析、再评估、再优化，以期为管道安全管理更高质量服务。

3）安全距离分析

据有关资料，近年来，随着我国经济、城镇化、基础设施建设等快速发展，以前大量远离人口聚集区、工业区的长输天然气管道逐渐被各种建筑物包围，公路、铁路、线缆、工业园区、住宅区等与管道交叉施工或占压管道的问题层出不穷。在处理交叉施工和占压问题，防止第三方施工对管道造成破坏，有效拆除并搬迁占压物，避免其他建设工程对管道安全运行产生影响，尽可能减少管道发生事故后对周边区域人员和财产造成损害时，如何合理地确定长输管道的安全保护距离是当前管道企业和燃气企业面临的难点问题。

4）"爆炸、爆燃和爆轰"之异同

上述事故通报中有"爆炸""爆燃"等说法，通常所讲的"爆炸"事故只是一种统称，严格意义上来讲，是需要细分的。一般来说，按其发生过程和影响，爆炸可分为爆炸、爆燃和爆轰三种类型，在此简要介绍和分析三者之间的异同。爆炸、爆燃和爆轰三者的定义和区分：在国家应急管理部安全科学与工程研究院组织编写的《常用安全生产名词术语规范》中，对这三个事故类别有明确的定义，可供参考。

（1）爆炸（explosion）。爆炸是指体积急剧膨胀，并伴随有能量迅速释放的过程。通常，爆炸过程伴随着高温的产生和高压气体的释放。尽管爆炸可以再细分为三种类别，但是其中绝大多数都属于爆炸，这与我们的常规判断和感觉是基本一致的。但需要注意的是，我们日常习惯中所认为的"爆炸"，却不一定就是爆炸，也有可能是"爆轰"或"爆燃"；对此，对于专业人员，尤其是媒体应明确区分和界定。

（2）爆燃（deflagration）。爆燃是一种以亚音速、通过热传递传播的燃烧。燃烧过程依靠高温燃烧产物加热并点燃火焰面前方的低温可燃物维持。常见的火药和黑火药爆炸都是爆燃。其实爆燃在我们的日常生活中也并不少见，只是我们一般不将其视为一种"爆炸"，而是误认为"燃烧"而已；但爆燃也可以视为一种剧烈、快速的燃烧。"爆燃"与"爆炸"的不同就很好理解，那就是"爆燃"一般没有"爆炸"或"爆轰"那样剧烈的冲击波，虽然也具有一定的冲击力，但相对要小得多，一般不会造成明显的机械性破坏。

（3）爆轰（detonation）。爆轰又称爆震，是一个伴有大量能量释放的化学反应传输过程。反应区前沿为超声速运动的激波，称为爆轰波。爆轰波扫过后，介质成为高温、高压的爆轰产物。爆轰这种现象，其实在我们的日常生活或工作中是比较少见的，因为只有当威力过于巨大时才会发生"爆轰"；尽管不多见，但说起来其实也并不难理解，比如核爆炸的巨大冲击波和蘑菇云，就是"爆轰"的典型特征。

其实，区分三种不同程度的爆炸类型，也可以从其四个核心特征进行区分，即高温、声响、冲击、有毒有害气体等的情况，是有所不同的，见表4-1。

表4-1　从四个核心特征区分"爆炸、爆燃和爆轰"之异同统计表

核心特征 三种类型	高温	声响	冲击力	有毒有害气体
爆炸	有	有	很大	有
爆燃	有	很小或没有	很小或没有	有
爆轰	有	巨大	巨大	有

（二）国内输油管道泄漏爆炸事故典型案例及其分析

1. 国内典型案例简况

（1）"7·16"大连原油库输油管道爆炸事故。据国务院安委会公开通报，2010年7月16日，位于辽宁省大连市保税区的原油库输油管道发生爆炸，引发大火并造成大量原油泄漏，导致部分原油、管道和设备烧损，另有部分泄漏原油流入附近海域造成污染。事故造成作业人员1人轻伤、1人失踪；在灭火过程中，消防战士1人牺牲、1人重伤。据统计，事故造成的直接财产损失为22330.19万元。经查，这起事故的直接原因：上海祥诚公司使用天津辉盛达公司生产的含有强氧化剂过氧化氢的"脱硫化氢剂"，违规在原油库输油管道上进行加注"脱硫化氢剂"作业，并在油轮停止卸油的情况下继续加注，造成"脱硫化氢剂"在输油管道内局部富集，发生强氧化反应，导致输油管道发生爆炸，引发火灾和原油泄漏。

（2）"12·22"青岛黄岛输油管道爆炸事故。据国务院安委会公开通报，2013年11月22日，山东青岛东黄输油管道泄漏的原油进入市政排水暗渠，在密闭空间内油气积聚遇火花发生了爆炸事故，共造成62人遇难，136人受伤，事故现场附近交通受阻，部分地区供暖、供气、供水、供电中断，55km公路及雨水暗渠受损，多处居民住宅被摧毁，10000km²海域受到原油污染，直接经济损失超过7.5亿元。国务院事故调查组技术报告指出本次事故直接原因：输油管线与排水暗渠交会处管线腐蚀减薄，引起管线破裂、原油泄漏，流入排水暗渠。原油泄漏事故发生后，应急处置救援不当引发油气爆炸，造成人员伤亡。

（3）"6·30"大连新大原油管道漏油爆炸事故。据有关新闻报道，2014年6月30日，大连岳林建设工程有限公司（施工单位）在金州新区路安停车场附近进行管道定向钻穿越施工作业时，将正常运行的"新大原油管道一线"管道（直径711mm）钻破，泄漏原油窜出地面并沿周边公路流淌，进入城市雨排和污水管网。部分原油沿地下雨排系统流向寨子河，在轻轨桥下寨子河水面上聚集，21：20闪爆着火，22：20熄灭；另有部分原油沿污水系统进入金州新区第二污水处理厂，在第二污水处理厂截留回收。事件没有造成人员伤亡和大气环境污染，未对海洋造成污染。该起事故也验证了一个规律："风险不管控，隐患有漏洞，事故就冲动""风险管控好，隐患就除掉，事故就逃跑"。

（4）"3·11"兰成渝输油管道漏油爆炸事故。据有关资料，2009年3月11日14：40，

兰成渝输油管道绵阳站巡线员电话报告绵阳站负责人，承建"成—绵—乐"客运专线涪江三号桥定测钻探任务的四川煤田地质局 137 地质队，在进行钻探作业时，误将兰成渝管道 K0748+800m 处管道钻破，发生 0 号柴油泄漏。经调查，虽然 137 地质队在管道保护范围内擅自勘探钻孔施工是导致此次漏油事件的直接原因，但分析管道管理与管道保护工作，仍存在管理不严、管道巡护不到位、与地方规划建设信息沟通不够等漏洞，是造成此次事件的间接原因。

2. "安全距离"分析

在以上事故中，管道与有人居住建筑物和生产建筑物的距离均符合当地法律法规和标准规范的要求，但严重的事故值得反思：长输管道与周边建（构）筑物的距离是否安全？2015 年 4 月 1 日，已正式发布实施的 2014 年版《输油管道工程设计规范》（GB 50253）与 2006 年版相比，与第三方建（构）筑物的间距由 15m 修订到 5m，与第三方建（构）筑物距离的强制要求进行了消减。"安全距离"关系到管道保护、路由规划及公共安全，已受到多方的关注和重视。

我国长输管道相关法规和标准中均未提出"安全距离"的定义，《中华人民共和国石油天然气管道保护法释义》中提出，"在管道中心线两侧和管道附属设施周边修建人口密集的建筑物，必须符合国家技术规范的安全距离要求，以便在处理突发事件中有缓冲的地带和时间。"

"安全距离"是为保障公共安全，是指对人员的安全，即在该距离下管道对人员、公共造成的影响是"安全"的。但对于安全的定义，存在不同的理解：一种理解认为，"安全"是一种确定性状态，如果人员不会死亡，即认为是安全的。字面可以理解为"无危则安，无缺则全"，《韦氏大辞典》中解释为没有伤害、损伤或危险，不遭受危害或损害的威胁，或免除了危害、伤害或损失的威胁。工程实践中一般理解为符合性安全，即按照法律法规和标准规范进行设计、施工，就等同于认为是安全的，标准规范中规定的长输管道与建（构）筑物的最小距离即为"安全距离"。另一种理解为，如果人员死亡风险低于某一确定的风险可接受标准，即认为人员是安全的。风险可接受标准通常由所在国家或地区的安全监管部门确定，如 2014 年 5 月国家安全生产监督管理总局公布的《危险化学品生产、储存装置个人可接受风险标准和社会可接受风险标准（试行）》中定义，对于居住类高密度场所的个人可接受风险不应大于 $3 \times 10^{-6}/a$。因此，参照该标准，如果长输管道对某一距离内居住类高密度场所人员产生的死亡风险小于 $3 \times 10^{-6}/a$，则该场所人员是安全的，该距离即可以理解为该管道在该处所的"安全距离"。

根据相关文献，不同国家的做法，为如何确定长输管道的安全距离提供参考。

（1）欧盟地区。对于危化品行业的主要监管法律是《塞韦索，Seveso Ⅲ》，其中明确规定了运行方的主要责任：①制定重大事故预防的原则（条款 8）；②为超过存量限值上限的设施编制安全报告（条款 10）。

其中，关于安全距离的要求隐含在条款 10 中，即运行方需要为管道制定安全报告。该安全报告应证明运行方对于所有重大的危害均有持续有效的控制措施，以确保第三方人员不会因为管道的建设而导致额外的风险上升或者受到重大事故的伤害。

（2）北美地区。美国和加拿大开展了相关研究和实践。加拿大标准协会于 2004 年发布的《管道土地利用规划：地方政府、开发商和管道运营商指南 PLUS 663》将油气管道周边划分为 4 个区域，从管道中心线向外依次是通行带、缓冲带、人口密度识别区和应急响应规划区，并对 4 个区域内相关方的权利和义务作出规定；美国管道和信息规划联合会于 2010 年发布了《基于风险告知的土地利用规划以提升途经社区管道安全的推荐做法》，提出天然气管道设立 200m 的咨询区和规划区，液体管道设立 200～305m 的咨询区和规划区；美国运输部等部门于 2015 年发布《减灾规划：管道附近土地利用规划和开发实践》，将管道危害纳入减灾规划的入门手册，降低管道风险。北美地区对相关区域范围大多直接作出规定，对事故情景考虑较少，且北美地区土地资源丰富，部分距离设定值不适用于土地资源稀缺的地区。美国对于管道安全距离的要求在《液体管道联邦最低安全标准》（49 CFR Part 195）195.210 中的描述如下：①选择的管道路由应尽可能远离私人住所、工业建筑和公众集会地；②任何管道与私人住宅、任何工业建筑或公共集会场所的距离不得小于 15m，除非管道的埋深在满足条款 195.248 的要求基础上再增大 305mm。埋深要求如下：对于工业区域、商业区域和居住区域埋深不小于 914mm（一般地区）或 762mm（需要爆破的岩石地区）。

不同于欧盟，美国制定了确定性的安全距离要求，考虑了管道事故对周边建筑物的影响。美国国际管道研究委员会（PRCI）曾开展此类研究，表明埋深可以显著减小事故的影响范围，因此对于距离小于 15m 的管道敷设要求加大埋深，以保证在 15m 范围内的周边建（构）筑物及居住人员安全。

《气体管道联邦最低安全标准》（49 CFR Part 192）并没有规定明确的距离要求，而是通过将地区等级分为 4 级来进行设计，同时 192.903 要求进行完整性管理。完整性管理采用了类似液体管道考虑管道事故影响范围的理念，比如对于管道周边高后果区域管段的识别和管理，是基于潜在影响范围内的建筑物密度、第三方人员数量、暴露时间等来确定，对于高后果区域管段也提出了更高的完整性管理要求。

（3）中国区域：《输油管道工程设计规范》（GB 50253）最新版中第 4.1.5 条第 1 款规定：原油、C5 和 C6 及以上成品油管道与城镇居民点或独立的人群密集的房屋的距离不应小于 5m。《输气管道工程设计规范》（GB 50251）最新版中第 4.1.1 条第 10 款规定：埋地管道与建（构）筑物的间距应满足施工和运行管理需求，且管道中心线与建筑物的最小距离不应小于 5m。《中华人民共和国石油天然气管道保护法》提出了 5m 的核心保护区域（第三十条），未从土地利用规划、应急救援等角度出发，开展区域划分和管理，但立法本意为禁止第三方活动对管道的破坏，类似于国外法规中提到的对于管道破坏的保护，但国外法规并未明确设置距离。对于和周边人口密集建筑物及易燃易爆物品的生产、经营、储存场所的安全距离，法律未做明确距离要求，而是要求符合国家技术规范的强制性要求（第三十一条），是两个国家标准中的强制要求。

国内学者张圣柱通过油气管道周边区域划分与距离设定研究，针对"11·22"东黄输油管道泄漏爆炸特别重大事故，反映出我国在油气长输管道周边区域规划管理方面存在"第三方破坏，重复规划使用管道用地，管道周边土地人口密度增加，应急响应困难" 4 项问题，应对陆上油气长输管道周边区域进行划分并采取相应的管控措施。①针对油气管道与周边区域不同范围内的相互影响，提出将管道周边区域沿管道中心线依次划分为管道通行区、规划控制区和应急响应区。②根据《中华人民共和国石油天然气管道保护法》等法律相关规定，并结合部分地方管道保护和城乡发展规划实践，提出将管道通行区的范围设定为管道两侧各 5m，在两侧各一定范围设定规划控制区（如 30～100m）；提出依据油气管道事故后果设定应急响应区范围，分析了事故后果计算需要考虑的确定依据、计算依据、事故场景、泄漏速率与泄漏量、环境因素等内容，并建议将应急响应区的范围设定为管道两侧至少各 200m。

③依据油气管道与周边区域的相互影响、管道保护与城乡发展规划面临的难题，以及典型事故暴露出的问题，提出了对管道通行区、规划控制区和应急响应区的控制与管理建议，以期有效管控相互影响，保障油气管道及周边区域安全。④规划控制区是3个区域中相互影响最为集中、距离最难设定、控制与管理最为复杂的区域，主要原因是当前我国经济、社会快速发展，城镇化进程加快，土地资源价值提高并逐渐变得稀缺，区域范围过大将影响土地利用，同时也限制新建管道选择路由，建议充分考虑事故后果影响、结合地区实际，合理确定区域范围，为管道安全运行和区域发展留足安全空间，并严格执行。⑤建议进行立法，通过法律法规明确对油气管道周边区域的划分和管理要求，并对已建管道和新建管道进行区分。相关政府部门和管道企业应进行商议，确保已建管道风险不再提高，新建管道风险合理可控。

（三）国内燃气管道事故典型案例及其分析

（1）"4·29"黄石氮气窒息事故。据有关资料，2014年4月29日17：30，黄石市黄石大道北延段中压钢制燃气管道置换通气操作时，发生氮气窒息事故，造成2名员工死亡。经调查，未按置换方案在末端阀井放散阀处安装放散设施，造成氮气在末端阀井内放散并聚集，人员进入阀井内操作时窒息昏迷，未佩戴防护用具入井盲目施救，造成氮气窒息死亡。油气管道企业进行管线打开等风险作业前，必须按照氮气置换管理制度和操作规程进行，作业前安全分析、作业票开具和过程监督管理等关键环节必须严格审核，杜绝事故发生。

（2）"7·4"松原燃气泄漏爆炸事故。据有关新闻报道，2017年7月4日13：23，在对松原市市政公用基础设施建设项目(三标段)繁华路(乌兰大街至五环大街段)道路改造工程，实施旋喷桩基坑支护施工时，旋喷桩机将吉林浩源燃气有限公司在该路段埋设的燃气管道(材质PE，管径110mm，工作压力0.3MPa，埋深39m)贯通性钻漏，造成燃气大量泄漏，扩散至道路南侧的松原市人民医院(以下简称市医院)总务科平房区和道路北侧的市医院综合楼内，积累达到爆炸极限。约14：51，市医院总务科平房内的燃气遇随机不明点火源发生爆炸，爆炸能量瞬间波及并传递引爆泄漏点周边区域爆炸气体，市医院总务科平房区和市医院综合楼及周围部分房屋倒塌、起火燃烧及设备设施毁损，造成7人死亡(其中当场死亡5人，住院医治无效死亡2人)，85人受伤(其中重伤13人，轻伤72人)，造成直接经济损失4419万元。经调查，施工钻漏燃气管道，导致燃气泄漏成为事故发生的直接原因。

（3）"6·13"十堰燃气泄漏爆炸事故。据有关新闻报道，2021年6月13日，湖北省十堰市张湾区艳湖小区农贸市场发生燃气爆炸事故，造成26人死亡、138人受伤，其中37人重伤。事故过程：事发建筑物在河道上，铺设在负一层河道中的燃气中压钢管严重锈蚀破裂，因建筑物负一层两侧封堵不通风，泄漏的天然气在建筑物下方河道内密闭空间聚集，并向一层、二层扩散，达到爆炸极限后，遇餐饮商户排油烟管道火星引爆。事故伤亡如此惨重的原因：①人员疏散不及时；②风险排查走过场；③事发管道2013年由煤气输送转为天然气输送已经腐蚀严重，存在很多隐患；④没有管道的压力和流量在线监测，也没有实时监控，维护手段落后。

按照多米诺骨牌理论，事故往往是由多类隐患联锁反应而成，如果能消除或避免其中任何一个隐患环节，就能中断联锁反应，避免事故的发生或扩大。针对该起事故，做个如下假设：①如果燃气公司日常维护、风险排查到位，隐患及早被发现并排除……②如果燃气公司在技术改造上进行有效投入，采用了必要的信息化监控手段……③如果现场发现了明显的泄漏时，及时采取措施，紧急疏散人员，避免群众街头围观观望……；都可以移除"多米诺骨牌"并中断联锁反应，避免事故的发生或扩大……可惜事故的发生，没有"如果"。据初步了解，十堰市燃气管道大规模建设于 20 世纪 80—90 年代，虽然经过多次改造，但目前仍有不少管线使用超过 20 年以上，老旧管线问题比较突出。6 月 12 日，位于十堰市的湖北医学院内刚发生一起燃气管道泄漏事故，可能处理相对及时，没有爆炸。紧接着，13 日又发生重大事故。十堰市先建厂后建市，建设面积规划严重不足，很多建筑都是违规建设，大量管线间距不足。十堰市辖区近年来多次发生燃气泄漏或爆炸事故，隐患的不断积累，未得到有效整改，最终酿成重大后果。

虽然该起事故是中国天然气行业史上最惨痛的事故，但它只是城市燃气行业安全隐患的冰山一角。据 2021 年 11 月 4 日国务院安委办通报近期多起燃气事故，部署加强城市燃气安全工作消息可知：2021 年以来，全国燃气事故多发频发，安全形势严峻复杂。湖北十堰"6·13"重大燃气爆炸事故发生后，辽宁、河北等地又连续发生多起燃气较大事故和典型事故。国务院安委办已组织明查暗访组对重点地区开展专项督导。燃气事故集中暴露出一系列突出问题，如一些地方吸取教训不深刻，燃气安全检查浮于表面，燃气安全保障不力，因接口松动、管道腐蚀等原因导致的泄漏事故多发。一些燃气企业重发展、轻安全，施工安全管理混乱，从业人员专业能力不足。

惨痛教训给燃气相关"人"提供了重要启示："管行业、管安全"已写入新修订的《中华人民共和国安全生产法》中，"第三条：安全生产工作坚持中国共产党的领导。安全生产工作实行管行业必须管安全、管业务必须管安全、管生产经营必须管安全，强化和落实生产经营单位主体责任与政府监管责任，建立生产经营单位负责、职工参与、政府监管、行业自律和社会监督的机制。"法律已经明确了油气管道行业的政府监管责任和要求，国家和地方政府应依据新的安全生产法、石油天然气管道保护法和城镇燃气管理条例，推进燃气行业法制建设，尽快研究制定《燃气安全法》《燃气设施安全保护条例》，建立完善《燃气工程项目规范》等强制性技术标准和其他推荐性国家标准、行业标准，形成完善的燃气安全法律法规保障体系和技术标准保障体系，完善企业治理体系，着力打造法治燃企；建议由国务院安全生产委员会牵头组建燃气输送管道安全监管部门，建立健全燃气行业安全督查长效机制，履行管道规划的审定、踏勘选线的批复、设计及评价的审查审批、安全环保"三同时"监督执法、施工及验收参与监督、投产监督检查、全过程的风险管控和本质安全状况的检查考核、管道外部安全的协调处理、管道应急保障的监督检查、管道事故事件调查处理和责任追究、管道安全相关信息数据统筹管理和信息化数字化智能化建设应用、管道法制建设和公共安全体系建设、管道科技兴安和标准专利技术方法"产学研用"的主导和推广、管道安全治理体系和治理能力现代化的组织和监督，与国家应急管理部、住房和城乡建设部、自然资源部、交通运输部、国务院国资委等国家部委，在国务院安全生产委员会的统一协调管理下，垂直对各省市自治区安全委员会负责，并独立行使《中华人民共和国安全生产法》等国家法律法规所赋予的燃气输送管道安全方面的职责、权利和义务。

（4）"1·17"吉林石化燃气泄漏爆炸事故。据有关资料，类似事故如 2011 年 1 月 17 日 6：00 左右，吉林石化矿区服务事业部办公辅楼发生燃气爆炸事故，事故造成 3 人死亡，33 人受伤，爆炸区域周边 14 栋楼的部分住户门窗玻璃、170 多辆车受到不同程度损坏，18521 户居民停气，事故引起社会广泛关注。根据掌握的资料认为，中压管道焊接质量缺陷，导致环向焊缝开裂，燃气泄漏闪爆是导致爆炸事故的直接原因，间接原因是应急处置不当，造成事态扩大。认真分析事故原因，反思事故教训，查找管理漏洞，认为这起事故虽然是由工程质量问题引发的，但在燃气安全上存在管理漏洞和缺失，主要表现在三个方面：一是工程质量不合格，安全隐患没有得到彻底整改；二是管理基础薄弱，现场处置不当，延误了处置时机；三是风险识别不足，应急预案不完善。

（5）"6·11"苏州燃气泄漏爆炸事故。2013年6月11日，苏州燃气集团下属某燃气管道发生泄漏爆炸事故，事故导致约400m²的三层办公楼坍塌，并造成11人死亡，9人受伤。国家安全生产监督管理总局将其列为挂牌督办调查事故。

城市燃气管道包括煤气管道、中低压天然气管道和液化石油气管道三类。中国城市燃气管道最早兴建于20世纪60—70年代，当时的输送介质主要是人工煤气。根据国家住房和城乡建设部的统计，截至2019年底，中国城市燃气管道总长超过78×10^4km，其中煤气管道1.09×10^4km，液化石油气管道0.45×10^4km，天然气管道已增长至76.8×10^4km。其中，绝大多数管道使用年限在20年以内，但业界预计至少还有1×10^4km的管道服役年限超过20年。目前，约1.5×10^4km的煤气和液化石油气管道里，绝大多数都已接近或超过20年的使用年限。在天然气管道里，则有近4×10^4km修建于2001年之前。也就是说，使用20年以上的管道将有越来越多的安全隐患，而老旧管道的改造难度非常大。同时，多地农村近两年大力推行"气代煤""燃气下乡"等战略，加快实施农村"瓶改管""气代煤""气代柴薪"工程，推广农村微管网供气系统，大量新建燃气管道暴露在地面上，这比埋在地下的燃气管道安全风险更高，相应的安全运行规范标准仍处于摸索阶段。

从历年全国燃气安全事故发生原因来看，第三方施工、外力破坏是主要原因。中国城市燃气协会发布的《全国燃气事故分析报告》（2021年上半年综述）显示："2021年上半年，因第三方施工破坏导致的事故，占天然气管网事故总数的76.8%；排名第二的事故是因车辆撞击导致的燃气管道泄漏；管道腐蚀导致的事故总数排名第三。"

任何事故的发生都不是偶然的，事故的背后必然存在大量的安全隐患和不安全因素，安全管理的首要任务就是发现和排除各种安全隐患。上述几起国内燃气管道事故典型案例充分表明，城市燃气业务安全风险高，一旦发生事故，可能造成人员伤亡，并对周边环境造成较大影响，易引起社会和媒体关注。要避免燃气管道安全事故发生，一方面需要燃气公司提升安全管理能力，另一方面还需要政府、社区及用户自身均承担责任、履行义务。燃气泄漏已成为天然气终端销售业务安全生产风险与隐患双重治理的重中之重，管控燃气泄漏工作需要在深化管理体系建设的基础上，有的放矢地应用防控泄漏技术，第五章第二节中"输气站场防泄漏与泄漏管控实用技术"将予以介绍。

（四）国内输油气管道工程建设施工事故典型案例及其分析

（1）数起管沟塌方亡人事故。2009—2015年期间，据不完全统计，某集团公司油气长输管道工程发生的七起管沟塌方亡人事故均属于典型的施工现场不具备沟下作业安全条件，进行违章指挥、违章作业的生产安全事故，事故原因主要是建设单位没有将承包商安全环保管理纳入统一的HSE要求和控制范围，"谁主管谁负责""直线责任、属地管理"的安全环保管理主体责任没有完全落实，建设项目安全环保意识不强，没有严格按照设计、施工规范要求进行放坡，现场管理混乱，安全防护措施不到位，监理单位未履行质量、安全监督职责。为吸取事故教训，有必要梳理和总结油气长输管道工程管沟塌方事故。特别是2010年11月19日在西二线东段武威支线沟下连头作业时，发生一起管沟坍塌亡人事故，是继2009年"9·24"管沟塌方亡人事故发生以来不到一年半时间连续发生的第5起同类事故，这就表明在管道工程建设高速时期，管道施工作业风险管控难度大、"三违"行为突出、安全监管和现场管控失效，甚至是施工作业前、作业中、作业后安全分析流于形式，建设管理单位和施工单位对事故置若罔闻，未切实从事故教训中进行"举一反三"的反思和彻底整改。

（2）"6·18"某成品油管线试压爆管质量事故。据有关资料，国内某成品油管道复线工程，在2009年6月13日至7月13日上水试压过程中先后发生2次爆管和2处泄漏事故。通过对该工程设计、招投标、采购、生产过程驻厂监造、到货中转验收、防腐作业、防腐作业过程驻厂监造、钢管进场验收、工程施工作业、管道试压等10多个质量控制关键环节进行全面、深入的调查分析，并委托某石油管材研究所依据《某成品油管道复线工程直缝高频焊接钢管(HFW)技术规格书》对爆、漏钢管进行了全项目检测。经调查发现，导致事故发生的主要原因是某钢管有限公司所属的某分公司提供的个别HFW钢管存在质量缺陷。

生产安全事故事件特别是工程质量问题引发的生产事故事件不容忽视、不可容忍。工程质量事故事件，以及由于质量问题引发的生产安全环保事件暴露出的问题：①当前，我国石油管道施工装备、施工技术水平已实现质的飞跃，但违章指挥、违章作业等现象没有得到根本遏制。设计质量管理有待加强。例如，某成品油管道末站建筑单体沉降就是由于设计质量不合格造成的。②设备材料质量控制有漏洞。供货商质量控制缺失，层层分包，且对分包商资质审查不严。生产单位对原材料把关不严，生产过程控制不到位，未按技术要求进行生产等。建设单位对生产制造环节监管，材料进场检验、复验等环节管控不足。③施工过程质量控制不足，甚至出现失控现象。部分施工单位及人员质量意识差，不严格按工序施工。EPC承包商重进度、轻质量，"三员"(质检员、技术员、HSE监督员)和"三检制"(自检、互检、专检)落实不到位的情况依然存在。监理、建设单位现场质量管控缺失等。

（3）"12·30"渭南支线试运投产漏油污染事件。据有关新闻报道，2009年12月30日凌晨，某成品油管道渭南支线在试运投产过程中发生漏油事故，管道本体损坏造成柴油泄漏，大量泄漏的柴油进入赤水河，导致赤水河、渭河河面被大面积污染，部分污染水体进入黄河。

二、国内管道事故数据统计分析

笔者对2013年发生的254起管道事故数据统计分析发现：（1）从时间分布来看，7月、8月、10月和11月是事故高发月份，分别发生了27起、28起、26起和38起事故。（2）从事故类型来看，泄漏、爆炸和火灾事故比例分别为70.1%、20.9%和7.1%，占全部事故类型的98%，火灾、爆炸事故多数是由管道内易燃介质泄漏后，遇点火源导致，这里的泄漏事故特指经应急处置未演变为火灾、爆炸等其他类型的事故。（3）从涉及的化学品种类来看，天然气事故159起，占62.6%，原油事故62起，占24.4%，成品油事故14起，占5.5%。（4）从事故成因来看，开挖破坏引发事故67起，占26.4%，外力破坏事故53起，占20.9%，材料失效事故21起，占8.3%。

通过对比国内外燃气管道失效率及失效原因，可得出以下结论：国内外对燃气管道失效原因分类比较一致，主要集中在第三方破坏、腐蚀、材料与施工缺陷、操作不当、自然及地质灾害、其他及未知原因等方面。其中，第三方破坏包括：（1）开挖破坏和外力破坏，这里的开挖破坏指正常开挖作业期间由于野蛮操作、管道改造，导致地下布局不明等原因导致的管道事故；（2）外力破坏，是指由于地震、闪电、洪水、温度骤变等自然力破坏，以及非正常挖掘、故意打孔等人为外力破坏。

关于事故致因模型体系，国内学者黄浪提出了包括50多种事故的致因模型及建模一般方法，根据事故发生过程、事故现场情况、事故严重程序、事故致因分析目的等，从中选用适当的"事故致因模型"，分析事故的各层次原因。例如：事故灾变链式模型、2-4模型。

其中，2-4模型中的2是：事故发生分为组织和个人两个层面，内部原因和外部原因两个角度。4是："指导、运行、习惯性、一次性"4个阶段的行为发展过程。安全文化(根源原因)的指导行为能够"指导"安全管理体系(根本原因)的"运行"行为，运行行为间接导致个人的"习惯性"行为(间接原因)，从而在某起事故中引发者作出"一次性"不安全行为(直接原因)，最终导致事故的发生。

根据事故致因模型，对于前述各类事故进行分析可以得出的结论是：(1)油气管道事故预防不仅要依靠技术手段，还应该选用适当的事故致因理论，帮助我们分析事故的发生发展机理、直接原因乃至根源性原因。可以说，几乎所有事故的根源都是安全文化、安全技术、安全管理的普及宣传和应用实践不到位。(2)通过加强施工前对设备和工具的检查和日常教育培训，培养作业人员施工前检查的意识，加强企业自身监管，可以有效提高企业的施工安全水平。更有意义的是，扩展到管道全生命周期，乃至在社会各企事业单位、各级各界组织中，加强全社会安全知识、安全技术普及教育，不仅可以有效预防油气管道事故的发生，还可以有效增强全社会的安全意识，增强全社会各方面的"识险避险、消除隐患、减灾防灾、保障安全"的能力，减少脆弱性，提高全社会的"韧性"。

第三节　油气管道事故致因及其调查技术

一、几种典型事故致灾分析技术

(一) 事故致因分析技术

事故致因理论，是从大量典型事故调查与分析中提炼出事故发生机理，明确事故的根本原因、触发条件、发生发展过程，以便研究采取事故防范治理措施。致因理论发展史上的经典理论包括事故频发倾向理论、事故因果联锁论、能量意外释放论、瑟利模型、博德事故因果联锁论、扰动起源论和轨迹交叉论。我国学者从危险因素、威胁目标和触发机理三方面充实了事故致因理论，强调降低危险因素、减少威胁目标、合理设置危险控制屏障以预防事故；梳理了国内外现有的50余种事故致因模型，论述了事故致因模型的立体网状结构体系，探讨了相似比较法、概率统计法等5种建模方法，完善了事故致因建模的方法论。

事故致因模型，是事故预防与控制的理论依据，也是事故调查与分析工具、安全科学原理研究的路径之一，影响人们对安全的认识。

1. 已有事故致因模型归类比较

在管道系统安全分析和事故致因分析中，建立的"点—段—线—网"层次分析逻辑更适于管道行业人员理解和选用。

管道事故致因分析，首先应该从巨系统、整个管网层面来调查分析研究。即要考虑陆地管网、海陆管网、海底管道、海油陆采的滩海管道，湖泊江心岛等内陆水域范围内部天然或人工岛屿油气开采外输管道，油气田+煤矿(瓦斯抽采)+煤化工(煤制气)+沿海LNG接收站+内陆LNG接卸站+城乡油气储库(罐)等进出管道，各个油气集团内部建设管道互联互通工程，连接千家万户的成品油天然气管道，用于军事、核工业、民航等特殊使命的管道，等等，覆盖全国各个区域、各个行业、各个企业。

其次，应该比较深入地研究具体的管线层面的事故致因，从而在模型和结论中体现特定管线的事故致因机理特点。例如，陕京、西气东输、中缅、西部、东部、川气东送等长输油气管道系统的集成综合体、单条管道自系统[西气东输管道(一线、二线、三线)]，陕京管道(一线、二线、三线、四线、永唐秦)，中缅管道(中缅天然气、中缅原油、中缅成品油)，中俄东线，川气东送，中俄原油管道，涩宁兰管道，鲁宁线(山东临邑—江苏仪征)，阿赛线(阿尔郜—赛汉塔拉)，花格线(花土沟油砂山—格尔木)，秦京线(秦皇岛—北京)，鲁宁管道，鄯乌输气管道，东黄输油管道，秦沈管道，大沈管道，川渝北部和南部天然气管道等。

　　而且，对于已划分的独立管段(包括管道主干线、支干线、支线、外输管线、联络线、跨国管道的跨境段、穿越段、跨越段、高后果区段、事故灾害诱发高中风险段、沿江沿河沿湖沿海沿草原沿森林沿公共区域等环境敏感段、穿隧道段等)，更为深入地调查、收集、分析各类事故致因，对于具体的管段事故防范措施制定，以及预防方案、规章制度的改进，具有更现实的指导意义。

　　基于此，以管道系统的层级划分为切入点，从"部位、管段、管线、管网"4个层面综述与比较事故致因分析"圈"模型，如图4-5所示。

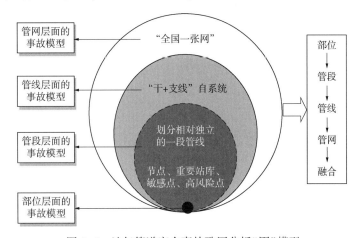

图4-5　油气管道安全事故致因分析"圈"模型

注：(1) 部位层面和管段层面的事故致因模型主要着眼于人为划分相对独立的某个部位和某段管线单元及其事故因素，例如以管段里的人、机、料、环、法、测为中心的、或是以人机交互为中心的事故致因分析，挖掘事故内在的、规律性、潜在的各类成因。

(2) 管线层面的事故致因模型主要着眼于"干线+支线+联络线"的自成一个输送系统，可以从管道首站+中间站+末站分区段、分部位、分主次进行事故致因分析，挖掘诱发管线局部、整体上可能或者已经发生的安全生产事故的各方面、各类型的根本原因、间接原因、主要原因、次要原因，直接责任、连带责任，管理责任、操作失误，等等，致力于管道自系统所独有的事故特征和成因。

(3) 管网层面的事故致因模型主要着眼于区域管网、相关联的各个管道自系统的子网络，跨国管道的国内管道，炼厂+成品油管道+油品储库(国储库、商储库、生产运行库、单个或数个储罐，最终可以视为"全国一张网")的一个全国性油气管道输送系统，也包括以资源、市场、营销、价格、客户、设备设施、法律合规、科学技术、信息网络、SCADA系统等在内的"产供储销贸"一体的大资源、大环境、大市场、大平台为背景的事故致因分析，比如生产安全、资源安全、供应安全、资金安全、信息安全、网络安全、管线安全、跨越段和油库等重要敏感部位和段的武警和军队保卫、燃气安全等风险因素可能导致安全事故的复杂指标体系、影响因子、影响程度、事故后果严重度、脆弱性程度等。

　　对现有事故致因模型的归纳分析，事故致因模型主要集中在管段和管线层面，这是由生产方式的变化、人在生产过程中所处地位的变化和人们安全理念的变化决定的。当然，分析管网层面的事故，也可以运用"管线、管段、部位"层面的事故致因模型；同理，分析管段层面的事故，也可以使用其他层面的事故致因模型。层面与致因模型的归类对应，只是一个模型选择的指导，不是硬性的规定。

可预见的是，随着科学技术的发展，管网层面的事故致因模型将会得到越来越多的关注，这也是面对技术飞速发展、事故本质发生改变、新的危险源类型的出现、系统复杂性和耦合性的提高、单类型事故容错性下降、安全需求和功能需求冲突等挑战时，新一代事故致因模型最基本的特征。

2. 事故致因建模常见方法

在事故致因建模方法方面，在事故致因建模方法的提炼方面还存在欠缺。黄浪等在对上述 50 余种事故致因模型归纳分析的基础上，从建模的理论基础与建模的一般方法两方面提炼事故致因建模的方法学基础性问题。事故是复杂的系统涌现现象，事故致因理论建模涉及多种建模理论，如相似理论、系统论和系统辨识等最基本理论，还有复杂系统理论、自组织理论、网络理论、定性理论等。

基于安全科学方法学的视角，通过分析与归纳现有事故致因模型的构建思路与方法，提炼事故致因建模的一般方法：相似比较法、概率统计法、推理归纳法、组合改进法、因果分析法。

3. 事故致因建模方法的发展趋势

不同的生产力发展阶段出现的安全问题不同，现有模型都是在特定的时代和特定的应用背景下提出来的，因此也就有其特定的适用范围。随着社会技术系统复杂性的提高，尤其是进入信息时代、大数据时代、工业 4.0 时代、人工智能时代以后，传统的事故致因模型将不能满足复杂系统事故调查与分析的要求。因此，如何抓住科技革命和产业变革时机，扭转传统的事故致因建模理论、方法与技术滞后于科学技术发展的局势，提前对事故致因建模所受到的冲击和变革进行研究，将会对人类的安全发展，以及安全科学学科发展带来巨大影响。

（二）灾变链式分析技术

灾变链式理论认为，灾变是由物质、能量等信息形式的载体进行具有延续性的演化过程，具有链式的规律性，因此，灾变过程可以用链式关系进行表征。灾变链式模型根据事故发展过程可分为三个阶段，分别为孕育阶段、潜存阶段和诱发阶段。孕育阶段作为灾变链式模型的初期，物质和能量都处于集聚和耦合的过程，尚未形成较大的破坏力；当物质和能量集聚到一定程度，储存大量能量的系统已形成较大破坏力，此时系统进入潜存阶段；一旦事故诱因形成，灾变进入最后的诱发阶段，系统将迅速释放出巨大能量，对周边人员环境造成较大的破坏，进而引起事故发生。基于上述事故致因类型统计，运用灾变链式理论构建天然气管道事故灾变模型，分析油气管道事故的发展过程。

油气管道事故致因，如蓄意破坏、施工破坏、腐蚀老化等作为灾变链式模型中的致灾环，受这些因素影响，管道本体结构出现裂纹或者缺陷，但处于仍未发生的状态，此时认为油气管道事故处于灾变链的孕育阶段。随着油气管道运行时间不断增加，由环境因素、管理因素和人为因素等对管道造成的安全隐患导致灾变链中危险能量逐渐集聚，进而使得管道周边环境遭到破坏，管道自身脆弱性变大，此时管道事故状态进入灾变链式模型的激发环，处于灾变潜存阶段。管道周边环境及自身脆弱性的改变会使管道由于人为破坏或随时间的积累进一步遭到破坏，发生穿孔、裂纹、断裂而造成油气泄漏。此时，若遇到点火源极可能发生火灾爆炸事故，造成人员伤亡或环境破坏。

根据灾变链式模型，油气管道事故灾害处于孕育阶段时能量最少，为减灾断链的最佳时间节点，此时应注重于危险隐患监测预警，及时切断危险因素蔓延和发展途径。当处于危险因素潜存阶段时，对于管道环境及管体本身损坏的激发环应致力于环境改善和管道自身检查维护工作，加强自身对灾害的防御能力；对于已经造成管道穿孔、裂缝或断裂的损坏环应做好排查工作，及时对损坏管段进行维修，避免造成更严重的后果；在危险因素诱发阶段，应及时对火源进行监控报警，当发生事故后，快速地对事故作出应急响应，控制事故发展态势，通过对各个阶段危险因素的响应，实现对油气管道事故的断链减灾处理。

（三）脆弱性致因分析技术

立足于系统脆弱性视角，构建油气管道事故脆弱性致因模块，分析油气管道事故的致因机理，将有助于奠定油气管道安全管理的理论基础，为事故的预防与控制指明方向，从而对油气管道事故进行有效的预防与控制。

1. 事故脆弱性致因要素

根据肯特法在长输管道风险评价上的应用，结合脆弱性的理论内涵，可将油气管道事故致因要素分为管道系统的脆弱性、承灾体的脆弱性、应对能力的脆弱性。

管道系统的脆弱性，可划分为管道固有的脆弱性和外部因素影响所形成的管道脆弱性。管道固有的脆弱性，从管道本体及与管道运行直接相关的方面进行解析，由本体缺陷、管理缺陷和操作缺陷三部分构成。本体缺陷是管道的各体系统所存在的不利因素，其中包括土壤腐蚀性、防腐层状况、阴极保护状况、杂散电流情况、介质腐蚀性、管材缺陷和使用年限等。这些不利因素的存在直接影响到油气管道的运营安全。作为由人参与并发挥作用的操作因素，贯穿了管道系统从前期的设计、施工到后期的运营、维护阶段的全生命周期，在每个阶段所产生的误操作都会成为油气管道系统的缺陷，通过油气管道系统的脆弱性表现出来。通过构建与管道系统设计、施工、运营、维护等相匹配的管理机构，制定相应的规章制度，通过组织和人员保障制度的执行，从而达到安全生产与运营的目的。管道系统的本体、管理和操作相互影响、相互依存，形成一个完整的运行整体。系统中某一要素的变化或缺陷都会对系统中的其他要素产生影响，并表现出对系统脆弱性整体的影响。

肯特法，将第三方因素和外部的腐蚀环境作为重要的风险评价指标。第三方因素，包括覆土厚度、地面活动度、占压情况、地质灾害、巡线频率等，这些因素构成了管道系统的外部环境，外部因素的变化造成管道系统存在环境的变化，对管道系统的原有状态产生影响。因此，将第三方因素和外部腐蚀环境作为油气管道脆弱性的扰动因素，对系统脆弱性的变化直接产生影响。

承灾体的脆弱性，是指灾害事故一旦发生时承灾体可能发生的损失，它反映了区域对于灾害损失的敏感性。灾害事故的发生是由于致灾环境的危险性和承灾体的脆弱性决定的。管道事故的发生，将会产生包括管道破坏、人员伤亡、财产损失、环境污染、社会反映等不良影响，所波及的人员、经济、设施、环境等作为灾害事故发生而产生损失的承灾实体。在管道事故致因分析中，承灾体是不可或缺的部分。

应对能力的脆弱性，是从应急系统、政府机构的监测保障救援能力、公众的综合应对能力等几个方面来评价的。运用脆弱性来评价系统面对灾害发生的应对能力，是当管道事故即将发生或已然发生时，如系统应对能力的脆弱性降低，即系统应对能力增强，这时的系统应对能力将会阻止事故的发生或减轻事故发生所造成的损害。系统应对能力对灾害事故发生与否起到至关重要的调节作用，如系统应对能力脆弱性升高，则将会加速事故的发生，所造成的损害也将扩大。

2. 脆弱性致因机理分析

由于本体缺陷、管理缺陷和操作缺陷所构成的油气管道系统固有脆弱性的存在，造成系统对外界扰动因子扰动呈现出敏感性和不稳定性，基于结构鲁棒性在油气管道脆弱性上的应用，对油气管道固有脆弱性进行定量评价，系统结构在脆弱性评价的一个阈值之下能够保持系统的安全稳定。油气管道系统暴露在系统所涉及的第三方因素和外部腐蚀环境等外部因素构成的扰动因子影响范围之中，这种暴露程度取决于扰动因素的强度，当扰动因子作用于系统脆弱性达到一定的强度时，系统的脆弱性评价值就会突破安全的阈值，系统的稳定结构遭到破坏，油气管道系统整体或局部功能遭到破坏，管道系统内所承载传输的介质开始发生泄漏，并逐渐向承灾体运动，当与承灾体出现轨迹上的交叉，或是承灾体暴露在泄漏介质的影响之下，突破承灾体所能承受的界限时，就会导致事故灾难的发生。

此时，由应急系统、政府和公众所形成的油气管道系统应对能力，对突破脆弱性安全阈值的管道系统进行干预，呈现出两种控制状态：一方面，针对于管道系统脆弱性，弥补由于脆弱性突破阈值导致的介质泄漏，截断承灾体与泄漏介质的接触途径，避免承灾体的过多暴露，尽量地避免或降低损失。另一方面，通过管理的方式，应用系统应对能力降低承灾体的脆弱性，这样就增强了承灾体抵抗灾变的能力，提高了油气管道系统整体的安全性。

综上所述，通过对事故致因分析技术、灾变链式分析技术、脆弱性致因分析技术等几种典型事故致灾分析技术的介绍，笔者从"事前干预、事中控制、事后重构"三个方面，从基本原理、通用理论、专业理论、支撑保障四个层级，在我国管道行业率先给出了建立事故成因、演变、控制、管理一体化综合机制的新构想，集成、创新地提出了适用于油气管道的灾变事故过程控制"房式"模型，见图4-6，有助于推动我国油气管道安全生产事故事件管理质量提升。

如果油气管道应对能力失效的状况出现，油气管道系统出现瘫痪和崩溃的状况将不可避免，对于油气管道系统的探讨将转入事故应急管理的范畴。

通用理论层主要包括：那些从时效性、过程性、动态性、突发性、脆弱性、渐变性等特征着手，去评估、分析、溯源事故的成因、演变过程的灾害研究方面国内外现有的成熟、有价值、适用和经典的理论。例如，"正常事故理论（Normal Accident Theory，NAT）"，充满了对核电站、化工厂事故，海上船只相撞，大坝倒塌及矿难的深入了解，包含关于如何减少风险的重要观察；认为：事故实质上是风险管理失控或者出现管理偏移造成的结果；是管网系统受各种自然的、人为活动的、非传统安全的活动和行为的制约和限制，所发生结构性、功能性、系统性的恶性变化；正常事故（亦称系统事故）中系统可有两种变化，它们可能是线性的，也可能是复杂的，它们可能是紧密耦合的，也可能是松散耦合的，在系统既复杂又紧密耦合的地方，事故几乎是不可避免的。如果该系统涉及高风险技术，灾难是不可避免的。诚然，该理论不是对灾难性事故的一般解释，而仅仅是那些发生在复杂的紧密耦合系统中的事故。虽然油气管道的漏油、漏气属于"部件故障事故"，不能完全采用该理论解释，但是油气管网复杂大系统及所建的大型SCADA系统发生的事故可以采用该理论提供安全指导。

专业理论层主要是：根据管道本身受外部环境和条件的影响发生结构性、功能性、系统性的变化，从时效性、过程性、动态性、突发性、脆弱性、渐变性等特征着手，利用工程领域在灾害研究方面现有的某些专业方面的成熟理论去挖掘事故本质根源，给出专业指导方案。例如，"灾备理论"对油气管网而言非常适用，因为灾备被誉为企业信息安全的最后一道防线，是新时代产业信息化运营的保障体系之一。采用恢复点目标（Recovery Point Objective，RPO）

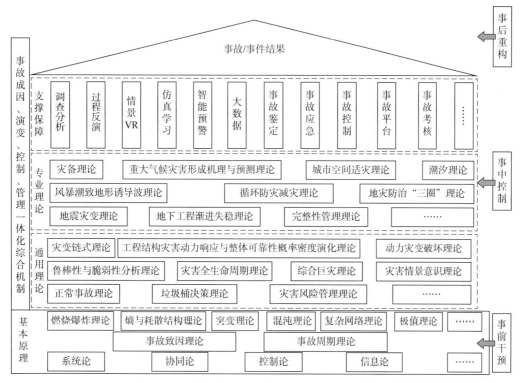

图4-6 油气管道的灾变事故过程控制"房式"模型

图4-6说明：基本原理层主要包括：事故致因理论、事故周期理论为核心，提出与管网系统事故管控紧密相关的燃烧爆炸理论用于分析火灾爆炸事故成因，同时以系统论、协同论、控制论和信息论为主的四大基本理论为指引，将用于事故事件分析的、熵与耗散结构理论、突变理论、混沌理论、复杂网络理论、极值理论相结合，有针对性地把灾害风险环境中的油气管网的可能发生重大事故风险隐患或者已经发生的事故事件的基础性原理分析，置于该模型的底层，也是最为重要的研究基础，连同其他研究成果，作为事前干预的工作指导。

和恢复时间目标（Recovery Time Objective，RTO）两项评价标准，和SHARE 78灾害恢复能力评审标准，建设容灾系统，做好应用和网络容灾，实现灾难事件的事前预备、事中控制和有效处置。再例如，地灾防治"三圈理论"，是"三圈理论"在地质灾害防治工作方面的应用。探究发现，地灾防治工作的"价值、能力、支持"三个圈由大到小递减，导致三圈相交的面积减小，直接影响地灾防治的整体效果。"三圈理论"是关于领导者战略管理的一种分析工具，也是分析和指导公共决策行为的分析框架。该理论认为，公共管理的终极目的是为社会创造公共价值，在制定一项公共政策或实现一种战略计划时，必须考虑"价值""能力""支持"三方面的因素：首先，政策方案的实施是否具有公共价值，是否是以公共利益为根本的出发点和落脚点，即价值圈。其次，政策方案的实施者是否具备提供管理和服务的人力、财力、技术、设施、权力、空间、知识、信息等能力，即能力圈。再次，该项政策方案是否得到管理或服务对象、社会公众的理解和支持，也就是利益相关方的意见和态度，即支持圈。一项公共政策要想得到有效执行并取得预想效果，必须基于价值圈、能力圈、支持圈的"三圈"，综合考量并尽力实现结构性平衡，即"三圈"最大化相交。缺少任何一个圈，政策都将无法实现或得不到预期效果。"三圈理论"的核心是公共价值，基础是组织能力，重点是争取支持。

支持保障层，是围绕事故成因、演变、控制、管理一体化综合机制这条主线，做好事故管理、事故资源深度利用、事故资产增值等工作，主要从事故调查分析技术、事故过程反演技术、事故情景虚拟现实 VR 技术、事故警示仿真学习技术、事故智能分析与预警技术、事故大数据平台建设与分析技术，以及事故鉴定与取证技术、事故应急保障能力技术、事故控制硬核技术、事故责任体系建设与绩效考核等一系列管理手段、技术工具、对策措施、机制保障等方面内容。

（四）事故调查与取证分析技术

根据《生产安全事故报告和调查处理条例》（国务院令第 493 号）、《关于生产安全事故调查处理中有关问题的规定》（安监总政法〔2013〕115 号），规范生产安全事故的调查处理，在开展事故调查工作中，关键是要重证据，重第一手材料。根据国务院令第 493 号令规定，成立事故调查组，规范开展事故调查，形成事故调查报告是事故调查组的终极任务，是本次调查的总结。

1. 事故调查相关定义

事故发生后的认真检查，确定起因，明确责任，并采取措施避免事故的再次发生，这一过程即"事故调查"（Accident Investigation）。

（1）直接原因：是指导致事故发生的不标准行为或不标准状况。

（2）间接原因：是指导致不标准行为或不标准状况在工作场所中存在的工作因素及人员因素。

（3）直接经济损失：是指因事故造成人身伤亡及善后处理支出的费用和毁坏财产的价值。其统计范围如下：

① 人员伤亡后所支出的费用，包括医疗费用（含护理费）、丧葬及抚恤费用、补助及救济费用和歇工工资等。

② 事故善后处理费用，包括事故处理的事务性费用、现场抢救费用、清理现场费用、事故罚款和赔偿费用等。

③ 事故造成的财产损失费用，包括固定资产损失价值、流动资产损失价值等。

2. 事故调查的四阶段问题解析

事故调查通常分为准备阶段、调查阶段（亦称执行阶段）、分析阶段、整改阶段四个阶段，各个阶段需要注意事项和各个阶段的重要步骤如图 4-7 所示。

1）准备阶段

此阶段主要任务是培训事故调查员；配备事故调查工具等。

2）调查阶段

（1）收集证据（Accident taking of evidence）：根据 4Ps（图 4-7）原则：

① 人证（people）：主要通过当事人、目击证人及相关人员的书面和录音陈述等方式进行证据收集。

② 物证（parts）：主要通过对相关设备、物件、材料、原料样本，以及相关的进一步专业分析结果、实验数据信息的收集。

③ 位置（position）：主要通过摄像机、照相机、草图等方法获得。

④ 相关文件（paper）：主要通过对关键文件、记录、电脑数据、作业方案、相关程序、作业安全分析、作业许可、材料数据、工艺流程设计和运行、设备维修和保养记录等进行收集。

备注：调查小组应率先收集位置和人员方面的证据，因为这两方面的证据比其他证据更容易发生变化。

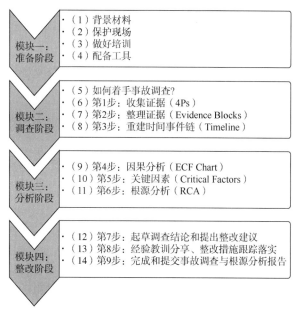

图 4-7　事故调查的四阶段模型

（2）收集证词：事故发生后，应迅速确定与事故相关人员，并分别要求他们根据自己对事故的了解书写一份书面的事故陈述。同时，调查小组应尽快与相关人员进行访谈，访谈时应遵循以下基本原则：

① 访谈环境应尽量轻松舒适。

② 向相关人员解释调查和访谈的目的。

③ 访谈人员一般不应超过两人，以免给被访谈人员造成心理压力。

④ 访谈应该以发掘事实真相而不是发现错误为出发点。

⑤ 访谈时，询问的问题应尽量有利于被访谈者描述事实，而不是带有引导性的问题或者只需要被访谈者回答"是和否"的问题，访谈时的典型问题有：

a. 你当时看到了什么？

b. 你当时听到、感觉到了什么？

c. 你当时在做什么？

d. 你认为我们采取什么措施可以避免事故的发生？

⑥ 访谈者应表现出良好的倾听状态，不随便打断目击者的话题，给予足够的时间就其所观察到的事故进行表述。

⑦ 访谈时，一般不宜使用录音笔、摄像机等设备。

⑧ 应注意倾听被访谈者对事故的直觉认识。

⑨ 访谈人员有可能会要求被访谈者就某些他们认为是关键性的问题进行解释或使用实物证据进行演示。

⑩ 谈话内容应完全记录在案并签字确认。统一规范事故调查访谈记录表。

（3）补充证据研究：对于比较复杂的证据，有时需要进行事故的模拟再现、进行实验室实验，研究图纸或计划。

3）分析阶段

（1）使用时间表总结证据：当所有的证据收集完成之后，调查小组应制定事故发生的时间表，将所有相关事故和情况按照合适的时间顺序填写到时间表中，这样调查小组可以看到事故发生的先后过程，过滤错误或不相干的信息，最后小组成员之间应对事故发生的精确时间达成一致意见，理解事故发生的原因。

（2）确定关键因素：调查小组利用调查过程中搜集到的证据制定好事故发生的时间表后，应识别出关键因素。大多数的事故是复杂的，包括多方面的原因。调查组有时很难找出整个事故的原因，因此，需要确定某些关键问题（关键因素），便可以根据关键因素逐一地寻求原因。

① 关键因素代表着调查组对事故主要原因或导致事故发生的主要因素的看法。每个事故通常存在 3~5 个这样的关键因素。因此，寻找、确定关键因素对于事故调查的成功起着重要的作用。

② 关键因素的确定原则：当这个因素被取消后，事故将不可能发生或事故后果的严重程度将大幅降低。

③ 使用事故原因综合总表确定直接原因和间接原因：确定了关键因素后，下一步是分析和确定这些关键因素存在的原因。直接原因分为不标准行为和不标准状况，间接原因分为个人因素和工作因素。每一种又包含很多类，每一类由很多潜在原因组成。要进行彻底、公平、精确的分析，应将每一个关键因素与所有的原因类别进行对照考虑。切勿仓促下结论，原因必须有证据支持。在每一类原因中，都有一项"其他原因"被列在最后一项，可以在没有其他合适的选择原因时使用，但应尽量避免使用"其他原因"，因为"其他原因"对趋势分析的作用不大。

4）建议整改措施/编写事故调查报告

事故调查的根本目的在于从发生的事故中吸取经验教训，以便采取适当的纠正措施，以防止类似事故的再次发生。整改建议越有效就越有助于实现上述目的，另外，调查小组提出的建议应该注意以下原则：

（1）整改措施必须具有可操作性，并指明该措施所对应直接原因和间接原因。

（2）整改措施必须具有可测评性，也就是说，整改措施的结果是可以测评和衡量的。

（3）整改措施必须具有有效性，也就是说，整改措施应依次考虑消除方法、替代方法、工程控制方法、隔离方法、减少暴露时间/剂量、适当的个人防护用品和制定程序等。

（4）整改措施的实施必须有时间限制。

（5）整改措施必须有专人负责。

（6）控制措施必须有办法定期跟踪，直到完成。

在调查组达成一致同意之后，按要求填写和提交事故调查报告，事故调查报告应使用标准格式。图 4-8 表示事故调查取证（Accident investigation and taking of evidence）与事故处理（Accident removal）的关联逻辑。

二、事故致灾分析技术的应用实例——高低压分界点安全控制

正确识别高低压分界点，掌握高低压分界点安全控制措施、管理及操作要求，是管道行业现场专业人员的必备能力。

（一）高低压分界点事故案例

1. 事故经过

2001 年 11 月 9 日 8：30，某站场管廊带上采气计量管线突然发生爆裂，导致仪表风管

线、采暖热水管线及压缩机组紧急放空管线断裂，断裂的 φ114mm×6mm 管线在脱落的过程中损伤了同管廊敷设的紧急放空管线，爆裂产生的震动将部分动力电缆和仪表电缆震出电缆槽架。爆管发生后，当班生产人员立即在中控室按下压缩机主 PLC 的 ESD 按钮和全厂 ESD 按钮，实行压缩机组停机和全场紧急关断，使全站停产。事故发生后，值班人员对现场进行保护，现场散落大量保温层碎片，一段管道飞出站外 20 余米，另一管段飞落在装置区中间，未伤及装置及人员。事故状态流程如图 4-9 所示。

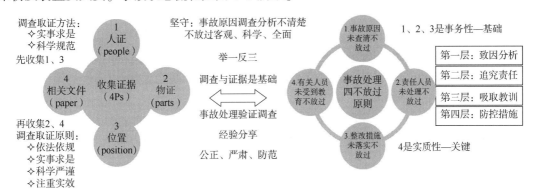

图 4-8　事故调查取证与事故处理的关联逻辑

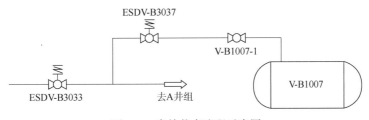

图 4-9　事故状态流程示意图

2. 事故原因

经分析，事故主要原因为 ESDV-B3037 阀两端管线压力等级不同，ESDV-B3037 阀及前端管线设计压力为 42MPa，阀后端管线及设备的设计压力为 10MPa。ESDV-B3037 阀内漏，而且运行人员将该管段与带有安全阀的生产分离器（V-B1007）连接阀门（V-B1007-1）关断，造成该段管段内压力超过设计压力，不能自动泄放发生爆裂。

该起事故本身虽未造成重大财产损失及人员伤亡，但潜在后果极其严重，同时也暴露出管理单位没有有效辨识出高低压分界点处存在的危害因素，未采取有效的控制措施是导致本次事故的根本原因。

（二）高低压分界点的界定及危害因素识别

1. 高低压分界点的界定

在生产工艺流程中，由于某一点的控制设备如截断阀（调压阀、调节阀）两端管线、设备的设计压力、操作压力不同，容易造成低压端管线、设备超压，甚至发生爆炸事故，该控制点称为高低压分界点。

对两端设计压力不同的高低压分界点称为设计压力分界点，对两端操作压力不同（但设计压力相同）的高低压分界点称为运行压力分界点。

2. 危害因素识别

（1）设计压力分界点。由于操作不当、工艺控制不够合理等原因，高低压分界点处极易发生爆炸事故，而且事故后果严重，严重威胁安全生产。

（2）运行压力分界点。运行压力分界点因其设计压力不发生变化，但低压端一旦压力超过设计运行压力，可作为工况异常或设备故障的警示。如某个分输站场调压位置处，管道设计压力为 6.4MPa，没有变化，但上游端运行压力上限为 6.0MPa，下游端运行压力上限为 4.0MPa，一旦下游端运行压力超过 4.0MPa，管道不会发生爆炸，但工况可能存在异常或发生调压设备故障。

（三）设计压力分界点低压工程控制措施

1. 双阀截断

设计压力分界点应加装双阀截断，减小阀门在关状态下因内漏窜气导致下游管线或设备超压的可能性，同时在下游超压需要进行紧急截断过程中，双截断阀的可靠性更高。

2. 单阀截断+低压端泄放

为了防止低压端的管线、设备超压，在低压端的管线、设备上应安装安全阀，安全阀要处于投用状态，而且尺寸要满足泄放量要求，以保证超压后能够实现自动泄放降压，避免爆管事故的发生。

3. 高限压力报警

为了预防低压端的管线、设备超压，应在低压端的管线、设备上安装远传压力变送器，并设置运行压力高限报警，一旦发生报警，运行人员可及时确认并处理。

注：低压端高限压力报警措施只能作为前两种措施的辅助方法，不可单独采用该方式控制高低压处风险。

（四）高低压分界点控制设备的管理要求

（1）建立高低压分界点台账，并根据实际情况进行及时更新。

（2）必须掌握本站的高低压分界点分布情况，掌握高低压端管线、设备的设计压力和最高操作压力，掌握低压端防止超压所应采取的保护措施。

（3）高低压分界点部位应有明显的标识，并注明高低压两端的设计压力。

（4）当高低压两端的管线、设备不同时运行时，应在现场操作的控制设备上悬挂"严禁操作"的警示标志或进行现场锁定，防止误操作情况发生。

（5）各站应将高低压分界点列为重要巡检内容，并有巡检记录。

（6）对工艺装置、管线、站内工业用气系统的低压端侧，应独立设置压力现场检测、压力远传检测仪表及报警功能，在站控系统中设置压力超高、高限报警。

（7）对站内生活用气系统、TEG 调压箱的低压端侧，应设置压力现场检测仪表。

（8）为了防止站内低压端的管线、设备超压，低压端的管线、设备上必须安装安全阀或其他保护装置，从而保证施加给低压侧的任何部分的压力，不会超过设计压力或被保护压力二者中的低值。压力保护装置或安全阀必须处于投用状态。

（9）当站内低压端的管线、设备上未安装安全阀时，应将其与设计压力相同并装有安全阀的管线、设备的流程导通，以保证超压后能够实现自动泄放降压。

（10）在用、停用设备、管线上的安全阀必须处于投运状态，严禁将安全阀的隔离阀关闭。

（11）对于存在安全隐患的高低压分界点，应及时提出整改意见和措施。

（五）高低压分界点控制设备的操作要求

（1）在操作高低压分界点控制设备之前，操作人员应检查低压端的流程是否畅通，检查管线和设备是否存在隐患和异常情况，检查低压端的管线或设备上的安全阀、压力表及压力变送器是否处于投入运行状态。

（2）当操作人员确认低压端的流程畅通、管线和设备无隐患和异常情况，安全阀、压力表及压力变送器处于投入运行状态后，及时向站控室值班人员汇报现场流程确认情况，执行作业文件《操作确认管理规定》。

（3）现场操作人员必须在得到站控室值班人员下达的操作指令后才能进行操作。操作时，应严格执行设备操作规程。

（4）对于远程控制的设备，由站控室值班人员进行操作。操作时，应及时向现场人员通报操作情况。

（5）当装置或设备投入正常运行后，操作人员应根据操作规程进行参数调整，保证装置或设备在设计压力或最高操作压力以下运行。

（6）当出现超压报警时，操作人员应及时调整运行参数进行降压。当低压端的管线、设备出现超压而未能自动泄放降压时，操作人员应立即进行手动放空降压，但应控制放空速度，防止因放空速度过快造成管线振动或移位。

（7）当高低压分界点控制设备失控时，应立即启动应急预案，并将装置、设备停运。

（8）应加强停用或间歇生产的管线、设备或装置的巡检和检查，保证超压后能够实现自动泄放降压。

第四节　油气管道事故带来的启示与思考

油气管道事故带来的生命和财产的损失巨大，经验教训极其深刻，让人们更懂得平安的珍贵，更重视安全的保障。前面列举的油气管道事故，相比全球每年发生的大量大大小小事故不过是沧海一粟。笔者在事故类型上，选取比较有代表性的事故，引用和参考了一些文献的统计结论，以期为读者在油气管道领域、乃至日常工作生活的各个领域，理解安全、识别危险、消除隐患、预防事故。

本节简要介绍当前的安全生产形势、明晰"安全、危险、隐患和事故"这四个截然不同的概念，再就如何做到"识别危险、消除隐患、预防事故、确保安全"（以下简称"识消预保"）谈一些认识。

一、当前所面临的安全生产形势

（一）油气行业整体风险高

（1）城市燃气业务处于人口稠密区，是重大安全风险点，受客观原因影响，管理提升难度大。

（2）燃气管道的安全管理水平有待提高，经对燃气安全生产事故事件调查，发现专业技术人员能力不足，管道保护制度、操作规程和应急预案缺失。

（3）输油管道距离长、环境复杂多变、老旧管道较多、介质也是易燃易爆、易造成环境污染；而且，有些含硫、含氢高蜡油品也影响管道安全。

（二）管道保护难度增加

（1）施工质量和产品质量缺陷给管道运行带来更大风险。

（2）打孔盗油依旧没有杜绝。

（3）城市扩展，地区等级变化带来管理风险。

（4）电力发展、电气化轨道交通对管道影响已开始显现。

（5）恐怖袭击、勒索软件等非传统安全风险仍然存在。

（三）法律法规要求更加严格

近年来，《中华人民共和国管道保护法》《中华人民共和国特种设备安全法》，以及新修订的《中华人民共和国安全生产法》《中华人民共和国环境保护法》陆续出台，管道运营企业面临更加严格的法规环境，安全生产主体责任明显加大。

（1）部分新建管道出现因无法办理特种设备使用登记，面临投产即不合规的法律风险。

（2）国家安监部门将油气管道纳入危险化学品安全监管范畴。

（3）油气管道安全生产重大及以上事故发生后，国家应急管理部门已暂扣企业的安全生产许可证，法规对事故追责更加严厉。

（4）油气长输管道穿越城市规划区、人员密集场所高后果区、地质灾害易发多发地区，安全生产合规手续办理难度增加。

（5）新环保法对建设项目环保"三同时"管理更加严格，未全面履行"三同时"手续，将无法正常办理排污许可，从而面临非法排污按日记罚，甚至被责令停产的风险。

（6）新安全生产法和新环保法均加大了对安全环保违法行为的处罚力度，新建项目"未批先建""未批先投"将面临更严重的后果。

二、安全事故事件的内涵解析

（一）安全、危险、隐患和事故的概念

（1）安全是系统发展过程的状态描述量，与事故有本质的区别。任何系统的运行过程均被看作一个随机过程，事故是这一随机过程的所有样本实现总体中给人类造成损失和灾难的一类样本的实现。它仅是系统整体样本实现总体的一类子样本。因此，安全不同于事故，即未发生事故的系统不能肯定是安全的，而发生了事故的系统不一定不安全。由此可见，用事故率的大小来衡量系统安全程度的做法是不完备的。另一方面，安全和事故也不是完全对立的，系统事故的发生只能是其不安全的必要条件，而非充分条件，系统运行的安全与否，只能用系统运行的安全程度来表示。

（2）"事故"这一基本概念在人类的日常生活、生产等各个领域应用最为广泛，是安全科学研究的一个基本范畴。"事故"的定义有：①事故是非计划性的、失去控制的事件；②事故是在一定条件下可能发生、可能不发生的随机事件；③事故是在与自然界斗争和进行生产劳动的过程中，人们受到科学知识和技术能力的限制，当前还不能有效防治而发生与愿望相违背，并导致物质损失或人身伤害或二者皆有的偶然现象；④生产事故是指在生产活动中，由于人们受到科学知识和技术力量的限制，或者由于认识上的局限，目前还不能防止，或防止而未能有效控制出现的违背人们意愿的具有现象上的偶然性、本质上的必然性的事件序列。

（3）"隐患"是导致事故发生的潜在危险，是指有可能导致事故的，但通过一定办法或采取措施，能够排除或抑制潜在的不安全因素。隐患指在生产生活等活动过程中，由于人们受到科学和技术知识水平和认识能力的限制，未能有效控制的可能引起事故的一种行为（或多种行为），或一种状态（或多种状态），或二者的结合。所以，隐患是人—机—环境系统导

致事故发生的因素集合。事故发生必然蕴涵隐患，但是有隐患并不一定发生事故。

"安全""事故""危险""隐患"之间的关系：①安全与危险是一对矛盾体；②系统处于安全状态并不能保证不发生事故，事故不发生也不能否定系统不处于危险状态；③隐患是评价系统危险状态的基本因子，事故只表现系统状态(安全或者危险)的一个侧面；④隐患是事故的基本组合因子，要彻底地消除事故，就必须从消除隐患方面着手；⑤用隐患来评价系统是否危险与系统之安全状态，目的是消除事故。

(二) 对"识消预保"的认识

每一项风险失去控制，都将演变成隐患，每一个隐患未及时控制和整改，都可能演变成事故。因此，事先要做好风险识别、风险分析、风险管控、风险预案编排演练、隐患觉察、隐患监控、隐患消除、隐患预防，可以大大减小事故发生的概率，预防事故于未发、消除事故于萌芽、控制事故于正发、减灾事故于已发。因为事先有预案、有准备，所以即使发生了难以避免的事故，也可以容易地控制事故规模、减少事故造成的损失、及时恢复油气管道的正常工作状态。

事故发生时，要迅速执行风险预案，而且要根据现场情况，随机应变地积极组织带动减灾抢险力量，尽快到达事故现场控制事故扩大态势，减少事故造成的损失，保障群众生命和财产安全，尽快恢复油气管道的正常工作状态。

事故发生后，要及时进行调查分析，记录、统计、分析事故发生的过程、损失、事故原因、事故根本原因，及时总结经验教训，如实报告、主动分享，时常提醒全体员工。

油气管道事故的经验教训与日常生产生活有何关系呢？因为事物的根本原理是相通、相似的，事故的起因、产生、触发、发生、发展、变化和事故的处理应对，不仅有其客观规律和主观因素，而且事故的种类很多、起因各异，往往是严重程度较大、新闻效果较强、经验教训也多，整个过程生动形象，事故后果也往往触目惊心，令人惋惜而且印象深刻，对于人们认识世界、理解世界、认识风险、识别隐患、防范风险、消除隐患、增长智慧、增强才干、预防事故、确保安全，都有非常积极的促进作用。

三、油气管道事故案例带来的启示

本章第二节介绍的油气管道典型事故案例，给了我们如下启示：

(一) 安全文化是"识消预保"的根源

从上述油气管道典型事例中，可以看出：油气管道事故有其客观因素，也有其主观原因。例如，自然灾害中的泥石流、滑坡导致的油气管道事故，似乎是以客观原因为主，而其主观原因是管道设计施工维护过程中没有做好对于管道路由选线避险、防护墙建设、自然灾害预警预案等方面的工作。从这些油气管道事故典型案例中，可以看出：良好的、广泛宣传而又深入民心的安全文化是提升安全水平的根源。安全文化，主要包括安全理念和安全方法。

(二) 安全保障技术是"识消预保"的工具手段

从上述油气管道事故典型事例中，可以看出：若要切实提高油气管网安全保障水平，杜绝油气管道事故发生，减少油气管道事故损失，必须利用先进的、高效的、持续改进的技术工具和技术手段，必须把良好的安全文化，用"持续完善的安全管理流程、不断改进的安全保障工具技术"落到实处，表现在流程里，展示在宣传里，应用在工作里，落实在行动中。安全保障技术，包括管理技术和实操技术两大类。其中，实操技术包括硬件技术和软件技术。安全保障技术内容丰富、种类繁多，虽然难以面面俱到，只要理解了本书"本质安全相关的理念"中介绍的安全保障之道，了解掌握了日常工作生活中涉及的人、机、测、料、法、环相关的安全保障知识，以及必要关键技术，就可以在"识消预保"方面做到游刃有余。例如，把各自工作生活中的与人、机、测、料、法、环相关的安全保障知识和相关技术，用表格的形式罗列出来，经常对照检查，每周及时更新（"表格点检"）。

（三）安全保障信息化、自动化、数智化是"识消预保"技术的创新发展

从上述油气管道事故典型事例中，可以看出：如果上述管道事故发生之前，有足够清晰的信息及时传递到具备消除隐患预防事故、应对事故能力的管理者等相关者那里；如果所述事故的风险隐患、事故前兆信息得到及时、恰当的反馈响应，就可以及时启动风险防范隐患消除事故救援预案，做到防患未然或减少事故造成的损失。

而且，正如本书第一章中所介绍的，油气管道已经发展到了"数智期"，信息技术的迅速发展和在油气管道行业的普及应用，使安全文化的普及、风险隐患信息的传递和识别反馈都可以更加精准化、更加高效率。所以，顺应时代潮流，大力发展油气管道行业的信息化、自动化、数字化、智能化，从而提高油气管道的"识消预保"能力，是油气管道事故典型事例给我们的又一宝贵启示。

（四）安全保障"识消预保"技术的发展趋势

从上述油气管道事故典型事例中，可以看出：国家实力、科技水平、社会秩序、管理水平、安全教育普及程度等因素，都极大影响油气管道事故的发生性质、发生规模、后果严重程度和善后处理的效果。随着时代进步、科技发展、文明水平的进一步提高，管道事故的危害规模和发生概率已经呈现下降趋势。油气管网安全保障技术的发展，也影响着油气管道行业的未来发展趋势。

第五节　油气管道行为安全系统整治实践

一、人的不安全行为的涵义

（一）本质内涵和定义解释

GB/T 28001 定义了"危险源（亦称危害因素，Hazards）"：可能导致伤害或疾病、财产损失、工作环境破坏或这些情况组合的根源或状态。这里的"状态"包括人的不安全行为、物的不安全状态、管理方面的缺陷。

管理大师彼得·德鲁克认为，"如果你无法衡量，你就无法管理。"汤玛士·J·彼得斯认为，"衡量得出，就做得到。"DNV 咨询团队基于 ISRS 理论基础——DNV 损失因果模型得到，事故产生是由于"缺乏控制"→"基本起因"→"直接起因"→"事件"→"损失"，其中"直接起因"是由于次标准行为和次标准状况引起的，反映在"人的不安全行为"和"物的不安全状态"两个方面，"人的不安全行为"大致考虑"在没有许可情况下操作、以不正确方法操作、不正确地使用设备、使用有缺陷的工具、不正确地使用个人防护设备、忽略报警、忽略/不遵守程序、……"

目前，关于不安全行为（Unsafe Behavior）的定义，国内外学者还没有提出一个统一的定义分类。国外的大部分文献中将其与人因失误（Human Error）视为等同概念，没有把二者进

行明确区分，且主要以研究人因失误为主。Rigby（1970）：Human Error，一种超出容忍界限的行为；Norman（1981）：无意的不安全行为（Slips or Lapses）和有意的不安全行为（Mistakes）。不安全行为本身并无严格、具体的定义。从事故的结果来看，已造成了事故伤害的行为确实是不安全的，或者说，可能造成伤害的行为是不安全行为。然而，若无相关标准的参照，难以在事故发生之前比较准确地识别事故相关者的哪些行为是不安全行为。人们根据以往的事故经验教训，总结归纳出某些类型的行为是不安全行为，供安全工作人员参考。《企业职工伤亡事故分类标准》（GB 6441）中附录 A 规定的不安全行为共 13 种、美国 ANSIZ 16.2—1962 规定共 13 种、日本劳动省规定共 12 种，见表 4-2。

表 4-2　中美日三国关于人的不安全行为分类的规定

中国 GB 6441—1986 规定	美国 ANSIZ 16.2—1962 规定	日本劳动省规定
（1）操作错误、忽视安全、忽视警告； （2）造成安全装置失效； （3）使用不安全设备； （4）手代替工具操作； （5）物体存放不当； （6）冒险进入危险场所； （7）攀、坐不安全位置； （8）在起吊物下作业、停留； （9）机器运转时加油、修理、检查、调整、焊接、清扫等； （10）有分散注意力行为； （11）在必须使用个人防护用品、用具的作业或场所中，忽视其使用； （12）不安全装束； （13）对易燃易爆等危险品处理错误	（1）未经允许操作； （2）不报警、不防护； （3）用不适当的、不合规定的速度操作； （4）使安全防护装置失效； （5）使用有毛病的设备； （6）使用设备不当； （7）没有使用个人防护用品； （8）装载不当、放置不当； （9）提升、吊起不当； （10）姿势不对、位置不正确； （11）在设备开动时维护设备； （12）恶作剧； （13）喝酒、吸毒	（1）使用安全装置无效； （2）不执行安全措施； （3）不安全放置； （4）造成危险状态； （5）不按规定使用机械装置； （6）机械、装置运转时清扫、注油、修理、点检等； （7）防护用具、服装缺陷； （8）接近其他危险场所； （9）其他不安全、不卫生行为； （10）运转失效； （11）错误动作； （12）其他

（二）国内外关于事故的统计分析综述

20 世纪 50 年代，海因里希曾调查了 7.5 万件工伤事故，发现有 98% 是可以预防的。在可预防的工伤事故中，以人的不安全行为为主要原因的占 89.8%，即在其所调查的 7.5 万件工伤事故中，可预防的人因事故占 88%，而以设备的、物质的不安全状态为主要原因的只占 10.2%，且设备物质不安全状态的产生也是由于人的错误行为而导致的。

在日本 1969 年制造业歇工 8 天以上的事故中，因人的不安全行为产生的占 96%；因机械物质不安全状态产生的占 14%，其中 10% 是两个因素共同存在。

Salminen 和 Tallberg 在研究了芬兰 1985—1990 年间的事故后发现，84%~94% 的事故是由人的失误造成的。Williamson 和 Feyer 在研究了澳大利亚 1982—1984 年的事故后也称，91% 的事故原因是人为原因。Lutness 甚至称 95% 的事故是由人的不安全因素引起的。

在我国煤矿行业中，不安全行为同样是导致事故多发的重要原因。陈红通过对我国煤矿 1980—2000 年 20 年间发生的重大事故进行全面检索发现，在所有导致中国煤矿重大事故的直接原因中，人因（包含故意违章、管理失误、涉及缺陷）所占比率高达 97.67%。

国内学者通过大量的事故调查分析表明，造成事故的原因大多出于人的不安全行为和物的不安全状态。美国杜邦公司有关咨询专家指出：96% 的事故是由于人的不安全行为直接引发的。

据不完全统计，造成人的不安全行为和物的不安全状态的主要原因：技术原因、教育原因、身体和态度原因、管理原因。针对这些原因，可以采取三种防止对策，即工程技术（Engineering）对策、教育（Education）对策和法制（Enforcement）对策，即 3E 原则。如消防；人为的不安全行为（如放火等）；构成安全事故的原因有多种多样，可以按照事故的 4M 构成要素，主要归纳为：①人的错误推测与错误行为（统称为不安全行为）；②物的不安全状态；③危险的环境；④较差的管理。在各种安全事故的原因构成中，人的不安全行为和物的不安全状态是造成事故的直接原因，约占 95%。实践证明，当物的不安全状态和人的不安全行为在一定时空发生交叉会合时，就是安全事故的触发点。

此外，有关学者对建筑行业关于事故原因的统计发现，人的不安全行为因素占 90%！我们太重视"物"的投入，却忽略了"人"才是安全生产中的核心要素！不安全行为的产生有两个方面原因：一是技能知识和操作规程掌握不足；二是安全意识不高，导致不安全行为的出现，这些都与平时的教育培训力度深度不足密切相关。90% 的不安全行为都是因为安全意识不高！

传统的说教收效甚微，安全教育的效果取决于：①教材的内容和形式；②安全管理人员和教员的水平；③受教育者的悟性、积极性。最深刻、震撼的教育是现实发生的惨痛事故，却不能让作业人员"亲自"去经历那些事故，这就要借助精心准备的教材和先进的教育形式（比如虚拟现实、增强现实、人工智能新技术研发事故警示片、事故反演过程呈现、高风险作业实操与虚拟现实相结合的装置及其虚拟仿真系统等），把那些典型事故及其经验教训展示出来，让作业人员和管理人员有感触、有认知、有体验、有领悟，安全保障技术和安全意识的教育才更有效果。相较于"物"的投入，关于"人"的投入，其实往往成本更低，效果却更好。

据 2004 年 1—9 月全国共发生 60.7 万起各类安全生产事故伤亡情况统计分析，人的不安全行为导致事故发生的比例占 70% 以上。

笔者从"人的不安全行为、物的不安全状态、环境和管理上的缺陷"三个维度，对某集团公司 2008—2014 年发生的生产安全事故进行全面汇总分析后发现，违反操作规程或劳动纪律、对现场指挥错误、缺乏安全操作知识属于人的不安全行为，占事故总数的 63%；技术和设计有缺陷、设备设施工具附件有缺陷、安全设施缺少或有缺陷等属于物的不安全状态，占事故总数的 25%；劳动组织不合理、对现场缺乏检查、教育培训不够、没有安全操作规程或安全操作规程不健全等属于环境和管理上的缺陷，占事故总数的 12%。据上述分析，绘制事故因果关系如图 4-10 所示。

不安全行为与未遂事件、事故发生的关系图，如图 4-11 所示。从图 4-11 中可以看出：不安全行为，若被管理挡住、控制住、消除掉，就不会发展成未遂事件；未遂事件，若没被周密合理的管理，或本质安全的设计，或本质安全的设施所挡住，还可以被良好的人员防护措施和防护用具所保护，不致发展为事故；事故的发生，必然是"管理、设计、安全设施、人员防护、程序"等方面都没做到位，所产生的严重后果。

二、管道不安全行为的预防与控制

油气管道不安全行为的预防与控制，实际上就是行为安全系统整治，是要全体员工人人懂安全、人人管安全，及时发现各单位、各环节发生的不标准行为或状态，通过总结分析，提供管理依据，推广标准行为和值得鼓励的安全行为。

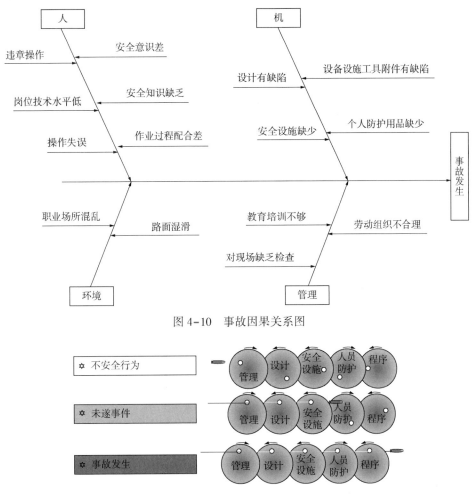

图 4-10　事故因果关系图

图 4-11　不安全行为与未遂事件、事故发生的关系图

（一）不标准状态和不标准行为的定义和要求

1. 定义

不标准状态和不标准行为是造成事故的最主要因素，因此，为树立正确的安全生产观，杜绝事故的发生，所有员工对于在日常生产及作业过程中发现不标准行为或状态，以及值得鼓励的安全行为，都有汇报的义务。行为状态控制卡见表4-3。

表 4-3　行为状态控制卡

不标准行为		不标准状态
★劳动防护	★违章	★设备/工具状态
□安全帽	□违章作业	□设备损坏、失效或带病运行
□护目镜	□违章操作	□设备/工具/电器等存在伤人风险
□耳塞	□违章指挥	□物料泄漏
□防静电工服	□未锁定或无效锁定	□锈蚀
□工鞋	□安全监护不到位	□安全保护装置不足或失效
□安全带	□现场指挥不到位	□工器具/物料存放或摆放不当
□检测仪	□违章驾驶	□设计或安装不当
□其他	□带/乘车人违章或未履责	□系统故障

不标准行为		不标准状态
★工具/设备使用	□其他	□设备/工器具不满足使用要求
□使用不正确工具	★疏忽或缺乏现场判断力	□其他
□不正确使用工具	□处于危险环境	★环境状态
□工具失效或超出检验期	□使用危险动作	□沉降/塌陷
□维护保养不当	□将工具/设备/物品置于危险环境或状态	□可能致人伤害的环境风险
□使用后未归位	□离开时未使环境置于安全环保状态	□坠物风险
□其他	□其他	□现场标识不齐全或失效
★违反劳动纪律	★第三方违章	□拥塞或运动受限制
□脱岗	□劳动防护不足	□光照或通风不足
□串岗	□违章操作或作业	□工作/作业场所环境混乱
□未履行岗位职责	□不按照方案操作或作业	□其他
□值班记录/签字不全或不清晰	□未经许可进行操作或作业	
□其他	□超出许可范围或区域	
★管理原因	□其他	
□劳动防护品配发不到位		
□工器具配备不足		
□直线责任、属地管理不落实		
□监管措施不落实		
□其他		

（1）不标准行为：与法律法规、标准规范、制度流程不相一致，违反安全规定、操作规程或作业方案，可能对自己或他人及设备、设施造成危险的人的行为。

（2）不标准状态：与法律法规、标准规范、制度流程不相一致，设备、装置或工具由于人为或其他因素，可能导致人员伤害或其他事故的物（设备设施和环境）的状态。

2. 基本要求

（1）行为安全观察与沟通的重点是观察和讨论员工在工作地点的行为及可能产生的后果。安全观察既要识别不安全行为，也要识别安全行为。

（2）各级管理人员开展的行为安全观察与沟通，不得由下属代替。

（3）观察到的所有不安全行为和状态都应立即采取行动，否则，是对不安全行为和状态的许可和默认。

（4）安全观察不代替传统的安全检查，其结果不作为处罚的依据，但以下两种情况按处罚制度执行：可能造成严重后果的不安全行为；触碰"管理红线"及"反违章禁令"的不安全行为。

（二）行为安全观察与沟通方法

1. 行为安全与沟通方法步骤

行为安全观察与沟通以"六步法"为基础，包括如下步骤：

（1）第一步：观察。现场观察员工的行为，决定如何接近员工，并安全地阻止不安全行为。

（2）第二步：表扬。对员工的安全行为或相关优点进行表扬。

（3）第三步：讨论。与员工讨论观察到的不安全行为、状态和可能产生的后果，鼓励员工讨论更为安全的工作方式。

（4）第四步：沟通。就如何安全地工作与员工取得一致意见，并取得员工的承诺。

（5）第五步：启发。引导员工讨论工作地点的深层次的、或其他的安全问题。

（6）第六步：感谢。对员工的配合表示感谢。

2. 行为安全观察与沟通"六步法"的"三姿式"要求

（1）请教式。以请教而非教导的方式与员工平等地交流、讨论安全和不安全行为，避免双方观点冲突，使员工接受安全的做法。

（2）说服式。说服并尽可能与员工在安全上取得共识，而不是使员工迫于纪律的约束或领导的压力作出承诺，避免员工被动执行。

（3）引导启发式。引导和启发员工思考更多的安全问题，提高员工的安全意识和技能。

上述"三姿式"仅是与沟通对象进行"究因访谈"时应当注意的三个方面的姿态、形式。读者朋友在"究因访谈"时，可以根据沟通过程中的沟通对象、时机情形、现场环境等实际情况，采取适当的姿态、形式，以期更好地达到沟通目标。

（三）行为安全观察与沟通的系统管理流程

鼓励所有员工对发现的不标准行为、不标准状态及时上报。统一制作"行为/状态控制卡"，在办公区明显处设置行为/状态控制卡箱，放置空白行为/状态控制卡，供本单位员工随时取用。员工在发现不标准行为/状态或值得鼓励的安全行为后，应先与被观察人沟通，并纠正后再填写行为/状态观察卡，后投入卡箱，相应的管理人员定期进行收集并录入行为状态库中。

1. 信息收集

每月收集各站队不标准行为信息，上传管道生产系统或者 HSE 信息系统。查看隐患整改平台信息，了解不标准状态控制措施落实进度。

在安全检查过程中，通过沟通交流等方式主动向各站队了解不标准行为相关情况。

2. 原因分析

每月、每季度对发生的不标准行为数据统计分析，发现其发展趋势和趋势发生变化的原因。每月形成月度分析报告，每季度编制季度分析报告，并对整体趋势进行分析。

3. 统计

1）不标准行为统计

不标准行为统计可按不标准行为统计表进行。不标准行为统计分为类型、数量、所占比例、趋势四个部分。

（1）类型：按照不标准行为统计表类型分类统计。

（2）数量：本期发生总数及不同类型不标准行为发生次数。

（3）所占比例：此类不标准行为报告数量/报告总数。

（4）趋势：不标准行为总数及各类型的发展趋势，用以检验采取的措施是否有效。

根据统计结果，将普遍发生、严重性高的不标准行为确定为"典型不标准行为"。

2）原因分析

（1）管道成员企业总部层级原因分析主要包括以下两个方面：

① 不标准行为发展趋势和趋势发生变化的原因；

② "典型不标准行为"发生的管理原因(包括但不限于)：造成"典型不标准行为"发生的管理原因；管理中存在的薄弱环节(人员管理、设备管理)；"典型不标准行为/状态"整改效果好的经验做法或整改建议。

（2）基层站队层级原因分析表的内容包含三个部分：

① 不标准行为的描述、类别、风险等级。

② 原因分析。原因分析按照不标准行为统计表中的类型进行选择。对于已有分类原因未能进行准确解释的不标准行为，可在其他原因栏里单独对原因进行描述。

③ 整改措施。整改措施内容包括措施内容、整改时间、责任人。在制定整改措施时，应注意以下三点：

a. 整改方法包括但不限于：开展安全活动（知识竞赛、安全讨论、安全主题活动、安全行为评比），专业技能培训，完善规章制度，监督检查等。

b. 制定整改措施时要做到可执行、可量化、可检查，责任人明确。

c. 整改时间/频次是指落实整改措施的时间或开展该项整改措施的频次。

3）经验分享

（1）典型不标准行为与典型未遂事故（简称典型风险）的经验分享工作。

（2）"典型不标准行为"经验的分享内容包括典型不标准行为发生的原因、控制措施、好的经验和做法等。

（3）充分利用现有资源在会议、集体活动、培训、网站中进行安全经验分享。

（4）定期将经验分享信息上传至管道生产系统或者 HSE 信息系统，定期收集整理并统一做经验分享。

4）整改与提高

（1）每月对收集的风险较高的不标准行为及状态组织进行评价，确定整改负责人及期限，纳入隐患追踪平台，进行销号闭环管理。

（2）根据每季度统计分析结果与对典型风险的整改措施建议（包括 HSE 专项培训、优良习惯养成主题、典型未遂事故分享等），组织开展相关整改与经验分享工作。

5）效果评估

（1）定期或不定期抽查风险整改落实情况，验证整改效果。对已整改典型风险进行再评估，确定其处于可接受风险范围以内。

（2）通过对比不标准行为发生数量、类型所占比例等内容，对上一阶段制定控制措施效果进行评估。继续推行整改效果明显的整改措施，对整改效果不明显的措施要重新制定，实现行为安全管理的逐步提高。

（四）行为安全观察与沟通的管理标准

1. 不标准行为分析要求

开展行为观察分析时，要针对每一项具体不标准行为进行细致分析，针对共性的或典型的不标准行为进行分析。须分别按照以下四类原因进行分类，有针对性地制定具体可操作的控制措施。

（1）行为习惯原因。通过开展习惯养成活动、加强监督检查等方式改变习惯。

（2）培训/能力不足原因。若是普遍情况，则可开展专项培训，若是个别员工，可对其进行一对一教授或加强能力考核，提高能力。

（3）安全意识原因。可以通过开展安全竞赛、安全分享、专项主题讨论、组织专项辨识活动等增强安全意识。

（4）管理原因。通过出台相应的管理措施、加强制度执行情况监督检查与考核等方式进行控制。

2. 拒绝工作报告

（1）在发现存在下列不标准行为/状态，并可能导致发生事故的情况下，任何人都有权并应该及时拒绝工作。

① 在没有足够的安全程序和措施，并可能危及自身和他人的安全和健康，而被要求或命令进行某项工作时。

② 当某项作业可能对环境、设备造成重大损失而又违背公司体系文件或相关法律要求时。

（2）上报方式。

① 通过口头或电话方式立即上报。

② 通过行为/状态控制卡上报。

③ 通过电子汇报方式上报。

（3）拒绝工作的调查。

① 当收到因 HSE 原因拒绝工作的报告后，应及时对报告进行调查核实，以便采取合适的安全措施，避免事故的发生。

② 对"报告"的调查分为非正式调查和正式调查。

（4）恢复工作。

① 通过调查，达成一致解决方案，并且相应的措施已经采取到位。

② 通过调查，证明工作场所是安全的而且不需要采取措施，应向报告员工解释清楚。

第六节　本章小结

油气管道安全生产工作应当坚持"以人为本、质量至上"，坚持"安全第一、预防为主、综合治理"方针不动摇，全面推行全生命周期安全保障关键技术是实现油气管道安全发展、科学发展、高质量发展的战略举措，是提升安全工作科学化水平的必然要求和充分必要条件，是解决管道安全突出问题的迫切需要，是提升安全控制能力的有效途径和手段。

贯彻新发展理念，融入新发展格局，全面推行全生命周期安全保障关键技术，牢牢把握绿色低碳、信息化、数字化、网络化、智能化发展大势，以推动高质量发展为主题，以改革创新为根本动力，加速推进油气管道向科技驱动的世界一流转型升级和卓越发展，努力为油气管道高质量发展、建设世界一流水准的油气大管网做好技术支撑。

在科技进步迅猛、世界变化加速的今天，只有把自己学到的、了解的、掌握的油气管道安全保障理论思想和关键技术，写出来、传出去、丰富起来、应用上去，才能推动实现提高全员全民安全意识、防范各类风险、消除事故隐患、保障油气管道安全，乃至工作和生活各个方面的安全的根本目标。

第五章　油气管网安全保障技术创新发展及趋势展望

油气管网安全保障技术，随着油气管道行业的发展、规模的增大、事故教训和技术经验的积淀、相关行业科技发展，尤其是信息化、自动化、数字化、智能化技术迅猛发展对于管道行业的促进，在设计施工、运营维护、延寿报废等油气管网全生命周期各阶段的各方面技术都有了长足进步。

为落实新发展理念、推动高质量发展、构建新发展格局，保障国家公共安全和能源安全，在国家油气体制深化改革和油气管道运营机制改革稳步推进过程中，面向国家油气管网安全所需，有必要进一步提升我国油气管道重大科技创新方向前瞻布局能力，加快推动前沿性、前瞻性、颠覆性、原始性技术创新，重点围绕储备库设施致灾机理、设计建造、检测检验、安全评定、风险评价、应急技术与装备、安全保障一体化平台等关键科学与技术问题，突出安全保障技术与装备研发，开展理论研究、技术攻关、装备研制及应用示范，建立石油及天然气储运设施安全保障技术体系，切实提高油气管道事故防控及风险管控水平。

以适应油气管道行业发展需求的安全生产支撑主体技术为基础，瞄准油气管道高质量发展的重大科技需求，强化目标导向、问题导向、过程导向和结果导向，分"十二五"基础阶段、"十三五"发展阶段、"十四五"及未来中长期提升阶段，从"扎实推进""接续发展""高质量发展"稳步实现技术迭代，从"储销一体""运营改革""管网独立"持续不断的体制改革、机制革新、管理变革，确保我国油气管网呈现出"安全、可靠、耐久、先进、实用、高效、低碳、绿色、科学、'四精'（精准、精确、精细、精益）"的特征。笔者介绍了采用"系统集成、协同高效""创新问题解决理论（TRIZ）"的工具方法，努力构建并培育新时代油气大管网全生命周期安全保障技术体系。油气管网安全保障技术创新发展"成长树"模型如图5-1所示。

本章简要介绍施工焊接质量安全管控新技术、输气站场防泄漏与泄漏管控实用技术、HSE管理数字化转型升级、创新理念创新技术路线创新方法创新工具TRIZ、油气管网安全保障技术创新方面的发展、油气管网安全保障技术发展的趋势展望等方面的内容。

第一节　管道工程焊接过程质量管控实用技术

据统计，2020年，中国新建油气管道里程约5081千米，油气长输管道总里程累计到17×10^4km。我国管道建设速度呈现快速平稳发展态势，预计至2025年，我国管网建设运行将达24×10^4km，2030年，将达30×10^4km。"十四五"时期，中国油气工程建设行业市场容量有望达到1.7万亿元，其中国家乡村振兴战略的实施推进，以"县县通"为代表性的城市燃气管线建设将呈现爆发式增长。伴随着计算机、电子、机械、人工智能等技术的快速进步，为了满足数字管道、智能管道和智慧管网的建设需求，加强对长输管道焊接技术的研究，提

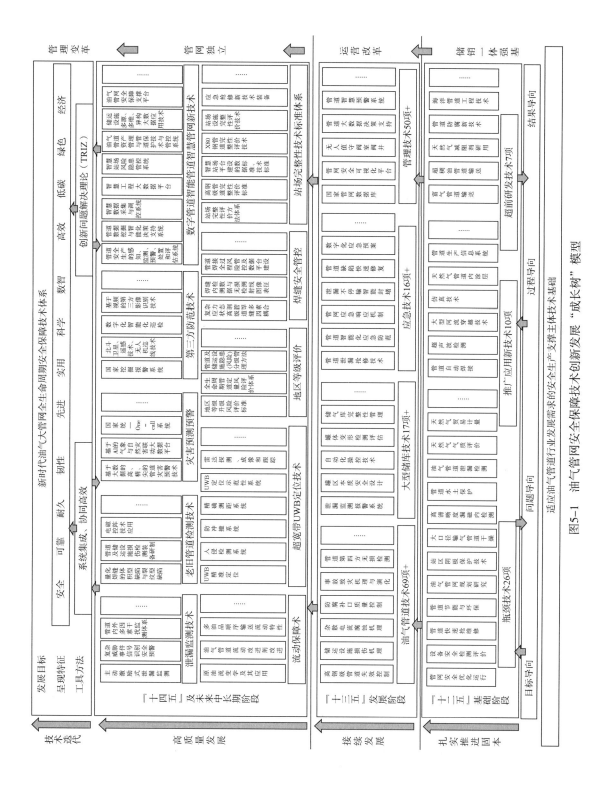

图5-1 油气管网安全保障技术创新发展"成长树"模型

281

高焊接技术质量水平，不断推动管道焊接技术向高质量、高功效、低成本和智能型方向发展，已经成为包括中国在内的全球油气管道行业高质量发展的需要。特别是管道焊接材料、焊接工艺、焊接技术，管道自动化、智能化焊接技术，焊缝跟踪定位技术、焊缝检测监测技术，自动焊接技术在服役管道维修过程中的应用，以及后疫情时代和"双碳"目标背景下管道材料与焊接技术发展走向和趋势。

一、国内外油气管道焊接技术发展历程

（一）国外焊接技术发展情况

国外管道焊接施工经历了手工焊和自动焊的发展历程。手工焊主要为纤维素焊条下向焊和低氢焊条下向焊；在管道自动焊方面，有苏联研制的管道闪光对焊机，其在苏联时期累计焊接大口径管道数万千米。它的显著特点就是效率高，对环境的适应能力很强。美国 CRC 公司研制的 CRC 多头气体保护管道自动焊接系统，由"管端坡口机、内对口器与内焊机组合系统、外焊机"三大部分组成。法国、苏联等也都研究应用了类似的管道内外自动焊接技术，此种技术方向已成为当今世界大口径管道自动焊接技术的主流。

（二）国内焊接技术发展情况

中国钢质管道环缝焊接技术经历了几次大的变革：20 世纪 70 年代采用传统焊接方法——低氢型焊条手工电弧焊上向焊技术；20 世纪 80 年代推广手工电弧焊下向焊技术，为纤维素焊条和低氢型焊条下向焊；20 世纪 90 年代应用自保护药芯焊丝半自动焊技术；现已开始全面推广全位置自动焊技术。

我国油气长输管道工程建设历经手工焊、半自动焊和自动焊发展过程，全自动焊在新建大口径、壁厚、长距离输送管道工程中迅速得到应用。

（1）第一阶段——手工焊(20 世纪60—80 年代)：手工焊技术曾是管道焊接的主要方法。缺点：焊接速度慢、焊接时间长，严重制约了维抢修作业的施工效率，难以保证焊接质量。

（2）第二阶段——半自动焊(20 世纪90 年代)：管道焊接开始引进自保护药芯焊丝半自动技术(简称半自动焊)。优点：半自动焊具有全位置成型好、焊材利用充分、焊接效率高、设备综合成本低、环境适应能力强、焊工易于掌握等优势，已成为中国长输管道填充和盖面焊接的主要技术。缺点：采用半自动焊接时，存在焊缝金属夏比冲击韧性离散性大，部分夏比冲击值低于验收指标等问题。

（3）第三阶段——自动焊(21 世纪)：借助于机械和电气的方法使整个焊接过程实现自动化，即自动焊。自动焊的优点：焊接质量高而稳定、焊接效率高、劳动强度小、经济性好、对于焊工的操作水平要求低、焊接过程受人为因素影响小。自动焊的种类：①实芯焊丝气体保护自动焊；②药芯焊丝自动焊。目前，石油天然气管道建设正向大口径、高强级、大输量方向发展，随着自动控制和电弧跟踪技术的不断完善，全自动焊将更加适应管道现场焊接条件，应成为中国长输管道建设现场焊接的主要施工方法。

随着管线钢性能的不断提高，管道建设越来越趋于向长距离、高工作压力、大口径、厚壁化方向发展，这就需要研发高质量的焊接材料和高效率的焊接方法与之匹配，保证环焊接头的强韧性。未来的管道建设，为获得施工的高效率和高质量，将优先考虑熔化极气体保护焊。而自保护药芯焊丝半自动焊与手工电弧焊相结合，由于操作灵活、环境适应性强、一次性投资小，对于大直径、大壁厚钢管是一种好的焊接工艺。以人工智能、互联网、大数据为手段，不断融入和提升自动焊机产品，接续推进全球管道智能焊接新时代。

二、国内外焊接标准化对比分析

通过了解 ISO、AWS、GB，以及国内行业及团体焊接标准和相关标准化技术委员的情况，并对 ISO、AWS 及 GB 共三大体系中现行有效及正在制定、修订的标准进行了统计分析，并分析了 GB 标准的采标情况及发展趋势。发现国内标准化技术委员会的标准专业详细程度远低于 ISO 及 AWS 的标准。GB 标准中约有 86% 的标准由国外标准转化，并且焊接行业标准协调统一性较差。应加快自主创新标准的制定工作，建立和完善国内自主的焊接标准体系。

焊接这个"工业裁缝"已成为制造业关注的焦点。焊接领域内标准化是"重中之重"。中国焊接领域标准的转化很大部分都是基于 ISO 及 AWS 焊接标准体系，有些为修改采用，有些为等同采用。近年来，工业发达国家对 ISO 及 AWS 焊接领域的标准予以高度关注，很多发达国家的标准直接转化引用 ISO、AWS 标准。密切跟踪、深入了解我国 GB、ISO 及 AWS 等标准的发展战略及标准化动态，以及相关标准的体系，可积极地推动我国焊接标准国际化，推动我国焊接行业与国际接轨。

（一）ISO 及 AWS 标准体系

1. ISO/TC44 焊接及相关工艺技术委员会

ISO 是 International Organization for Standardization 的缩称。发展至今，ISO 组织共有 164 个成员国和地区，786 个技术委员会及分委员会，已发布超过 22578 个国际标准，超过 135 人在瑞士日内瓦的 ISO 中央秘书处全职工作。

TC44 是 ISO 组织的焊接及相关工艺委员会代号，其英文全称为 Welding and Allied Processes。中国目前以 P 成员身份参加该委会的活动。国际焊接及相关工艺技术委员会共下设 11 个分技术委员会。

2. AWS 标准化项目技术委员

美国焊接协会（AWS）成立于 1919 年，是一个非营利性的组织，于 1979 年被美国国家标准协会（ANSI）批准认可成为标准制定组织，其技术委员会名称为 Technical Activities Committee（TAC），主席是林肯电气公司的 Dave Fink。美国焊接协会下属的标准化项目技术委员会分为焊接基础、检验和评定、工艺、工业应用、安全与健康、材料、焊接设备共七大类别。每种类别下又分为若干个技术委员会及分技术委员会。

（二）中国 TC55 及 TC70 焊接标准化技术委员会

国内相关的 GB 焊接标准主要由 TC55 及 TC70 两个标准化技术委员会负责起草与修订。

TC55 是中国的焊接标准化技术委员会，其秘书处所在单位是哈尔滨焊接研究院有限公司，其业务受国家标准化管理委员会指导，负责全国焊接、钎焊、切割通用工艺技术、试验方法、质量检测及焊接材料，以及工艺制备、焊接与切割安全卫生等专业领域标准化工作，其与国际的 ISO TC44 委员会相对应。TC55 全国焊接标准化技术委员会下设 3 个分委员会，分别是 1985 年成立的 SC1 焊接材料委员会、1989 年成立的 SC2 钎焊委员会及 2008 年成立的焊缝试验和检验委员会。

TC70 是全国电焊机标准化技术委员会，其秘书处所在单位为成都三方电气有限公司，其筹建单位为中国机械工业联合会，业务上受中国电器工业协会指导，对应 IEC/TC26 及 ISO/TC44/SC6 两个国际分委员会。

针对 TC55 下属 3 个分委员会及 TC70 负责的专业领域，国内尚缺少关于焊接健康与安全的分委员会，TC55 与 TC70 委员会尚未发布过与之相关的标准，而 ISO/TC44 SC9 与 AWS

SHC 两个委员会均已发布过相关标准。

（三）行业标准及团体标准

1. 行业标准

国内焊接行业标准体系比较复杂。通过国家标准化技术管理委员会的全国标准信息公共服务平台以"焊接"为关键词搜索行业标准发现，涉及机械（JB/T）、能源（NB/T）、石油天然气（SY/T）、铁路（TB/T）、建筑（JG/T）、电力（DL/T）、航空（HB/T）、黑色冶金（YB/T）、化工（HG/T）、船舶（CB/T）、汽车（QC/T）、核工业（EJ/T）等多个类别的行业标准。

2. 团体标准

我国新版《中华人民共和国标准化法》于 2018 年 1 月 1 日起实施，此次修订最大的调整是在标准分类中除了原有的国家标准、行业标准、地方标准、企业标准以外，增加了团体标准，赋予团体标准法律地位，使之成为我国标准序列中的重要组成部分。中国焊接协会在 2016 年就开始着手团体标准化的相关制定工作，制定了《中国焊接协会团体标准化管理办法》，并且主持起草了《无镀铜焊丝》团体标准，发布实施了《焊接车间烟尘卫生标准》（T/CWAN 0002—2017）。

截至 2019 年，中国焊接协会已发布实施 10 余项团体标准，还有 7 项团体标准正在起草中。中国焊接协会正在大力推进焊接领域团体标准的建设工作，但是目前尚未建立标准化专业机构。

三、国内外管道焊接标准对比解析

据不完全统计，现有管道工程焊接施工相关文件包括焊接规范、工艺规程和作业指导书，覆盖了管道工程施工的不同条件，其体系完整。焊接规范、工艺规程和作业指导书中的内容，涵盖了焊接施工中的各个工序和要求，内容完整，适用性较强。

针对管道工程建设，国内已经建立了系统完善的工程设计、管材制造、现场焊接、无损检测等技术标准、规范和管理措施。但这些标准的相关性不是很好，在有些环节存在矛盾之处。一些管理规定的可操作性不强，质量管理人员不能明确、清晰地了解焊接施工质量控制关键点，使得在管道建设过程中违反标准规范的情况不能被及时发现和整改。

（一）API Std 1104—2013 解析

美国石油学会标准《管道设施焊接》（API Std 1104—2013）是油气管道焊接技术的综合性标准，旨在通过控制焊工资质、焊接工艺、材料和设备以保证高质量焊接作业，通过控制无损检测规程、设备和无损检测人员资格，以保证焊接质量正确评定。

1. 重要技术性条款变更

我国行业标准 SY/T 4103—2006 的修改采用了 API Std 1104—1999 标准，因此有必要跟踪研究该标准的变更内容，尤其是其中的重要技术性条款。

（1）范围。API Std 1104—1999 版适用范围是"原油、成品油、天然气管道"，API Std 1104—2013 版适用范围扩大为"原油、成品油、天然气、二氧化碳、氮气管道"。API Std 1104—2013 版适用范围新增"适用于新建管道工程和在役管道设施焊接"，新增"适用于等离子焊、氧炔焊等焊接方法"。

（2）规范性引用文件。API Std 1104—2013 版新增《石油和化工行业热开孔安全规范》（API RP 2201—2003）、《无损检测人员资质认证》（ASNT SNT—TC—1A—2016）、《焊缝接触式超声波标准试验规程》（ASTM E164—1997）、《埋弧焊低合金钢焊条和焊剂规范》

（AWS A5.23—2011）、《金属结构裂纹验收评定方法指南》（BS7910—2013）等8项参考标准。

（3）术语和定义。API Std 1104—2013版新增以下术语和定义：反面焊缝焊接修复（back weld repair）、支管焊接（branch weld）、盖面焊道修复（cover pass repair）、二次修复（double repair）、焊缝整体性修复（full thickness repair）、打磨（grinding）、内凹度（internal concavity）、机械焊接（mechanized welding）、焊接修复（repair weld）。

（4）一般规定。本标准规定的焊接方法所适用的管材和管件类型，API Std 1104—1999版中主要为API标准和ASTM标准产品，例如《管线钢管规范》（API 5L—2012），API Std 1104—2013版中扩展适用ASME（美国机械工程师学会）、MSS（美国制造商协会）、ANSI（美国国家标准协会）等标准化组织的产品规范。本标准规定的焊接方法对填充金属类型的要求，API Std 1104—1999版中是美国焊接协会AWS系列标准，即AWS 5.1—2012~AWS 5.29—2010等8项标准；API Std 1104—2013版中新增《埋弧焊低合金钢焊条和焊剂规范》（AWS A5.23—2011）。关于保护气体使用要求，API Std 1104—2013版新增"禁止在焊接现场进行保护气体混合操作"。

（5）焊接工艺评定。

① 关于接头设计的要求，API Std 1104—2013版更改为"应画出接头的简图，简图应指明接头型式、坡口型式、坡口角度、钝边尺寸和根部间隙等"。

② 关于焊道之间的时间间隔的要求，API Std 1104—1999版为"应规定完成根焊道之后至开始第二焊道之间的最长时间间隔"，API Std 1104—2013版更改为"应规定完成根焊道之后至开始第二焊道之间的最长时间间隔，以及完成第二焊道后和后续焊道之间的最长时间间隔"。

③ API Std 1104—2013版新增清理和打磨的要求，即"应规定清理和打磨焊道所使用的电工/手动工具"。

④ API Std 1104—2013版删除了焊接时焊道层间温度范围的要求。

⑤ API Std 1104—2013版新增焊接后冷却方法，即"如果采用强制冷却方法，应规定焊接后冷却的类型，例如采用强制水冷，以及开始强制水冷时的对应最高金属温度。"

美国制定了焊接作业安全综合性标准API Std 1104，我国行业标准SY/T 4103—2006的修改就借鉴了API Std 1104—1999标准，因此有必要跟踪研究该标准的技术更新信息。API Std 1104—2013主要在焊接工艺评定、焊接接头试验、焊接工艺变更、管口焊接等方面进行了更新，修改了相邻焊道之间的允许时间间隔、焊缝余高允许值等指标参数，新增了缺陷清除和返修等内容。建议国内标准SY/T 4103—2006修订时，纳入更新内容，提高我国管道焊接作业的技术水平。

（6）焊接工艺变更。

① 管材组别变更。API Std 1104—1999版按照最小屈服强度低于290MPa、290~448MPa和大于448MPa进行管材分组制定焊接规程，API Std 1104—2013版按照API 5L—2012规定的X42、X42~X65和X65以上等级进行管材分组制定焊接规程。

② 保护气体和流量。API Std 1104—1999版规定保护气体流量范围显著增加属于焊接工艺变更，API Std 1104—2013版规定保护气体流量超过额定流量的20%属于焊接工艺变更。

（7）对接焊的焊接接头试验。

① 适用范围。API Std 1104—2013版删除了针对外径小于或等于33.4mm管件试样进行拉伸试验、刻槽锤断试验和背弯试验的规定。

② 拉伸试验评定方法。API Std 1104—1999 版规定"如试样断在母材上，且抗拉强度大于或等于管材规定的最小抗拉强度时，试样合格"；API Std 1104—2013 版规定"如试样断在母材上，且抗拉强度大于或等于管道规定的最小抗拉强度的 95%，试样合格"。API Std 1104—2013 版新增"如果试样在抗拉强度不低于管材 SMTS 95% 时，在焊接和热影响区域（HAZ）以外位置发生断裂，则试样被认为合格。对因试样准备或试验不当发生故障的试样必须替换并重新进行试验。"

③ 刻槽锤断试验评定方法。API Std 1104—2013 版新增"针对直径超过 323.9mm 的试验焊缝，如果一个刻槽锤断试样失效，应由失效相邻位置的两个其他试样替代。如果替换后的任何 1 个试样刻槽锤断失效，则认为焊缝不合格。"

④ 背弯、面弯和侧弯试验评定方法。API Std 1104—2013 版新增"针对直径超过 323.9mm 的试验焊缝，如果 1 个弯曲试样失效，应由失效相邻位置的 2 个其他试样替代。如果替换后的任何 1 个试样弯曲试验失效，则认为焊缝不合格。"

（8）角焊焊接接头的试验。

针对角焊焊接接头的焊接要求，API Std 1104—1999 版规定"相邻夹渣之间应至少有 12mm 的无缺陷焊接金属"；API Std 1104—2013 版变更为"相邻夹渣之间应至少有 13mm 的无缺陷焊接金属"。

（9）管口焊接。

① 针对管口组对、对口器使用、坡口加工、气候条件、作业空间、层间清理的技术要求，API Std 1104—2013 版和 API Std 1104—1999 版无变更。

② 针对固定焊和旋转焊，API Std 1104—1999 版规定"焊缝余高不大于 2.0mm，局部不大于 3mm"；API Std 1104—2013 版规定"焊缝余高不大于 1.6mm"。API Std 1104—1999 版规定"焊缝表面单侧宽度应大于坡口表面宽度 0.5~2mm"，API Std 1104—2013 版规定"焊缝表面单侧宽度应大于坡口表面宽度 3mm"。

（10）无损检测验收标准。

① 射线检测。针对根部未焊透（IP）、错边未焊透（IPD）、中间未焊透（ICP）、表面未熔合（IF）、根部内凹（IC）、烧穿（BT）、夹渣、气孔、裂纹、咬边等焊接缺陷的验收指标参数，API Std 1104—2013 版和 API Std 1104—1999 版无变更。针对夹层未熔合（IFD），API Std 1104—1999 版规定"单个长度超过 50mm 为不合格"；API Std 1104—2013 版规定"单个长度超过 25mm 为不合格"。

② 磁粉检测、液体渗透检测、超声波检测的验收指标参数，以及咬边外观检查，API Std 1104—2013 版和 API Std 1104—1999 版无变更。

（11）缺陷清除和返修。

API Std 1104—2013 版新增"根焊和盖面焊的打磨修复""反面焊缝焊接修复""焊缝二次修复"及"焊缝最大允许修复长度"的要求。此外，新增焊缝修复作业规程、修复焊缝试验和修复焊工资质评定程序。

（12）无损检测规程。

射线检测方法中像质计类型有变更。API Std 1104—1999 版规定孔型像质计应符合《用于放射学的孔型像质指示计的设计、制造》（ASTM E1025—2018），线型像质计符合《线型像质计》（JB/T 7902—2015）或《用金属丝透度计进行射线实验的质量控制标准方法》（ASTM E747—2018）。API Std 1104—2013 版规定像质计 ASTME 747 或 ISO 19232—1—2013 线型像质计要求，删除了孔型像质计管壁厚与像质计厚度的对比参数。磁粉检测方法、液体渗透检测、超声波检测规程无变更。

（13）焊工资质认证。

针对焊工资质认证，API Std 1104—2013 版和 API Std 1104—1999 版无变更。

2. 技术变更

综上所述，美国焊接标准 API Std 1104—2013 和 API Std 1104—1999 技术变更主要表现在以下方面：

（1）API Std 1104—2013 版主要在焊接工艺评定、焊接接头试验等方面进行了技术更新修订，在焊接工艺变更、管口焊接等方面仅有少量更改，在焊工资质认证、无损检测等方面没有变化，新增了缺陷清除和返修等内容。

（2）API Std 1104—2013 版重要技术变更主要是在相邻焊道之间的允许时间间隔、基于管材等级进行焊接工艺规程分类、对焊接头拉伸试验评定方法、焊缝余高允许值、夹层未熔合评定方法等。

（3）考虑我国行业标准 SY/T 4103—2006 采标标准 API Std 1104—1999 年代比较久远，因此建议对 SY/T 4103—2006 进行修订。

（二）国内管线钢焊接标准解析

国内钢管制造标准与管道施工标准主要有：《石油天然气工业管线输送系统用钢管》（GB/T 9711—2017）、《油气长输管道工程施工及验收规范》（GB/T 50369—2014）、《钢质管道焊接及验收》（GB/T 31032—2014）、《钢制管道焊接及验收》（SY/T 4103—2006）、《石油天然气钢质管道无损检测》（SY/T 4109—2013）、《石油天然气站内工艺管道工程施工规范》（GB 50540—2009）（2012 年）等。《石油天然气工业管线输送系统用钢管》（GB/T 9711—2017）标准，对于管口局部失圆的两种情况，向内凹陷称为"扁平块"，向外凸出称"嗽嘴"。《油气长输管道工程施工及验收规范》（GB/T 50369）规定，钢管成型工艺或制造操作会造成钢管实际轮廓相对于钢管正常圆柱轮廓发生几何尺寸偏差（扁平块或嗽嘴），当几何尺寸偏离处的极端点与钢管正常轮廓延伸部分之间的测量间距（即深度）超过 3.2mm 时，应判为缺陷。按上述标准规定，扁平块或嗽嘴深度如果不超过 3.2mm 时，该管口判为合格，这正是钢管标准与管道施工规范不相容之处。例如，通过外观检查，发现普遍错边超标，判定焊缝不合格，多道焊口须进行返工。施工单位对未焊接的管口进行检查，发现管口焊缝处凹陷或凸出现象严重，经测量，管口凹陷、凸出的深度在 1.5~3mm，因此施工方认为，导致焊缝不合格的主要因素是钢管管口存在严重扁平块或嗽嘴，管口失圆。制管厂代表依据 GB/T 9711 标准坚持认为钢管质量合格。因此，非常有必要对其予以修订：①对于焊管管口扁平块或嗽嘴缺陷的允许偏差，建议修订为焊管管口不允许出现扁平块或嗽嘴缺陷，且这对于制管厂而言是不难做到的；②管道施工企业应该强化质量管理体系运行，加强进场管材、焊材等材料的检验、验证过程，不合格材料不能投入使用。

1. 焊管焊接工艺评定试验标准对比分析

目前，国内外焊管的焊接工艺主要采用气体保护焊（GMAW）、焊条电弧焊（SMAW）、埋弧焊（SAW）及其组合。制管开始前，应完成制管焊接工艺的评定，不同的焊接工艺评定标准和规范对焊接接头的力学性能要求一般也不同。针对以上三种焊接工艺的焊管，在试样的制备、取样数量和位置、试样尺寸和验收评定等方面对焊接工艺评定标准进行对比分析，旨在帮助使用者掌握和熟悉标准，根据实际情况选择合适的试验要求。

1）国内外焊管焊接工艺评定常用标准

目前，焊管国内外常用的主要焊接工艺评定标准和规范包括《焊接、钎接和粘接评定》（ASME IX—2019）、《钢结构焊接规范》（AWS D1.1/D1.1M—2020）、《金属材料焊接工艺规程及评定焊接工艺评定试验》（ISO 15614—1：2017）第一部分：钢的弧焊和气焊以及镍和镍合金的弧焊、《承压设备焊接工艺评定》（NB/T 47014—2011）、《钢结构焊接规范》（GB 50661—2011）、《材料与焊接规范》（CCS—2018）、《石油天然气工业管线输送系统用钢管》（GB/T 9711—2017）（附录B PSL2钢管制造工艺评定 B.5.3焊接工艺评定）。

2）各标准对试验项目的要求

焊接工艺评定的目的是为了探究保证焊接接头力学性能和弯曲性能符合标准的焊接工艺。焊管焊接工艺评定试验可以在制管用钢板或者钢管上进行，评定试验结果与焊接工艺紧密相关。

焊接工艺评定试板（管）检验项目一般要求检验力学性能（拉伸、冲击）和弯曲性能。然而，在不同的标准中，相同的检测项目的一些规定与说明存在较大的差异。各焊接工艺评定标准对试验方法标准见表5-1。

表5-1　各焊接工艺评定试验采用的标准汇总大表

拉伸试验	冲击试验	弯曲试验	硬度试验	宏观试验
ASME IX—2019	ASTM A370	ASME IX—2019		
NB/T 47016—2011、GB/T 228—2016	NB/T 47016—2011、GB/T 229—2020	NB/T 47016—2011、GB/T 2653—2008		
AWS D1.1/D1.1M	AWS D1.1/D1.1M、ASTM A370	AWS D1.1/D1.1M	AWS D1.1/D1.1M	AWSD1.1/D1.1M
GB/T 2651	GB/T 2650	GB/T 2653	GB/T 2654	
ISO4136	ISO 9016	ISO 5173	ISO 9015—1	ISO 17639
CCS—2018	CCS—2018	CCS—2018	CCS—2018	CCS—2018
ISO 6892—1 或 ASTM A370	ISO 148—1 或 ASTM A370	ISO 7438 或 ASTM A370	ISO 6507—1 或 ASTME384	GB/T 9711—2017

2. 国内外焊接工艺评定标准对比分析

焊接是输气管道施工和维修的重要环节，焊接工艺评定是焊接质量控制的最有效方法。焊接工艺评定是验证施焊单位焊接工艺的正确性、评定施焊单位技术能力的重要手段，是控制产品焊接质量最重要和最有效的方法和程序之一。目前，石油天然气领域钢质管道进行焊接工艺评定的标准依据通常有美国标准、欧洲标准及与上述国外标准等同或等效采用的国家标准和行业标准。这些标准各成体系，适用范围各异，规定存在一定差别，但是因为经验、历史等原因在油气领域并行使用，导致施工单位无所适从。另外，近年来，自动焊工艺在西气东输二线、中俄东线等重要输气管道工程中大规模应用，其焊接工艺评定的基本要素同传统的焊条电弧焊和半自动焊存在较大的差异。因此，有必要对输气管道焊接工艺评定的标准体系及进展进行详细的分析。

1）焊接工艺评定简介

中国长输管道工程的焊接工艺评定通常是由EPC自行开展或建设单位委托具有一定能力的独立第三方进行，整个评定过程由EPC或评定单位自行组织实施。评定工作完成后，由 EPC 或评定单位提交评定报告和焊接工艺规程给业主备案，业主无须签字审核，EPC 或评定单位对整个工艺评定工作及试验结果负全部责任。

俄罗斯工程项目的焊接工艺评定通常由俄罗斯国家焊接监督协会（以下简称 NAKS）下设的鉴定中心负责组织实施，监督焊接工艺评定的焊接、无损检测和试验等整个过程，并负责审核焊接工艺，为 EPC 单位颁发焊接工艺许可证书。若工程项目涉及俄罗斯石油或天然气等重要能源项目，俄罗斯石油公司或俄罗斯天然气工业股份公司将会委托其直属研究机构直接参与项目的焊接工艺评定过程。评定工作完成后，能源公司的直属研究机构出具焊接工艺结论报告，NAKS 鉴定中心依据结论报告出具焊接工艺许可证书。同时，由 EPC 提交焊接工艺规程，报直属研究机构和工程业主批准。笔者现场调研发现，大型长输管道焊接工艺规程通常采用的是《钢质管道焊接及验收》（GB/T 31032—2014）、《油气管道工程线路焊接技术规定》（DEC—0GP—G—WD—002—2020—1）。

针对输气管道焊接工艺评定，应综合考虑实际应用的焊接工艺和焊接方式，选用适合的焊接工艺评定标准及指标，并要注意所选用的标准的适用性、先进性、时效性，避免所用标准及其引用标准是已被废止的过期标准。例如：

《输气管道工程设计规范》（GB 50251—2015）是输气管道现行设计国家强制性标准。在标准的 11.1.2 中规定：在开工前，应根据设计文件提出的钢种等级、管道规格、焊接接头形式进行焊接工艺评定，并应根据焊接工艺评定结果编制焊接工艺规程。其中，输气管道线路焊接工艺评定应符合现行《钢制管道焊接及验收》（SY/T 4103）的有关规定。《油气长输管道工程施工及验收规范》（GB 50369—2014）是与 GB 50251—2015 配套的长输管道现行的施工和验收规范，属于国家强制性标准。本规范适用于新建或改建、扩建的陆地长距离输送油气管道、煤层气、成品油管道线路工程的施工及验收。不适用于油气站场内部的工艺管道、油气田集输管道、工业企业内部的油气管道的施工及验收。在标准的 10.1.2 中规定：焊接施工前，应制定焊接工艺预规程，进行焊接工艺评定。焊接工艺评定应符合现行行业标准《钢制管道焊接及验收》（SY/T 4103）的有关规定。

GB 50251—2015 和 GB 50369—2014 的配套焊接工艺评定引用标准《钢质管道的焊接及验收》（SY/T 4103—2006）是目前的最新版本，于 2007 年 1 月 1 日实施，其中修改采用 API 1104—1999 第 19 版。《管道及相关设施的焊接》（API 1104）是由包括美国石油学会（API）、美国气体协会（AGA）、管道承包商协会（PLCA）、美国焊接学会（AWS）、美国无损探伤学会（ASNT）的代表，以及管子制造商的代表和个人代表组成的标准编制委员会编制，由 API 发布的，作为长输管道的现场焊接及验收标准在世界范围内广泛使用。目前，其最新版的 API 1104 为 2013 年 9 月发布的第 21 版。

综合分析输气管道焊接工艺评定标准体系可知，最新版本的输气管道设计、施工和验收的焊接工艺评定标准 GB 50251—2015 和 GB 50369—2014 一致，但是这两个标准中指明的配套标准 SY/T 4103 则版本过低，行业默认采用 GB/T 31032 最新版本代替其使用。《钢质管道的焊接及验收》（GB/T 31032—2014）于 2014 年 12 月 5 日发布，2015 年 6 月 1 日实施，修改采用 API 1104：2010 第 20 版。

2）焊接工艺评定的注意事项

（1）焊接工艺评定是整个焊接工作的前提，各层管理人员及焊接责任人，应高度重视焊接工艺评定工作。

（2）充分认识焊接工艺评定的目的，对其实施应做好充分准备和支持。

（3）焊接工艺评定采用的焊接电流应结合现场考虑。过小，导致未焊透，同时影响生产效率；过大，影响产品的组织性能，严重时导致产品质量事故。

（4）焊接工艺评定与焊工技能评定须区别对待，合格焊工遵循经评定合格的焊接工艺进行焊接，那么焊接质量就得到了保证；如果不遵循经评定合格的焊接工艺，不管焊工技能多高，则焊接质量都得不到保证。

（5）识别焊接工艺评定的重要变素、附加重要变素和非重要变素，评定时区别对待。

（6）根据标准、规范，本着科学、合理、实效的原则制定焊接工艺评定方案，以规范和约束工程中各项焊接行为，保障各种产品、设备的质量安全。

3. 中俄天然气管线焊接工艺评定标准对比分析

中俄两国的焊接工艺评定标准在使用特点、焊接材料选择、坡口设计、评定准则、试件检验和验收要求等方面具有一定的差异。对于焊接材料、焊接设备、坡口形式、温度等重要变素，以及壁厚分组等方面的具体规定有所不同。

1）焊接材料

中国标准对焊接材料的选用规定为：焊接材料的选用上，中国标准无特殊要求，只需要提供焊接材料质量证明书，且经焊接工艺评定合格后即可使用。俄罗斯标准对焊接材料的熔敷金属性能、焊接材料的性能提出了明确要求。

2）焊接设备

中国标准根据焊接用途和焊枪摆动方式对自动焊设备进行了分类，自动焊设备的组别号变更，应重新进行焊接工艺评定。俄罗斯标准规定焊接设备的型号变更，也应重新进行焊接工艺评定。同时，对工程项目中选用的焊接设备提出如下要求：①焊接设备应具有合格证和操作手册；②应具有俄罗斯 GOST 标准（安全性）认证证书；③应具有俄罗斯 NAKS 认证证书；④焊接设备应在俄罗斯天然气工业股份公司发布的"焊接设备及辅助设备清单"内。

3）焊接方法

中国标准规定适用于 X80 钢级 Φ1422mm 管线钢管对接环焊缝的焊接方法，包括以下五种方法及其组合：①焊条电弧焊（SMAW）；②熔化极气体保护焊，包括 CO_2 气体保护或混合气体保护的半自动焊和自动焊（GMAW）；③熔化极自保护焊，如自保护药芯焊丝半自动焊（FCAW-S）；④埋弧自动焊（SAW）（仅用于旋转焊）；⑤钨极氩弧焊（GTAW）。俄罗斯标准规定选择的焊接方法或焊接方法组合必须在俄罗斯天然气工业股份公司发布的"焊接工艺目录"内。西伯利亚能源天然气管道焊接工艺目录（钢管 K65/X80 部分）。国内现场焊接施工以实芯焊丝全自动焊为主，以气保护药芯焊丝半自动焊为辅。俄罗斯标准对焊接方法的选择比较全面，线路施工中手工焊、半自动焊、带铜垫自动焊、内焊机自动焊等均可采用，但地震断裂带仅可采用自动焊工艺。

4）坡口形式

中俄两国标准中在焊接坡口参数的规定上存在较大差异，俄罗斯坡口尺寸偏大，中国标准中的坡口形式和尺寸通常为推荐值，一般以焊接工艺评定合格后的参数为准。俄罗斯标准中的坡口形式和尺寸参数通常为标准值，在制定焊接工艺时不能违背标准规定。

4. 美国管道焊接安全标准先进性简析

美国石油学会（American Petroleum Institute，简称 API）、美国焊接协会（American Welding Society，简称 AWS）和美国国家消防协会（National Fire Protection Association，简称 NFPA）的焊接安全标准，包括《焊接、切割和其他热开孔作业过程中防火标准》（NFPA

51B—2009）、《焊接、切割和相关工艺的安全性》（AWS Z49.1—2012）、《石油和石化工业中的安全焊接、切割与热加工规范》（API RP 2009—2002）和《储油罐和容器的进入清洗和维修安全防护标准》（NFPA 326—2010）等。

我国在管道焊接方面，选取并借鉴了美国行业协会 API、AWS 和 NFPA 的焊接安全标准，针对管道焊接安全管理模式、防护装备、消防措施、危险识别、通风、气体检测、受限空间安全等问题，研究了美国管道焊接安全标准先进性，表现在安全监管人承担救援职责，焊接防护装备功能性要求，焊接场所应用水喷淋消防设施，识别潜在的慢性健康危险因素，焊接场所局部排风、局部强制通风和全面机械通风方式，受限空间气体环境，以及 IDLH（直接威胁生命健康 Dangerous to Life or Health，简称 IDLH）专业救援方法等，以便解决我国安全监管须加强、风险识别不全面等问题。分别阐述如下：

1）焊接安全管理模式

国内标准《油气管道动火规范》（Q/SY 64—2012）侧重于焊接现场设备状况监控，美国标准除涵盖上述内容外，监督员还应承担专业的应急救援等工作，职责范围更广。

2）焊接人员防护装备

国内标准《职业眼面部防护焊接防护第 1 部分：焊接防护具》（GB/T 3609.1—2008），石油行业标准《石油工业电焊焊接作业安全规程》（SY 6516—2010）侧重于防护服材质，美国标准侧重于防护服功能。针对焊工面罩，美国标准规定了面罩专用目镜的功能要求，国内标准仅规定了焊接准备和清理工作时防护目镜的功能要求。针对焊工手套，中美标准基本一致。针对焊接人员防护装备，国内标准侧重于产品选型选购，美国标准 AWS Z49.1 侧重于防护功能要求，从本质上更有利于保障焊工人身健康安全，理念更为合理，建议国内标准补充完善。

3）焊接场所消防措施

国内标准中国石油标准 Q/SY 64 和石油行业标准 SY 6516 仅为原则性要求，未规定具体类型和性能，实际上各管道企业实际做法也不一致，可能造成安全隐患。美国标准除要求灭火器之外，还应用了水喷淋系统灭火，并要求处理热备用状态，美国标准更为严格。美国标准还规定了焊接作业结束后观察时间要求和废弃物清理要求，具有借鉴意义，国内标准应补充完善。

4）焊接场所危险因素识别

美国标准 API RP 2009 规定了焊接作业前，应识别潜在的慢性健康危险因素，国内标准未见规定，国内标准应补充完善。美国标准 NFPA 51B 规定了通用的管道焊接风险识别检查表，值得借鉴。

5）焊接场所通风

国内标准 Q/SY 64 规定了为受限空间和焊接场所气体浓度超标时进行通风，美国标准 AWS Z49.1 规定了受限空间通风为强制性要求，美国标准更为严格。美国标准按照焊接场所气体浓度超标的严重程度，规定了三种通风类型，即局部排风、局部强制通风和工作场所内全面机械通风，严格限定焊接场所气体浓度处于允许范围内，美国标准 API RP 2009 规定了受限空间焊接作业应实施局部机械通风，具有借鉴意义。

6）可燃气体检测

国内标准 Q/SY 64 规定了动火施工区域的可燃气体浓度应低于爆炸下限值的 10%。国外管道执行更为严格的要求，加拿大 Enbridge 公司规定可燃气体爆炸极限高于 4%（体积分数），动火现场气体浓度控制应低于爆炸下限 12.5%；可燃气体爆炸极限浓度低于 4%（体积分数），动火现场气体浓度控制应低于爆炸下限的 5%。美国标准 NFPA 326—2010 规定了储罐热开孔作业期间，罐内气体浓度应低于最低可燃下限（LFL）的 10%，如超过该值，停止所有工作，人员立即离开储罐，持续通风，直至满足该条件。

7）受限空间焊接安全措施

美国职业健康安全委员会（Occupational Safety& Health Administration，简称 OSHA）规定了受限空间焊接作业人员应强制配备个人防护设备，外部配备专业救援人员，装备正压自持式呼吸器，适用于直接威胁生命健康 IDLH 进入式救援，IDLH 指存在直接威胁生命或对健康造成不可逆伤害，或者阻碍人员安全逃生的危险环境。美国标准 AWS Z49.1 规定了通风不良或受限空间作业，应使用经过美国国家职业安全与卫生研究院（National Institute for Occupational Safety and Health，简称 NIOSH）认证的呼吸保护装备，呼吸设备气源用的压缩空气应符合美国压缩气体协会（Compressed Gas Association）《商品级空气规范》（ANSI/CGA G—7.1）D 级要求。我国的国内标准《进入受限空间安全管理规范》（Q/SY 1242—2009）只是规定了受限空间焊接作业的救援人员应佩戴安全带、救生绳，如存在毒性，应携带气体防护设备。笔者建议，借鉴美国受限空间焊接安全防护等级，例如限定可燃气体检测允许范围更加严格，采用 IDLH 专业式救援方法、团队和设备，规定 IDLH 救援用呼吸保护设备和压缩空气的产品质量要求。

5. 在线焊接国内外标准对比分析

管道在线焊接技术是管道失效抢修中最常用、最重要的技术，管道堵漏、开孔、换管等抢修技术均离不开焊接。在线焊接质量高低对于管道本体承压能力及继续安全服役有重要影响。我国管道焊接标准及企业实践做法与国外存在一些技术指标上的差异，相比国外先进管道企业长期建设和运行抢修经验，国内针对高强钢管道在线焊接研究起步晚，经验不足。因此，有必要对焊接相关国内外标准及企业实践做法进行研究和对比分析，借鉴国外先进标准及最佳实践做法，促进国内在线焊接技术及标准水平的提升。

目前，国内外针对在线焊接的专项标准较少，除 API 1107 外，国外 ASME、API、CSA 等知名标准化协会发布的管道相关标准中对焊接提出了相关要求，对在线焊接具备同样的约束力和参考性。国内目前已发布了多项焊接标准如 GB/T 28055—2011、SY 6554—2003、SY/T 4103—2006 等，并于 2015 年制定了行业标准《钢质管道失效抢修技术规范》，对在线焊接相关要求进行了规范。国内外管道企业多依据现行标准结合企业实践经验做法开展抢修焊接。

通过对于"环境要求、套袖材质、压力要求、介质流速、焊条选型、焊条直径、预热方法、预热温度、焊接连续性、焊后应力消除、焊道层数、焊道顺序、焊接前表面处理、焊接前管材确认、开孔及焊接位置"15 个影响焊接质量的关键技术点，进行国内外标准及实践做法对比分析发现：其中，"环境要求、套袖材质、预热方法、焊接连续性、焊后应力消除、焊道顺序、开孔及焊接位置"等方面国内相关标准规定或企业实践做法与国外一致或差异不大，而"压力要求、介质流速"要求等方面国内标准或企业实践做法更严格，"预热温度要求、焊条选型、焊条直径、焊道层数、焊接前管材确认"等国外标准及企业实践做法更为完善。

6. 环焊缝无损检测相关标准分析

现有管道环焊缝无损检测技术标准，覆盖了管道工程施工范围，但尚需进一步改进和完善以下方面举措，促进管道环焊质量的提高。

（1）在标准"射线检测"条款中，对于一些典型缺陷的定义应附有一些典型缺陷示意图形（参照 API Std 1104 等），以便在实际中更容易操作。

（2）"超声检测"或"全自动超声波检测"或"衍射时差法超声检测"中明确要求有永久性记录，以便保存和验证。

（3）在《无损检测质量管理规定》的底片评定部分，增加了对焊接工艺执行正确与否进行评定的要求。

（4）在"连头施工质量管理规定"中增加了《返修及不参与试压连头口施工质量管理暂行规定》，规定存在根部缺陷的连头口不得返修，应做割口处理；返修和连头口实施过程中，要有 EPC 承包商和监理共同旁站。

（5）加快研究编制并实施：高强度钢全自动焊管道环焊缝通用焊接工艺规程，以及各种必要的针对特定钢材和特定环境条件的专用焊接工艺规程。

四、管道焊接工艺与焊接技术的分析

（一）施工和维修焊接质量管控的建议

在油气长输管道工程施工和维修中，焊接属于关键技术，做好施工质量管理，对事故发生频率进行控制，始终是管理部门与监管部门关注的热点问题。

1. 环焊缝质量事件统计分析

近 20 年来，随着我国对油气需求的日益增长，管道建设用钢管强度等级、管径和输送压力均逐渐增大，我国先后发生了中贵线、湘娄邵等多起与高钢级管道的环焊接头相关的断裂、泄漏等失效事故，高钢级管道环焊接头的焊接质量已成为制约高强度管线钢应用的技术瓶颈。特别是 2017 年贵州晴隆"7·2"事故发生后，管道相关企业初步意识到环焊缝质量可能给管道安全运行带来较大风险。但在时隔不到 1 年的时间，中缅天然气管道同一区域相隔不到 2km 的位置，又发生了"6·10"事故，组织开展二次排查，大量开挖验证及相关研究结果表明，该管道不仅存在较多环焊缝焊接缺陷，还存在工程施工与设计不符、使用不合格焊材和环焊缝力学性能指标不符合标准等系统性问题。

2. 环焊缝质量相关标准分析

环焊接头焊接及质量控制大多采标于 API、ASME 标准，对于环焊缝典型缺陷管道安全的影响、环焊接头的韧性要求等缺乏理论分析和计算依据，存在的争议也大。为进一步提高管道现场焊接质量，随着施工经验积累和技术进步，有必要对规范、规程中部分条款进行修订和完善。其中，现有的标准规范中没有提及运用目视检测和无损检测方法对新加工焊接坡口进行分层检测和管端的裂纹检测，导致现场施工的要求远远低于制管标准要求，建议补充坡口重新加工后目视检测和无损检测规定。建议在焊道的名称描述上前后一致，对口器撤离方面的规定进一步规范。

3. 环焊缝质量管控发展建议

据不完全统计，环焊缝质量一直是管道工程施工过程中最薄弱的环节。同时，要考虑到新改（扩）建工程的焊接作业属于动火作业，作业风险管控必须预判早、识别清、评估准、管控实；高风险作业必须领导靠前、亲自督察，严格过程质量安全控制。考虑到环焊缝的质量直接影响管道工程安全平稳投产运营，结合我国油气管网工程建设实际，致力于介绍油气长输管道工程环焊缝施工全过程质量管控技术及信息化建设。

环焊缝施工和无损检测作业，作为管道工程施工重要的环节，其工作质量与油气长输管道工程整体效能和质量之间存在的关联性十分紧密。以管道工程环焊缝施工和无损检测作业"规范规程健全实用、业务流程精细完善、质量评价科学客观、系统可靠性增强、风险全面受控、管理基础明显加强、管控效能明显提升"为目标，着力解决在标准规范上、技术手段上、管理过程上、信息系统上的突出问题和薄弱环节，加强质量主体责任的落实并形成长效机制，消除管理短板，全面提升环焊缝施工质量，保证管道本质安全，夯实天然气与管道业务高质量发展基础。

（二）需要重点关注的方面

长输管道的建设质量和焊接技术发展有着密切联系，而管道材料使用的钢管将朝着高强度发展与更新，这无疑对相关的施工企业提出更高的焊接要求，并需要不断更新焊接技术。相关工程建设企业在期待更好、更多的焊接技术诞生的同时，也需要对焊接方法和工艺作合理的选择，并在不增加成本的前提下，对生产效率作进一步的提高，而且保质、保量。需要重点关注如下几个方面：

（1）确保焊接操作的规范性效果。对于长输管道焊接操作的具体执行来看，必须要重点围绕相应的焊接操作规范性进行严格把关，这种焊接操作方面的规范性其实主要就是为了确保焊接操作人员的各个操作行为都能够较为标准有序，降低其操作过程中失误问题的出现。为了有效提升其规范性操作效果，必须要重点从焊接处理的各个技术要点入手进行严格控制。

（2）注重焊接环境的控制。在具体的管道焊接处理中，相应质量的管理和控制还需要从焊接环境方面进行有效控制和分析，比如温度、湿度及风力等，都会影响到焊接的质量效果，重点加强对于焊接环境的严格把关和控制也就显得较为必要。

（3）注意焊接安全控制。对于管道焊接技术的应用而言，在具体实施操作中，还需要注意安全方面的保护控制，规避各类安全事故的发生，尤其是对于可能造成人体损伤的一些焊接操作隐患，更需要进行有效规避，对于具体的焊接操作人员，也应该加强自身安全防护效果，配备较为齐全的安全防护装备，避免安全事故的产生。

（4）持续开展焊接技术创新实践。提高环焊缝质量是一个系统问题，既需要焊工严格执行焊接工艺规程、优化焊接参数，也需要焊材、管材品质同步提升，从而保证焊缝中心、热影响区的质量稳定可靠。为了进一步发掘全自动焊技术的潜能，结合现有自动焊装备，开发新型工艺技术，如超窄坡口全自动焊工艺技术、自动外根焊工艺技术、热煨弯管连续焊接全自动焊工艺技术及连头口全自动焊工艺技术等，解决当前山区、水网等地段的工程应用问题，使其具备全天候、全地形、全口径、全材质等复杂工况下的全自动焊接作业能力。随着油气管网的建设，新建管道与已建管道连通的情况越来越多，而已建管道受到建设期资料(如钢管碳含量、冷裂纹敏感指数)不完整的影响，新建管道与已建管道连接的焊口无法完全按照现行规范的要求开展焊接工艺评定。需要针对此类情况制定专项焊接方案，在保证焊接质量的前提下确保项目顺利施工。

（5）提升数智化焊接质量管控水平。一是对于全自动焊接而言，目前预热温度、层间温度、焊接电压、电流、送丝速度等焊接参数已实现了自动采集。数据采集系统采用的温度传感器为非接触式，焊工手持测温仪多为接触式，二者测量结果相差较大（误差一般在 $10℃$ 左右），需要提高数据采集精度和稳定度，及时校准和比对调正，充分利用数据采集系统增加"逻辑校验"功能，对焊接工艺执行情况进行条件评判、数据处理和偏差提示。二是目前检测坡口加工质量的万用角度尺、检测焊缝外观质量的焊缝检验尺，均采用机械式测量、人工记录的方式，检测结果误差较大，工作效率不够高，应采用数字化手段实现测量结果数字化显示、存储、处理。三是目前智能工地图像采集系统基本上实现了工地 360°全工作时段的监视，充分利用工程项目管理系统（PIM），开发"智能监控模块"，实现对影响焊接质量的重要和关键工序进行全过程采集，通过采集的图像智能识别违反操作规程的作业，进一步提升图像采集智能化水平。四是采用大数据、人工智能、专家系统等新技术，研究建立适用于钢管制造企业、建设单位、施工单位、监理、检测、服务等参建各方于一体的焊接智能数据平台和焊接工艺智能评定专家系统，在所述"焊接智能数据平台和焊接工艺智能评定专家系统"中，包括材料成分与性能、焊接材料、焊接性实验、焊接 CCT（连续冷却组织转变）图、焊接标准咨询等功能，提高焊接稳定性，提升焊接工艺效率和焊接产品质量等级。

第二节　输气站场防泄漏与泄漏管控实用技术

一、防泄漏管理

根据徐灏编著的《密封》，密封点可分为静密封点和动密封点两种形式。

（一）按照级别划分

根据密封点所在区域及在工艺系统中的安装位置，可将密封点划分为Ⅰ级、Ⅱ级、Ⅲ级。Ⅰ级为关键密封点、Ⅱ级为重要密封点、Ⅲ级为一般密封点。密封点的等级划分按照表 5-2 进行确定。

表 5-2　密封点级别划分

安装位置级别 ＼ 区域级别	1 区	2 区	3 区
一级	Ⅰ	Ⅰ	Ⅰ
二级	Ⅰ	Ⅱ	Ⅱ
三级	Ⅱ	Ⅱ	Ⅲ
四级	Ⅲ	Ⅲ	Ⅲ

（二）按照区域级别划分

根据站场、阀室密封点所在区域现场情况，划分为 1 区、2 区、3 区三个级别：

（1）1 区：不具有强制通风设施的密闭空间，如执行机构控制箱等。

（2）2 区：具有强制通风设施的密闭空间、半密闭空间，或《进入受限空间作业管理规定》中规定的受限空间，如压缩机厂房、阀室工艺间、分析小屋等。

（3）3 区：站场工艺装置等通风良好的露天区域。

（三）按照安装位置级别划分

根据密封点在工艺系统中的安装位置及发生泄漏后对生产运行的影响，将密封点安装位置级别划分为一级、二级、三级、四级：

（1）一级：密封点部位与管道干线直接相连，未设置截断阀门，发生泄漏后会影响干线正常输气。

（2）二级：密封点部位与管道干线有至少一道阀门隔断，但与站内主要工艺系统相连，发生泄漏后会影响站场向下游用户正常输气。

（3）三级：密封点部位位于站内分离、计量等工艺回路上，发生泄漏后，仅造成某工艺区内的个别设备停运。

（4）四级：密封点部位位于长期非带压位置，发生泄漏后对站场工艺系统及设备运行不造成影响。

（四）级别转化

根据不同时期的站内运行工况变化，可将泄漏风险等级转化或进行升降级动态管理。

（1）升级范围：已泄漏或泄漏后仅采用法兰夹具等临时封堵措施的，均按照Ⅰ级密封点进行管理。

（2）降级范围：泄漏点经维修处理和检漏无泄漏现象，密封点恢复转为原级进行管理。

（五）密封点数量的确定原则

（1）单独一对法兰（包括阀门配对法兰）为一个密封点。

（2）各种容器、储罐或设备的盲板、机械端盖密封面为一个密封点。

（3）对于就地一次仪表（包括温度计、压力表、压力变送器等）共有多个相邻密封组成的仪表组件可按一个密封点划分。

（4）工艺阀门、流量计、调压阀本体划分为四个密封点：阀杆密封、本体法兰（中法兰）密封、内部截断密封、阀体配件（排污、放空、注脂等）密封。

（5）各类阀门、设备执行机构设备本体气体/液体控制回路（引压管除外）划分为一个密封点。

（6）压缩机等复杂设备的密封点按照以上确定原则进行核算。

（六）气体泄漏量判定方法

（1）容积法：采用胶带等方法将泄漏点位置进行临时密封，在泄漏点周边形成密闭空间，通过测量该密闭空间的工艺气介质含量或密闭空间压力变化，结合该密闭空间容积计算泄漏点泄漏速率。如法兰、盲板等部位。

（2）气泡法：由检漏液观察气泡状态的方式确定。

若同一密封点存在多个漏气部位，应按照其中一处泄漏量大的部位进行计算。

（七）泄漏处置技术要求

原则上，泄漏的处理采用先直接紧固、后更换密封件的方案进行，以上两种方法应在密封点处不带压情况下组织实施。

对于泄漏处置需要进行工艺运行调整的，须上报生产运行部门和油气调控总部同意后实施。

对于干线运行有重大影响的且不允许停输的，除A级泄漏外，均可采用在线泄漏处置方案进行临时管控。在线泄漏处置方案由基层单位上报并共同确认后实施，推荐的在线泄漏处置方案有法兰夹具堵漏、高压侧注脂堵漏、带压堵漏等应急处置方法。

二、防泄漏主要应对措施

泄漏的原因主要包括外力因素、腐蚀因素、密封失效三个原因。其中，外力因素包括建筑物或车辆占压、滑坡沉降及洪水之类自然灾害、树根缠绕、施工破坏、打孔盗油等。腐蚀因素包括内腐蚀和外腐蚀。密封失效主要是静密封的失效。因此，防泄漏主要是从以上原因，或是导致泄漏的条件，或是导致泄漏的根本原因方面入手。例如：勘察设计过程中，选择避开人口密集区、滑坡多发区的管线路由；增加冗余设计；在穿越、管跨、弯管等高风险管段采取补强措施。

（一）减少漏气点和静密封

根据以上输气管常见的泄漏类型及其原因分析，输气管发生泄漏有一个较大的特点，就是输气管本身的设计存在薄弱环节。例如，输气管有许多漏气点和静密封口，如法兰连接处、螺纹接口等，这些部位很容易发生泄漏。

（二）增加冗余设计

针对输气管泄漏的常见现象，还可以适当地增加冗余设计。在输气管中增加冗余设计主要是指在输气管较为薄弱的环节重复配置其环节中的关键设备或零部件。如果输气管的某一部件出现问题或故障，冗余设备或部件介入工作担负其已经出现问题故障设备或部件的功能作用，保持输气管的正常运行，减少泄漏事故的发生。

（三）建立泄漏报警系统

为防止输气管泄漏，还应当建立较为完整、先进的泄漏报警系统。假设发生泄漏，通过报警系统，相关的救援技术工作人员就能够及时处理泄漏问题。

（四）建立有效的维护管理机制。

输气管道本身存在一些比较薄弱的环节、部位，技术人员应用相关的技术解决一些问题，但是，输气管道的运行是长期的，长年累月运行下来，输气管不可避免地会出现设施设备老化等正常的现象，为防止输气管发生泄漏，则需要建立一套关于输气管道的日常维护管理机制。

（五）采用先进的泄漏检测管控技术

美国等西方发达国家开始推广 LDAR 技术（Leak Detection and Repair，泄漏检测与修复），目前已逐步形成一套较为完备的检测管理体系，与之配套的法律法规与技术标准也在不断完善。

（六）修复治理技术

设备与管道元件本身存在的缺陷和在使用过程中发生的破损故障，是造成在石化企业生产过程中挥发性有机物泄漏的主要原因，对泄漏密封点位进行修复，加强装置的密闭性，减少挥发性有机物的排放是 LDAR 技术的最终目的。主要治理方案有：根据压力、温度、pH 值等设备运行条件，选用合适的元件，对密闭元件的密封进行升级，对开口元件进行封堵密闭，对易损密闭元件进行定期更换，推广使用磁力泵、波纹管阀等新技术元件等手段。

第三节　HSE 管理数字化、智能化转型升级探析

健康、安全、环保（以下简称 HSE）管理体系通过"PDCA"循环（P——策划、D——实施、C——检查、A——改进）管理模式，将传统安全管理中相对割裂、独立的各管理环节融会贯通、紧密相连、环环运作，通过推广 HSE 信息系统等信息化手段，全方位、深层次覆盖企业安全管理中的诸多方面，在我国石油石化行业广泛应用，为降低健康、安全和环境事故发挥了重要作用。不容忽视的是，我国油气管道企业 HSE 管理的信息化水平总体不高，

数据采集、传输、治理和应用等方面存在不足，对 HSE 管理体系应用和绩效提升的促进有限。

近年来，国家大力倡导数字化转型、智能化发展战略，云计算、大数据、物联网、人工智能等新兴信息技术大规模应用和推广，激发了油气管道企业 HSE 管理实现数字化转型的内在需求，这既是贯彻落实关于"加快推动制造业加速向数字化、智能化发展，拓展经济发展新空间"要求的有力举措，也是解决油气管道企业自身业务链长、各类作业风险高、HSE 管理难度大的具体抓手。通过总结分析我国油气管道企业 HSE 管理信息化建设现状，研究探索数字化、智能化的转型发展方向，具有重要的现实意义。

一、油气管道 HSE 管理信息化建设现状

20 世纪 90 年代以来，国际石油公司的兼并重组和业务整合大幅增加，规模扩张和产业链延伸给 HSE 管理带来巨大压力，为进一步规范和整合业务流程，提升法律法规遵从性和风险有效控制能力，建立起覆盖全企业范围的 HSE 信息系统，成为行业通行做法。这一时期，我国正在大力推进油气企业改制，1998 年，三大石油公司的出现进一步激活了国内油气市场，油气产业规模迅速扩张，国际石油公司的 HSE 管理理念、方式和做法也逐步得到引进和吸收。20 世纪初，我国发生多起石油石化重特大事故，行业高风险属性和安全管理的重要性受到举国上下的关注，三大石油公司管理层痛定思痛，决心把安全工作作为一项系统工程，全面建立和推行体系化的管理模式，并决定引入和开发 HSE 管理信息系统。经过数十年的发展和积淀，中国石油、中国石化等国内主要油气公司均建成符合自身实际的HSE 管理信息系统，其中，中国石油 HSE 信息系统规模最大、功能最全、用户最多，并作为典型系统被国家工业和信息化部推介；中国石化、中国海油等 HSE 信息系统也得到了广泛应用，有效促进了 HSE 管理的规范、整合、深化和提升。

二、HSE 管理数字化、智能化转型升级的思路

近年来，作为我国重大战略的组成部分，工业企业数字化转型、智能化发展得到了国家层面的政策性、专业性指导，2017 年，国务院印发《关于深化"互联网+先进制造业"发展工业互联网的指导意见》，工业和信息化部先后发布了《信息化和工业化融合发展规划（2016—2020 年）》《促进新一代人工智能产业发展三年行动计划（2018—2020 年）》，2018 年工业和信息化部印发《工业互联网发展行动计划（2018—2020 年）》等一系列文件，从产业顶层设计、系统构架、专业领域等方面确立了数字化转型方向。从安全生产领域来看，国务院2016 年印发的《关于推进安全生产领域改革发展的意见》，是新中国首个以党中央、国务院名义出台的安全生产工作的纲领性文件，其中提出了"推动工业机器人、智能装备在危险工序和环节广泛应用""提升现代信息技术与安全生产融合度，统一标准规范，加快安全生产信息化建设，构建安全生产与职业健康信息化'全国一张网'""运用大数据技术开展安全生产规律性、关联性特征分析，提高安全生产决策科学化水平"等任务要求。2020 年，工业和信息化部、应急管理部联合发布《"工业互联网+安全生产"行动计划（2021—2023 年）》，提出将新一代信息技术应用于安全生产管理，实现关键设备全生命周期、生产工艺全流程的数字化、可视化、透明化。根据以上政策依据和指导文件，结合我国油气管道企业 HSE 管理信息化现状，本书瞄准数字化、智能化方向，打破旧壁垒、开辟新思路，探索研究了 HSE管理数字化、智能化转型的思路和方向，提出了总体框架，如图 5-2 所示。

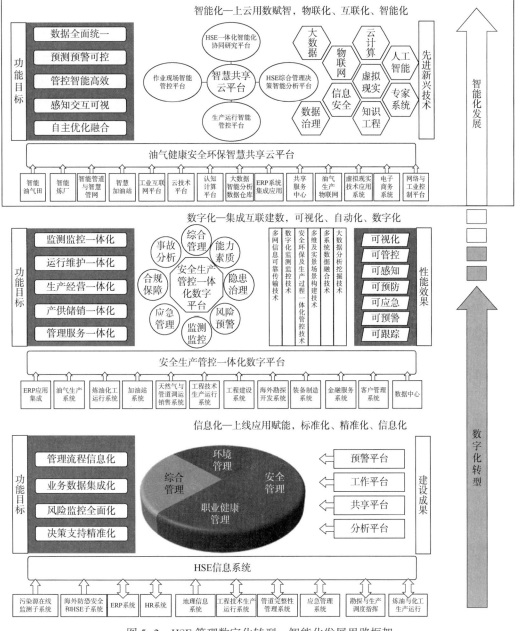

图 5-2　HSE 管理数字化转型、智能化发展思路框架

（一）数字化转型思路与框架

数字化转型是在 HSE 信息系统现有基础上，在信息技术层面，引入全网信息可靠传输技术、数字化监测监控技术、多维实景建模技术、多源数据融合与分析挖掘技术等新兴信息通信自控技术，构建适应数字化发展的 HSE 管理组织运行、共享、反馈机制，作为提升安全生产和资源配置效率的有力手段，推动 HSE 管理数字化及时迭代；在数据处理层面，建立数字化能力素质模型、隐患数字化整改治理、全面风险数字预警、自动化检测监控、多维实景数字化应急管理、合规数字化保障、事故事件数字化分析，以及与之配套的数字化综合管理模块，进化成为"安全生产管控一体化数字平台"，实现"监测监控一体化、运行维护一

体化、生产经营一体化、产供储销一体化、管理服务一体化"功能目标。

安全生产管控一体化数字平台需要依托智能油田、智能炼化、智慧管网、智慧加油站等平台，通过采用数据融合治理和大数据分析等技术手段，建设规范化、流程化、数字化的数据处理体系，构建统一调度、精准服务、安全可用的信息共享服务体系，自上而下逐级规划，自下而上分步实现，统筹构筑算力和共享平台，实现数据、信息、知识、经验等数据资产二次增值。

（二）智能化发展思路与框架

在 HSE 数字平台建设的基础上，采用人工智能、数字孪生、5G 和增强现实等新一代数字技术应用和集成创新，构建以智慧共享云平台为核心，HSE 一体化智能化协同研究、生产运行智能管控、作业现场智能监控、HSE 综合管理决策智能分析为支撑的"4+1"智能化平台，通过推进数字基础设施建设、工业互联网平台集成、数字化转型服务深化、油气产业链要素数据化，实现"数据全面统一、预测预警可控、管控智能高效、感知交互可视、自主优化融合"功能目标。

HSE 的智能化关键在三个方面进行突破：（1）智能采集离散工艺参数，基于机理模型构建工艺报警优化与工艺安全处置专家系统，基于机器学习、知识图谱等技术，实现报警有效识别、风险超前预知、应对智能辅助，有效解决工艺安全方面问题。（2）通过动设备实时监测，基于人工智能和信息物理系统，构建基于人工自愈的设备自主健康技术，对故障和非正常工况快准溯源诊断和精稳自愈调控，有效解决设备安全方面问题。（3）应用现场图像采集处理，结合自然语言处理和机器视觉分析，构建能够全面识别风险，指导操作人员规范作业、辅助监督人员精准监管，结合固定场所实时监控分析违章操作的智能视频分析平台，有效解决行为安全方面的问题。

（三）数字化、智能化转型升级展望

数字化、智能化不是简单的新技术迭代，而是技术进步支撑下的管理模式革命，油气管道企业以安全生产管控一体化数字平台为架构，实现信息数字化、生产过程虚拟化、管理控制一体化与决策处理集成化，推动 HSE 管理向以安全隐患辨识评判的提前感知、少人化或无人化生产作业迈进；建设具有完整"物联化、互联化、智能化"的 HSE 管理智慧共享云平台，以成熟的知识工程、精益管理、数字理论、智能技术为路径，以适用的业务智能化、数据统一化、信息互通化、状态可视化、知识网络化的特征为准则，通过智慧平台实现数据知识经验传承共享、业务管理构建与业务管理流程深度融合、风险隐患事故应急处置和前期预测预警关联互动，提升数据和网络安全保障能力，势必会带来生产人员大幅减少，员工素质显著提高，质量、健康、安全、环保得到极大保障，为我们迎来安全、高效、绿色、低耗、可持续发展的生态型油气管道新时代。

第四节　油气管网安全保障技术发展趋势展望

保障油气管道系统本质安全的原创性技术、前瞻性技术、前沿性技术、颠覆性技术，既是国家油气储运行业的战略科技储备，也是国家油气管道中长期发展规划中的所策、所需、所求，有利于深入贯彻落实"四个革命、一个合作"能源安全新战略（能源消费革命、能源供给革命、能源技术革命、能源体制革命，全方位加强能源国际合作）。

"希望的种子破土而出，瞬间的精彩，来自春华秋实的累积、扎根泥土的孕育、蓬勃向上的成长。"成绩的取得，是全体管道人撸起袖子、甩开膀子、扑下身子、齐心协力，一步一个脚印走出来的、一步一个台阶迈上来的，凝结着管道铁军的智慧、心血和汗水。虽然可以预见，油气管网安全保障技术的发展前景非常光明，安全高质量发展带来的价值十分巨大，但需要脚踏实地，稳步实施、有序推进。这里，"顶层设计和基层首创"显得至关重要，因为技术创新需要若干层面、若干方面、若干专业、若干业务、若干领域、若干队伍的科研成果和相关技术作基础支撑。如果没有这些相关的科研新成果、新技术、新工具、新方法、新手段作支撑，如果搞非稳态的大跨越式、大踏步的超前发展，容易导致根基不牢，进而引发管道安全科学发展的方向不明、安全高质量发展的路径不清和步子不稳。特别就油气管网安全保障关键技术而言，应瞄准、对标和赶超世界一流，须时刻牢记"固本强基"于心，切实贯彻"提质增效"于行，竭力践行"守正笃实"于身。

　　固本达标、提质增效，方能行稳致远。例如，"南水北调"的三期工程，即西段工程。由于近年来大型盾构机及其相关技术的国产化、成熟化，盾构机的成功应用实例不断增加，尤其是在青藏高原上2021年6月25日通车的拉林铁路建设过程中的高寒高地温复杂隧道环境中的应用，使"南水北调"三期工程最高决策者有了信心、下了决心，并于2021年4月底再次派出"南水北调"二期工程勘探队奔赴青藏高原，作勘探后期的更深入的考察和规划。因为拉林铁路的建成投运，不仅验证了"南水北调"西段工程必需的各项关键技术（包括安全保障技术、盾构机技术、高寒环境中的桥隧建设运营维护技术等），而且极大改善了"南水北调"西段工程建设所需的人员物资的交通运输条件；采用盾构机建成的大量隧道，使雅鲁藏布江水在高寒环境中可以有大量路程是流经有良好地热条件的高温隧道，可以保证"南水北调"西段工程建成后的常年无结冰常态运行（高原四季水长流），因而增强了"南水北调"西段工程的可行性、高效性。倘若，当初尚无盾构机、尚未开通拉林动车时，就大跨越式、大踏步地盲目决策并匆忙上马，就不仅增加施工难度，更会降低工程成效比，使得建设、运营、维护成本过高，但效益极低。高铁动车工程、水利工程与油气管道工程相似，都属于"线性工程"。拉林动车的顺利开通、"南水北调"西段工程的稳步推进，都给管道工程的"固本达标、提质增效"提供了典范。

　　新时期国民经济社会飞速发展，全国油气管道"一张网"正在加速编织而成。我们通常所称的油气管道系统，包括油气田内部生产出来的原油天然气集输管道、长距离输送商品油气的输送管道、石油产业链末端的成品油输送管道、天然气产业链终端的燃气管道、液化天然气接收站的外输管道、油库进出管道、储气库外输管道，以及液化天然气工厂的输送管道，等等。油气管道作为线性工程，与铁路（包括高铁）、公路、水利工程、电网等具有同类型、相似性，均需要在整体布局、统筹规划过程中稳扎稳打，需要在工程建设和运行阶段对安全保障技术非常重视。特别是高铁路基和车辆系统所要求的安全可靠性非常高；大坝安全保障技术早在20世纪就取得了巨大的进展，并率先建立安全专家系统，实现了自主预测、精准预警、精确预报；超高压或者特高压电网安全保障技术体系，已经成为国际先进标准，并在全球广泛推广应用。甚至可以说，这些与民生密切相关的线性工程的顶层设计，必须客观分析、科学论证、统筹全局、稳步推进；这些与民生密切相关的线性工程的安全保障技术，必须安全、可靠、耐久、先进、实用、高效、低碳、绿色、科学、经济。

　　本节简要介绍"创新问题解决理论（TRIZ）"、管道安全保障技术创新发展新进展和新发现，以及需要重点关注的研究方向和应用趋势。

一、"创新问题解决理论"简介

"创新问题解决理论"(TRIZ 是俄文"创新问题解决理论"词头缩写，TIPS 是英文 Theory of Inventive Problem Solving 的缩写，中文译名：萃思、萃智)，曾是苏联的一项重要国家机密，苏联解体后，才由了解、掌握这套理论和技术的科学家和工程师们带到了欧美，又从欧美传播到了日本和中国，并且不断丰富发展。它的原创者是苏联的一位海军部专利评审员根里奇·阿奇舒勒(Genrich Altshuller)，自 1946 年开始，他通过研究成千上万的专利，发现了发明背后存在的模式，并形成 TRIZ 理论的原始基础。1956 年，出版 TRIZ 书籍，创办 TRIZ 学校，并推广到高校和中学，培养了大批创新人才，逐步完善了 TRIZ 经典理论体系，1991 年苏联解体后，世界范围内的 TRIZ 研究迅速兴起，进入 TRIZ 经典理论的成熟期，到 1998 年 9 月，Altshuller 先生去世时，TRIZ 经典理论已经相当成熟。

笔者学习和应用 TRIZ 理论方法的体会是：TRIZ 经典理论方法虽然难学难用，却已经可以极大开扩眼界、拓展思路，帮助学习使用者比传统的发散思维、头脑风暴、试错筛选等方法更迅速地找到当前困难问题的合理解决方案；现代 TRIZ 理论方法比较易学易用，各方面功能都有所增强，可以应用的领域也扩展到了管理和文创等领域，用过两款基于现代 TRIZ 理论的 CAI(Computer Aided Innovation，计算机辅助创新)软件，其界面友好、方便高效，动图表示的发明原理生动形象、容易理解，等等；我国学者赵敏、张武城、王冠殊等创建的 Unified-TRIZ，是以功能为导向、以属性为核心的 TRIZ 理论体系，更易学易用。下面在简介这三种 TRIZ 理论之后，用一个简单应用实例，说明 TRIZ 的简化使用方法。

(一) TRIZ 经典理论

TRIZ 经典理论主要包括技术系统进化法则、最终理想解(Ideal Final Result，简称 IFR)、40 个发明原理、工程参数与技术矛盾、物理冲突与分离原理、物场模型与标准解、ARIZ(Algorithm for Inventive Problem Solving，发明问题解决算法)、技术矛盾和物理矛盾、科学原理效应库、STC(SIZE-TIME-COST，尺寸—时间—成本)算子、九屏幕法、智能小人法、冲突矩阵、物—场分析、76 个标准解等。其中，技术系统进化法则揭示了系统发展变化的规律与模式，是 TRIZ 理论的基础。该法则既可以用来对技术和产品的成熟程度进行评价，又可以用来帮助解决新产品研发中的问题，还可用来预测技术和产品的未来发展趋势，是指导技术和产品研发的有效工具。

经典 TRIZ 理论的典型步骤分三步：①问题识别，重点是对产品进行全面分析，并且识别出关键问题。②问题解决，重点是将识别阶段识别出的关键问题转化为 TRIZ 的 40 个发明理论、39 个通用技术参数中的问题模型，然后运用 TRIZ 冲突矩阵表找到解决方案，再将其转化为具体的解决方案(创意)。③概念验证，重点是权衡技术实施的难易程度、制造成本、上市时间需求及投资成本的限制等因素，筛选出最佳解决方案，以优化宝贵的资源和时间。

(二) 现代 TRIZ 理论

现代 TRIZ 理论，在阿奇舒勒 TRIZ 理论的基础上做了大量的扩充，使该理论有了更进一步的发展，内容更加充实，实用性逐步增强，使用门槛逐渐降低。

现代 TRIZ 理论将技术系统的进化法则扩充为 11 种技术进化模式及 350 多条进化路线。技术进化的一般趋势是由理想化进化模式，即增加系统的理想化水平决定的；而增加系统的理想化水平通常是通过增加系统的动态性(柔性化)、维数的变化(多维化)和向超系统进化(集成化)等进化模式来完成的;柔性化的进化模式又可以从结构上和控制上的进化模式来决定。现代 TRIZ 理论把原先的 40 个发明原理扩展到 77 个发明原理。

现代 TRIZ 理论,在 2003 版冲突矩阵表中提供的通用工程参数矩阵关系由 1263 个提高到 2304 个,同时,在每一个矩阵关系中所提供的发明原理个数也有所增加,提供了更多的解决发明问题的办法,也更加高速、有效,大幅提高了创新的效率。

现代 TRIZ 理论,其中的效应知识库的应用仍然对发明问题的解决有着超乎想象的作用。目前,效应知识库已经涵盖了物理、化学、几何、生物等多学科领域的效应知识。随着 CAI(Computer Aided Innovation,计算机辅助创新)软件技术的发展,有些国家已经建立了庞大的效应知识库,有些 CAI 软件的技术资料提及的常用效应大约有 1400 个,复合效应有数千个。

我国 TRIZ 研究学者在多年查阅、翻译和校对了大量技术资料的基础上,归纳、总结出 922 个效应,形成了详细的科学效应总表。同时,构建了固、液、气、场不同形态实现功能的效应知识库、改变物质属性参数的效应库、增加物质属性参数的效应库、减少物质属性参数的效应库、测量物质属性参数的效应库和稳定物质属性参数的效应库,极大地扩充了 TRIZ 理论的 HOW-TO(怎样做)模型,建立了物质属性参数与所应用效应库的有机对应关系。而且,共同创建了一种以功能为导向、以属性为核心的 TRIZ 理论体系,尽量实现工具和方法的统一,这个目标体系理论就是"Unified TRIZ",简称 U-TRIZ。

(三) U-TRIZ 理论

U-TRIZ 理论,把解决问题所需要的关键的物质属性的参数,均作为属性参数。所有的发明原理、标准解、效应所构成的发明成果,最终落脚点都会落在物质的属性的变换上。无论在分析问题还是在解决问题的阶段,整个解题过程,就是寻找合适的物质属性的过程,就是让适用的物质属性与有问题的物质属性发生交互或置换的过程,就是对技术系统内外部的物质属性或属性参数进行"变、增、减、测、稳"精心操作的过程。因此,U-TRIZ 理论给出了可以精确操作的(功能受体或作用对象的)36 个通用属性参数,如表 5-3 所示。

表 5-3　36 个通用属性参数

属性操作	属性参数	属性参数	属性参数
变、增、减、测、稳	亮度	均度	形状
	颜色	湿度	声音
	浓度	长度	速度
	密度	磁性能	强度
	电导率	方向	表面积
	能量	极化	表面粗糙度
	流量	孔隙率	温度
	力	位置	时间
	频率	功率	透明度
	摩擦	纯度	黏度
	硬度	压力	体积
	热传导	刚度	质量

(四) TRIZ 理论应用实例分析

1. 燃气灶维修

这里，用日常生活中的 TRIZ 理论应用实例(燃气灶维修)，说明 TRIZ 理论的实用性和简化使用方法。

笔者家里的燃气灶的两个灶中之一出现"电子点火成功后，却不能维持着火状态"的故障现象。

根据 U-TRIZ 理论："无论在分析问题还是在解决问题的阶段，整个解题过程，就是寻找合适的物质属性的过程，就是让适用的物质属性与有问题的物质属性发生交互或置换的过程，就是对技术系统内外部的物质属性或属性参数进行'变、增、减、测、稳'精心操作的过程"。按照 U-TRIZ 理论的解题过程：问题定义→问题分析→问题解决→概念验证。

在问题定义阶段，明确当前问题是要："电子点火成功后，维持着火状态"；并定义此问题的"最终理想解"为："低成本、高效率、高可靠性地解决当前问题，实现'电子点火成功后，维持着火状态'"；可利用的资源是：家中所有物品、社会上可购买或借用的所有资源。

在问题分析阶段，明确了：实现"维持着火状态"功能的主要元件是"感应针"，即在中间灶头旁的与点火器位置相对应的温度传感器，它应当是在点火后，一直处于被火焰灼烧着的状态，以确保火焰熄灭后的燃气灶头能自动关闭燃气通道。经与另一个正常工作的灶比较，这个"感应针"在工作时，灶头喷到它上面的火焰暗淡，不如正常灶的火焰呈现旺盛的亮蓝色。继续检查寻找"灶头喷到它上面的火焰不如正常灶的火焰旺盛"的原因，比较两个中间灶头的区别，发现是在之前维修上方的油烟机时，碰坏了中间灶头的"火帽"(盖在中间灶头上的铸铁元件)的侧面喷口护翼，导致故障灶头对着"感应针"的侧面喷口喷出的火焰因热力分散而显得暗淡。至此，找到"微观(最小)问题"是：要让故障灶头的对着"感应针"的侧面喷口所喷出的火焰达到正常灶在工作时的亮蓝色状态。

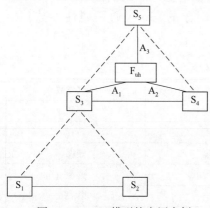

图 5-3　SAFC 模型的应用实例

在"问题解决"阶段，应用 U-TRIZ 理论的 SAFC 模型(参见图 5-3)，把中间灶头及其"火帽"S_1 作为功能载体，是发出动作的主体，把燃气 S_2 作为功能受体(或作用对象)，是接受动作的客体，把火焰 S_3 作为中间灶头 S_1 和燃气 S_2 共同作用产生的结果，"感应针"S_4 是接受火焰 S_3 的动作的客体，把"感应针"在高温状态时电磁阀的开阀动作 S_5 作为"感应针"S_4 接受火焰 S_3 共同作用产生的结果，把 F_{uh} 定义为持续燃烧功能，分析得出解决方案有：(1)增加耐火材料，恢复"火帽"的侧面喷口形状；(2)增加中间灶头火焰的燃气供给量；(3)更换"感应针"及其配套的电磁阀，提高感应灵敏度[11 种分离方法中的第 7 种：改变相态——替换环境或技术系统的元件中的一部分(子系统)的相态]。

在"概念验证"阶段，先验证解决方案 1：剪出薄不锈钢片，折成包围断臂的护翼，以恢复喷口形状，却发现仍然不能让喷口处的火焰变成亮蓝色；再验证解决方案 2，增加中间灶头火焰的燃气供给量，就调节燃气灶下面相应的燃气量调节柄。点火试验后，中间灶头"火帽"的侧面喷口处的火焰变成了亮蓝色火焰，得到了"低成本、高效率、高可靠性地解决当前问题，实现'电子点火成功后，维持着火状态'"的最终理想解。但是，由于燃气压力有波动，导致上述解决方案的效果不稳定，就验证解决方案 3，购买了一套感应针和电磁阀，更换之后，彻底解决了上述问题。

2. 管网系统中资产与风险强耦合作用的动态感知拓扑前瞻性技术

我国油气管网基础设施建设已经由信息化、自动化的集中调控向数字化、集成化的智能调控方向转型升级，涉及管理模式的变革、管理理念的转变、管理工具的更新、技术工具的迭代、人员素质能力的提升等各个层面、方面的转型发展。"全国一张网"的资产布局已经形成，互联互通工程不断建设和完善，城乡燃气储运设施不断延伸和拓展，油气管道及储运设施资产呈现出较快增长势头；同时，战略性管道工程、区域性管道、市县乡镇村级支线管道和燃气管道，与国家"一带一路"、乡村振兴、京津冀一体化、长江经济带、长江三角洲一体化、珠江三角洲一体化、粤港澳大湾区、成渝地区双城经济圈、环渤海一体化发展、东北地区经济一体化、中原城市群一体化、海南自贸区和自由贸易港、全国自贸试验区等国家战略相适配和互促，资产规模逐步增大，资产施工、投产、运行、维护、检修等环节的安全风险、环境风险、健康风险、质量风险、作业风险等也相应呈现出增长趋势。油气管网的系统风险和其他各类风险也变得更加复杂多变。

如何对如此庞大的管网大系统中的各项生产经营和工程建设业务，进行良好、有序、高效、安全地管控，如何保证油气管网安全、平稳、有序、可持续发展，当前油气管道成员企业都还没有比较完整、可靠的系统解决方案，以实现对于管网系统业务存在的风险进行全覆盖、全过程、全时段的有效管控，以做到现有风险削减，严控风险增量，力争实现风险处于"零库存"的理想状态。并且目前，现场风险可视化管控、风险量化分析评估都过于形式化，管网系统风险信息多为表述型特征，而没有形成结构数据资产，没有建立风险数据收集到处理应用的过程管控机制，"管业务管风险"原则没有严格执行，业务部门与安全管理部门之间认识存在偏差、职责存在错位和空白的现象；风险表格化、文件化较多，真正的现场应用和落地较少；静态零散管控较多，动静态相结合的集成共享较少。在数字管道、智能管道、智慧管网的基础设施建设规模不断增大的同时，没有深化应用油气两条产业链的全过程的风险数据增值赋能和流程贯通和整合；也还没有真正启动利用"空天一体、地面地下、管内管外"的先进的科学理论和新兴实用的技术，达不到高质量赋能管网系统提质增效的宏大目标，需要尽快适应国家数字经济、数字技术、数字产业的迅猛发展格局，亟待加快构建管网系统中资产与风险强耦合作用下的安全保障技术体系。

笔者提议应当创建的全国油气管网集资产与业务于一体的大数智平台，是以"平台化、网络化、全域化、人性化、可视化、简约化、集约化、系统化、自动化、信息化、数字化、智能化、分布式安全共享化"为主要特征，以管道建设项目管理系统、资产完整性管理系统、SCADA 系统、HSE 信息系统、自然与地质灾害系统、天然气销售平台系统、"北斗"导航系统等为依托，采用物联网、大数据、人工智能、云技术、5G 等新兴数字技术，着力构建的安全共享平台。所述大数智安全共享平台，同时植入了最新的多维多功能的风险防控技术、检测监测技术、预测预警技术、应急抢修技术，以实时优化、自适应、自组织、自处理、动态感知、运筹协同的管网拓扑图、调控拓扑图、业务拓扑图、风险云图、事故事件数据池、法律法规标准规范大数据湖、技术工具方法库等为核心手段，从"全国一张网"全局管理视角出发，以管网生态地理图为底层，自动生成管网物理拓扑图予以关联，形成数字孪生，以可视化动态展现管网资产资源的结构分布、链路关系、性能指标和运行状态等，同时将质量、健康、安全、环保、资源供应等一体的全面风险大集成。所述大数智安全共享平台，还能通过颜色策略、动态流量、告警提示等多手段、多功能、多形态、多方位、多层面、多时态表征出管网的点、段、线、区域、全域的资产、资源、环境、风险的"正常、异常、紧急"状态和等级，做到正常可知、异常可测、紧急可控，针对三种时态(过去、现在、将来)和三种状态(正常、异常、紧急)下显现的和潜在的各种危险、风险、实景，进行全过程、全域、全方位、全时段的监视和自动控制，采用主动和模拟数值计算、自动存储、智能处理、精细分析、过程演进等方法，从物质属性参数、性能参数、环境参数、状态参数、时间序列等维度，采用数据模型、仿真模型、预测模型、评价模型、优化模型等，建立危险点向风险转变的过程识别和量化评估模型，并将危险点能量、阈限值、浓度极限、安全距离、点燃能和触发能等风险描述参数进行规格化和结构化处理，适时模拟计算分析状态演变进程，对危险点源的动态变化趋势予以精准评估，综合确定性和不确定性，完全数据(完整数据、全量数据、全部数据、所有数据)和不完全数据(不完备数据、不完全数据、缺失数据、删失数据)，灰色信息(没有公开的、潜在的信息，或需要通过一些合法的、特定的渠道才能获取的信息)、黑色信息(流通范围狭窄、内容保密)、白色信息(公开信息)，规律和混沌等广域条件，实时测算转化为定性和定量的风险群，打造成：集数据集成、数据预处理、数据分析及可视化为一体的全栈式油气输送管道系统的动态风险监测、预警与报警系统，具有自动感知、分析、诊断、评价、预测、展示、控制、调节实体管道或管网及其各组成部分状态的功能，最终集聚形成管网系统中资产与风险强耦合作用的动态感知拓扑调控前瞻性技术。

该创新设计和部分前期实践，主要聚焦于严重影响油气管网巨系统安全的重大风险和现代安全保障技术研究中的关键瓶颈问题，进行系统工程、协同理论和经典、交叉、转化各类科学技术相结合的原创性和集成性攻关，将开展安全系统工程学、工程数智信息学、工程结构力学及管网大系统新设计技术，以及风险隐患的系统检测诊断和自诊断自愈技术、重大工程风险控制等领域的研究，研发油气管网系统预测、诊断、整治和预防的新理论、新方法、新技术和新平台。图5-4表示管网系统中资产与风险强耦合作用的动态感知拓扑图概览。

（1）管网物理拓扑展示[图5-4(b)]。示意管网有138条管段采用灰色线段表述，24个压气采用红色圆点表示，10个气源采用绿色点表示。通过告警的不同颜色表示管网线路、设备设施和链路资源供应的评估状况，并可以调整设备和链路的变色阈值；通过不同颜色的告警图标，显示各个管网设备的告警触发情况；支持设备和链路指标直观展现，便于快速查看运行情况，提高管理质量、效率和效能。

（2）管网系统调控拓扑图[图5-4(e)]。模拟真实的调控中心、分中心和站控管理设备、自控装置、通信网络的地理信息和空间位置，将每个调控平台中的网络设备按照实际位置进行布置，实时显示各项关键参数和告警信息，使调控集中管理摆脱以往的纯数据的管理模式，实现所见即所得的透明化管理。

（3）天然气与管道业务拓扑图[图5-4(f)]。构建真实的天然气与管道业务应用拓扑连接关系，帮助业务相关方从整个业务的各关键环节进行实时监控。当业务出现故障时，通过业务拓扑图非常容易地捕集到业务架构中的故障点，实现完整监控，快速定位故障的状态和可知、可测故障的参数。

（4）管网动态感知拓扑图[图5-4(h)]。灵活应用星形、总线形、环形、树形等拓扑结构，开创新拓扑图，系统自动生成物理拓扑图，支持添加子拓扑图、业务拓扑图、示意拓扑

第一层：管网物理拓扑图——数据层

（a）全国主干天然气管网走向示意图

智能管道

智慧管网

数字化 ⟺ 结构化

管网拓扑

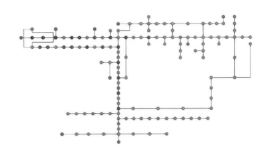

（b）自动生成管网物理拓扑示意图
（本图片由虞维超提供）

第二层：管网风险拓扑图——算法层

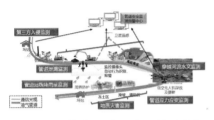

（c）基于大数据管网系统风险云平台示意图

风险路径

云化 ⟺ 集约化

风险上云

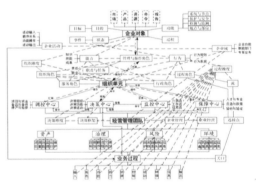

（d）天然气与管道业务风险分解网络图

第三层：管网业务拓扑图——业务层

（e）管网系统调控网络拓扑示意图

实时监控

自动化 ⟺ 网络化

业务关联

（f）天然气与管道业务拓扑图示意图

第四层：管网动态感知拓扑图——展示层

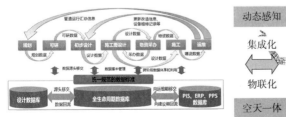

（g）管网数据集成共享拓扑示意图

动态感知

集成化 ⟺ 物联化

空天一体

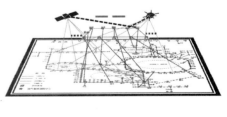

（h）管网动态感知拓扑示意图

图5-4　管网系统中资产与风险强耦合作用的动态感知拓扑示意图

图、调控拓扑图等，具有多种布局展示模式，有树形、圆形、正交、混合布局等和各种链路及图元类型，链路显示指标策略，提供多种链路样式，可实线、虚线、光速、混合使用。通过告警的不同颜色表示管网线路、设备设施和链路资源供应的评估状况，实时监控，掌控全局，便于运维管理。

综上所述，管网系统中资产与风险强耦合作用的动态感知拓扑新兴技术，可解决感知能力建设、应用集成和智能融合、协同运营和创新增值，以及技术迭代与试点推进问题。管网系统数智化转型升级将实现从独立系统向平台+应用演进，从业务分散管理到统一集中管理演进，从企业内网向内网与外界互联网安全连接+5G演进，从人工处理向程序化处理演进及从报表分析向仿真预测模型演进。

二、管道安全保障技术创新发展新进展和新发现

新时期大管网时代风险管理应为企业管理的核心。首先，企业管理的核心是风险，要管住重大风险，特别是造成后果不可接受且影响巨大的重大风险。其次，全面风险动态管理，风险是变化的，具有随机性、时变性，必须对内部风险、外部风险两眼同时看。紧盯才能管住，切不可只顾外部、不顾内部，也不可只管内部、不外看。全部人员，包括领导干部必须保持对风险的敬畏，对风险的重视，加强对风险的掌控，对风险的处置。风险无处不在，但是风险等级会发生变化，可能由高向低转化，也可能由低向高调整。油气管网安全保障技术的重点在于采用技术手段、加强管理力度，快速、精准、高效、科学地识别出管道管网包括在规划、可研、设计、招投标、施工前准备、施工过程、投产试运、验收、运维及废弃处置等阶段和环节在内的全生命周期所存在的各种安全风险，并做好各种风险的检测、监测、分析、评估、管控，做好风险的预知、预测、预判、预警。

（一）国家有关安全生产重要政策

诚然，"安全生产"是实现工业高质量发展的重要保障。要实现工业高质量发展，就必须把安全生产问题放在首要位置，不断提升安全监管能力，消除安全生产隐患，防范化解安全生产风险，杜绝重特大事故的发生。国家层面高度重视工业"两化"融合建设（信息化和工业化融合），"工业互联网"已经成为经济社会发展的新增长点、新引擎、新动能，产业数字化和数字产业化已经成为国家发展战略并得到落地实施，国家政府工作报告中已经提出、深化和推广的政策性指令，给出了发展的"题目"，国家多个部委已经发布正式文件，明确了时间表、路线图和施工图，包括油气管道行业在内的工业企业必须用好、用足利好政策，特别是在安全保障技术方面做好这篇"大文章"，简言之，就是要通过实现业务、资产、资源、资本等全要素的全面深度互联，打通设计、生产、管理、服务等生产经营和工程建设活动各个环节的业务链、供应链、信息链、价值链，实现资源优化配置、资产安全高效、资本增值增效、业绩持续向好、治理体系和治理能力现代化；"工业互联网+安全生产"是通过工业互联网在安全生产中的融合应用，增强工业安全生产的感知、监测、预警、处置和评估能力，从而加速安全生产从静态分析向动态感知、事后应急向事前预防、单点防控向全局联防的转变，提升工业生产本质安全水平。为推进实施《关于深化新一代信息技术与制造业融合发展的指导意见》，2020年10月10日，国家工业和信息化部、应急管理部联合发布了《"工业互联网+安全生产"行动计划（2021—2023年）》（工信部联信发〔2020〕157号），其目的就是要实现发展规模、速度、质量、结构、效益、安全相统一。

（二）未来重大风险预判趋势分析

百年未有之大变局加速演进，国内外宏观环境深刻变化，努力在危机中育新机、于变局中开新局。面对挑战层出不穷、风险日益增多的复杂形势，解放思想、转变观念，直面困难挑战、积极主动作为，准确识变、科学应变和主动求变，沉稳应对变局中的风险，聚力"十四五"稳开局、高起步，构建新形势下的"强内控、防风险、促合规"三位一体的内控与风险管理体系，不断提升油气管道行业安全治理体系和治理能力建设，不断完善重大风险研判、评估、决策、防控协同机制，提升重大风险防控能力，防范化解重大风险，为油气管网高质量发展新局面保驾护航。

由图5-5评估发现，未来我国石油石化企业和油气管道企业须重点管控的风险集中在健康安全环保、价格波动、地缘政治经济和安全、投资、内部改革、竞争等领域；受能源结构转型、油气市场发展环境变化等因素影响，未来技术与工艺风险、战略合作伙伴风险发生的潜在可能性将越来越高。

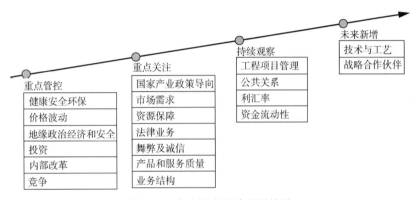

图5-5　未来重大风险预判结果

当前和今后一个时期，我们必须坚持统筹发展，增强机遇意识和风险意识，树立底线思维，注重堵漏洞、强弱项，下好先手棋、打好主动仗，有效防范化解各类风险挑战。

（三）油气管道公共安全梳理分析

根据国内管道科技研究机构统计分析，油气管网对公共安全造成危害的根本原因可以归结为4个方面：（1）损伤致灾认识不到位；（2）灾害预防技术不完善；（3）灾害控制技术待加强；（4）综合管理能力须提高。于此，探究油气管网事故成因和对公共安全的致灾机理，提升管网事故防控和应急抢险技术水平，提高管网管理水平，保障油气管道及储运设施公共安全，需要围绕事故预防与灾害控制两个方面进行攻关。

1. 理论研究

即损伤致灾机理与演化规律研究。X80高钢级管材已在我国大规模应用，但国内外对材料及焊缝变形与断裂机理认知不足，需要创新建立止裂预测模型及塑性应变规律，为缺陷检测与检验评价奠定理论基础。国内外对静态条件下油气均匀分布燃爆机理研究趋于成熟，对受限空间及复杂环境边界流动条件下油气非均匀分布燃爆传播机理仍缺乏研究，导致风险评价和灾害控制缺乏理论依据。

2. 技术研究

即检测、监测、风险评价、完整性管理及应急抢修技术研究，建立安全保障技术体系。国内漏磁内检测技术已达国际先进水平。对于气体管道裂纹检测仍缺乏有效手段，国外目前正开展电磁和超声内检测技术研究及应用。提高缺陷检出率和精度是保障管道完整性的关键。管道泄漏监测主要应用被动式方法，我国监测距离、灵敏度已达国际先进水平，正在探索主动激励式技术，以提高监测灵敏度。外部环境因素对管道危害干扰预警主要通过光纤监测，需要研究复杂环境下的信号识别。国内外风险评价主要针对管道线路，结果用于制订完整性检测计划，控制管道失效水平。基于我国国情，亟须研究多因素致灾综合风险评价模型，提高灾害预控能力。

3. 应用研究

即在人口稠密区等地段试验测试与工程示范。管网安全保障决策支持平台：包含管体、地质地貌环境、人文环境、时间4个维度，涵盖监测、检测、运行、历史、失效等10类以上源头数据(8年以上)；能够实现区域灾害预测。明确各安全保障技术的适用环境、技术参数、操作规程等内容，编制油气管道及储运设施安全保障技术手册1套。工程示范应用：应用管道环境不少于3种(人口稠密区、环境敏感区、一般地区)；应用油气两种介质；应用管道里程不少于1000km。智能遥控抢险车样机，最远距离：≥100m；最大通过坡度：30%；堵漏穿孔直径：≤φ50mm；提高管道泄漏抢险速率：20%。大口径油气管道维抢修装备样机，施工能力：从φ1219mm、X80规格管道提高到φ1422mm、X80规格；最低可施工温度：−40℃。油气管道智能维抢修封堵器样机，设计压力：10MPa；规格：φ508mm；封堵定位精度：±10m；响应时间：≤10s。焊接工艺规程2套，管道材质规格：X70、X80；修复效率：比手工焊接提高15%以上。

为便于参考比较，这里再介绍一下2010年前总结的43项油气管网安全保障关键技术，即当时(2010年3月)在中国石油管道技术与管理座谈会上提出的：需要集中力量攻克的瓶颈技术26项，推广应用的新技术10项和超前研究的储备技术7项。近年来新发展起来的数字化、智能化转型发展新技术，例如2021年5月美国发生的勒索软件侵入长输管道运营管理数据库导致的美国东部大批加油站停止运营事故，就是新技术里的网络安全技术在长输管道安全保障体系中的典型事故案例。

（四）油气管道生产运行及工程建设安全支撑技术

构建油气管网全生命周期安全保障技术体系，应回答好三个问题"技术体系发展现状是什么？""技术体系发展的挑战在哪里？""技术体系发展的未来在何方？"。首先，需要我们搞清楚技术体系发展的历程情况，于此有必要对上述所提的瓶颈技术、推广应用技术和储备技术进行一个再梳理、再分析、再研究。

1. 瓶颈技术方面

包括油气输送技术7项，油气储存技术2项，管道工程技术4项，管道完整性评价及配套技术4项，油气管道运行管理与信息技术9项。7项油气输送技术包括东北管网安全经济运行技术、进口俄罗斯原油输送工艺及配套技术、西部油田及进口原油管道输送技术、原油管道新型化学添加剂的研制与应用、多品种顺序输送工艺及配套技术、原油流变性研究及LNG技术；2项油气储存技术为原油低温储存技术与储气库建设技术；4项管道工程技术为国家石油储备地下库建设工程技术、15×10^{4}m^{3}储罐工程建设技术、管道水土保护技术与大口径管道高清晰度漏磁内检测装备及技术；4项管道完整性评价及配套技术为管道完整性评价技术、油气管道泄漏检测技术、地质灾害及特殊地段监测与防护技术、储运设备安全检测及评价技术；9项油气管道运行管理与信息技术为数字管道技术、天然气管网安全优化运行技术、成品油管道优化运行技术、天然气气质评价技术、天然气贸易计量技术、管道快速抢维修技术、管道节能与环保技术、油气管网规划研究、天然气经济研究。

2. 推广应用技术方面

推广应用的 10 项新技术为管道自动焊接和超声波检测等集成技术、大型河流穿越技术、仿真技术、天然气管道内涂层技术、管道生产信息系统、地理信息系统、管道安全评价与风险管理技术、站区阴极保护技术、大口径 X70 高钢级管线钢管件制造装备及工艺技术、大口径输气管道干燥技术。

3. 储备技术方面

将要进行超前研发的 7 项储备技术为富气管道输送技术、超稠油管道输送技术、天然气减阻剂研制与应用技术、X80 以上高强度管线钢制管与施工技术、管道防腐新技术、海洋管道工程技术与永冻土地带工程施工技术。

截至目前，从构建安全保障关键技术体系角度出发，笔者基于 2010 年总结的 43 项油气管网安全保障关键技术成果，研判当前国民经济社会发展政策和油气管网发展态势，结合书中所阐述的影响管网系统物理结构内外主因素、油气管道安全风险与隐患、油气管网工控安全与数智化技术等方面，秉持硬核技术与管理技术发展之"趋势"，率先从油气管道、大型储库两类油气管网的主体设施与之配套的应急技术、管理技术在内的两类支持保障技术于一体，系统地总结了四大领域的油气管道生产运行及工程建设安全支撑主体技术，包括但不限于如下内容（见表 5-4）。

表 5-4　油气管道生产运行及工程建设安全支撑主体技术

领域	重点安全风险	关键安全技术
油气管道	◆ 油管线泄漏溢油 ◆ 天然气管线断裂 ◆ 城市燃气管线泄漏 ◆ 压缩机非正常停运 ◆ 管道环焊缝质量 ◆ 管道受地质与自然灾害破坏性影响 ◆ 管道受第三方破坏 ◆ 管道自身性能衰减与外部加速老化	□ 高钢级管道失效机理及失效控制研究 □ 站库储运设施损伤机理与演化规律研究 □ 管道杂散电流腐蚀机理和规律研究 □ 泄漏事故致灾机理与演化规律研究 □ 管道工程防腐补口质量控制技术 □ 管道系统可靠性分析、评估和控制技术 □ 管道本体结构可靠性、耐久性和稳健性 □ 管道金属损伤检测技术及设备研制 □ 高精度自动超声检测技术及装备研制 □ 基于超声波的管道裂纹检测技术与装备 □ 管道系统及其设备设施内外检测检验技术、装备与分析平台 □ 管道第四方无损检测技术 □ 集管道超高清检测、应力检测、中心线检测于一体组合技术 □ 油气管道非开挖外检测技术及设备研制 □ 基于北斗/GPS 同步技术的管道检测方法 □ 北斗的 RTK（实时动态）技术在长输管道测量技术 □ 基于北斗卫星导航定位的管道微位移自动监测系统 □ 北斗定位技术在管道地质灾害监测与预警技术 □ 基于"北斗+"管道水下精准定位智能监测技术 □ 管线焊接施工全过程质量安全评价技术 □ 管道运行安全与杂散电流防护技术 □ 高压直流强干扰、动态交直流杂散电流干扰监测及危害评价、综合防御技术 □ 高钢级管道完整性评价技术

领域	重点安全风险	关键安全技术
油气管道		☐ 输油管道主动激励式泄漏监测技术
		☐ 管道光纤安全监测预警技术
		☐ 基于光栅阵列的光纤传感网络技术
		☐ 基于北斗卫星的移动式输油管线的选线铺设方法
		☐ 地灾管土耦合监测技术
		☐ 大型输油泵机组多源异构信息融合监测预警技术
		☐ 管道泄漏监测预警技术
		☐ 管道雷达预警测漏技术
		☐ 管道线路视频监控预警技术
		☐ 管道地质灾害监测预警技术
		☐ 基于卫星物联网技术的油气管道远程监控技术
		☐ 管道及设施衍生灾害快速预警技术
		☐ 油气站场完整性管理标准体系
		☐ 管网掺氢、输氢的完整性评价技术
		☐ 管网掺氢、输氢安全预警预测技术
		☐ 中低压纯氢与掺氢燃气管道输送及其应用关键技术
		☐ 纯氢/掺氢燃气管道和关键设备的安全事故特征和演化规律
		☐ 管道输氢安全技术研究及专用掺氢设备研发
		☐ 天然气掺氢实时安全防护与监测技术
		☐ 纯氢/掺氢家用热水器、灶具内燃烧不稳定性
		☐ 氢气回注天然气管道混合输送应用安全技术
		☐ 管道货币化全定量风险评价技术(QRA)及企业、社会风险可接受标准
		☐ 多介质多管并行、同沟、同廊、同桥、同隧敷设风险评价及管道 RBI、RCM、SIL、HAZOP 等风险评价技术
		☐ 管道流动保障技术
		☐ 泵、压缩机等动设备故障模式分析与评估技术
		☐ 新型管体结构–土壤交互作用非线性、大应变、多模块耦合集成力学分析技术
		☐ 埋地管道工程地质灾害防治调查评价方法与技术
		☐ 精确的多物理场协同作用下的管道缺陷(机械损伤、腐蚀缺陷、裂纹)评估技术
		☐ 多因素耦合作用下油气管道事故复杂性机理及其风险度量研究
		☐ 高压、大口径、高强钢天然气管道(特别是焊接金属与热影响区)在地质不稳定地区的材料韧性、裂纹扩展以及止裂能力开展实验与评价技术
		☐ 基于危险源影响的油气储运设施疏散仿真模型
		☐ 老龄管道评估分析、维修维护与延寿技术
		☐ 停运或废弃管道处置与清理技术
		☐ 大型天然气管网供应安全保障技术
		☐ 地质灾害段管道应变预测与智能评价技术
		☐ 基于北斗高分遥感技术的管道地质灾害预警研究
		☐ 基于 InSAR 的管道与站场地质灾害勘察及形变监测技术
		☐ 油气管道及储运设施衍生的多场景灾害评价技术

领域	重点安全风险	关键安全技术
油气管道		□ 油气管道关键控制性工程的长期性能与安全评价技术 □ 基于概率风险的油气管网系统安全性分析 □ 天然气管道储销态势分析评估技术 □ 天然气供需链系统内外极端抗风险敏捷能力评估 □ 油气管网防险抗灾能力与脆弱性分析统一框架 □ 高风险区域天然气管道安全运行技术 □ 城镇燃气(LNG/LPG等)泄漏事故预测分析技术 □ LNG长周期设备设施在线检测及安全性技术 □ 高低压泵检修周期及检修技术 □ 油气管网及储运设施安全保障试验平台与工程示范 □ 在用油气管道及储运设施微损试样试验方法 □ 氢能综合利用(关键)设备应用情况研究 □ 人工煤气管网置换天然气后燃气系统运营安全风险管控技术 □ 站场巡检及第三方施工监测智能化技术 □ 职业健康大数据智能预警与干预关键技术 □ 大口径油气输送管道焊接质量评价技术 □ 物联网环境下油气管道事故链阻断效率评价技术 □ 基于投影滤波的突发事件危险源位置估计 □ 管网模拟仿真技术 □ 多功能无人机巡检技术及装备 □ 北斗卫星共视时间传递技术 □ ……
大型储库	◆ 储罐泄漏着火 ◆ 大型油罐着火 ◆ 大型油罐溢油 ◆ 油库污染水管控 ◆ 油库清洗高风险作业 ◆ 油库遭遇雷击破坏 ◆ 油库外电系统崩溃	□ 泄漏监测报警系统 □ 紧急切断工艺及设备 □ 罐区本质安全设计技术 □ 储库本质安全设备设施 □ 罐区泄漏监测预警技术 □ 储罐安全状态多参数综合监测技术 □ 储罐在役检测技术及设备研制 □ 自动化操控技术 □ 联锁和紧急切断技术 □ 腐蚀检测评估技术 □ 罐体变形检测评估技术 □ 储罐防雷电防静电技术 □ 地下储气库完整性管理技术 □ 天然气储备库设施致灾机理分析与评估技术 □ 大型储库周界安防管理系统改造技术 □ 大型储库海洋气候环境设备设施防腐技术 □ 大型储罐(库)定量风险评价研技术 □ ……
应急技术	◆ 油气管道泄漏抢险 ◆ 站场装置非正常状态 ◆ SCADA、报警、紧急截断等系统失灵 ◆ 油品罐区事故突发时响应不到位	□ 管道泄漏抢修技术 □ 装置罐区火灾应急技术 □ 管道智能化应急防范技术 □ 特大事故情景构建技术

领域	重点安全风险	关键安全技术
应急技术	◆ 油气管道现场抢险资源不到位 ◆ 应急消防系统自动控制失灵	□ 维抢修模拟处置技术 □ 油气管网事故应急响应机制 □ 管道及储运设施应急抢修及封堵技术 □ 油气泄漏不停输智能封堵装备 □ 特殊地区(水体、冻土)油品污染回收及处置装备 □ 管道缺陷快速修复技术 □ 管道泄漏控制技术及装备研制 □ 大口径油气管道维抢修技术及装备研制 □ 管道智能维抢修封堵器研制 □ 应急演练情景库 □ 应急处置预案库 □ 数字化应急预案 □ ……
管理技术	◆ 系统性结构性管理缺陷 ◆ 管理各层级各环节失控 ◆ 各级人员能力素质不足 ◆ 审核评估诊断不深不实 ◆ 管理标准和流程混乱 ◆ 动态风险管控手段缺乏 ◆ 隐患整治未达本质安全 ◆ 安全管理平台数据问题	□ 管道安全相关法律法规的适用性与执行体系 □ 高钢级管道完整性评价标准 □ 生产安全风险分级防控技术 □ 安全环保履职能力评估技术及管控平台 □ 管道国际安全评级系统 □ 管道资产完整性评级系统 □ HSE 信息管理平台技术 □ HSE 管理体系量化审核技术 □ 安全环保管理评估与诊断技术 □ HSE 管理量化评估技术 □ 危险化学品安全技术 □ 管道危险源快速识别与衍生灾害快速预警系统 □ 站场设备在线监测系统 □ 基于北斗定位的地网管线测试系统 □ 北斗高精度自动化监控系统 □ 油气管道地质灾害北斗自动化监测 □ 基于北斗定位技术的"地下物联网" □ 北斗卫星油气管道检测定位装置及管理系统 □ 北斗卫星微位移监测系统 □ 北斗车辆安全监控管理系统 □ 北斗 AI 滑坡预警系统 □ 站场智能巡检系统 □ 国家管网数据库 □ 管道基础数据库(包括事故事件在内的成功案例库和失败案例库) □ 管道安全预警系统 □ 管道光纤振动预警系统 □ 管道高后果区视频监控预警系统 □ 管道安全生产事件案例库 □ 油气管道及储运设施失效数据库和材料失效控制共享平台 □ 油气管道安全生产大数据共享云平台

领域	重点安全风险	关键安全技术
管理技术		☐ "光纤传感网络+安全生产"应用平台
		☐ 光纤光栅健康监测系统
		☐ 管网安全可视化平台
		☐ 管道洪水灾害信息管理及评价预警预报平台
		☐ 管道内检测及管道安全预警系统辅助决策平台
		☐ 基于大数据的管道风险智能评价技术
		☐ 管道大数据决策支持技术
		☐ 管道运营安全专家系统
		☐ 无人值守阀室、阀井数据远传、监视预警系统
		☐ 氢能输送标准体系
		☐ 管网安全保障大数据技术研究及决策支持平台建设
		☐ 油气管道及储运设施安全保障技术标准体系
		☐ 油气管道安全保障试验平台建设
		☐ 油气管网中资产与系统风险动态感知网络拓扑图及自适应控制
		☐ 油气与城市管道信息管理系统
		☐ 站场参数智能采集监控系统平台
		☐ 油气与城市管道数据采集监控系统
		☐ 基于"北斗"数传系统
		☐ 基于物联网管道安全预警系统
		☐ 基于大数据的管道智能预警方法和系统
		☐ 管道智慧预警系统
		☐ 国家管网工程项目管理系统(视频监控、数据管理、质量、焊接、工期预警和焊接质量预警等模块)
		☐ 国家石油天然气管网集团有限公司数据中心及云平台
		☐ 基于人脸识别技术的燃气远程开户系统
		☐ 移动应用安全监测平台、应用加固服务平台、威胁感知平台等
		☐ 贯穿 IoT 应用设计开发、测试、运营、决策全生命周期的安全防护生态体系
		☐ 密盾密钥安全保护软件
		☐ 基于 SDL 的流程化安全管控体系及面向智能终端的全生命周期安全体系
		☐ ……

注：表中部分技术是国内外正在开展研究或者即将开展的研究课题和发展方向，列出的众多专家学者关于生产运行及工程建设安全支撑主体技术涉及的范围之广、领域之宽、专业之多，受篇幅所限未将相关技术一一对应列出对应的研究团队和研究人员，初衷就是为广大"管道人"便于查找和参考之用；虽然呈现的关键安全技术超过百项，但笔者受知识和阅历所限，还远远不够系统和全面，并且国内外科研工作非常庞大和深厚，一些前瞻性、原创性、颠覆性的技术可能未提及和列出，请读者朋友们予以批评指正。

三、需要重点关注的研究方向和应用趋势

2016 年 12 月 9 日印发的中共中央、国务院《关于推进安全生产领域改革发展的意见》，明确指出"到 2030 年，实现安全生产治理体系和治理能力现代化，全民安全文明素质全面提

升，安全生产保障能力显著增强，为实现中华民族伟大复兴的中国梦奠定稳固可靠的安全生产基础。"的目标任务，并要求建立安全科技支撑体系，开展事故预防理论研究和关键技术装备研发，加快成果转化和推广应用；推动工业机器人、智能装备在危险工序和环节中的广泛应用；提升现代信息技术与安全生产融合度，统一标准规范，加快安全生产信息化建设，构建安全生产与职业健康信息化"全国一张网"；加强安全生产理论和政策研究，运用大数据技术开展安全生产规律性、关联性特征分析，提高安全生产决策科学化水平。

瞄准油气管道高质量发展的重大科技需求，强化问题导向、目标导向和结果导向，突出新技术突破性、产业变革性、巨大市场潜力等特性，重点对可能在未来一段时间内产生重大突破，并能够带来管道行业升级换代或具有巨大市场潜力的新兴前沿技术，从以下几个方面进行追问："为什么需要开创新兴前沿技术？""什么样的技术属于新兴前沿技术？即新兴前沿技术包含哪些技术？""新兴前沿技术的基础如何？""新兴前沿技术研究现状如何？""新兴前沿技术的挑战在哪里？即解决哪些主要问题？""新兴前沿技术发展趋势和未来怎么样？""新兴前沿技术具有什么样的颠覆性影响力？""新兴前沿技术的主要应用场景与市场规模是？"等。

（一）流动保障技术

"流动保障（Flow Assurance）"由国外20世纪90年代中期提出，主要针对深水油气田开发中遇到的流动障碍，如管道中的蜡和沥青质沉积、水合物、严重段塞流及凝管等进行相关分析，研究保障管路系统流动（输送）安全的技术措施。与此相关的所有问题、技术均属"流动保障"的范畴。与传统研究相比，"流动保障"理念及研究技术路线最大的不同是从安全系统工程的高度出发，综合分析各个因素对管路系统流动性的影响，集成各相关技术实现流动保障的目标。流动保障技术仍然是全球研究的热点和难点问题之一。我国所产原油80%以上为凝点较高的含蜡原油和黏稠的重质原油，其安全经济输送一直是我国油气储运界亟待突破的"卡点"技术。多数输油管道存在与流动相关的安全隐患，例如，"凝管"一直是输油管道运行中的心腹大患，热油管道的低输量运行措施，也需要首先解决流动安全问题。借鉴和引入国外在海洋油气田开发中提出的"流动保障"概念，通过综合研究影响油气管道流动安全各主要相关因素对所输介质流动特性的影响规律，提出保障和预防措施，实现油气管道安全运行。国内系统集成和发展以往在陆上长距离油气管道流动安全相关研究成果的基础上，明确所包含的原油流变学及其应用研究、油（气）管道流动改进剂研究与应用研究和多种油品顺序输送流动特性研究三个主要研究方向。其中，针对陆上油气管道，尤其是原油和成品油管道的流动保障研究目标和内容：对于原油管道（包括多品种原油顺序输送管道），就是综合分析和预测管输原油流变性、管道结蜡规律及管道停输再启动特性等因素对原油管道流动安全和节能降耗的影响，为管道的设计和安全运行提供技术参数和保障措施；对于成品油顺序输送管道，就是通过综合分析各种影响混油和管路流动特性的因素对其经济和安全输送的影响，为生产提供相应的保障措施；对于天然气管道（网），就是通过综合分析和模拟各种因素引起管网输气的波动，为天然气管网的平稳运行和供气提供建议和保障措施。所有保障措施，包括采用化学流动改进剂（如降凝剂和减阻剂等），以改善和提高所输介质在管道中的流动特性。由于天然气管道（网）的流动保障一般是基于大型的管网分析和计算软件（如SPS等）开展分析和研究工作，所采用的方法和技术在世界范围内较为成熟。

（二）超宽带（Ultra-Wide Band，简称UWB）定位技术

20世纪90年代，SCHOLTZ R. A. 首次提出采用冲激脉冲进行跳时调制用于多址通信系

统，开启了对 UWB 理论进行系统研究的先河。对于脉冲无线电超宽带(Impulse Radio Ultra-Wide Band，简称 IR-UWB)技术，其脉冲宽度仅为纳秒(ns)或亚纳秒级，具有两方面优势：一是在理论上可获得厘米级甚至更高的定位精度，在精确定位应用中极具潜力；二是由于时间分辨率高，UWB 具有抗多径能力和一定的穿透能力，使其在复杂多径环境中仍能完成定位。IEEE802.15.4a 标准将 UWB 作为定位应用的首选技术。UWB 定位通过测距和测向来完成，一般包括三种方法：基于到达角度(AOA：Angle of Arrival)估计、基于接收信号强度(RSS：Received Signal Strength)和基于到达时间(TOA/TDOA：Time/Time Difference of Arrival)估计。TOA/TDOA 方法以多径到达时延估计理论为基础，最能体现出 UWB 信号时间分辨率高的特点。目前，关于 UWB 测距应用方面，著名学者 FONTANA 总结了近年来 UWB 测距应用，从不同精度需求和应用场合，可分为入侵检测系统(Intrusion Detection)、防冲撞系统(Obstacle Avoidance)和精确测距系统(Precision Asset Location System，简称 PALS)；关于雷达探测、成像和跟踪等应用方面，近年来具有代表性的 UWB 定位示范性系统，例如 Localizers 定位系统、Sapphire 定位系统、Unbise 室内定位系统。根据当前频谱使用情况，EHF 频段上资源丰富，宽带或超宽带应用都可独自占用频带，极高频段的 UWB 定位系统是 UWB 定位的应用趋势之一，需要在 UWB 定位的精确性与实时性、高精度定位时的压缩感知、复杂场景下的 UWB 定位与通信功能集成、认知 UWB 定位与无缝定位等方面进一步开展研究。

(三) 地区等级风险评价与管控问题

有些在管道建设期人口稀少的地区，现已变成人口稠密的市区中心地带。根据初步调查，全国地区等级升级点多达上万处。越来越多的管道地区升级情况对在役管道的安全管理带来了更大挑战，有必要采取合理的风险控制措施，以应对由此产生的一系列问题。我国目前缺乏地区等级升级的风险评价标准与管控措施，政府、企业对地区升级管控均有顾虑，一旦标准出台，对企业风险管控目标的落实是一个挑战。需要加快油气管道及储运设施安全风险评价技术研究突破，应用致灾机理研究成果，在本体失效概率基础上，综合考虑多因素影响，创立全生命周期管道定量风险评价体系，形成管道及储运设施隐患(风险)分级管理方法。

(四) 高钢级管材焊缝安全问题

随着 X80 级及以上高钢级、大口径、高压力管道的大规模应用，以及在役老旧管道越来越接近失效高发期，环焊缝开裂成为管道失效的主要致因。中缅管道贵州晴隆"7·2""6·10"管道事故在一定程度上证实了高钢级管道焊缝的安全运行存在技术与操作风险，需要研究复杂应力状态下高钢级管道焊缝容许的应力、应变极限状态，以及焊接的金相组织结构、焊接工艺热处理、焊缝最大失效抗力等多因素耦合的问题，建立焊缝内检测数据与无损检测射线图像的表征关系，诊断确定焊缝缺陷。

(五) 油气管道泄漏监测技术

天然气管道泄漏监测方法较多，各有利弊。数据分析法依据 SCADA 系统采集的数据，以及管道温度、压力、流量等数据确定泄漏位置，缺点是定位精度低、反应慢。次声原理法属于微弱信号范畴，加之环境噪声影响，对泄漏信号提取难度大，影响泄漏监测与定位，使得小泄漏的判断定位难度较大。负压波法要求较大的压力降，适用于大泄漏或突发泄漏。音波(声波)法因其波长短、频率高等自身特点，衰减速度较快，长距离很可能检测不到信号。需要加快油气管道及储运设施安全状态监测与防护技术攻关，攻克主动激励式泄漏监测、复杂威胁事件信号识别安全预警、管土耦合监测、杂散电流（包括高压直流）监测等技术，提高安全监测精度和预警能力，形成管道内外多因素干扰监测体系。

（六）老旧管道检测、环焊缝检测技术

中国油气长输管道已突破 $13×10^4 km$，约60%的管道服役时间超过20年，进入事故多发期。老旧管道存在不同程度的腐蚀、裂纹、应力集中等缺陷，应力状态长期处于交变载荷环境，有的处于河谷地带及江河穿跨越等地段。目前，高清内检测技术难以有效量化焊缝的体积型缺陷与裂纹型缺陷，受到诸多条件限制，环焊缝裂纹检测问题成为制约管道安全的世界性难题。需要加快油气管道及储运设施缺陷损伤检测技术及装备研制，突破电磁控阵等技术在管道、储罐内外检测中的应用，创新研发缺陷检测系列技术与装备，提高检测精度和能力。

（七）油气管道灾害的预测预警问题

涉及管道沿线的自然灾害、地质灾害的预报预警，导致中国管道安全事故占全球比例高达50%以上，每年损失也最大，中国尚无一套管道灾害的防控机制，缺乏高精尖的灾害预警技术，缺乏与地方国土资源、气象等部门的联动，预报预警手段相对落后，遥感、卫星监控手段仍未得到有效使用，制约着灾害的防治与应急管控。

（八）第三方防范技术

One-Call 系统尚未建立，社会参与度低，打孔盗油及施工挖掘损坏仍以人防为主，信息防、技术防相对低级和原始。预警预报技术尚无实质性突破，北斗卫星、遥感技术、无人机巡线技术仍处于局部应用与适用发展阶段，不能完全代替人工巡线，数字化和智能化巡检和巡查尚需研究和应用。光纤第三方入侵技术仍存在误报率高、灵敏度低、光纤振动信号微弱等问题。基于大数据的第三方防范技术、基于视频的第三方影像识别技术尚处于研究阶段。

（九）站场完整性管理尚未形成统一的技术标准

我国已建立了国际水平的管道完整性评价方法体系，但国内外高钢级管道完整性评价标准尚未确定。国内外储运设施的完整性评价方法还处于探索阶段。主要问题是站场完整性管控手段、技术方法还不系统，尚不成熟，设备设施完整性的管控流程尚未建立，站场智能化与运行技术脱节，各类站场（石油库、储气库、压气站、泵站、CNG站、LNG站等）的风险评价、完整性评价方法差异性较大，智慧站场平台建设的数据标准、技术标准仍然没有建立，制约了站场完整性管理的实施。需要加快油气管道及储运设施完整性评价技术研究，基于高钢级管道失效机理研究成果，形成 X80 钢管道完整性评价技术，完善管道完整性评价国家标准；创立储运设施完整性评价方法，建立微损试样试验方法。

（十）管道大数据深度挖掘问题

国内外管道安全保障大数据应用刚刚起步，建设油气管道及储运设施的多源、多维、异构大数据应用技术及保障体系平台是发展趋势。管道系统大数据的形成处于起步阶段，应用案例相对较少，仅限于在管道风险分析、内检测等方面的初步探索，尚无实质性应用。如何提升模型的适用性与针对性，使之有效应用于管道运行管理及评估，将各环节产生的数据、信息等集成于一体，尚有待攻关。

（十一）数字管道、智能管道、智慧管网技术

智能管道、智慧管网通过实现全要素的全面深度互联，打通设计、生产、管理、服务等全过程活动各个环节的信息流，实现资源动态调配，增强管道安全生产的感知、监测、预

警、处置和评估能力，从而加速安全生产从静态分析向动态感知、事后应急向事前预防、单点防控向全局联防的转变，提升管道本质安全水平。智慧管道的突出特点是管道数据深度挖掘与智能化决策支持，实现发展规模、速度、质量、结构、效益、安全相统一。目前，智慧管道建设处于数据采集与存储阶段，数据孪生模型构建中实体模型和物理模型尚未有效结合，物理模型构建的目标还不明确，与 GIS 系统、ERP 系统、管道生产管理系统等各系统之间仍然没有集成，智慧工地的数据管理及未来应用尚无解决方案，站场的智慧化还未达到要求，缺乏深度分析与决策支持应用，基于大数据的管道泄漏监测预警、灾害预警、腐蚀控制管理尚属空白，基于大数据的决策支持平台尚未建立，不能满足应用需求。我国目前的快速抢维修装备在适应高钢级高压大口径管道及复杂地质地貌环境需要上仍有差距，且智能化、轻型化、模块化程度与国外仍有差距。需要抓紧油气管道应急抢修技术及装备研制，研发防爆防泄漏控制、大口径管道在线开孔维抢修、管道智能封堵、缺陷快速修复等技术及装备，提高维抢修应急能力。

（十二）公共安全理论和技术

中国尚未建立国家统一的挖掘报警系统、管道安全特定施工作业申请与审批程序、管道地理信息系统，以及与之配套的施工挖掘信息查询统一呼叫电话，无法做到多举措联动预防因施工挖掘导致的管道事故。需要深入推进油气管道及储运设施损伤致灾机理与演化规律研究，突破高钢级管道止裂预测及塑性应变规律认识，建立损伤预测模型；突破复杂环境边界及受限空间油气非均匀分布燃爆传播机理认识，掌握油气泄漏事故致灾机理与演化规律。亟须建成油气管网及储运设施安全保障试验平台与工程示范，研究并应用大数据集成与分析技术，开发管网安全保障决策支持平台，实现重大灾害区域预测及应急资源调配科学决策，建立管道及储运设施安全保障技术体系，开展试验测试与工程示范。

第五节　本章小结

本章简要介绍了施工焊接质量安全管控新技术、输气站场防泄漏与泄漏管控实用技术、HSE 管理数字化转型升级、高效的创新理论方法工具"TRIZ"，回顾了管道安全保障技术创新发展取得的新进展，梳理了油气管道生产安全支撑主体技术、当前尚需要攻克的科学理论、科技方法和技术难题，以利于总结经验、汲取教训、认清形势、找准方向、奋力攻关，激发科技创新发展的热情，明确科技自立自强的意识，增强科技创新的实力，助推国家油气管网安全发展、科学发展、稳健发展、可持续发展、高质量发展，为国家能源安全作出积极贡献。

目前，我国油气管道行业，在国家油气体制和油气运营机制深化改革发展指引下，在"固本达标""提质增效""守正笃实"等一系列新方略、新对策、新举措的制度安排下，正在"有的放矢、稳步有序"地推进实施，并积极稳妥且快速地行进在奔向第二个百年奋斗目标的康庄大道上，实现创新、发展、赶超和卓越。

参 考 文 献

[1] 国家安全生产监督管理总局令第 40 号. 危险化学品重大危险源监督管理暂行规定[S]. 2011 年 7 月 22 日通过, 2011 年 8 月 5 日发布.

[2] 国家安全生产监督管理总局公告(2014 年第 13 号). 危险化学品生产、储存装置个人可接受风险标准和社会可接受风险标准(试行)[S]. 2014 年 4 月 22 日公布, 2014 年 5 月 7 日印发.

[3] 油气管道安全管理编委会. 油气管道安全管理[M]. 北京: 石油工业出版社, 2011.

[4] 谢和平, 冯夏庭, 等. 灾害环境下重大工程安全性的基础研究[M]. 北京: 科学出版社, 2009.

[5] 杨春和, 周宏伟, 李银平. 大型盐穴储气库群灾变机理与防护[M]. 北京: 科学出版社, 2014.

[6] 方华灿. 油气长输管线的安全可靠性分析[M]. 北京: 石油工业出版社, 2002.

[7] 陈国华. 风险工程学[M]. 北京: 国防工业出版社, 2007.

[8] 余建星. 工程风险评估与控制[M]. 北京: 中国建筑工业出版社出版, 2009.

[9] 徐灏. 密封[M]. 北京: 冶金工业出版社, 1999.

[10] 唐国纯. 云计算及应用[M]. 北京: 清华大学出版社, 2015.

[11] 张德海, 张德刚, 何俊. 大数据处理技术[M]. 北京: 科学出版社, 2020.

[12] 刘云浩. 物联网导论[M]. 北京: 科学出版社, 1990.

[13] Ails J. Nilsson[美]. 郑扣根, 庄越挺. 人工智能[M]. 北京: 机械工业出版社, 2000.

[14] 吴旭光, 牛云, 杨惠珍. 计算机仿真技术[M]. 西安: 西北工业大学出版社, 2015.

[15] 毛德操. 区块链技术[M]. 杭州: 浙江大学出版社, 2019.

[16] 唐晓波, 邱均平. 信息安全概论[M]. 北京: 科学出版社, 2000.

[17] 朱坤锋, 张文伟, 王彦,. GB 50253—2014, 输油管道工程设计规范[S]. 北京: 中国计划出版社, 2014 年 6 月 23 日发布, 2015 年 4 月 1 日实施.

[18] 谌贵宇, 汤晓勇, 郭佳春. GB 50251—2015, 输气管道工程设计规范[S]. 北京: 中国计划出版社, 2015 年 2 月 2 日发布, 2015 年 10 月 1 日实施.

[19] 张华兵, 周利剑, 郑洪龙, 等. SY/T 6891. 1—2012, 油气管道风险评价方法第 1 部分: 半定量评价法[S]. 北京: 石油工业出版社, 2012 年 8 月 23 日发布, 2012 年 12 月 1 日实施.

[20] 冯庆善, 吴志平, 项小强, 等. GB32167—2015, 油气输送管道完整性管理规范[S]. 北京: 中国标准出版社, 2015 年 10 月 13 日发布, 2016 年 3 月 1 日实施.

[21] 燕冰川, 冯庆善, 贾光明, 等. GB/T31468—2915—2015/ISO1247: 2011, 石油天然气工业 管道输送系统 管道延寿推荐作法[S]. 北京: 中国标准出版社, 2015 年 05 月 15 日发布, 2015 年 08 月 01 日实施.

[22] 潘家华. 关于老龄管道的安全运行[J]. 油气储运, 2008, 27(5): 1-3.

[23] 郑贤斌, 等. 安全的内涵和外延[J]. 中国安全科学学报, 2003, 13(2): 1-3.

[24] 郑贤斌, 等. DOW′s 火灾爆炸指数评价法油库应用[J]. 油气储运, 2003, 22(5): 49-52.

[25] 郑贤斌, 等. 油库安全综合评价 AHP-Fuzzy 方法[J]. 工业安全与环保, 2004, 30(2): 43-45.

[26] 郑贤斌, 等. 基于熵技术石化企业安全模糊综合评价方法研究[J]. 中国安全科学学报, 2004, 14(2): 109-112.

[27] 郑贤斌, 等. 基于人工神经网络的油库安全综合评价方法[J]. 人类工效学, 2004, 10(2): 13-16, 19.

[28] 郑贤斌, 等. 事故树在油库静电火灾爆炸分析中应用[J]. 工业安全与环保, 2004, 30(9): 30-33.

[29] 郑贤斌, 等. 一种基于模糊数算术运算的综合评价方法及其应用[J]. 系统工程与电子技术, 2004, 26(12): 1905-1908.

[30] 郑贤斌, 等. 基于 FTA 油气长输管道失效的模糊综合评价方法研究[J]. 系统工程理论与实践, 2005,

25（2）：139-144.

[31] 郑贤斌，等. 基于 SPA 安全评价方法及其应用[J]. 哈尔滨工业大学学报，2006，38（2）：290-293.

[32] 郑贤斌，等. 油气长输管道密闭输送安全保障技术[J]. 首届全国安全工程及管理学术研讨会. 江苏，镇江：2005，8：37-41.

[33] 郑贤斌，等. 在役埋地油气管道腐蚀评估与维修决策模型[J]. 第六届全国压力容器学术会议. 浙江，杭州：2005，10.

[34] 郑贤斌. 基于结构可靠性的腐蚀管道检测与维修优化[J]. 压力容器，2006，23（11）：29-33.

[35] 郑贤斌，等. 油气长输管线泄漏检测与监测定位技术研究进展[J]. 石油天然气学报，2006，28（3）：152-155.

[36] 郑贤斌. 油气长输管道工程 HSE 评价技术研究[J]. 油气田环境保护，2006，16（4）：34-38.

[37] 郑贤斌. 油气管道腐蚀预测的完全信息 GM（1，1）模型[J]. 石油化工腐蚀与防护，2007，24（4）：18-20.

[38] 郑贤斌. 浅析安全、危险、隐患和事故之间的关系[J]. 中国安全生产科学技术，2007，3（3）：49-52.

[39] 郑贤斌. 油气长输管道实时风险评价系统分析[J]. 石油规划设计，2007，18（5）：10-13.

[40] 郑贤斌. 油气长输管道工程人因可靠性分析[J]. 石油工业技术监督，2007，23（6）：21-25.

[41] 郑贤斌. 油气长输管道工程安全评价及其确定方法[J]. 石油矿场机械，2007，（8）：5-10.

[42] 郑贤斌. 基于风险分析和 GIS 的油气管道安全预警技术研究[J]. 石油规划设计，2007，18（1）：6-9.

[43] 郑贤斌. 数字化油气管道系统总体框架设计研究[J]. 石油化工自动化，2007，2：44-47.

[44] 郑贤斌. 在役老龄管线修复技术问题探讨[J]. 工业安全与环保，2007，33（5）：30-32.

[45] 郑贤斌. 油气管线裂纹缺陷检测技术探讨[J]. 石油规划设计，2008，19（2）：36-38，41，48.

[46] 郑贤斌. 油气管道结构健康监测方法研究[C]. 管道技术研究进展精选集—第四届全国管道技术学术会议，2010，09.

[47] 郑贤斌，等. 油气管道设施锁定管理方法应用实践[C]. 2016 年第五届中国管道完整性管理技术交流大会会议论文集. 北京：中国石化出版社，2016 年 10 月.

[48] 郑贤斌. 基于风险管理的油气管道巡检系统应用研究[C]. 2018 年中国石油石化企业信息技术论文集. 北京：中国石化出版社，2018：45-52.

[49] 郑贤斌. 基于 FSM 技术的油气管道结构无损检测与实时监测系统分析及其应用实践[C]. 2020 中国石油石化企业信息技术交流大会暨数字化转型、智能化发展高峰论坛会议论文集. 北京：中国石化出版社，2020 年 10 月.

[50] 郑贤斌. 长距离油气输送老龄管道寿命预测及延寿方法研究[C]. 第七届中国油气管道完整性管理技术交流大会论文集，2021 年 5 月.

[51] 郑贤斌. 油气长输管道企业管理体系审核可视化平台设计方法研究[C]. 2021 中国石油石化企业信息技术交流大会论文集，2021.

[52] 郑贤斌. 水下结构物磁检测新技术研究进展[J]. 制造业自动化，2007，29（4）：89-90.

[53] 郑贤斌. 关于石油企业构建一体化管理体系的探索与思考[J]. 石油安全，2020（10）：1-2.

[54] 郑贤斌. 油气管道全生命周期缺陷评估流程探析[J]. 石油安全，2021（12）：43-45.

[55] 郑贤斌. 基于风险管控的我国石油企业 HSE 管理绩效考核体系应用研究[J]. 石油安全，2021，22（11）：10-13.

[56] 郑贤斌. 我国油气企业管理体系审核可视化平台的设计与实现[J]. 工业安全与环保，2021，47（11）：51-55，77.

[57] 郑贤斌. 考虑管土耦合的采空沉陷作用下天然气管道应力状态研究[J]. 管道技术与设备，2022，录用.

［58］郑贤斌. 天然气长输管道穿越采空区稳定性分析［J］. 管道技术与设备，2022，录用.

［59］郑贤斌. 中国智慧燃气现状、挑战及展望［J］. 天然气工业，2021，41（11）：152-160. 2021.

［60］郑贤斌. 中国油气企业 HSE 管理数字化智能化转型发展探析［J］. 油气储运，2021，40（10）：1115-1123.

［61］Jianping Liu，Hong Zhang，Shengsi Wu，Xianbin Zheng，etc. Ultimate Axial Load Prediction Model for X65 Pipeline with Cracked Welding Joint Based on the Failure Assessment Diagram Method［J］. Applied sciences，2021，11，11780：1-20.

后　记

2021 年"6·13"十堰燃气爆炸事故发生时，笔者正在北京参加一个应急管理项目的评审会，得知此事后，我第一时间联系了我所在单位及派驻湖北的安全工作人员，同事向我描述了现场的惨状，当时令我极为震惊、难以言表。后来，应急管理部接管现场救援，我也因此能够一点一点了解事故的起因、经过。因为爱人是土生土长的十堰人，我结婚之后也多次去十堰，对当地有着极为特殊的感情，在知晓了这次人间悲剧后，作为一个油气行业安全工作的从业人员，笔者在很长一段时间里都在痛苦中反思，回想自己 2006 年从中国石油大学博士毕业来到中国石油天然气与管道分公司从事安全管理的 15 年，经历了 2013 年"11·22"青岛黄岛输油管道泄漏排水暗渠爆炸事故，2015 年"8·12"天津危险化学品特大火灾爆炸事故，2016 年"7·20"湖北恩施市马家坡天然气管道火灾事故，再到这次"6·13"十堰燃气爆炸事故，我们的油气、化工危险品安全管理到底是什么水平，应该达到什么水平，是什么导致我们安全管理基础的薄弱，如何才能避免同类的安全事故发生。在这些深入反思的驱动下，我产生了把所学所用、所思所经历的油气管道安全知识理论、技术工具和实际经验系统化、整体化地呈现出来，为各行业尤其是管道行业从业人员、社会参与者提供技术参考的想法。特别是在"本质安全型社会"时代，只有每一个系统参与者都能够认真学习、积极参与本单位、本家庭、本社区的系统安全保障建设，做好风险识别、隐患消除、应急预案准备和演练，提高本单位、本家庭、本社区成员的安全保障知识水平和技能水平，才能切实全面地提高本家庭、本单位，乃至全社会的本质安全水平。

油气管网全生命周期安全保障关键技术，根本目标就是要确保油气管道系统在 HSE 的状态下的正常运营，适度发展，以满足当前和不远的将来国家和人民生产生活的原料和能源需求。要遵循"以人为本，安全第一，环保优先，质量至上"QHSE 理念，坚守"风险为核心，风险隐患双重治理机制"HSE 管控方略，引领"业务数智化，数据治理体系化"HSE 发展趋势，以科技为本，创立能源行业 HSE 治理能力和治理体系现代化标杆旗帜的发展战略。要从理念文化、标准规范、制度流程、技术工具等方面持续提高油气管网安全保障总体水平，以主动应对需求变化和科技发展，通过"科技兴安"，采用先进、实用、新兴的风险防控系统关键技术，增强油气管道行业的核心竞争力、创新力、控制力、影响力、抗风险能力。我认为，这是今后提升油气管网本质安全管理水平的发展趋势，也是我未来探索的主要方向。

本书从全局、全域、全生命周期的视角，比较全面、系统地介绍了油气管网安全保障理念、标准和关键技术。这里再简要概述一下油气管网安全保障相关的学习资源、学习方法，以期给读者朋友更好的指引和帮助。

怎样提高个人、家人、同事的安全保障理念和技能水平呢？

首先是要了解掌握优质学习资源，其次是要了解掌握高效学习方法，终究是要切实应用达到理想效果。

一、油气管网安全保障技术的学习资源

油气管网安全保障技术的学习资源(其他行业的学习资源也是类似的)包括图书馆、书店、报刊、专业网站、专业博客、专业公众号、专业讨论群等,下面分别加以介绍:

(1)图书馆。作为社会公共公益资源,现在已经不仅包括传统的各行业各专业的图书,还包括各行业各专业的电子出版物,包括电子书、电子期刊、论文、影音资料等,都可以在国家图书馆和当地各大图书馆的数字图书馆网站上查找浏览和借阅。

(2)书店、报刊。可以买到或请书报经销商代为查找购买,包括从某些网站上购买需要学习查阅的参考书、技术书、工具书,也可以参阅公众号"中油书店"推荐的新书。

(3)专业网站、博客、微信公众号、讨论群。作为新时代新媒体的新潮形式,具有极大的便利性和实时性。例如:知网(cnki.net)里的期刊和论文、知乎(zhihu.com)里的专业栏目"油气管网智能化"等、公众号("管道保护""石油管道""中国石油石化研究会技装委""管网科技平台""煤气与热力杂志"等)。讨论群,往往是某专业或行业会议或某专家朋友设立的QQ群或微信群,用于讨论专业技术或专业理论。

二、油气管网安全保障技术的高效学习方法

油气管网安全保障技术的高效学习方法包括浏览、点读、精读、研读、笔记、实操、论文、讲授等。

其中,"高效浏览是基础,最宜练习快速读,科海寻宝多源探,博学广问不唯书。"也就是说,通过高效浏览、速查速览各种文献资料、网站文件,在科学的海洋里找到解决当前和未来问题所需的宝贵知识;而且高效浏览还包括善于向业内专家和有现场经验、实操经验的人员请教,不唯书不唯上,只唯实(寻求符合现实需求、符合客观规律的知识学问技能,不片面相信书本和资料中的数据信息,高效浏览时就要注重所查、所学知识学问和技能的实效)。

"点读精读是深入,研读笔记是辅助,实操实干得真知,论文才有智能数。"也就是说,找到适当的资料文献、工具技术、师友环境之后,要善于有重点地深入反复地精读、研读,并查找进一步的资料或更深入地访谈请教;同时,做好研读笔记,把及时写好研读笔记作为及时的数据信息记录,以及整理思路、分析归纳过程的必要辅助手段;而且,经常到现场观察学习,适当动手实操实干,获取一手数据资料和实感实效,也就是"绝知此事要躬行";然后,才能在论文中以基于事实的数据为基础,以学到的数据处理分析、归纳创新方法为工具,写出有意义的内容,得出有智慧、有价值、有数据、有说服力的结论,作出有成果的业绩;也才能在讲授过程中讲出真材实料、真情实感、真因实效、真知灼见。而且,教学相长,在撰写论文、研发科技、创新实践过程中,可以促进作者、学者、讲者、工作者发现知识技能的薄弱环节,也就是:"学,然后知不足;讲,然后知不足;用,然后知不足。"根据所发现的新问题,再来一个浏览到研读、实干、总结、讲授的循环,使专业知识技能进入更高层次、更佳境界,得出更优业绩、更大更多成果,并在传播讲授过程中,让更多的人受益,并获得更多的有益反馈和建议,让自己和周围的人都得到进一步提高。

三、油气管网安全保障技术的高效应用

油气管网安全保障技术,如何切实应用达到理想效果,前面在高效学习中的学用结合、

相互促进方面已有涉及，这里再补充说明一下。

"勤谨学用新科技，只为解决真问题，固本强基循序进，察微入妙创新奇。"也就是说，新科技的学习应用，例如油气管网安全保障技术的技术工具选择和切实应用，要根据现实需要解决的重点问题，进行全方位调查和实地研究，论证技术工具的应用可行性、必要性、实用性、实效性，确定新科技的技术应用路线，勤奋谨慎地学习应用，逐步地、循序渐进地把技术工具学到有把握、用到有成果。在这个过程中，要善于仔细观察、用心体察、认真检查技术工具；在应用之前、应用过程中、应用之后的细节步骤、细微变化、细小问题，精心准备、精准操作、精细检测，并且及时记录、用心思考、深入探究这些细小问题微妙变化中蕴藏的有用数据、潜藏的风险隐患、改进的机会方法，用创新问题解决方案(TRIZ)等创新工具、创新方法，结合当前可以利用的现实条件和技术工具，找出并落实实施现实需要解决的重点问题的创新性的高效解决方案，从而达到令人惊喜、惊奇的效果。

全书结尾，笔者想引用一句古语："上医治未病，中医治欲病，下医治已病。"因为，这句话引申到安全生产领域是极好的，未病，大多是全生命周期里，尤其是工程设计、建设施工阶段可能会埋下的，包括勘测选线的主客观风险因素、设计施工技术水平差距因素、人员安全意识淡薄因素等；欲病，则是日常生产运行中检测、暴露出的隐患、风险，包括管壁腐蚀变薄、违章操作行为等；若到已病，安全事故已是无法承受之重。例如这次"6·13"十堰燃气爆炸事故过程中，当时的现场工作人员、附近围观人员里，假若有人平时就有良好的安全保障意识、识险除患技能，就可以及时提醒大家疏散避险，就可以预防重大事故发生，避免惨重的人员伤亡。

试想，如果每个人都能学习、了解、掌握基本的风险识别、隐患消除技术，能够在生活中从全局和关键细节去体察风险隐患，在工作中从产品和服务、从油气管网全生命周期中去发现问题、考虑问题、积极寻求合作、推动解决问题，那么，不仅油气管网本质安全水平会有质的提升，全社会的本质安全水平也会有质的提升，这也是笔者为现代本质安全理论提出"本质安全型社会"理念的出发点和着重点、初心和祈盼。

新时代，在数智化高速发展、清洁低碳安全高效能源需求巨大的新形势下，祈盼我国的油气管道事业能够越来越安全高效，在保障人民群众生命和财产安全的基础上，实现油气资源供给的科学化、经济化。

尽自己绵薄之力推动油气管道安全水平提升，是笔者努力的方向；提升全社会各方面的本质安全保障水平，是我们共同的理想。